教育部高等学校电子信息类专业教学指导委员会规划教材

高等学校电子信息类专业系列教材·新形态教材

Modern Measuring Technology and Instrument

现代检测技术及仪表

许秀　王莉　编著

Xu Xiu　Wang Li

清华大学出版社

北京

内容简介

本书系统地介绍了现代检测技术及仪表的基础理论和应用技术。全书共分为10章。第1章介绍检测仪表控制系统和检测技术及仪表发展概况；第2章介绍检测方法及技术；第3章介绍检测仪表基础知识；第4章介绍温度检测及仪表；第5章介绍压力检测及仪表；第6章介绍流量检测及仪表；第7章介绍物位检测及仪表；第8章介绍机械量检测及仪表；第9章介绍成分分析仪表；第10章介绍现代检测技术。

本书是有关现代检测技术和仪表的基础理论和应用技术的教材。在引入新知识的同时，加强基础理论知识的组织，对检测技术和仪表系统进行了循序渐进的分析和描述。在叙述方式上力求深入浅出、图文并茂。本书配套给出了微课视频、大量例题与习题、教学建议和教学课件，便于教学与自学。本书可作为高等学校自动化专业本、专科生及研究生教材，也可作为工程技术人员的参考用书。

图书在版编目(CIP)数据

现代检测技术及仪表/许秀，王莉编著. —北京：清华大学出版社，2020.8 (2025.1 重印)
高等学校电子信息类专业系列教材·新形态教材
ISBN 978-7-302-54232-2

Ⅰ. ①现… Ⅱ. ①许… ②王… Ⅲ. ①自动检测－高等学校－教材 ②检测仪表－高等学校－教材
Ⅳ. ①TP274 ②TP216

中国版本图书馆 CIP 数据核字(2019)第 270784 号

责任编辑：刘 星 李 晔
封面设计：李召霞
责任校对：梁 毅
责任印制：丛怀宇

出版发行：清华大学出版社
网 址：https://www.tup.com.cn，https://www.wqxuetang.com
地 址：北京清华大学学研大厦A座 **邮 编**：100084
社 总 机：010-83470000 **邮 购**：010-62786544
投稿与读者服务：010-62776969，c-service@tup.tsinghua.edu.cn
质量反馈：010-62772015，zhiliang@tup.tsinghua.edu.cn
课件下载：https://www.tup.com.cn，010-83470236
印 装 者：涿州市般润文化传播有限公司
经 销：全国新华书店
开 本：185mm×260mm **印 张**：16.75 **字 数**：417千字
版 次：2020年8月第1版 **印 次**：2025年1月第6次印刷
印 数：3801～4600
定 价：59.00元

产品编号：084420-01

高等学校电子信息类专业系列教材

序

FOREWORD

我国电子信息产业销售收入总规模在2013年突破12万亿元，行业收入占工业总体比重超过9%。电子信息产业在工业经济中的支撑作用凸显，更加促进了信息化和工业化的高层次深度融合。随着移动互联网、云计算、物联网、大数据和石墨烯等新兴产业的爆发式增长，电子信息产业的发展呈现了新的特点，电子信息产业的人才培养面临着新的挑战。

(1) 随着控制、通信、人机交互和网络互联等新兴电子信息技术的不断发展，传统工业设备融合了大量最新的电子信息技术，它们一起构成了庞大而复杂的系统，派生出大量新兴的电子信息技术应用需求。这些“系统级”的应用需求，迫切要求具有系统级设计能力的电子信息技术人才。

(2) 电子信息系统设备的功能越来越复杂，系统的集成度越来越高。因此，要求未来的设计者应该具备更扎实的理论基础知识和更宽广的专业视野。未来电子信息系统的设计越来越要求软件和硬件的协同规划、协同设计和协同调试。

(3) 新兴电子信息技术的发展依赖于半导体产业的不断推动，半导体厂商为设计者提供了越来越丰富的生态资源，系统集成厂商的全方位配合又加速了这种生态资源的进一步完善。半导体厂商和系统集成厂商所建立的这种生态系统，为未来的设计者提供了更加便捷却又必须依赖的设计资源。

教育部2012年颁布了新版《高等学校本科专业目录》，将电子信息类专业进行了整合，为各高校建立系统化的人才培养体系，培养具有扎实理论基础和宽广专业技能的、兼顾“基础”和“系统”的高层次电子信息人才给出了指引。

传统的电子信息学科专业课程体系呈现“自底向上”的特点，这种课程体系偏重对底层元器件的分析与设计，较少涉及系统级的集成与设计。近年来，国内很多高校对电子信息类专业课程体系进行了大力度的改革，这些改革顺应时代潮流，从系统集成的角度，更加科学、合理地构建了课程体系。

为了进一步提高普通高校电子信息类专业教育与教学质量，贯彻落实《国家中长期教育改革和发展规划纲要(2010—2020年)》和《教育部关于全面提高高等教育质量若干意见》(教高【2012】4号)的精神，教育部高等学校电子信息类专业教学指导委员会开展了“高等学校电子信息类专业课程体系”的立项研究工作，并于2014年5月启动了《高等学校电子信息类专业系列教材》(教育部高等学校电子信息类专业教学指导委员会规划教材)的建设工作。其目的是为推进高等教育内涵式发展，提高教学水平，满足高等学校对电子信息类专业人才培养、教学改革与课程改革的需要。

本系列教材定位于高等学校电子信息类专业的专业课程，适用于电子信息类的电子信息工程、电子科学与技术、通信工程、微电子科学与工程、光电信息科学与工程、信息工程及其相近专业。编审委员会与众多高校多次沟通，初步拟定分批次（2014—2017年）建设约100门课程教材。本系列教材将力求在保证基础的前提下，突出技术的先进性和科学的前沿性，体现创新教学和工程实践教学；将重视系统集成思想在教学中的体现，鼓励推陈出新，采用“自顶向下”的方法编写教材；将注重反映优秀的教学改革成果，推广优秀的教学经验与理念。

为了保证本系列教材的科学性、系统性及编写质量，本系列教材设立顾问委员会及编审委员会。顾问委员会由教指委高级顾问、特约高级顾问和国家级教学名师担任，编审委员会由教育部高等学校电子信息类专业教学指导委员会委员和一线教学名师组成。同时，清华大学出版社为本系列教材配置了优秀的编辑团队，力求高水准出版。本系列教材的建设，不仅有众多高校教师参与，也有大量知名的电子信息类企业支持。在此，谨向参与本系列教材策划、组织、编写与出版的广大教师、企业代表及出版人员致以诚挚的感谢，并殷切希望本系列教材在我国高等学校电子信息类专业人才培养与课程体系建设中发挥切实的作用。

吕志伟 教授

前言
PREFACE

自动控制技术已经广泛应用于国民经济的各个领域，任何一个自动控制系统都必须应用检测仪表，检测技术和仪表系统是实现自动控制的基础。新技术的不断涌现，给现代检测技术带来了许多新的发展，如软测量技术、多传感器融合技术、虚拟仪器及传感器网络技术等。

本书是有关检测技术及仪表的基础理论和应用技术的教材。本书从新的角度出发，重新分析和组织过去相对独立的知识，并将新技术的发展系统地、有机地融合进去；在引入新知识的同时，加强基础理论知识的组织，对检测技术和仪表系统进行了循序渐进的分析和描述。在叙述方式上力求深入浅出、图文并茂。本书配套给出了大量例题与习题、教学建议和教学课件，便于教学与自学。

为了适应当前我国高等教育跨越式发展的需要，依据"卓越工程师教育培养计划"，培养创新能力强、适应经济社会发展需要的应用型复合人才，本书在介绍现代检测技术及仪表基础知识的同时，注重与实际应用相结合，强调从工程实际应用的角度出发，培养学生的逻辑思维、创新思维与工程思维，提高分析与解决实际工程问题的能力。

全书共分为 10 章。第 1 章介绍检测仪表控制系统和检测技术及仪表发展概况；第 2 章介绍检测方法及技术；第 3 章介绍检测仪表基础知识，包括检测仪表分类、测量误差和检测仪表基本概念及性能指标；第 4 章介绍温度及温度测量、接触式测温、非接触式测温、测温仪表的安装及应用；第 5 章介绍压力单位及压力检测方法、常用压力检测仪表、测压仪表的使用及压力检测系统；第 6 章介绍流量检测基本概念、体积流量检测及仪表、质量流量检测及仪表，流量标准装置；第 7 章介绍物位的定义及物位检测仪表的分类、常用物位检测仪表、影响物位测量的因素；第 8 章介绍机械量检测及仪表；第 9 章介绍成分分析方法及分析系统的构成、几种工业用成分分析仪表、湿度及密度的检测；第 10 章简单介绍现代传感器技术的发展、软测量技术、多传感器融合技术、虚拟仪器、网络化仪表、生物传感器和仿生传感器。

配套资源

资源下载

- 配套的教学课件(PPT)、习题答案、教学建议等资料，请到扫描此处二维码或到清华大学出版社官方网站本书页面下载。
- 提供的微课视频，请扫描正文中对应位置二维码观看。

注意：请先刮开封四的刮刮卡，扫描刮开的二维码进行注册，之后再扫描书中的二维码获取相关资料。

本书由辽宁石油化工大学许秀、王莉编写。其中许秀编写了第 1、2、3、4、9 章，王莉编写了第5、6、7、8章，王莉、许秀共同编写了第10章。在本书的编写过程中，清华大学出版社编辑盛东亮老师给予了大力支持并提出了宝贵的建议，在此深表谢意。

由于时间及编者水平有限，书中难免有不当之处，敬请广大读者批评指正。

编　者

2020年5月

教 学 建 议

教学内容	学习要点及教学要求	课时安排	
		全部讲授	部分选讲
第1章　绪论	• 了解本课程的意义及内容,理解测控仪表系统及参数检测的意义。 • 了解检测仪表技术发展趋势	1～2	1
第2章　检测方法及技术	• 理解参数的检测过程。 • 了解参数检测的方法。 • 理解参数检测的基本概念。 • 了解检测系统模型与结构。 • 了解提高检测精度的方法。 • 了解多元化检测技术	1～2	1
第3章　检测仪表基础知识	• 了解检测仪表分类。 • 理解测量误差。 • 掌握测量范围、上下限及量程、变差、灵敏度与灵敏限的概念。 • 掌握仪表精度及精度等级的确定。 • 了解零点迁移和量程迁移,分辨力、线性度、死区、滞环、反应时间、重复性和再现性、可靠性和稳定性等概念	4～6	4
第4章　温度检测及仪表	• 了解温度检测方法,掌握温度、温标的概念。 • 了解膨胀式温度计。 • 掌握热电偶测温的基本原理、热电偶温度计的构成、热电偶测温的重要结论。掌握热电偶补偿导线及常用工业热电偶与分度表。掌握热电偶冷端温度补偿方法。了解热电偶的结构。会对热电偶测温系统进行设计计算。 • 掌握热电阻测温原理、工业常用热电阻,了解热电阻温度计的构成。掌握热电阻的三线制。理解热电阻输入电桥。了解电子电位差计工作原理。了解半导体热敏电阻。 • 了解辐射测温原理及常用仪表、光纤温度传感器。 • 了解温度检测仪表的选用及安装。理解测温元件的安装	8～10	8
第5章　压力检测及仪表	• 掌握压力的概念,了解压力的单位。了解压力检测方法。掌握大气压力、绝对压力、表压力、真空度和差压的基本概念及它们之间的关系。 • 掌握测压弹性元件、弹簧管压力表、波纹管差压计的工作原理及特点。了解液柱式压力计、活塞式压力计、振频式、压电式、集成式压力传感器的工作原理及特点。熟悉力平衡式差压(压力)变送器,应变式、压阻式、电容式压力传感器的结构、工作原理及特点。 • 熟悉测压仪表的校验。掌握测压仪表的使用,会根据工艺要求选用压力仪表。了解测压仪表的安装。熟悉引压管路的铺设。掌握压力检测系统	8～10	8

续表

教学内容	学习要点及教学要求	课时安排	
		全部讲授	部分选讲
第 6 章　流量检测及仪表	• 掌握流量的概念及单位，了解流量检测方法及分类。 • 熟悉椭圆齿轮流量计的组成、基本原理及特点。 • 掌握节流式流量计的组成、基本原理及特点，三阀组的应用。了解节流式流量计产生测量误差的原因及标准节流装置。掌握浮子流量计的组成、基本原理及特点，理解浮子流量计的指示值修正。掌握靶式流量计的结构、工作原理、特点。掌握上述流量计的使用注意事项。 • 掌握涡轮流量计、涡街流量计、电磁流量计及超声波流量计的结构、工作原理、特点及使用注意事项。 • 了解质量流量测量方法。了解间接式质量流量计。掌握科氏流量计的结构、工作原理、特点及使用注意事项。 • 了解流量标准装置。 • 了解流量检测仪表的选型	6～8	6
第 7 章　物位检测及仪表	• 了解物位的概念和物位检测方法及分类。 • 了解物位的定义及物位检测仪表的分类。掌握静压式物位检测仪表的工作原理、零点迁移及量程计算。 • 了解浮子式物位检测仪表的原理、结构。熟悉浮筒式物位检测仪表的原理、结构。 • 了解核辐射式物位计。熟悉称重式液罐计量仪的原理及物位开关。掌握电容式物位计、超声式物位计工作原理及结构。 • 了解影响物位测量的因素。 • 了解物位检测仪表的选型	6～8	6
第 8 章　机械量检测及仪表	• 了解位移测量仪表：了解电容传感器、电感传感器和光栅传感器的工作原理及结构。 • 了解转速测量仪表：了解磁电式转速传感器、光电式转速传感器、电涡流式转速传感器、霍尔式转速传感器、光电码盘转速检测法及测速发电机的工作原理及结构。 • 了解力测量仪表：了解力的检测方法和常用测力传感器的工作原理及结构	1～2	1
第 9 章　成分分析仪表	• 了解成分分析方法及分析系统的构成。 • 了解热导式气体分析仪、气象色谱仪、工业酸度计的基本结构、工作原理、特点和使用注意事项。理解氧化锆氧分析器的基本结构和工作原理。掌握氧化锆氧分析器的特点和使用注意事项。了解湿度的检测方法，干湿球湿度计、电解质系湿敏传感器、陶瓷湿敏传感器、高分子聚合物湿敏传感器的基本结构、工作原理和特点。掌握湿度的概念及湿度的表示方法	4～6	4

续表

教学内容	学习要点及教学要求	课时安排	
		全部讲授	部分选讲
第10章　现代检测技术简介	• 了解现代传感器技术的发展。 • 了解软测量技术。 • 了解多传感器融合技术。 • 了解虚拟仪器。 • 了解网络化仪表。 • 了解生物传感器。 • 了解仿生传感器	1～2	1
	教学总学时建议	40～56	40

说明：

1. 本教材为自动化学科本科专业"检测技术及仪表"课程教材，理论授课学时数为40～56学时(相关配套实验另行单独安排)，可根据不同的教学要求和计划教学时数酌情对教材内容进行适当取舍。

2. 本教材理论授课学时数中包含习题课、课堂讨论、测验等必要的课内教学环节。

目录

CONTENTS

第1章 绪论

CHAPTER 1

检测是认识自然界的主要手段,检测就是认识、获取信息的过程,有检测才有科学。人们对自然界的认识在很大程度上取决于检测和仪表。无论在日常生活中,还是在工程、航空航天、军事、医学、科学实验等领域,检测技术和仪表都是不可或缺的。例如,在工业生产中,为了正确地指导生产操作,保证生产安全,保证产品质量和实现生产过程自动化,一项必不可少的工作是准确、及时地检测出生产过程中各有关参数。检测仪表完成对各种过程参数的测量,并实现必要的数据处理;控制仪表是实现各种作用的手段和条件,它将检测得到的数据进行运算处理,实现对被控变量的调节。采用自动化仪表和集中控制装置,促进了连续生产过程自动化的发展,大大提高了劳动生产率,获得了巨大的社会效益和经济效益。

工业生产的不断发展和科学技术的突飞猛进,对检测技术和仪表提出了许多新要求,而新的检测技术和仪表的出现又进一步推动了科学技术的发展,故检测技术的发展程度决定了科学技术的水平,换句话说,检测技术和仪表是现代科学技术水平高低的标志。

1.1 测控仪表系统

视频讲解

下面以一个简单的储槽液位控制系统为例来说明典型的测控仪表系统,进而说明检测仪表在控制系统中所起的作用。在生产过程中,液体储槽常用来作为一般的中间容器,从前一个工序来的流体以流量 Q_{in} 连续不断地流入储槽中,槽中的液体又以流量 Q_{out} 流出,送入下一工序进行加工。当 Q_{in} 和 Q_{out} 平衡时,储槽的液位会保持在某一希望的高度 H 上,但当 Q_{in} 或 Q_{out} 波动时,液位就会变化,偏离希望值 H。为了将液位维持在希望值上,最简单的方法是以储槽液位为操作指标,以改变出口阀门开度为控制手段,如图 1-1(a)所示。用玻璃管液位计测出储槽的液位 h,当液位上升,即 $h>H$ 时,将出口阀门开大,液位上升越多,阀门开得越大;反之,当液位下降,即 $h<H$ 时,将出口阀门关小,液位下降越多,阀门关得越小,以此来维持储槽液位 $h=H$。这就是人工控制系统。操作人员所进行的工作包括如下三方面:

(1) 检测——眼睛。用眼睛观察玻璃管液位计中液位的高低 h,并通过神经系统告诉大脑。

(2) 思考、运算、命令——大脑。大脑根据眼睛看到的液位高度 h,进行思考并与希望的液位值 H 进行比较,得出偏差的大小和正负,根据操作经验决策后发出命令。

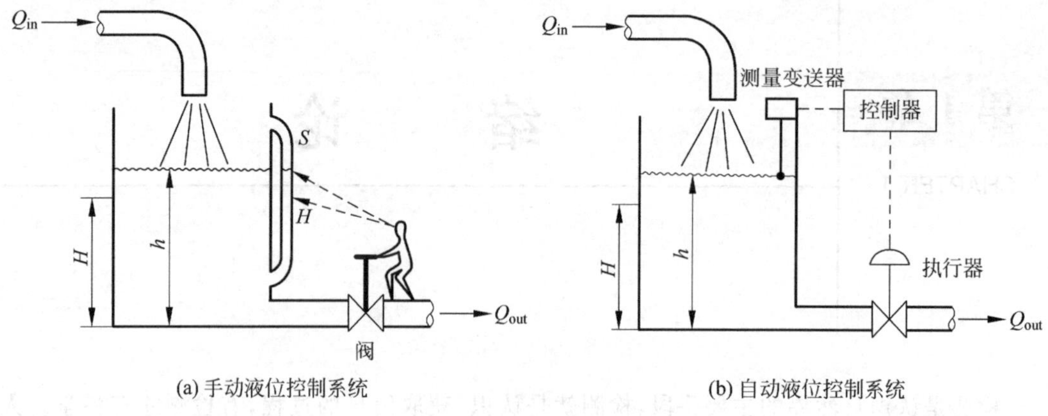

图 1-1　液位控制系统

(3) 执行——手。根据大脑发出的命令，用手去改变阀门的开度，以改变流出流量 Q_{out}，使液位保持在所希望的高度 H 上。

眼睛、大脑和手分别担负了检测、运算和执行三项工作，完成了测量、求偏差、操纵阀门来纠正偏差的全过程。如果用自动化装置来代替上述人工操作，人工控制就变成自动控制了，如图 1-1(b)所示。

为了完成眼睛、大脑和手的工作，自动化装置一般至少包括三个部分，分别用来模拟人的眼睛、大脑和手的功能，这三个部分分别是：

(1) 测量变送器(检测仪表)。测量液位 h 并将其转化为标准、统一的输出信号。

(2) 控制器。接收变送器送来的信号，与希望保持的液位高度 H 相比较得出偏差，并按某种运算规律算出结果，然后将此结果用标准、统一的信号发送出去。

(3) 执行器。自动地根据控制器送来的信号值来改变阀门的开启度。

一般情况下，常规测控仪表系统的构成基本相同，只是各子系统被控变量不同，所采用的变送器和控制器的控制规律不同。其结构框图如图 1-2 所示。

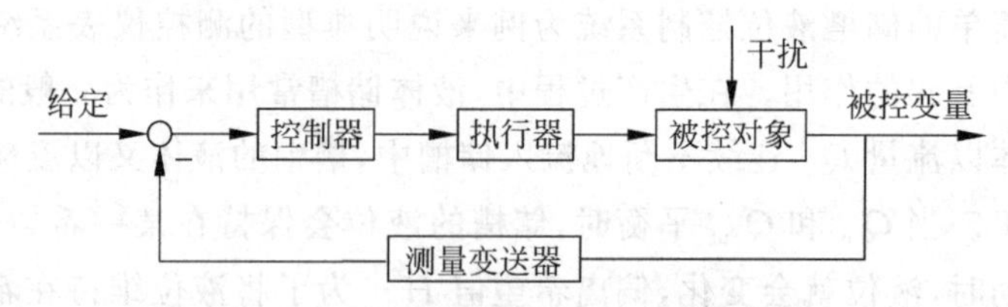

图 1-2　典型测控仪表系统结构框图

从图 1-2 中可以看出，一个典型的测控仪表系统所包含的自动控制装置有测量变送器(检测仪表)、控制器和执行器。

1.2　检测技术及仪表发展概况

科学技术和工业生产的不断发展，为检测技术提供了新的检测理论和检测方法，因而出现了各种新的检测工具，这就有可能开拓新的检测领域。可以从以下几方面来了解检测技术及仪表的发展。

1. 检测理论方面

随着科学技术的发展,生产规模的扩大和强度的提高,对于生产的控制与管理要求越来越高,因而需要收集生产过程中的信息的种类也将越来越多,这就对过程参数检测提出了更高的要求,由于过程参数的检测理论和方法与物理、化学、电子学、激光、材料、信息等学科密切相关,因此随着这些学科的发展,检测技术现已发展到相当水平,不仅能对过程的操作参数,如温度、压力等进行检测,也能对物料或产品的成分进行检测,甚至物性、噪声、厚度、泄漏、火焰、颗粒尺寸及分布等也能进行检测。近年来,随着信息类学科的发展,一种新兴软测量技术逐渐发展起来,它的基本思想是根据某种最优准则,选择一组既与主导变量有密切联系,又容易测量的变量,称为辅助变量,由其构造某种关系的数学模型,通过辅助变量的检测,实现对主导变量的估计;除此之外,软测量还可以对一些反映过程特征的工艺参数,如精馏塔的塔板效率和反心器催化剂活性等进行估计。还可以利用计算机高速处理大量信息的特点,对大量数据进行最小二乘处理及信号的频谱分析等,从而获得精确有用的信息。

2. 检测领域方面

科学、生产、生活的发展极大地扩展了人类活动的范围,它对检测的影响首先反映在新的检测对象、新的检测领域和新的检测要求上。例如,随着工业生产的发展,工厂中排出的“三废”对自然界造成了严重污染,破坏了生态平衡,破坏了人们赖以生存的自然环境;为了保护环境,防止水的污染、空气的污染及废渣的污染,需要对环境所含各种杂质进行微量检测并加以控制,这就要求制造新的灵敏度极高的检测元件和寻找新的检测方法。随着过程工业的不断发展,生产过程中的参数检测已逐渐由表征生产过程的间接参数如温度、流量、压力、物位而转向表征生产过程本质的物性、成分、能量等参数的检测。同时对于装置的检测,已逐渐由单参数发展到多参数的综合检测,参数的显示已逐渐地由模拟式变为数字式或图像显示等。

3. 测量工具和方法

一方面,随着新的测量领域的出现,新的检测方法和测量工具也随之出现。如利用激光脉冲原理测量大距离(如地球到月亮距离),可以大大提高精度。另一方面,充分利用新技术来扩大仪表的测量功能,如近年来在测量仪表中引入微处理机进行数据分析、计算、处理,校验、判断及储存等工作,实现了原来单个仪表根本不可能实现的许多功能,大大提高了测量效率、测量精度和测量的经济性。如有些数字电压表,内附微处理机之后,就具有自动校正、自动调节零点、存储最低和最高测量值、计算平均值和自己判断误差的能力。又如带微机的智能化质量流量检测仪,就利用微机能够存储大量数据和高速运算的特点,实现对饱和蒸气的温度、压力补偿,同时还可随时根据工况变化情况对流量系数进行及时修正,获得高精度的质量流量检测。

工业控制系统中的检测技术和仪表系统,是实现自动控制的基础。随着新技术的不断涌现,特别是先进检测技术、现代传感器技术、计算机技术、网络技术和多媒体技术的出现,给检测技术及仪表带来了许多崭新的发展,归纳起来包括:

(1) 成组传感器的复合检测;

(2) 微机械量检测技术;

(3) 智能传感器的发展;

(4) 各种智能仪表的出现;

(5) 计算机多媒体化的虚拟仪表;

(6) 传感器、变送器的网络化产品。

如何针对检测技术和仪表系统提出一系列新的概念和必要的理论,以面对高新技术的挑战,并适应当今自动化技术发展的需要,是目前亟待解决的关键问题。

思考题与习题

1-1 测控仪表在控制系统中起什么作用?

1-2 典型测控系统由哪些环节构成?

1-3 典型测控系统中各环节的作用是什么?

第2章 检测方法及技术

CHAPTER 2

检测技术是研究如何获取被测参数信息的一门科学，涉及数学、物理学、化学、生物学、材料学、机械学、电子学、信息学和计算机科学等很多学科。因此这些学科的进展都会不同程度地推进检测技术的发展。

2.1 参数检测过程

一般来说，检测的过程就是用敏感元件将被测参数的信息转换成另一种形式的信息，通过显示或其他形式被人们所认识。

参数检测通常包括两个过程，如图 2-1 所示。一是能量(信息)形式一次或多次的转换，这一过程的目的是将人们无法感受的被测信息转换成可以被人直接感受(或利用已有成熟的仪表可以感受)的信息(如机械位移、转角、电压、电流等)。它一般包括敏感元件、信号变换、信号传输和信号处理四个部分。二是根据规则将被测参数与相应的单位进行比较，通过合适的形式给出被测参数的具体信息，如数值显示、带刻度的指针显示、声音的变化等，这个过程包括显示装置和与显示装置配套的相关测量电路。

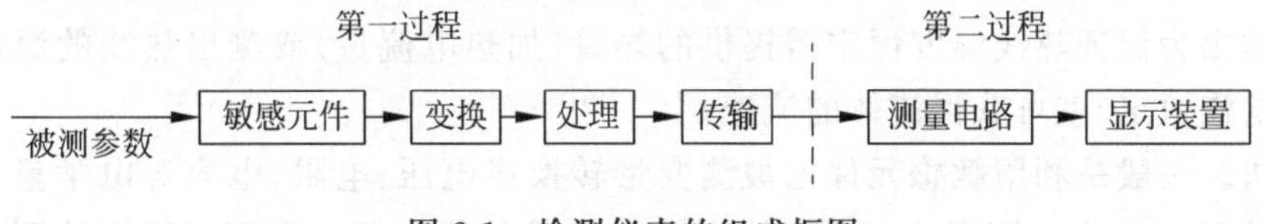

图 2-1 检测仪表的组成框图

因此，在检测过程中检测仪表要完成的主要任务有物理量的变换、信号的放大传输和处理、测量结果的显示等。任何一个检测仪表都必须要有敏感元件和显示装置，其余的环节视测量的要求和敏感元件的性能等不同而异。

一般来说，一台检测仪表是一个相对独立使用的整体，它能实现某个参数的检测。即一台仪表能测一个参数，这也就是传统意义上的“一一对应”。例如，用电压表可以测量电压，用温度计可以测量温度。

迄今为止，并不是所有参数的检测都能用单台检测仪表就能实现，有些参数的检测需采用多个检测仪表，并通过一定的数学模型运算后才能得到。例如，在测量电功率时，需要用一只电流表和一只电压表接入被测电路中，把电流表和电压表的读数相乘后才能得到电功率。这种利用若干个检测仪表实现某一个或多个参数测量所构成的系统称为检测系统。因此,检测仪表是检测系统的基本单元,一台检测仪表可以构成一个检测系统,也可以是系统中的一个环节。

检测系统并不都是由检测仪表所构成,有时,一个检测系统是由若干个敏感元件,相应的信号变换处理,以及显示装置等部分组成,如图 2-2 所示。

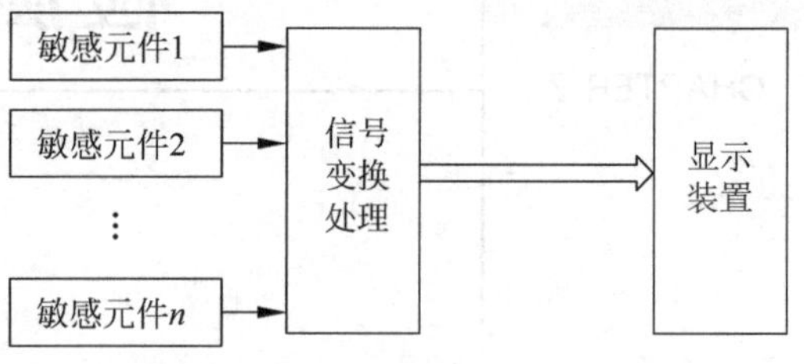

图 2-2　由若干个敏感元件组成的检测系统框图

随着科学技术的不断发展,有些专用的检测系统已被集成化,并把它们集成为一台检测仪表,这种检测仪表称为多参数检测仪表。因此,检测仪表与检测系统之间没有很明显的界限。检测仪表或检测系统和它们必需的辅助设备所构成的总体称检测装置。

2.2　参数检测方法

参数的检测是以自然规律为基础,利用敏感元件特有的物理、化学和生物等效应,把被测变量的变化转换为敏感元件某一物理(化学)量的变化。

根据敏感元件的不同,参数检测的方法一般可分为:

光学法。利用光的发射、透射、折射和反射定律或性质,用光强度(常常是光波波长的函数)等光学参数来表示被测量的大小,通过光电元件接收光信号。辐射式温度计、红外式气体成分分析仪是应用光学方法进行温度和气体成分检测的例子。

力学法。也称机械法,它一般是利用敏感元件把被测变量转换成机械位移、变形等。例如,利用弹性元件可以把压力或力转换为弹性元件的位移。

热学法。根据被测介质的热物理量(参数)的差异以及热平衡原理进行参数的检测。例如热线风速仪是根据流体流速的大小与热线在流体中被带走的热量有关这一原理制成的,从而只要测出为保证热线温度恒定需提供的热量(加热电流量)或测出热线的温度(假定热线的供电电流恒定)就可获得流体的流速。

电学法。一般是利用敏感元件把被测变量转换成电压、电阻、电容等电学量。例如,用热敏电阻的阻值变化检测温度;根据热电效应构成的热电偶也常用于温度检测,因为热电偶的输出电势与温度之间有很好的函数关系。

声学法。大多是利用声波在介质中的传播以及在介质间界面处的反射等性质进行参数的检测。常见的超声波流量计利用了超声波在流体中沿顺流和逆流方向传播的速度差来检测流体的流速。

磁学法。利用被测介质有关磁性参数的差异及被测介质或敏感元件在磁场中表现出的特性,检测被测变量。例如,导电体流经磁场时,由于切割磁力线使流体两端面产生感应电势,其大小与流体的流速成正比,电磁流量计就是根据这一原理工作的。

射线法。放射线(如 γ 射线)穿过介质时部分能量会被物质吸收,吸收程度与射线所穿过的物质层厚度、物质的密度等性质有关。利用射线法可实现物位检测,也可以用来检测混合物中某一组分的浓度。

对于同一参数的检测,从原理上讲可以用几种不同的方法,用不同的敏感元件来实现。

但由于被测对象是千差万别的,敏感元件的特性也不一样,因此在选择敏感元件时要考虑以下因素。

(1) 敏感元件的适用范围。一个敏感元件要保证能正常工作和信息转换,一般对它使用的环境温度、压力、外加电源电压(电流)等都有要求,实际使用时不能超过规定的范围。例如,用压阻元件测量压力一般要求被测介质的温度不超过150℃。

(2) 敏感元件的参数测量范围。要使敏感元件进行正常的信息转换,除了要保证它工作在其适用范围之内,还要求被测变量不超过敏感元件规定的测量范围;否则,敏感元件的输出不能与被测变量的变化相对应,甚至会损坏敏感元件。例如,对于弹性元件,当外力作用超过极限值后,弹性元件将产生永久性变形而失去弹性;若外力继续增加,弹性元件将产生断裂或破损。

(3) 敏感元件的输出特性。在自然界许多材料都具有对某个(些)参数敏感的功能,但作为用于参数检测的敏感元件,一般要求其输出与被测变量之间有明确的单调上升或下降的关系,最好是线性关系,而且要求该函数关系受其他参数(因素)的影响小,重复性要好。

除此之外,在满足静态和动态精度的要求下,还要考虑敏感元件的价格、易复制性以及使用时的易安装性等因素。

2.3 参数检测基本概念

检测技术与方法中有许多基本概念。为便于比较,下面分别解释成对的几个概念。

1. 开环型检测与闭环型检测

开环型检测系统如图2-3(a)所示,一般由对象、传感器、信号处理器等串联组成,进入仪表的信息和变换只沿一个方向传递。

闭环型(反馈型)检测系统如图2-3(b)所示,信息传递有两个通道:一个是正向通道;另一个是反馈(反向)通道。正向通道中的变换器通常是将被测信号转换成电信号,反向通道的反向变换器则将电信号转换成非电信号。平衡式仪表及检测系统一般采用这种伺服机构。

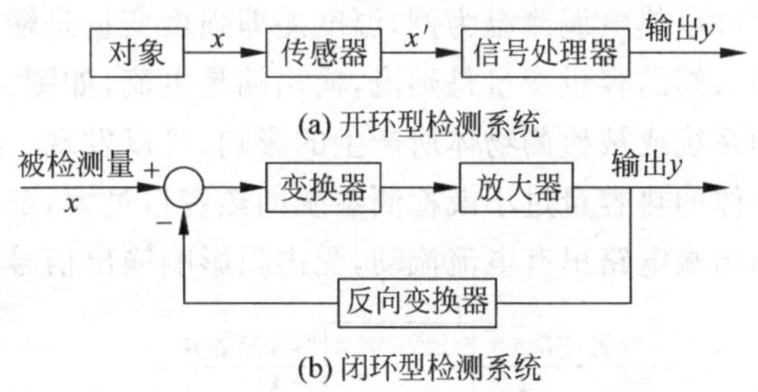

图2-3 开环型检测系统与闭环型检测系统

2. 直接检测与间接检测

与同类基准进行简单的比较,就能得到测量值的检测方法称作直接检测。利用电桥将阻抗值与已知标准阻抗相比较,用电压表测电压,用速度检测仪测速度等都属于直接检测,这些都只要分别与各自的刻度相比较就可以完成。

间接检测就是测量与被检测量有一定关系的两个或两个以上物理量,然后再推算出被检测量。如由测量移动距离和所需时间求速度,测量电流和电阻值求电压等。间接检测需要进行两次以上的测量,一般要分析间接误差的传递。

3. 绝对检测与比较检测

绝对检测是指由基本物理量测量而决定被测量的方法。例如,用水银压力计测量压力时,水银柱的高度、密度和重力加速度等基本量测量决定压力值。

与同种类量值进行比较而决定测量值的方法称为比较检测方法。用弹簧管压力计测量压力时，要用已知压力校正压力计的刻度，被测压力使指针摆动而指示的压力是通过比较或校正得出的。

4. 偏差法与零位法

用弹簧秤检测重量是最有代表性的偏差检测方法，这种方法结构简单，测量结果直观，被检测量与测量值的关系容易理解。

偏差法一般都是开环型结构，增益大。信号转换需要的能量要从被检测对象上获得，尽管这个能量是微小的，但应该注意到被测对象的状态会因此而发生变动，例如，用接触式温度计测量温度，热量会被温度计吸收。另外，结构要素的特性变化以及各环节的噪声都将带来测量误差，而且噪声的灵敏度与信号增益一样大。排除这些噪声的方法是采取闭环型检测结构。

零位法就是反馈闭环型检测方法，采取与同种类的已知量平衡的方法进行测量。例如用天平测量质量，等比天平的一个托盘上放被测物体，另一个托盘上放砝码，观察平衡指针的摆动，判断并调整砝码的轻重，达到平衡时的砝码质量就等于被测物体的质量。零位法的平衡操作实际上绝大多数已经完全自动化。例如，自动温度记录仪就是一种零位自动伺服平衡方法。

5. 强度变量检测与容量变量检测

被检测物理量有强度变量与容量变量之分。如压力、温度、电压等表示作用的大小，与体积、质量无关的，称作强度变量；长度、重量、热量、电流等与占据空间相关，与体积、质量成比例关系，是容量变量。

一般在传感器的输入输出端分别存在成对的强度变量与容量变量，如图 2-4 所示，它们的乘积量分别表示传感器中的输入、输出能量。

以热电偶测温为例，温度差即强度变量是输入信号，输出信号是热电势，也是强度变量，输入端的容量变量是热流，输出端是电流，如图 2-5 所示。观察非输入输出信号的变量对检测系统或被检测物体所产生的影响，可以发现：热流是被检测物体流向检测系统的，被检测物体的热容量过小或检测系统的热容量过大，都将使被测温度发生变化而产生误差；同时，输出端电路里有电流流动，受内阻影响输出信号的电压有所降低，也会造成系统误差。

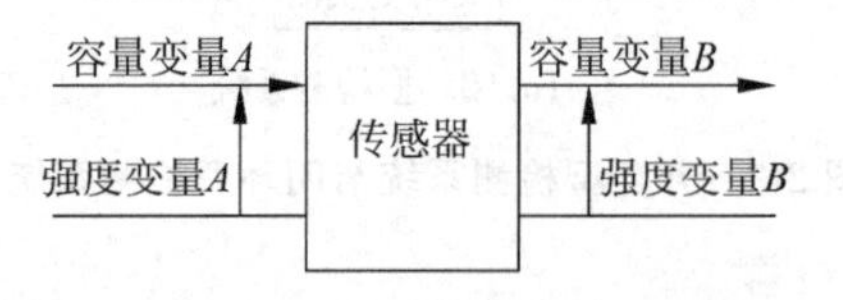

图 2-4 输入输出端的强度变量与容量变量

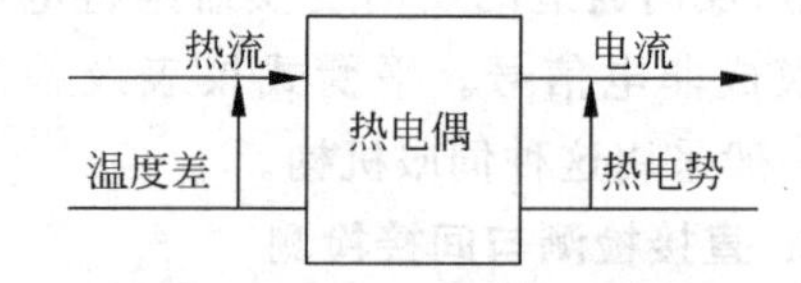

图 2-5 信号变量与误差变量

强度变量与容量变量是在检测系统的输入输出两端共轭存在的变量，一方传递信息，另一方总是直接或间接地与误差有关。因此，为了使测量不影响被测对象的状态，且减少测量误差，需要尽量抑制共轭变量的影响。

6. 微差法

此方法是测量被检测量与已知量的差值。这样尽管测量值的有效数字位数少，只要对差值的检测精度高，也很容易达到高精度检测的要求。例如，游标卡尺的主尺刻线间距为 1mm，游标的零刻线与尺身的零刻线对准，尺身刻线的第 9 格(9mm)与游标刻线的第 10 格对齐时，游标的刻线间距为0.9mm，此时游标卡尺的分度值是0.1mm。当游标零刻线以后的第n条刻线与尺身对应的刻线匹配对准时，被测尺寸的小数部分等于n与分度值的乘积。这是利用主尺与游标刻线的微差提高测量精度的方法之一。

7. 替换法

由于系统误差的存在，当把被测物与标准比较物的主次或先后顺序置换过来时，可以排除测量过程中因顺序所造成的误差影响。例如，改变天平放砝码托盘的左右位置，两次测量质量取其平均值的方法等。

8. 能量变换型与能量控制型检测元件

这里考虑了传感元件的能量供给方式。如太阳能电池作为光传感器、热电偶作为温度传感器使用时，输出信号的能量是传感器吸收的光能、热能的一部分，由于输入信号的能量的一部分转换成输出信号，所以称作能量变换型检测。

光敏电阻、热敏电阻分别在光照、热辐射的条件下，电阻值发生变化，这种类型的传感器的输出信号能量不是来自光源或热源，而是由检测阻值变化的电路电源提供的，此时，可以看作是被检测量(光强、热量)控制了从电源转向输出信号的能量的流动，所以称为能量控制型检测。

能量变换型检测一般是被动型检测，能量控制型检测是能动型检测。因为后者输出信号的能量远比用于控制能源转换的输入信号的能量大得多，相当于在输入输出信号间存在放大作用，因此称作能动型检测。

9. 主动探索与信息反馈型检测

随着智能化检测的发展，出现了带有探查和信息反馈功能的主动检测方式。

根据探索行为所逐一得到的检测结果来判断被检测对象的状态及性质，并重复进行探索，深入掌握其状态，如图2-6所示。主动探索检测的信息反馈有多种形式：反馈给信息处理部，如神经元网络学习等处理；反馈给传感器，如改变传感器的工作温度，使传感器的灵敏度提高或改变量程等；反馈给被检测对象，如调整其位置、姿态使检测结果具有确定性。例如，在检测气体浓度时，首先要观测随检测装置移动的浓度值的变化，探索浓度最大值的空间位置，然后输出检测结果等。

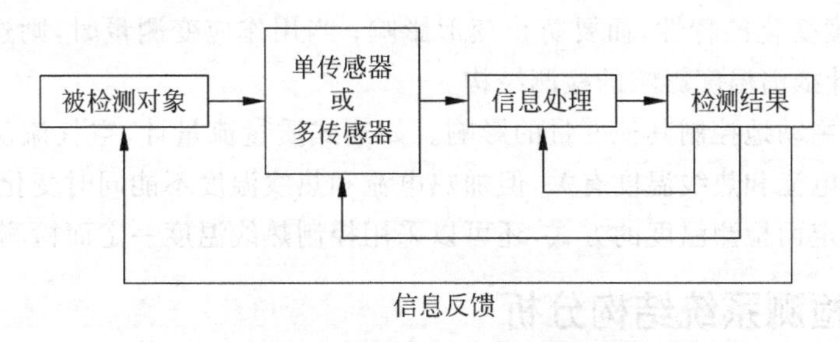

图2-6　各种主动探索与信息反馈检测的形态

许多智能化检测系统里带有可探索参数或自动可变功能。

2.4　检测系统模型与结构

检测系统的基本功能可总结为信号转换与信号选择、基准保持与比较和显示与操作三大部分。测量是把被测量与同种类单位量进行比较，以数值表示被测量大小的过程，因此，检测仪表中必须具有基准保持部分。

关于信号转换与信号选择功能，从信号转换的数学模型入手，分析信号选择的意义，对差分式、补偿式和调制式等检测结构进行分析。

2.4.1 信号转换模型与信号选择性

下面分别讨论信号转换的数学模型与信号的选择性。

1. 信号转换的数学模型

对于检测中的信号转换过程可以用下列数学模型来考虑，设检测系统独立的输入变量为$u_1,u_2,\cdots,u_r$，相应的输出变量为$y_1,y_2,\cdots,y_m$，内部变量为$x_1,x_2,\cdots,x_n$，则系统状态方程式为

$$\begin{aligned} \dot{x}_i &= g_i(x_1,x_2,\cdots,x_n;\ u_1,u_2,\cdots,u_r) \quad (i=1,2,\cdots,n) \\ y_j &= f_j(x_1,x_2,\cdots,x_n;\ u_1,u_2,\cdots,u_r) \quad (j=1,2,\cdots,m) \end{aligned} \tag{2-1}$$

所谓标定，就是改变输入量u，记录输出量y的过程；检测则是在标定的基础上由y求u的解逆问题的过程。在变换特性不能用简单的公式描述时，要求输入与输出之间的关系是确定的，这是检测系统信号转换的基本条件。

设u_1为被检测量(输入信号)，y_1为测量值(输出信号)时

$$y_1 = f_1(x_1,x_2,\cdots,x_n;\ u_1,u_2,\cdots,u_r) \tag{2-2}$$

代表了$u_1 \to y_1$的检测方程特性。如果把上式所示的信号转换关系看成是u_1与y_1单变量模型时，这个函数必须是一对一的，所以要固定除了u_1以外的变量，或者使其他变量不影响y_1，即保持单值对应关系。

2. 信号选择性

设计检测系统时要选择必要的信号，消除其他变量的影响，以提高检测精度。这是一种在成本、开发周期等经济条件和时间条件制约下的优化选择问题，从许多检测系统中可以发现信号变换特性与信号选择特性之间优化组合的例子。

以金属丝的电阻值变化为例，它与金属种类、纯度、形状、温度有关，当用作热电阻测温时，选择其随温度变化的特性，而要防止变形影响；当用作应变测量时，则选择其形状变化的特性，而要设计抵消温度影响的检测结构。

有时还可以主动地控制其他变量的影响。如热式质量流量计，空气流从热金属线上带走的热量与加热电流和热线温度有关，但加热电流和热线温度不能同时变化，可以采用控制热线通电电流一定而检测温度的方式，还可以采用控制热线温度一定而检测电流值的方式。

2.4.2 检测系统结构分析

一个传感器的输入信号，除被检测参数外，还有其他未知参数或干扰参数，因此，一般传感器可视为多输入单输出系统，如图 2-7 所示。

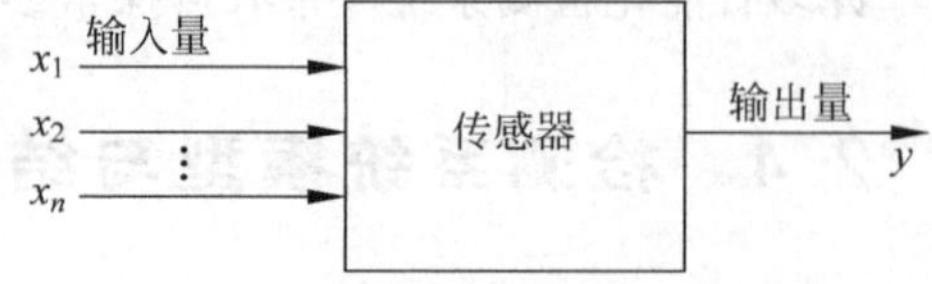

图 2-7 传感器的多输入单输出形式

1. 补偿结构

设被检测量为u_1，干扰量为u_2，传感器 A 为测量用传感器，同时受u_1、u_2的作用，并在u_1、u_2有微小变化时，输出信号分别为

$$y_A = f_A(u_1, u_2) \to y_A = f_A(u_1 + \Delta u_1, u_2 + \Delta u_2) \tag{2-3}$$

传感器B为补偿用传感器，受干扰量 u_2 及其微小变化的影响，并在设定的 u_1 时输出分别为

$$y_B = f_B(u_1, u_2) \to y_B = f_B(u_1 +, u_2 + \Delta u_2) \tag{2-4}$$

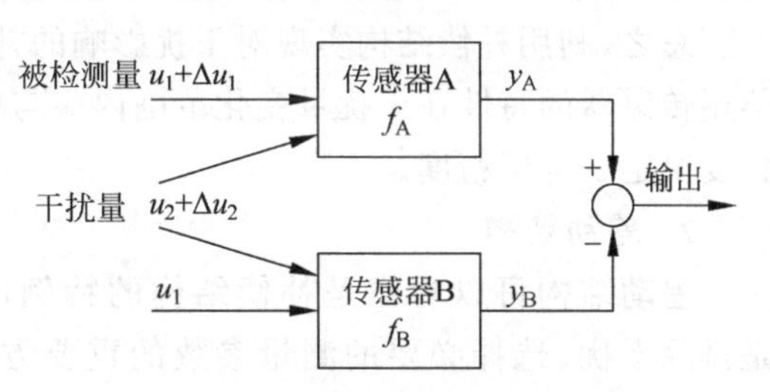

图 2-8 基本补偿结构示意图

如图 2-8 所示，补偿结构是利用传感器 B 的输出结果，补偿传感器 A 中的干扰量作用，使检测系统的输出结果不受被检测参数以外的干扰参数的影响，实现信号选择性。补偿结果输出 y 为

$$y = y_A - y_B = f_A(u_1 + \Delta u_1, u_2 + \Delta u_2) - f_B(u_1, u_2 + \Delta u_2) \tag{2-5}$$

上式按级数展开，并展开到 Δu_1 和 Δu_2 的二次项，可得到

$$y \approx f_A(u_1, u_2) + \frac{\partial f_A}{\partial u_1}\Delta u_1 + \frac{\partial f_A}{\partial u_2}\Delta u_2 + \frac{1}{2!}\left\{\frac{\partial^2 f_A}{\partial u_1^2}(\Delta u_1)^2 + 2\frac{\partial^2 f_A}{\partial u_1 \partial u_2}(\Delta u_1 \cdot \Delta u_2) + \frac{\partial^2 f_A}{\partial u_2^2}(\Delta u_2)^2\right\} - f_B(u_1, u_2) - \frac{\partial f_B}{\partial u_2}\Delta u_2 - \frac{1}{2!}\frac{\partial^2 f_B}{\partial u_2^2}(\Delta u_2)^2 \tag{2-6}$$

在 u_2 的变化范围内，补偿传感器 B 的输出特性若满足

$$f_B(u_1, u_2) = f_A(u_1, u_2) \tag{2-7}$$

即两传感器在干扰量变化范围内特性相同，那么两传感器输出对 u_2 的一次偏微分，二次偏微分也分别相同，则式(2-6)可简化成

$$y \approx \frac{\partial f_A}{\partial u_1}\Delta u_1 + \frac{1}{2}\frac{\partial^2 f_A}{\partial u_1^2}(\Delta u_1)^2 + \frac{\partial^2 f_A}{\partial u_1 \partial u_2}(\Delta u_1 \cdot \Delta u_2)^2 \tag{2-8}$$

式(2-8)中，Δu_2 的一次和二次项被抵消了，因此这种结构可以减少 Δu_2 的影响，实现对 u_2 的补偿。但式(2-8)中还有 $\Delta u_1 \cdot \Delta u_2$ 项，因此补偿不一定是完全的。

如果 $f(u_1, u_2)$ 是 u_1, u_2 单函数的线性组合，即

$$f(u_1, u_2) = af_1(u_1) + bf_2(u_2) \tag{2-9}$$

则可以实现对 u_2 的完全补偿，这是因为式(2-9)的二次偏微分为零。

如果 $f(u_1, u_2)$ 是 u_1, u_2 单函数的乘积时，即

$$f(u_1, u_2) = af_1(u_1) \cdot f_2(u_2) \tag{2-10}$$

则用上述差值补偿结构是不能实现完全补偿的。在这种情况下

$$f_A(u_1 + \Delta u_1, u_2 + \Delta u_2) = af_1(u_1 + \Delta u_1) \cdot f_2(u_2 + \Delta u_2) \tag{2-11}$$

$$f_B(u_1, u_2 + \Delta u_2) = af_1(u_1) \cdot f_2(u_2 + \Delta u_2) \tag{2-12}$$

取两传感器输出的比值作为补偿结果 y，则有

$$y = f_1(u_1 + \Delta u_1)/f_1(u_1) \tag{2-13}$$

补偿结果 y 中已不包含 Δu_2 的影响，实现了完全补偿。这种补偿方式称为比率补偿。其结构是将图 2-8 的两传感器输出信号的相减处理改为比值。

比较一下基本补偿和比率补偿的函数模型式(2-9)和式(2-10)，可以发现，它们分别属

于直接干扰输入和调制干扰输入的情况。

总之，利用补偿结构实现对干扰影响的补偿时，必须有检测干扰影响的传感器，而且补偿用传感器的特性在干扰量变化范围内应与检测用传感器特性相一致，对这一条件的满足程度决定了补偿精度。

2. 差动结构

差动结构可以看作是补偿结构的特例，是排除干扰、选择必要的测量参数的重要方法。如图 2-9 所示，差动结构的两传感要素一般采用空间对称结构形式，使测量参数反对称地发生作用，干扰或影响参数起对称作用，这样，当取两结构的差值时

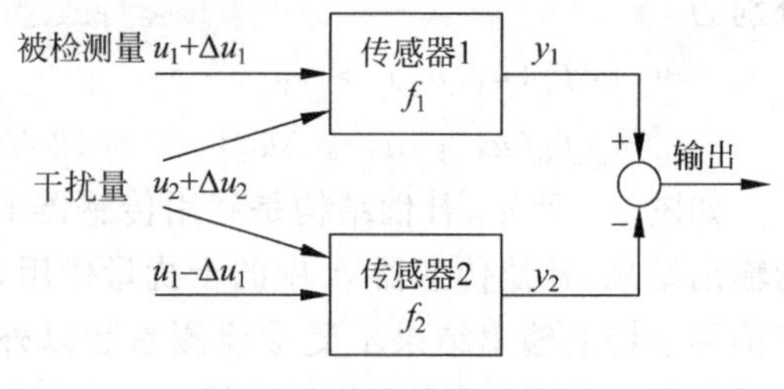

图 2-9 差动结构示意图

$$y=y_1-y_2=f_1(u_1+\Delta u_1,u_2+\Delta u_2)-f_2(u_1-\Delta u_1,u_2+\Delta u_2) \tag{2-14}$$

其中 Δu_1 反对称地作用于两个传感器。由于 f_1 和 f_2 的对称作用，可以保证

$$f_1(u_1,u_2)=f_2(-u_1,u_2) \tag{2-15}$$

同样将式(2-14)级数展开到二次项，得到

$$y \approx 2\frac{\partial f_1}{\partial u_1}\Delta u_1+2\frac{\partial^2 f_1}{\partial u_1 \partial u_2}(\Delta u_1 \cdot \Delta u_2) \tag{2-16}$$

与补偿结果式(2-8)相比，Δu_1 的二次项也抵消了，即差动结构起到了线性化的作用，也提高了对 Δu_1 的灵敏度。如果 u_1，u_2 是单函数的线性组合，式子中 u_2 的残存影响也可以完全消除。

差动结构的有利之处是，由于采取了对称结构，式(2-15)的条件能够严格满足，这一点与普通补偿结构不同，因此很容易实现高精度的检测结构。基于对称结构的差动检测有常见的天平、电桥、差动变压器等，这些都是经典的高精度检测结构模式。

总之，差动原理利用了对称与反对称的输入输出特性，在消除共模干扰、降低漂移、提高灵敏度、改善线性关系等方面有明显效果，是常见的、基本的检测结构。

2.5 提高检测精度的方法

上述基于补偿、差动等结构方式分离被检测信号与噪声干扰的方法利用了检测系统的静态特性。下面介绍利用检测系统的动态特性，也就是利用信号与噪声在时域和频域上的不同特性实现信号选择功能的基本方法。这些方法也是提高检测精度、抗噪声干扰的基本方法。

2.5.1 时域信号选择方法

时域信号选择方法有基于同步加算的去噪方法和基于响应速度的分离方法。

1. 基于同步加算的去噪方法

信号一般有周期性，而噪声是随机变化的，如果进行同步加算，即使是埋没在噪声中的微弱信号也能够被检测出来。

如图 2-10 所示，虚线表示信号波形。根据随机误差分析结果可知，当加算次数为 N 时，信号成分变成 N 倍，噪声只有 $\sqrt{N}$ 倍，信号噪声比 S/N 改善了 $\sqrt{N}$ 倍。

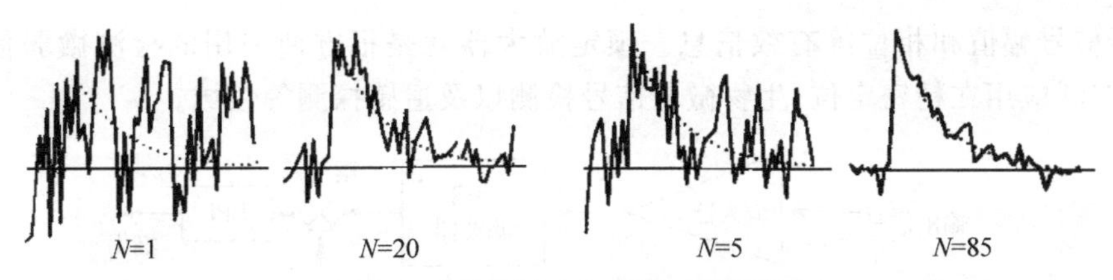

图 2-10 基于同步加算的去噪结果

2. 基于响应速度的分离方法

例如气相色谱分析仪，它是用来分离多成分混合气体，并进行成分定性定量分析的仪器，其基本原理见第 9 章。色谱柱内填充的吸附剂对不同成分的吸附能力不同，吸附力最强的首先被吸附停留在柱的入口端，吸附力较弱的被吸附停留在柱的下端（出口端），即吸附反应时间不同。用适当的流动相冲洗色谱柱，不同的吸附层可以使各组分以不同的速度先后流出柱外，这样就达到了在时间轴上分离不同成分的反应信号的目的。

2.5.2 频域信号选择方法

频域信号选择方法有滤波放大与调频放大方法，陷波放大方法和锁定放大方法。

1. 滤波放大与调频放大方法

信号和噪声所占有的频率段不同时，利用滤波器可以很容易地将两者分离开，这称为滤波放大方法。当信号和噪声的频率段接近时，先将信号频带移动到噪声功率较小的频率段，再分离噪声，即进行信号调制和解调，如图 2-11 所示，称为调频放大方法。

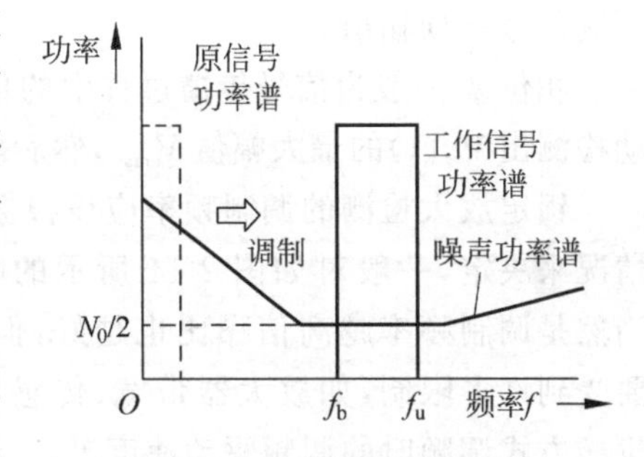

图 2-11 调频带通放大原理

2. 陷波放大方法

如图 2-12 所示，当噪声信号频带非常窄时可以采用陷波放大的方法。如来自交流整流的直流电源，或在附近有大型电机运转的情况下，商用电源频率及其高次谐波的噪声干扰很强。因为这种噪声频带相当窄，尽管信号频带与此重叠，窄带陷波对信号歪曲变形影响很小，可以忽视。

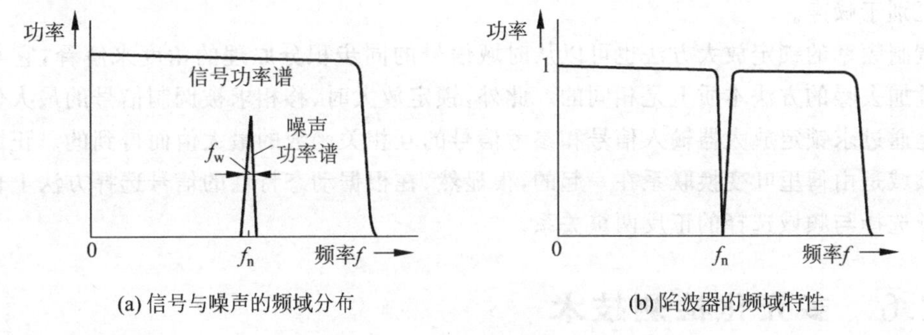

(a) 信号与噪声的频域分布　　(b) 陷波器的频域特性

图 2-12 陷波放大原理

3. 锁定放大方法

如图 2-13 所示，检测埋没在噪声中的微弱信号时，可以主动调制信号，抑制噪声，专门提取微弱信号幅值和相位等有效信息。锁定放大器就是很方便使用的检测微弱信号的装置,已被广泛应用在精密定位、生物微弱信号检测以及遥感探测等领域。

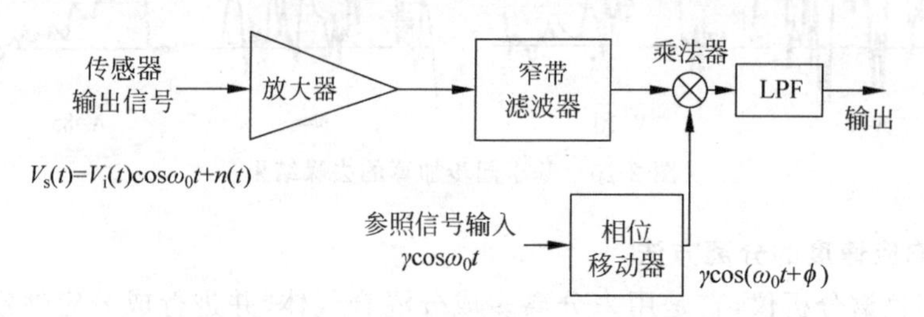

图 2-13 基于锁定放大器的微弱信号检测原理

设调制频率为 ω_0,调制后的信号为 $V_i(t)\cos\omega_0 t$,传感器输出信号 $V_s(t)$ 为

$$V_s(t)=V_i(t)\cos\omega_0 t+n(t) \tag{2-17}$$

$n(t)$ 是噪声,调制后的信号与参考信号经过乘法器相乘得

$$\begin{aligned} V_0(t)&=\gamma\cos(\omega_0 t+\phi)[V_i(t)\cos\omega_0(t)+n(t)] \\ &=\frac{\gamma}{2}V_i(t)[\cos\phi+\cos(2\omega_0 t+\phi)]+\gamma n(t)\cos(\omega_0 t+\phi) \end{aligned} \tag{2-18}$$

噪声与信号不相关时,式(2-18)的第二项为 0,再经低通滤波除去 $2\omega_0$ 的信号成分,只有被调制信号一项输出。

相位 ϕ 一般为信号传播过程中的信号迟延,不等于 0。因此将参照信号的相位逐渐移动检测出 $V_0(t)$ 的最大幅值 V_{max},然后求其与最初的 $V_0(t)$ 的比值,可以得到 $\cos\phi$。

锁定放大检测的调制频率应该根据噪声频谱分布情况来决定,一般对如图 2-14 所示的噪声频谱来说,当然是调制频率越高信噪比也越好,但在实际问题中要受到许多限制,如放大器带宽、传感器的反应速度、机械方式调频时的调频驱动速度等。

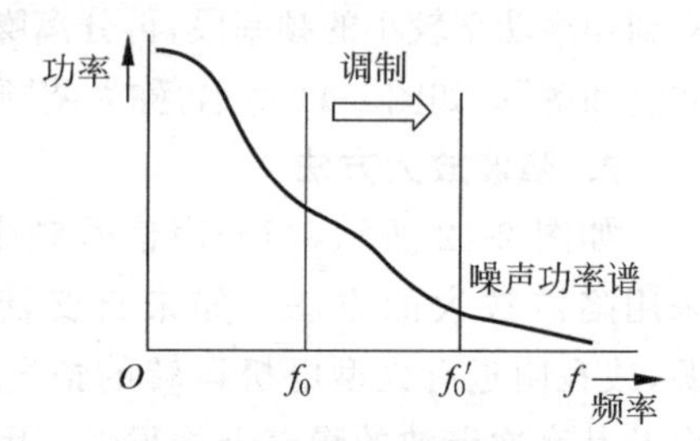

图 2-14 锁定放大检测的调制频率决定方法

信号调频可以在输入端进行,也可以在信号传输过程中进行,这要根据干扰噪声混进的部位来决定,搞清楚主要噪声的来源,在噪声混入前调制信号才能使信号区别于噪声。

调制频率的锁定放大方法也可以从时域信号的同步积分原理的角度来解释,它与时域信号叠加去噪的方法本质上是相同的。此外,锁定放大时,移相求被调制信号的最大值本质上也是通过求锁定放大器输入信号和参考信号的互相关函数的最大值而得到的。正因为时域与频域是由傅里叶变换联系在一起的,很显然,在根据动态特性的信号选择方法上也体现了时域选择与频域选择的正反两重关系。

2.6 多元化检测技术

信号转换是检测系统的最前端部分,在复杂的检测系统中,往往是检测信号里已包含了所需要的信息,但并不能直接反映所需要的信息。而且在检测精度要求高的情况下,作为信号转换的传感器往往不止一个。使用多个传感器或不同类型的传感器群，实现高度智能检测功能，是检测技术发展的必然趋势。

随着半导体材料及计算机技术的发展，促使人们对复杂问题的智能检测系统的需求越来越大，并且使多元化检测成为可能。

智能检测一般包括干扰量的补偿处理，输入输出特性的线性化改善（特性补偿），以及自动校正、自动设定量程、自诊断、分散处理等，这些智能检测功能可以通过传感元件与信号处理元件的功能集成来实现。总的来说，功能集成型智能化的发展与变迁仍然属于实现自动、省力功能的阶段。

随着智能化程度的提高，由功能集成型已渐渐发展成为功能创新型，如复合检测、成像、特征提取及识别等，即运用多个传感器自身的形态和并行检测结构进行信号处理以得到新的信息，从而实现高度的智能化检测。这里用"多元化检测"代表这一类智能检测方法。

2.6.1　多元检测与检测方程式

在多传感器的多元检测问题中，设被检测量为 $\boldsymbol{X}=(x_1,x_2,\cdots,x_n)$，传感器输出为 $\boldsymbol{Y}=(y_1,y_2,\cdots,y_k)$，多元检测可以用联立检测方程式

$$y_i=f_i(x_1,x_2,\cdots,x_n)\quad(i=1,2,\cdots,k)\tag{2-19}$$

或

$$\boldsymbol{Y}=\boldsymbol{H}\boldsymbol{X}\tag{2-20}$$

来表示。f_i 可能是线性函数或非线性函数，非线性函数的情况较多。多传感器输入输出特性 f_i 可能是根据物理法则理论上已经确定的关系，即正变换关系 $\boldsymbol{HX}\Rightarrow\boldsymbol{Y}$，也可能是通过标定实验，以标定数据的形式决定的。测量多传感器输出信号，经过信号处理，求被检测量 $\boldsymbol{X}$，也就是求反变换 $\boldsymbol{H}^{-1}\boldsymbol{Y}\Rightarrow\boldsymbol{X}$。

如果矩阵 $\boldsymbol{H}$ 的阶数等于 n，那么形式上可以求得 n 个 $(x_1,x_2,\cdots,x_n)$

$$\boldsymbol{X}=\boldsymbol{H}^{-1}\boldsymbol{Y}\tag{2-21}$$

如果矩阵 $\boldsymbol{H}$ 的阶数大于 n，则根据最小二乘法也可以求得

$$\boldsymbol{X}=(\boldsymbol{H}^{\mathrm{T}}\boldsymbol{H})^{-1}\boldsymbol{H}^{\mathrm{T}}\boldsymbol{Y}\tag{2-22}$$

作为多元检测方程式的特殊形式，当被检测量 $\boldsymbol{X}=(x_1,x_2,\cdots,x_n)$ 的一部分为干扰变量时，比如

$$\boldsymbol{X}=\begin{bmatrix}x\\u\end{bmatrix},\quad\boldsymbol{Y}=\begin{bmatrix}y_1\\y_2\end{bmatrix},\quad\boldsymbol{H}=\begin{bmatrix}a_1&b\\a_2&b\end{bmatrix}\tag{2-23}$$

此时，被检测量

$$x=\frac{y_1-y_2}{a_1-a_2}\tag{2-24}$$

这是有关差动检测结构的多元检测方程式的解。

一般情况下，看上去只有一个被检测量的检测系统中，严格地说，应该是除被检测量以外的变量一定不变，或被控制成一定值，这些定值通过校正或别的检测已被代入而已。如果把校正看成检测的一部分，实质上就等于在进行多元检测。可以归结为多元检测的例子有很多。例如，传感器的温度特性补偿一般采用差动法，抵消温度的影响，这时并没有意识到

多元检测。但是当采用单片机进行智能温度误差校正时，附加温度传感器，对每个传感器的温度特性事先进行测试分析，就明显成为多元检测的问题了。

2.6.2 多元复合检测

在多元检测系统中，若被检测量有 n 个，那么最少需要 n 个独立的检测方程式。如果一种检测方法决定一个检测方程式，那么为给出 n 个独立的检测方程式是不是需要 n 种检测方法呢？这要看这 n 种检测方法给出的检测方程式是否是独立的。一般来说，找出 n 种具有独立的检测方程的检测方法不是一件容易的事。

但是在非线性多元检测系统中，独立的检测方程式的个数不够时，可以给未知参数加上已知量，采用同一检测原理，构成另一检测方程。这种利用非线性响应特性，不增加新检测原理而增加独立方程式的方法是方便实用的多元检测方法。下面以吹气式液位检测为例说明这种复合检测问题。

吹气式液位计的原理见第 7 章，是通过测量导管内的压力 p 进而检测液位 h。设液体密度为 ρ，重力加速度为 g，则有

$$p=\rho gh \tag{2-25}$$

g 可视为常数，ρ 可能未知或在检测过程中有所变动。为确保 h 的选择性，需要建立不受 ρ 影响的液位检测方法。当然随时抽样检测密度 ρ，以校正测量系统的比例参数的方法也是可以考虑的。

如果采用如图 2-15 所示的复合检测办法就可以排除 ρ 的影响。在未知量 h 上加上或减去一已知量 d，构成两个原理相同的检测结构，其对应的检测方程式分别为

$$p_1=\rho gh \tag{2-26}$$

$$p_2=\rho g(h+d) \tag{2-27}$$

这是两个相互独立的方程式，解联立方程可得

$$h=\frac{p_1}{p_1-p_2}d \tag{2-28}$$

根据直接检测得到的 p_1、p_2 及已知量 d 可以求得液位 h。

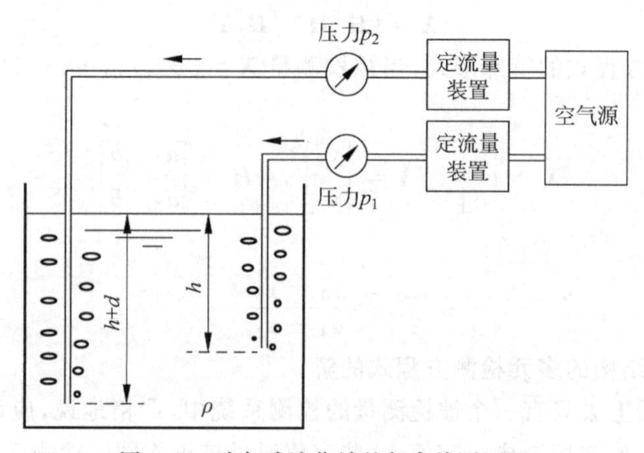

图 2-15 吹气式液位计的复合检测原理

2.6.3　多元识别检测

下面以多传感器气体成分分析为例来说明多元识别检测问题。

图 2-16 是以金属氧化物半导体膜为主的多传感器气体成分分析系统，它是多传感器集成，并将信号处理芯片集成在一起的智能化多元检测的典型实例。尽管传感器个数可能少于被检测气体种类，但是多传感器对多成分气体的反应交叉灵敏性是非线性的，利用特征提取和模式识别的方法，可以识别未知气体的种类。

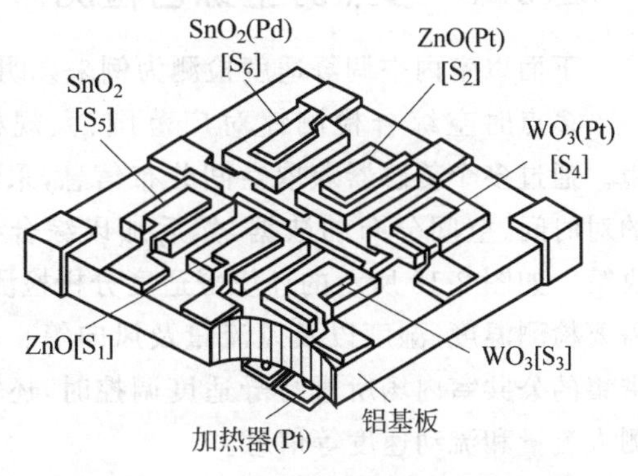

图 2-16　多传感器气体成分分析系统

如图 2-17 所示，首先将六种厚膜材料构成的传感器阵列对七种气体的反应标准模式（排除了气体浓度影响的反应模式）作为校正数据记忆起来，使它们分别与未知气体的反应模式相比较，再计算相似度（如距离、夹角或相关系数等），识别未知气体的种类。同时利用对所识别气体灵敏度高的传感器的输出，再根据传感器输出信号随气体浓度的指数而变化的反应模型，可以进一步定量分析所识别的气体浓度。

其中膜传感器的种类有 $S_1(ZnO)$、$S_2(ZnO+P_t)$、$S_3(WO_3)$、$S_4(WO_3+P_t)$、$S_5(SnO_2)$、$S_6(SnO_2+Pd)$ 六种。被检测气体的种类为 $g_1(C_7H_8O)$、$g_2(C_5H_{10})$、$g_3(C_8H_{18})$、$g_4(C_8H_{21})$、$g_5(H_2S)$、$g_6(C_{10}H_{20}O)$、$g_7(NH_3)$ 七种。纵坐标$[G/G_0]$为电导率的比值。

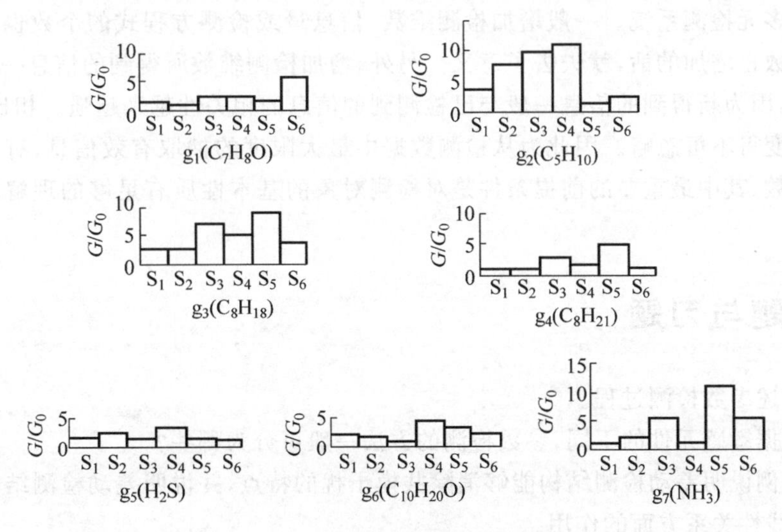

图 2-17　多传感器阵列的反应模式

这种气体反应膜的特点是加工比较容易，工作原理相似，对气体反应存在交叉灵敏性。此时，如果不增加膜的种类而要识别多种气体，如用一种厚膜传感器检测两三种气体时，可以采取如下方法增加传感器的特征参数：利用传感器的动态及静态特性参数，如响应速度、达到平衡时的输出等；利用传感器的可调特征参数，如传感器上方保护膜的筛孔大小、膜的厚度及加工方法，以及主动调制工作温度等。

需要注意的是，增加的传感器特征参数对气体反应的交互敏感仍然要互相独立，否则不能增加用于识别气体的信息量，也不能利用冗余度减少浓度测量误差等。

2.6.4 多点时空综合检测

下面以室内空调舒适度检测为例来说明多点时空综合检测问题。

多点时空综合检测针对广范围、大规模的环境。通过多个传感器获取空间分布信息，采集必要的对时间、空间分布的数据，然后加以综合处理及决策。如图2-18所示的环境舒适度分析检测系统，需要检测温度、湿度以及风流量及风向等。在人流密集的公共室内场所进行舒适度调控时，还需要检测人流量和流动速度等信息。

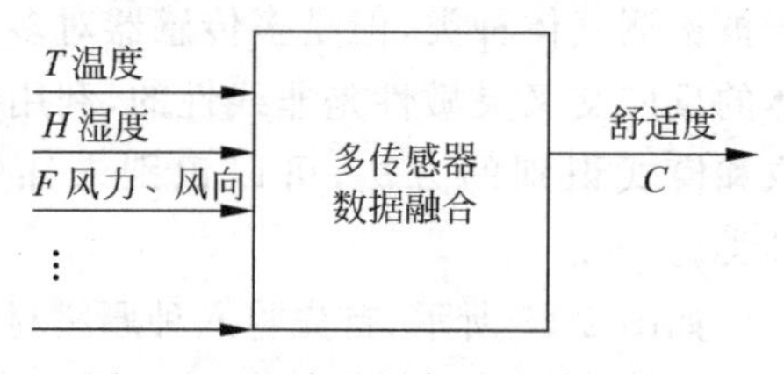

图2-18 室内空调舒适度检测框图

类似舒适度这样的综合指标，一般对各个可测量参数来说是单峰或多峰的非线性函数。比如，温度湿度各有最舒适的取值范围，风力以 $1/f$ 颤动最为舒适，热气流自下而上，冷气流自上而下比较舒适等。

根据三维空间内的各参数分布情况来控制通风、加热等。对单峰或多峰的非线性函数一般采用标定点和内插处理的方法，对 $1/f$ 颤动或人流量采取模糊记述方法等进行综合信息处理。

最后有必要指出，在检测原理中，多元化、智能化是在有着本质的需求之上发展起来的，通过多元化、智能化发掘了检测系统的新功能。当然也有一些为消除传感器的不确定性而发展起来的多元检测系统。一般增加检测维数，信息量或检测方程式的个数也增加。但是如果未知参数也增加的话，就失去了意义。另外，增加检测维数所得到的信息一般随维数的增大而减少，因为新得到的信息一般与已检测到的信息的相关性越来越强。相比之下，噪声信号的影响变得不可忽略。因此为从检测数据中最大限度的抽取有效信息，有必要优化检测系统的维数，其中最重要的前提条件是对检测对象的基本性质有足够的理解和充分的实验分析数据。

思考题与习题

2-1 简述参数检测过程。

2-2 根据敏感元件的不同，参数检测的方法一般可分为哪些？

2-3 举例说明差动检测结构能够消除共模干扰的特点，并说明差动检测结构在提高灵敏度和改善线性关系方面的作用。

2-4 说明锁定放大原理在检测系统中的作用。

2-5 利用检测方程式说明补偿结构的特点。

2-6 举例说明主动检测与被动检测的区别。

2-7 总结多元检测的优势所在。

第3章 检测仪表基础知识

CHAPTER 3

在自动控制系统中，检测仪表完成对各种过程参数的测量，并实现必要的数据处理。用来将这些参数转换为一定的便于传送的信号的仪表通常称为传感器。当传感器的输出为规定的标准信号时，通常称为变送器。本章主要介绍检测仪表分类、测量误差、检测仪表基本概念以及常用的评价仪表性能优劣的指标。

3.1 检测仪表分类

检测仪表按照技术特点或使用范围的不同有各种分类方法，以下是常见的分类方法。

1. 按被测参数分类

每个检测仪表一般被用来测量某个特定的参数，根据这些被测参数的不同，检测仪表可分为温度检测仪表、压力检测仪表、流量检测仪表、物位检测仪表等。

2. 按对被测参数的响应形式分类

检测仪表可分为连续式检测仪表和开关式检测仪表。

前者是指检测仪表的输出值随被测参数的变化连续地改变。例如，常见的水银温度计，当温度计附近温度发生变化时，温度计中的水银因热胀冷缩而导致水银柱高度的变化，从而改变了温度计的读数，因此，这是一种连续式的检测仪表。

开关式检测仪表是指在被测参数整个变化范围内其输出响应只有两种状态，这两种状态可以是电路的"通"或"断"，可以是电压或空气压力的"高"或"低"。例如，冰箱压缩机的间歇启动，电饭煲的自动保温等都是利用开关式温度仪表实现的。

3. 按仪表使用的能源和主要信息类型分类

检测仪表可分为机械式仪表、电式仪表、气式仪表和光式仪表。

机械式仪表一般不需要使用外部能源，通常利用敏感元件的位移带动仪表的传动机构，使指针产生偏转，通过仪表盘上的刻度显示被测参数的大小。这种仪表一般安装在现场，属就地显示式仪表。如弹簧管压力表。

电式仪表又称电动仪表，这类检测仪表用电源作为能源，其输出信号也是电信号。电动仪表所使用的电源电压和标准传输信号主要有两种：一是电源电压24V DC，标准传输信号4～20mA DC，1～5V DC；二是电源电压220V AC，标准传输信号0～10mA DC。现在绝大部分使用的检测仪表都为电式仪表，因为电式仪表所需电源容易得到，输出信号可以方便地传输和显示。信号的远传采用导线，成本较低；但较气动仪表防爆能力差。

气式仪表又称气动仪表，用净化的压缩空气作为能源并进行信号的传递。气源压力为140kPa(0.14MPa)，标准传输信号为20～100kPa(0.02～0.1MPa)。由于仪表中没有使用电源，这类仪表可以使用在周围环境有易燃易爆气体或粉尘的场所。但是用压缩空气传递信号滞后比较大。传递信号的气管路上的任何泄漏或堵塞会导致信号的衰减或消失。

光式仪表是近年来发展起来的一种新型检测仪表，它不仅有气式仪表的优点，而且信号传递的速度非常快。目前，光电结合形成了新的光电式仪表，它充分利用了光的良好的抗干扰和绝缘隔离能力，以及电的易放大和处理能力强的特点，实现仪表的信号处理、信号隔离、信号传输和信号显示。

4. 按是否具有远传功能分类

检测仪表可分为就地显示仪表和远传式仪表。有些检测仪表的敏感元件与显示是一个整体，例如，日常生活中经常看到的玻璃温度计；有些检测仪表的敏感元件将被测参数转换成位移量，而位移的变化进一步通过机构装置带动指针或机械计数装置直接指示被测参数的大小，例如，家用水表、电表、弹簧管压力表，把这类仪表称为就地显示仪表。就地显示仪表的特点是显示装置与敏感元件不能分离，仪表不具有其他形式的输出功能。

远传式仪表是指显示装置可以远离敏感元件。在这种检测仪表中，敏感元件在信息变换后，进一步进行信号的放大和转换，使之成为可以远传的信号。远传信号的形式一般有空气压力、电压、电流、电抗、光强等。随着科学技术的发展，远传信号还可以是无线的。为了便于现场观察和维护，有些远传式检测仪表不仅能将信号远传，在远距离显示被测参数值，就地也有相应的显示装置。

5. 按信号的输出(显示)形式分类

检测仪表可分为模拟式仪表和数字式仪表。

模拟式仪表指仪表的输出或显示是一个模拟量，我们通常看到的指针式显示仪表，如电压表、电流表等均为模拟式仪表。

数字式仪表是指仪表的显示直接以数字(或数码)的形式给出，或是以二进制等编码形式输出和传输。

由于目前绝大多数的敏感元件、传感器以及变送器都是模拟式的，所以在数字式仪表中一般要有模/数(A/D)转换器件，实现从模拟信号到数字信号的变换。也有一些传感器的输出直接是数字量，而不需要A/D转换，例如，用来测风速的风速仪将风速转换成叶片的转动速度，而叶片每转动一周，风速仪就输出一个脉冲，其频率正比于风速的大小。随着计算机技术的应用日益普遍，数字式仪表将迅速增多。

另外，为了满足不同使用者的需要，有些仪表既有数字功能，同时又有模拟式仪表的功能。例如，现在使用的很多变送器除了有现场数字显示(参数设定)功能外，还能产生可以远传的4～20mA的模拟信号。这类仪表一般也归为数字仪表，但严格说应该是数字-模拟混合型仪表。20世纪90年代发展起来的总线式仪表被认为是全数字式的仪表。

6. 按使用的场所分类

检测仪表按照其所使用的场所也有各种分类方法。

根据安装场所有无易燃易爆气体及危险程度，检测仪表有普通型，隔爆型及本安型(安全火花型)。

产生爆炸必须同时存在三个条件：(1)存在可燃性气体或蒸气；(2)上述物质与空气混合且其浓度在爆炸极限以内；(3)有足以点燃爆炸性混合物的火花、电弧或高温。防止爆炸就要使上述三个条件同时出现的可能性减到最小程度。可燃性气体、蒸气与空气的混合物浓度高于其爆炸上限或低于其爆炸下限时，都不会发生爆炸。国际上主要工业国家对爆炸性危险场所都有标准划分，针对不同的场所，仪表有不同的形式。

普通型仪表不考虑防爆措施，只能用在非易燃易爆场所；隔爆型仪表又称为耐压防爆型仪表，这类仪表在其内部电路和周围易燃介质之间采取了隔爆措施。它把能点燃爆炸性混合物的仪表部件封闭在一个外壳内，这个外壳特别牢固，能承受内部爆炸性混合物的爆炸压力，并阻止向壳外的爆炸性混合物传爆。这种仪表各部件的接合面都有严格的防爆要求，允许使用在有一定危险性的环境里；本安型(安全火花型)仪表依靠特殊设计的电路保证在正常工作及意外故障状态下都不会引起燃爆事故，可用在易燃易爆严重的场所，适用于一切危险场所而不会引燃爆炸性混合物。

根据使用的对象不同，检测仪表有民用的、工业用的和军事用的。民用仪表一般在常温、常压下工作，对仪表的准确度要求较低。工业用仪表由于应用场合的千差万别，一般对仪表测量对象的温度、压力、腐蚀性有各自的规定，从而出现了许多系列仪表，如耐高温仪表、耐腐蚀仪表、防水仪表等。工业仪表一般对仪表准确度和可靠性均有较高要求。军事用仪表的性能有更高的要求，除了工业用仪表中要考虑的各种因素外，还要特别考虑仪表的抗震性能、抗电磁干扰性能，另外还要求仪表有很高的可靠性和较短的响应时间。

7. 按仪表的结构方式分类

检测仪表可分为开环型检测仪表与闭环型检测仪表。见2.3节。

3.2　测量误差

视频讲解

测量过程就是将被测物理量转换为转角、位移、能量等的过程，而检测仪表就是实现这一过程的工具。

在工程技术和科学研究中，对一个参数进行测量时，总要提出如下问题：所获得的测量结果是否就是被测参数的真实值？它的可信赖程度究竟如何？

人们对被测参数真实值的认识，虽然随着实践经验的积累和科学技术的发展会越来越接近，但绝不会达到完全相等的地步，这是由于测量过程中始终存在着各种各样的影响因素。例如，没有考虑到某些次要的、影响小的因素，对被测对象本质认识的不够全面，采用的检测工具不十分完善，以及观测者技术熟练程度不同等，均可使获得的测量结果与真实值之间总是存在着一定的差异，这一差异就是误差。可见，在测量过程中自始至终存在着误差。

仪表指示的被测值称为示值，它是被测量真值的反映。被测量真值是指被测物理量客观存在的真实数值，严格地说，它是一个无法得到的理论值，因为无论采用何种仪表测到的值都有误差。实际应用中常用精度较高的仪表测出的值，称为约定真值来代替真值。例如，使用国家标准计量机构标定过的标准仪表进行测量，其测量值即可作为约定真值。

由仪表读得的被测值和被测量真值之间，总是存在一定的差距，这就是测量误差。

测量误差通常有两种表示方法，即绝对误差和相对误差。

3.2.1 绝对误差

绝对误差是指仪表指示值与公认的约定真值之差，即

$$\Delta = x - x_0 \tag{3-1}$$

式中，Δ——绝对误差；

x——示值，被校表的读数值；

x_0——约定真值，标准表的读数值。

绝对误差又可简称为误差。绝对误差是可正可负的，而不是误差的绝对值，当误差为正时表示仪表的示值偏大，反之偏小。绝对误差还有量纲，它的单位与被测量的单位相同。

仪表在其测量范围内各点读数绝对误差的最大值称为最大绝对误差，即

$$\Delta_{\max} = (x - x_0)_{\max} \tag{3-2}$$

3.2.2 相对误差

为了能够反映测量工作的精细程度，常用测量误差除以被测量的真值，即用相对误差来表示。相对误差也具有正负号，但无量纲，用百分数表示。由于真值不能确定，因此实际上是用约定真值。在测量中，由于所引用真值的不同，所以相对误差有以下两种表示方法：

实际相对误差

$$\delta_{实} = \frac{\Delta}{x_0} \times 100\% = \frac{x - x_0}{x_0} \times 100\% \tag{3-3}$$

示值相对误差

$$\delta_{示} = \frac{\Delta}{x} \times 100\% = \frac{x - x_0}{x} \times 100\% \tag{3-4}$$

示值相对误差也称为标称相对误差。

3.2.3 基本误差与附加误差

任何测量都与环境条件有关。这些环境条件包括环境温度、相对湿度、电源电压和安装方式等。

仪表应用时应严格按规定的环境条件即参比工作条件进行测量，此时获得的误差称为基本误差。在非参比工作条件下测量所得的误差，除基本误差外，还会包含额外的误差，称为附加误差，即

$$误差 = 基本误差 + 附加误差 \tag{3-5}$$

以上讨论都是针对仪表的静态误差，即仪表静止状态时的误差，或变化量十分缓慢时所呈现的误差，此时不考虑仪表的惯性因素。仪表还有动态误差，动态误差是指仪表因惯性延迟所引起的附加误差，或变化过程中的误差。

3.3 检测仪表基本概念及性能指标

下面讨论和介绍测控仪表基本概念，以及常用的评价仪表性能优劣的指标，包括测量范围、上下限及量程，零点迁移和量程迁移，灵敏度、分辨率及分辨力，线性度，精度和精度等级等。

3.3.1 测量范围、上下限及量程

视频讲解

每台用于测量的仪表都有测量范围，定义如下：

测量范围就是指仪表按规定的精度进行测量的被测量的范围。

测量范围的最大值称为测量上限值，简称上限。

测量范围的最小值称为测量下限值，简称下限。

仪表的量程可以用来表示其测量范围的大小，是其测量上限值与下限值的代数差，即

$$量程=测量上限值-测量下限值 \tag{3-6}$$

例 3-1 一台温度检测仪表的测量上限值是500℃，下限值是－100℃，则其测量范围和量程各为多少？

解 该仪表的测量范围为－100℃～500℃。

$$量程=测量上限值-测量下限值=500℃-(-100℃)=600℃$$

仪表的量程在检测仪表中是一个非常重要的概念，它与仪表的精度、精度等级及仪表的选用都有关。

仪表测量范围的另一种表示方法是给出仪表的零点及量程。仪表的零点即仪表的测量下限值。由前面的分析可知，只要仪表的零点和量程确定了，其测量范围也就确定了。这是一种更为常用的表示方法。

例 3-2 一台温度检测仪表的零点是－50℃，量程是300℃，则其测量范围为多少？

解 零点是－50℃，说明其测量下限值为－50℃。

由

$$量程=测量上限值-测量下限值$$

有

$$测量上限值=量程+测量下限值=300℃+(-50℃)=250℃$$

这台温度检测仪表的测量范围为－50℃～250℃。

3.3.2 零点迁移和量程迁移

视频讲解

在实际使用中，由于测量要求或测量条件的变化，需要改变仪表的零点或量程，可以对仪表的零点和量程进行调整。

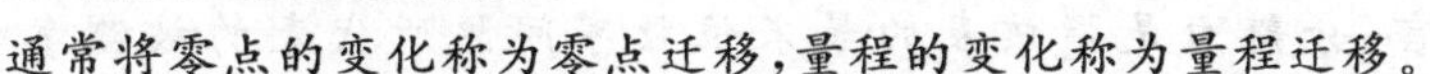

通常将零点的变化称为零点迁移，量程的变化称为量程迁移。

以被测变量相对于量程的百分数为横坐标，记为 X，以仪表指针位移或转角相对于标尺长度的百分数为纵坐标，记为 Y，可得到仪表的输入输出特性曲线 X-Y。假设仪表的特性曲线是线性的，如图 3-1 中线段 1 所示。

单纯零点迁移情况如图 3-1 中线段 2 所示。此时仪表量程不变，其斜率也保持不变，线段 2 只是线段 1 的平移，理论上零点迁移到了原输入值的－25%，上限值迁移到了原输入值的 75%，而量程则仍为 100%。

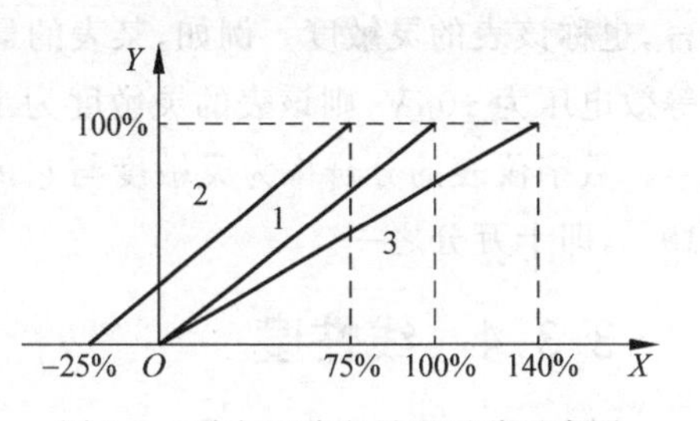

图 3-1 零点迁移和量程迁移示意图

单纯量程迁移情况如图 3-1 中线段 3 所示。此时仪表零点不变，线段仍通过坐标系原点，但斜率

发生了变化,上限值迁移到了原输入值的140%,量程变为140%。

零点迁移和量程迁移可以扩大仪表的通用性。但是,在何种情况下可以进行迁移,以及能够有多大的迁移量,还需视具体仪表的结构和性能而定。

视频讲解

3.3.3 灵敏度、分辨率及分辨力

用来描述仪表的灵敏程度和分辨能力的性能指标是灵敏度、分辨率和分辨力。

1. 灵敏度

灵敏度 S 是表示仪表对被测量变化的灵敏程度,常以在被测量改变时,经过足够时间仪表指示值达到稳定状态后,仪表输出的变化量 Δy 与引起此变化的输入变化量 Δx 之比,即

$$S=\frac{\Delta y}{\Delta x} \tag{3-7}$$

由上面的定义可知,灵敏度实际上是一个有量纲的放大倍数。在量纲相同的情况下,仪表灵敏度的数值越大,说明仪表对被测参数的变化越灵敏。

若为指针式仪表,则灵敏度在数值上等于单位被测参数变化量所引起的仪表指针移动的距离(或转角)。

灵敏度即为图3-1中的斜率,零点迁移灵敏度不变,而量程迁移则意味着灵敏度的改变。

2. 分辨率

分辨率又称灵敏限,是仪表输出能响应和分辨的最小输入变化量。

通常仪表的灵敏限不应大于允许绝对误差的一半。从某种意义上讲,灵敏限实际上是死区。

分辨率是灵敏度的一种反映,一般说仪表的灵敏度高,其分辨率也高。在实际应用中,希望提高仪表的灵敏度,从而保证其有较高的分辨率。

上述指标适用于指针式仪表,在数字式仪表中常常用分辨力来描述仪表灵敏度(或分辨率)的高低。

3. 分辨力

对于数字式仪表而言,分辨力是指该表的最末位数字间隔所代表的被测参数变化量。

如数字电压表末位间隔为10μV,则其分辨力为10μV。对于有多个量程的仪表,不同量程的分辨力是不同的,相应于最低量程的分辨力称为该表的最高分辨力,对数字仪表而言,也称该表的灵敏度。例如,某表的最低量程是0～1.00000V,显示六位数字,末位数字的等效电压为10μV,则该表的灵敏度为10μV。

数字仪表的分辨率为灵敏度与它的量程的相对值。上述仪表的分辨率为10μV/1V=10^{-5},即十万分之一。

3.3.4 线性度

线性度又称为非线性误差。

对于理论上具有线性特性的检测仪表，往往由于各种因素的影响，使其实际特性偏离线性，如图3-2所示。线性度是衡量实际特性偏离线性程度的指标，其定义为：仪表输出-输入校准曲线与理论拟合直线之间的绝对误差的最大值Δ'_{max}与仪表的量程之比的百分数，即

$$非线性误差=\frac{\Delta'_{max}}{量程}\times 100\% \tag{3-8}$$

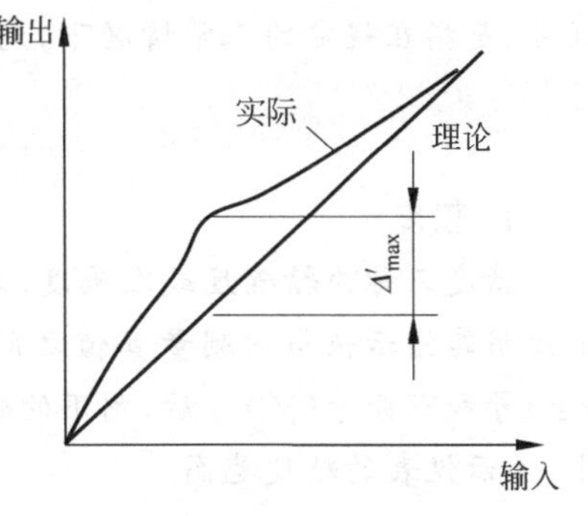

图3-2 线性度示意图

3.3.5 精度和精度等级

视频讲解

既然任何测量过程中都存在测量误差，那么在应用测量仪表对工艺参数进行测量时，不仅需要知道仪表的指示值，还应知道该测量仪表的精度，即所测量值接近真实值的准确程度，以便估计测量误差的大小，进而估计测量值的大小。

测量仪表在其测量范围内各点读数的绝对误差，一般是标准表和被校表同时对一个参数进行测量时所得到的两个读数之差。由于仪表的精确程度（准确程度）不仅与仪表的绝对误差有关，还与仪表的测量范围有关，因此不能采用绝对误差来衡量仪表的准确度。例如，在温度测量时，绝对误差$\Delta=1℃$，对体温测量来说是不允许的，而对测量钢水温度来说却是一个极好的测量结果。又例如，有一台金店用的秤，其测量范围为0～100g，另一台人体秤，测量范围为0～100kg，如果它们的最大绝对误差都是±10g，则很明显人体秤更准确。就是说，采用绝对误差表示测量误差，不能很好地说明测量质量的好坏。两台测量范围不同的仪表，如果它们的最大绝对误差相等，那么测量范围大的仪表较测量范围小的精度高。

那么是否可以用相对误差来衡量仪表的准确度呢？相对误差可以用来表示某次测量结果的准确性，但测量仪表是用来测量某一测量范围内的被测量，而不是只测量某一固定大小的被测量的。而且，同一仪表的绝对误差，在整个测量范围内可能变化不大，但测量值变化可能很大，这样相对误差变化也很大。因此，用相对误差来衡量仪表的准确度是不方便的。为方便起见，通常用引用误差来衡量仪表的准确性能。

1. 引用误差

引用误差δ又称为相对百分误差，用仪表的绝对误差Δ与仪表量程之比的百分数来表示，即

$$\delta=\frac{\Delta}{量程}\times 100\% \tag{3-9}$$

2. 最大引用误差

仪表在其测量范围内的最大绝对误差Δ_{max}与仪表量程之比的百分数来表示，即

$$\delta_{max}=\frac{\Delta_{max}}{量程}\times 100\% \tag{3-10}$$

3. 允许的最大引用误差

根据仪表的使用要求，规定一个在正常情况下允许的最大误差，这个允许的最大误差就称为允许误差（$\Delta_{max允}$）。允许误差与仪表量程之比的百分数表示就是仪表允许的最大引用

误差，是指在规定的正常情况下，允许的相对百分误差的最大值，即

$$\delta_{允}=\frac{\Delta_{max允}}{量程}\times 100\% \tag{3-11}$$

4. 精度

精度又称为精确度或准确度，是指测量结果和实际值一致的程度，是用仪表误差的大小来说明其指示值与被测量真值之间的符合程度。通常用允许的最大引用误差去掉正负号(±)号和百分号(%)号后，剩下的数字来衡量。其数值越大，表示仪表的精度越低，数值越小，表示仪表的精度越高。

5. 精度等级

按照仪表工业的规定，仪表的精度划分为若干等级，称精度等级。

我国常用的精度等级有：

0.005,0.01,0.02,0.05,	0.1,0.2,(0.4),0.5,	1.0,1.5,2.5,(4.0)
Ⅰ级标准表	Ⅱ级标准表	工业用表

括号内等级必要时采用。所谓1.0级仪表，即该仪表允许的最大相对百分误差为±1%，其余类推。

仪表精度等级是衡量仪表质量优劣的重要指标之一。精度等级的数字越小，仪表的精度等级就越高，也说明该仪表的精度高。

仪表精度等级一般可用不同符号形式标志在仪表面板或铭牌上，如1.0级仪表表示为Ⓞ(1.0)、△(1.0)或±1.0%等。

下面几个例题进一步说明了如何确定仪表的精度等级。

例 3-3 有两台测温仪表，测温范围分别为0℃～100℃和100℃～300℃，校验时得到它们的最大绝对误差均为±2℃，试确定这两台仪表的精度等级。

解 $\delta_{max1}=\frac{\pm 2}{100-0}\times 100\%=\pm 2\%$

$$\delta_{max2}=\frac{\pm 2}{300-100}\times 100\%=\pm 1\%$$

去掉正负号和百分号，分别为2和1。因为精度等级中没有2级仪表，而该表的误差又超过了1级表所允许的最大误差，取2对应低等级数上接近值2.5级，所以这台仪表的精度等级是2.5级，另一台为1级。

从此例中还可以看出，最大绝对误差相同时，量程大的仪表精度高。

例 3-4 某台测温仪表的工作范围为0℃～500℃，工艺要求测温时的最大绝对误差不允许超过±4℃，试问如何选择仪表的精度等级才能满足要求？

解 根据工艺要求

$$\delta_{允}=\frac{\pm 4}{500-0}\times 100\%=0.8\%$$

0.8介于0.5与1.0之间，若选用1.0级仪表，则最大误差为±5℃，超过工艺允许值。为满足工艺要求，应取0.8对应高等级数上接近值0.5级。故应选择0.5级表才能满足要求。

由以上的例子可以看出，根据仪表的校验数据来确定仪表的精度等级和根据工艺要求来选择仪表精度等级，要求是不同的。

(1) 根据仪表的校验数据来确定仪表的精度等级时，仪表允许的最大引用误差要大于或等于仪表校验时所得到的最大引用误差。

(2) 根据工艺要求来选择仪表的精度等级时，仪表允许的最大引用误差要小于或等于工艺上所允许的最大引用误差。

例 3-5 现有精度等级为 0.5 级的 0℃～300℃和精度等级为 1.0 级的 0℃～100℃的两个温度计，要测量 80℃的温度，试问采用哪一个温度计更好？

解 0.5 级，0℃～300℃温度计可能出现的最大绝对误差为

$$\Delta_{\max 1} = \pm 0.5\% \times 300 = \pm 1.5℃$$

可能出现的最大示值相对误差为

$$\delta_{示\max 1} = \frac{\Delta_{\max 1}}{x} \times 100\% = \frac{\pm 1.5}{80} \times 100\% = \pm 1.88\%$$

1.0 级 0℃～100℃温度计可能出现的最大绝对误差为

$$\Delta_{\max 2} = \pm 1.0\% \times 100 = \pm 1℃$$

可能出现的最大示值相对误差为

$$\delta_{示\max 1} = \frac{\Delta_{\max 2}}{x} \times 100\% = \frac{\pm 1}{80} \times 100\% = \pm 1.25\%$$

计算结果表明，用 1.0 级表比用 0.5 级表的标称相对误差的绝对值反而更小，所以更合适。

由上例可知，在选用仪表时应兼顾精度等级和量程两个方面。

3.3.6 死区、滞环和回差

视频讲解

在实际应用中，由于构成仪表的元器件大都具有磁滞、间隙等特性，使得检测仪表出现死区、滞环和回差的现象。

1. 死区

仪表输入在小到一定范围内不足以引起输出的任何变化，这一范围称为死区，在这个范围内，仪表的灵敏度为零。

引起死区的原因主要有电路的偏置不当，机械传动中的摩擦和间隙等。

死区也称不灵敏区，它会导致被测参数的有限变化不易被检测到，要求输入值大于某一限度才能引起输出变化，它使得仪表的上升曲线和下降曲线不重合，如图 3-3 所示。理想情况下，死区的宽度是灵敏限的 2 倍。死区一般以仪表量程的百分数来表示。

2. 滞环

滞环又称为滞环误差。由于仪表内部的某些元件具有储能效应，如弹性元件的变形、磁滞效应等，使得仪表校验所得的实际上升(上行程)曲线和实际下降(下行程)曲线不重合，使仪表的特性曲线成环状，如图 3-4 所示，这一现象就称为滞环。

在有滞环现象出现时，仪表的同一输入值对应多个输出值，出现误差。

这里所讲的上升曲线和下降曲线是指仪表的输入量从量程的下限开始逐渐升高或从上限开始逐渐降低而得到的输入输出特性曲线。

滞环误差为对应于同一输入值下上升曲线和下降曲线之间的最大差值，一般用仪表量程的百分数表示。

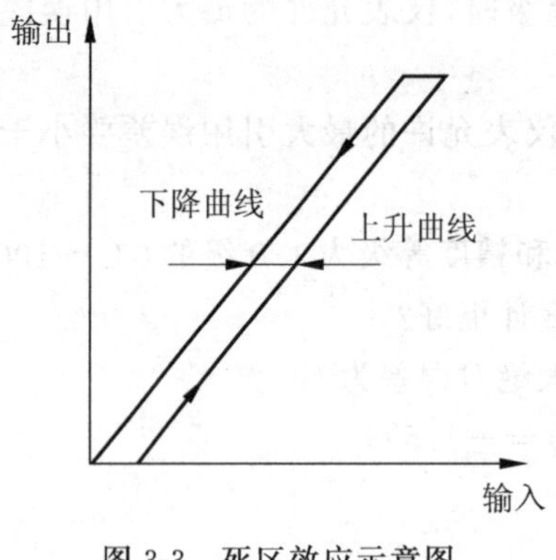

图 3-3 死区效应示意图

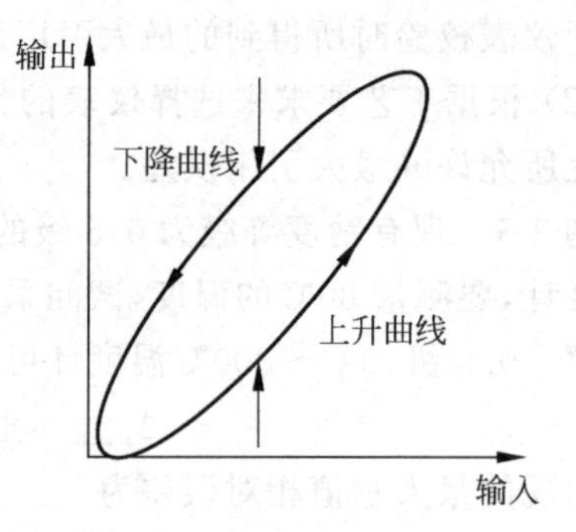

图 3-4 滞环效应示意图

3. 回差

回差又称变差或来回差，是指在相同条件下，使用同一仪表对某一参数在整个测量范围内进行正、反(上、下)行程测量时，所得到的在同一被测值下正行程和反行程的最大绝对差值，如图 3-5 所示。回差一般用上升曲线与下降曲线在同一被测值下的最大差值与量程之比的百分数表示，即

$$回差=\frac{|正行程测量值-反行程测量值|_{max}}{量程}\times 100\% \tag{3-12}$$

回差是滞环和死区效应的综合效应。造成仪表回差的原因很多，如传动机构的间隙，运动部件的摩擦，弹性元件的弹性滞后等。在仪表设计时，应在选材上、加工精度上给予较多考虑，尽量减小回差。一个仪表的回差越小，其输出的重复性和稳定性越好。一般情况下，仪表的回差不能超出仪表的允许误差。

例 3-6 如图 3-6 是根据仪表校验数据所画出的输入输出关系曲线。请按图中所标字符写出该仪表的滞环、死区和回差。

解 滞环为 $a+c$，用输出量程的百分数表示为$\frac{a+c}{N}\times 100\%$。

死区为 d，用输入范围的百分数表示为$\frac{d}{M}\times 100\%$。

回差为 $a+b+c$，用输出量程的百分数表示为$\frac{a+b+c}{N}\times 100\%$。

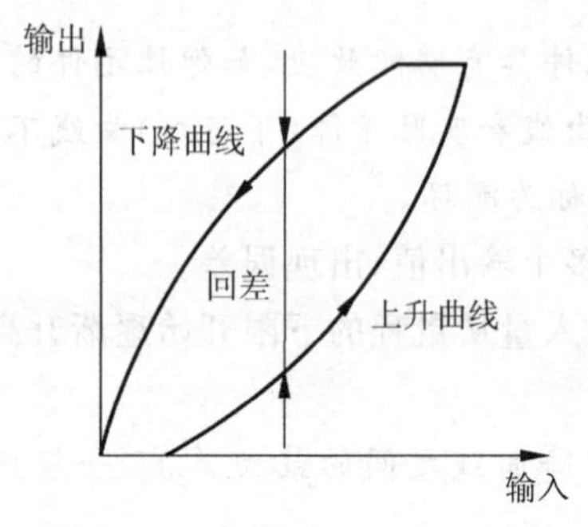

图 3-5 死区和滞环综合效应示意图

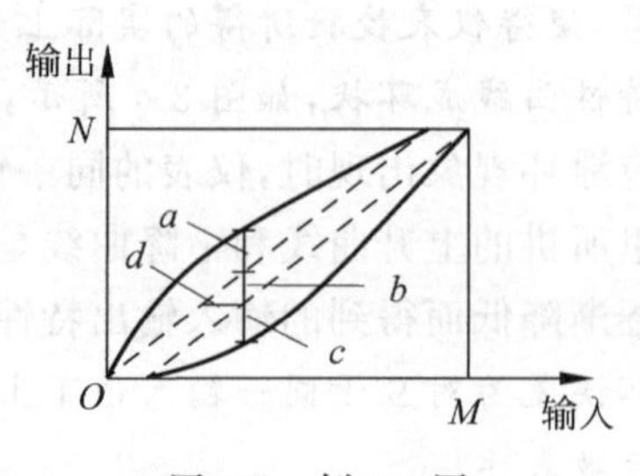

图 3-6 例 3-6 图

3.3.7 反应时间

当用仪表对被测量进行测量时，被测量突然变化后，仪表指示值总是要经过一段时间以后才能准确地显示出来。反应时间就是用来衡量仪表能不能尽快反映出被测量变化的指标。

反应时间长，说明仪表需要较长时间才能给出准确的指示值，那就不宜用来测量变化频繁的参数。在这种情况下，当仪表尚未准确地显示出被测值时，参数本身就已经变化了，使仪表始终不能指示出参数瞬时值的真实情况。因此，仪表反应时间的长短，实际上反映了仪表动态性能的好坏。

仪表的反应时间有不同的表示方法。当输入信号突然变化一个数值后，输出信号将由原始值逐渐变化到新的稳态值。仪表的输出信号（指示值）由开始变化到新稳态值的63.2%所用的时间，可用来表示反应时间。也有用变化到新稳态值的95%所用的时间来表示反应时间的。

3.3.8 重复性和再现性

重复性是衡量仪表不受随机因素影响的能力，再现性是仪表性能稳定的一种标志。

1. 重复性

在相同测量条件下，对同一被测量，按同一方向（由小到大或由大到小）连续多次测量时，所得到的多个输出值之间相互一致的程度称为仪表的重复性，它不包括滞环和死区。

所谓相同的测量条件应包括相同的测量程序、相同的观测者、相同的测量设备，在相同的地点以及在短时间内重复。

仪表的重复性一般用上升曲线和下降曲线的最大离散程度中的最大值与量程之比的百分数来表示，如图 3-7 所示。

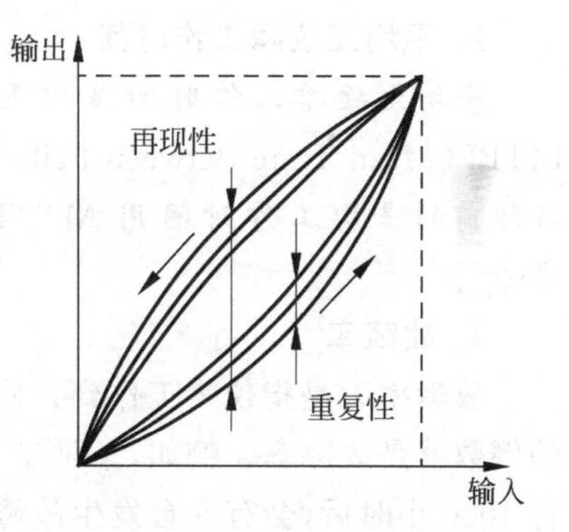

图 3-7 重复性和再现性示意图

2. 再现性

仪表的再现性是指在相同的测量条件下，在规定的相对较长的时间内，对同一被测量从两个方向上重复测量时，仪表实际上升和下降曲线之间离散程度的表示。常用两种曲线之间离散程度的最大值与量程之比的百分数来表示，如图 3-7 所示。它包括了滞环和死区，也包括了重复性。

在评价仪表的性能时，常常同时要求其重复性和再现性。重复性和再现性的数值越小，仪表的质量越高。

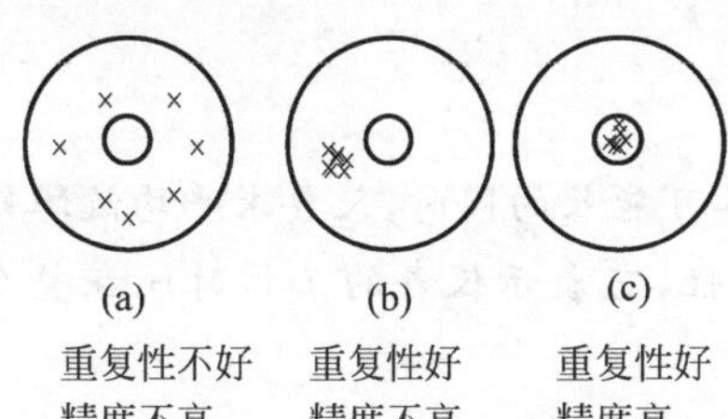

图 3-8 重复性和精度关系示意图

那么重复性和再现性与仪表的精度有什么关系呢？我们用打靶的例子来进行说明。A、B和 C 三人的打靶结果分别如图 3-8(a)、(b)和(c)所示，可以看出，A 的重复性不好，精度也不高；B 的重复性好，但精度不高；C 的重复性好，精度也高。从这个例子可以看出，重复性好，精度不一定高。

因此，重复性和再现性优良的仪表并不一定精度高，但高精度的优质仪表一定有很好的重复性和再现性。重复性和再现性的优良只是保证仪表准确度的必要条件。

3.3.9 可靠性

可靠性是反映仪表在规定的条件下和规定的时间内完成规定功能的能力的一种综合性质量指标。

在现代工业生产中，仪表的故障可能会带来严重的后果，这就需要对可靠性进行研究，并建立一套科学评价的技术指标。仪表的使用可以认为是这样的过程，仪表投入使用→故障→检修→继续投入使用。在这种循环过程中，希望仪表使用的时间越长，故障越少越好；如果产生故障，则应该很容易维修，并能很快重新投入使用，只有达到这两种要求才能认为可靠性是高的。

可靠性的衡量有多种尺度。定量描述可靠性的度量指标有可靠度、平均无故障工作时间、故障率、平均故障修复时间和有效度。

1. 可靠度

可靠度 $R(t)$ 是指仪表在规定的工作时间内无故障的概率。

如有 100 台同样的仪表，工作 1000 小时后，有 99 台仍能正常工作，就可以说这批仪表在 1000 小时后的可靠度是 99%，即 $R(t)=99\%$；反之这批仪表的不可靠度 $F(t)$ 就是 1%。显然 $R(t)=1-F(t)$。

2. 平均无故障工作时间

平均无故障工作时间是仪表在相邻两次故障间隔内有效工作时的平均时间，用 MTBF(Mean Time Between Failure)来表示。对于不可修复的产品，把从开始工作到发生故障前的平均工作时间用 MTTF(Mean Time To Failure)表示。两者可统称为“平均寿命”。

3. 故障率

故障率 λ 是指仪表工作到 t 时刻时单位时间内发生故障的概率。平均无故障工作时间的倒数就是故障率。例如，某种型号仪表的故障率为 5%/kh，就是说 100 台这样的仪表运行 1000 小时后，会有 5 台发生故障。那么，它们的平均无故障工作时间 MTBF 是多少呢？应该是 $1/(5\%/\text{kh})=10^5\text{h}/5=2\times10^4\approx2.5$ 年。

4. 平均故障修复时间(MTTR)

平均故障修复时间是仪表故障修复所用的平均时间，用 MTTR (Mean Time to Repair) 表示。

例如，某种型号的仪表 MTTR=48h，就是说如发生故障，可联系生产厂商，获得备件，经过修理并重新校准后投入使用共需 2 天(48 小时)。

5. 有效度

综合评价仪表的可靠性，要求平均无故障工作时间尽可能长的同时，又要求平均故障修复时间尽可能短，引出综合性能指标有效度，也称为可用性，它表示仪表的工作时间在整个时间中所占的份额，即

$$\text{有效度(可用性)}=\frac{\text{MTBF}}{\text{MTBF}+\text{MTTR}}\times100\% \tag{3-13}$$

有效度表示仪表的可靠程度，数值越大，仪表越可靠，或者说可靠度越高。

可靠性目前是一门专门的科学，它涉及三个领域。一是可靠性理论，它又分为可靠性数学和可靠性物理。其中可靠性数学是研究如何用一个数学的特征量来定量地表示仪表设备的可靠程度，这个特征量表示在规定条件下、规定时间内完成规定功能的概率，因此可以用概率统计的方法进行估算，上面简要介绍的内容就是这种方法。二是可靠性技术，它又分为可靠性设计、可靠性试验和可靠性分析等，其中可靠性设计包括系统可靠性设计、可靠性预测、可靠性分配、元器件散热设计、电磁兼容性设计、参数优化设计等。三是可靠性管理，它包括宏观管理和微观管理两个层面。

3.3.10 稳定性

仪表的稳定性可以从两个方面来描述：一是时间稳定性，它表示在工作条件保持恒定时，仪表输出值(示值)在规定时间内随机变化量的大小，一般以仪表示值变化量和时间之比来表示；二是使用条件变化稳定性，它表示仪表在规定的使用条件内，某个条件的变化对仪表输出值的影响。

以仪表的供电电压影响为例，实际电源电压在220～240V AC范围内时，可用电源电压每变化1V时仪表输出值的变化量来表示仪表对电源电压的稳定性。

思考题与习题

3-1 什么是仪表的测量范围、上下限和量程？它们之间的关系如何？

3-2 某台温度测量仪表的测量范围是－50℃～100℃，则该仪表的测量上、下限和量程各为多少？

3-3 一台温度检测仪表的零点是－100℃，量程是200℃，则其测量范围为多少？

3-4 何谓仪表的零点迁移和量程迁移？其目的是什么？

3-5 什么是仪表的灵敏度和分辨率？两者之间关系如何？

3-6 在量纲相同的情况下，仪表灵敏度的数值越大，仪表对被测参数的变化越灵敏。这种说法对吗？为什么？

3-7 什么是真值、约定真值和误差？

3-8 误差的表示方法主要有哪两种？各是什么意义？

3-9 用一只标准压力表检定甲、乙两台压力表时，标准表的指示值为50kPa，甲、乙表的读数各为50.4kPa和49.4kPa，求它们在该点的绝对误差和示值相对误差。

3-10 什么是仪表的基本误差和附加误差？

3-11 什么是仪表的线性度？

3-12 什么是仪表的引用误差、最大引用误差和允许的最大引用误差？

3-13 某台温度测量仪表的测量范围是0℃～500℃，在300℃处的检定值为297℃，求在300℃处仪表的引用误差。

3-14 何谓仪表的精度和精度等级？如何确定？工业仪表常用的精度等级有哪些？

3-15 某采购员分别在三家商店购买100kg大米、10kg苹果、1kg巧克力，发现均缺少0.5kg，但该采购员对卖巧克力的商店意见最大，是何原因？

3-16 一台精度为0.5级的仪表，下限刻度值为负值，为全量程的25%，该表允许绝对误差为1℃，试求这台仪表的测量范围。

3-17 有两台测温仪表，其测量标尺的范围分别为0℃～500℃和0℃～1000℃，已知其最大绝对误差均为5℃，试问哪一台测温更准确？为什么？

3-18 有A、B两个电压表，测量范围分别为0～600V和0～150V，精度等级分别为0.5级和1.0级。若待测电压约为100V，从测量准确度来看，选用哪一台电压表更好？

3-19 设有一台精度为0.5级的测温仪表，测量范围为0℃～1000℃。在正常情况下进行校验，测得的最大绝对误差为+6℃，问该仪表是否合格？

3-20 某控制系统根据工艺设计要求，需要选择一个测量范围为0～100m^3/h的流量计，流量检测误差小于±0.6m^3/h，试问选择何种精度等级的流量计才能满足要求？

3-21 某公司生产温度的测量仪表，引用误差均为1.1%～1.6%，该系列产品属于哪一级精度的仪表？若希望温度测量仪表的引用误差控制为1.1%～1.6%，则应购买哪一级精度的仪表？

3-22 某被测温度信号在70℃～80℃范围内变化，工艺要求测量的示值相对误差不得超过±1%。现有两台温度测量仪表A和B，精度等级均为0.5级，A表的测量范围是0℃～100℃，B表的测量范围是0℃～200℃，试问这两台仪表能否满足上述测量要求？

3-23 某反应器压力的最大允许绝对误差为0.01MPa。现用一台测量范围为0～1.6MPa，精度为1.0级的压力表来进行测量，问能否符合工艺上的误差要求？若采用一台测量范围为0～1.0MPa，精度为1.0级的压力表，能否符合误差要求？试说明理由。

3-24 某温度控制系统的温度控制在700℃左右，要求测量的绝对误差不超过±8℃，现有测量范围分别为0℃～1600℃和0℃～1000℃的0.5级温度检测仪表，试问应该选择哪台仪表更合适？如果有测量范围为0℃～1000℃，精度等级分别为1.0级和0.5级的两台温度检测仪表，那么又应该选择哪台仪表更合适？试说明理由。

3-25 某台测温范围为0℃～1000℃的温度计出厂前经校验，各点测量结果分别为：

标准表读数/℃	0	200	400	600	800	900	1000
被校表读数/℃	0	201	402	604	805	903	1001

试求：(1) 该温度计的最大绝对误差。

(2) 该温度计的精度等级。

(3) 如果工艺上允许的最大绝对误差为±8℃，问该温度计是否符合要求？

3-26 何谓仪表的死区、滞环和回差？

3-27 校验一台测量范围为0～250mmH_2O的差压变送器，差压由0上升至100mmH_2O时，差压变送器的读数为98mmH_2O。当从250mmH_2O下降至100mmH_2O时，读数为103mmH_2O。问此仪表在该点的回差是多少？

3-28 有一台压力表，其测量范围为0～10MPa，经校验得出下列数据：

标准表读数/MPa		0	2	4	6	8	10
被校表读数	正行程/MPa	0	1.98	3.96	5.94	7.97	9.99
	反行程/MPa	0	2.02	4.03	6.06	8.03	10.01

试求：(1) 该表的变差。

(2) 该表是否符合 1.0 级精度？

3-29　什么是仪表的反应时间？它反映了仪表的什么性能？

3-30　什么是仪表的重复性和再现性？它们与精度的关系如何？

3-31　衡量仪表的可靠性主要有哪些指标？试分别加以说明。

第 4 章 温度检测及仪表

CHAPTER 4

温度是工业生产和科学实验中一个非常重要的参数。物体的许多物理现象和化学性质都与温度有关。许多生产过程都是在一定的温度范围内进行的,需要测量温度和控制温度。在工业生产过程中,温度是普遍存在又十分重要的参数。随着科学技术的发展,对温度的测量越来越普遍,而且对温度测量的准确度也有更高的要求。

本章将介绍温度检测方法及温标、工业常用温度检测仪表、温度检测仪表的选用及安装等内容。

视频讲解

4.1 温度检测方法及温标

任何一个生产过程都伴随着物质的物理或化学性质的改变,都必然有能量的转化和交换,热交换是这些能量转换中最普遍的交换形式。此外,有些化学反应与温度有着直接的关系。因此,温度的测量是保证生产正常进行,确保产品质量和安全生产的关键环节。

4.1.1 温度及温度检测方法

温度是表征物体冷热程度的物理量,是物体分子运动平均动能大小的标志。

温度不能直接加以测量,只能借助于冷热不同的物体之间的热交换,或物体的某些物理性质随着冷热程度不同而变化的特性间接测量。

根据测温元件与被测物体接触与否,温度测量可以分为接触式测温和非接触式测温两大类。

1. 接触式测温

任意两个冷热程度不同的物体相接触,必然要发生热交换现象,热量将由受热程度高的物体传到受热程度低的物体,直到两物体的温度完全一致,即达到热平衡为止。接触式测温就是利用这个原理,选择合适的物体作为温度敏感元件,其某一物理性质随温度而变化的特性为已知,通过温度敏感元件与被测对象的热交换,测量相关的物理量,即可确定被测对象的温度。为了得到温度的精确测量值,要求用于测温物体的物理性质必须是连续、单值地随温度变化,并且复现性要好。

以接触式方法测温的仪表主要包括基于物体受热体积膨胀性质的膨胀式温度检测仪表;具有热电效应的热电偶温度检测仪表;基于导体或半导体电阻值随温度变化的热电阻温度检测仪表。

接触式测温必须使温度计的感温部位与被测物体有良好的接触，才能得到被测物体的真实温度，实现精确地测量。一般来说，接触式测温精度高，应用广泛，简单、可靠。但由于测温元件与被测介质需要进行充分的热交换，需要一定的时间才能达到热平衡，因此会存在一定的测量滞后。由于测温元件与被测介质接触，有可能与被测介质发生化学反应，特别对于热容量较小的被测对象，还会因传热而破坏被测物体原有的温度场，测量上限也受到感温材料耐温性能的限制，因此不能用于很高温度的测量；另外，对于运动物体测温困难较大。

2. 非接触式测温

应用物体的热辐射能量随温度的变化而变化的原理进行测温。物体辐射能量的大小与温度有关，当选择合适的接收检测装置时，便可测得被测对象发出的热辐射能量并且转换成可测量和显示的各种信号，实现温度的测量。

非接触式测温中测温元件的任何部位均不与被测介质接触，通过被测物体与感温元件之间的热辐射作用实现测温，不会破坏被测对象温度场，反应速度较快，可实现遥测和运动物体的测温；测温元件不必达到与被测对象相同的温度，测量上限可以很高，测温范围广。但这种仪表由于物体发射率、测温对象到仪表的距离、烟尘和其他介质的影响，故一般来说测量误差较大。通常仅用于高温测量。

常用测温仪表分类及特性和使用范围见表 4-1。

表 4-1 常见测温仪表及性能

测温方式	类别及测温原理		典型仪表	温度范围/℃	特点及应用场合
接触式测温	膨胀类	固体热膨胀 利用两种金属的热膨胀差测量	双金属温度计	−50～+600	结构简单、使用方便，但精度低，可直接测量气体、液体、蒸气的温度
		液体热膨胀	玻璃液体温度计	水银−30～+600 有机液体 −100～+150	结构简单、使用方便、价格便宜、测量准确，但结构脆弱易损坏，不能自动记录和远传，适用于生产过程和实验室中各种介质温度就地测量
		气体热膨胀 利用液体、气体热膨胀及物质的蒸气压变化	压力式温度计	0～+ 500 液体型 0～+200 蒸气型	机械强度高，不怕震动，输出信号可以自动记录和控制，但热惯性大，维修困难，适于测量对铜及铜合金不起腐蚀作用的各种介质的温度
	热电阻	金属热电阻 导体的温度效应	铜电阻、铂电阻	铂电阻 −200～+850 铜电阻 −50～+150 镍电阻 −60～+180	测温范围宽，物理化学性质稳定，输出信号易于远传和记录，适用于生产过程中测量各种液体、气体和蒸气介质的温度
		半导体热敏电阻 半导体的温度效应	锗、碳、金属氧化物热敏电阻	−50～+300	变化灵敏、响应时间短、力学性能强，但复现性和互换性差，非线性严重，常用于非工业过程测温

续表

测温方式	类别及测温原理		典型仪表	温度范围/℃	特点及应用场合
接触式测温	热电偶	金属热电偶 利用热电效应	铂铑$_{30}$-铂铑$_{6}$、铂铑$_{10}$-铂，镍铬-镍硅，铜-康铜等热电偶	−200～+1800	测量精度较高，输出信号易于远传和自动记录，结构简单，使用方便，测量范围宽，但输出信号和温度示值呈非线性关系，下限灵敏度较低，需冷端温度补偿，被广泛地应用于化工、冶金、机械等部门的液体、气体、蒸气等介质的温度测量
		难熔金属热电偶	钨铼，钨-钼 镍铬-金铁热电偶	0～+2200 −270～0	钨铼系及钨-钼系热电偶可用于超高温的测量，镍铬-金铁热电偶可用于超低温的测量，但未进行标准化，因而使用时需特别标定
非接触式测温	光纤类	利用光纤的温度特性或作为传光介质	光纤温度传感器 光纤辐射温度计	−50～+400 +200～+4000	可以接触或非接触测量，灵敏度高，电绝缘性好，体积小，重量轻，可弯曲。适用于强电磁干扰、强辐射的恶劣环境
	辐射类	利用普朗克定律	辐射式高温计	+20～+2000	非接触测量，不破坏被测温度场，可实现遥测，测温范围广，应用技术复杂
			光电高温计	+800～+3200	
			比色温度计	+500～+3200	

4.1.2 温标

为保证温度量值的统一和准确而建立的衡量温度的标尺称为温标。温标即为温度的数值表示法，它定量地描述温度的高低，规定了温度的读数起点（零点）和基本单位。

各种温度计的刻度数值均由温标确定，常用的温标有如下几种。

1. 经验温标

借助于某种物质的物理量与温度变化的关系，用实验方法或经验公式所确定的温标，称为经验温标。它主要指摄氏温标和华氏温标，这两种温标都是根据液体（水银）受热后体积膨胀的性质建立起来的。

1）摄氏温标

摄氏温标是1742年由瑞典天文学家安德斯·摄尔修斯（Anders Celsius，1701—1744年）建立的。

在规定标准大气压下，纯水的冰点为零度，沸点为100度，两者之间分成100等份，每一份为1摄氏度，用t表示，符号为℃。它是中国目前工业测量上通用的温度标尺。

2）华氏温标

华氏温标是1714年由德国物理学家丹尼尔·家百列·华兰海特（Daniel Gabriel Fahrenheit，1686—1736年）建立的。

在规定标准大气压下，纯水的冰点为32度，沸点为212度，两者之间分成180等份，每一份为1华氏度，符号为℉。目前，只有美国、英国等少数国家仍保留华氏温标为法定计量单位。

由摄氏和华氏温标的定义，可得摄氏温度与华氏温度的关系为

$$t_F = 32 + \frac{9}{5}t \tag{4-1}$$

或

$$t = \frac{5}{9}(t_F - 32) \tag{4-2}$$

式中，t_F 为华氏度。

不难看出，摄氏温度为0℃时，华氏温度为32℉，摄氏温度为100℃时，华氏温度为212℉。可见，不同温标所确定的温度数值是不同的。由于上述经验温标都是根据液体（如水银）在玻璃管内受热后体积膨胀这一性质建立起来的，其温度数值会依赖于所用测温物质的性质，如水银的纯度和玻璃管材质，因而不能保证世界各国测量值的一致性。

2. 热力学温标

1848年，英国的开尔文（L. Kelvin）根据卡诺热机建立了与测温介质无关的新温标，称为热力学温标，又称开尔文温标。

开尔文温标的单位为开尔文，符号为K，用 T 表示。规定水的三相点温度为273.16K。存在绝对0K，但低于0K的温度不可能存在。

它是以热力学第二定律为基础的一种理论温标，其特点是不与某一特定的温度计相联系，并与测温物质的性质无关，是由卡诺定理推导出来的，是最理想的温标。但由于卡诺循环是无法实现的，所以热力学温标是一种理想的纯理论温标，无法真正实现。

3. 国际实用温标

国际实用温标又称为国际温标，是一个国际协议性温标。它是一种即符合热力学温标又使用方便、容易实现的温标。它选择了一些纯物质的平衡态温度（可复现）作为基准点，规定了不同温度范围内的标准仪器，建立了标准仪器的示值与国际温标关系的标准内插公式，应用这些公式可以求出任何两个相邻基准点温度之间的温度值。

第一个国际实用温标自1927年开始采用，记为ITS—27。1948年、1968年和1990年进行了几次较大修改。随着科学技术的发展，国际实用温标也在不断地进行改进和修订，使之更符合热力学温标，有更好的复现性和能够更方便地使用。目前国际实用温标定义为1990年的国际温标ITS—90。

4. ITS—90国际温标

ITS—90国际温标中规定，热力学温度用 T_{90} 表示，单位为开尔文，符号为K。它规定水的三相点热力学温度为273.16K。同时使用的国际摄氏温度用 t_{90} 表示，单位是摄氏度，符号为℃。每一个摄氏度和每一个开尔文量值相同，它们之间的关系为

$$t_{90} = T_{90} - 273.16 \tag{4-3}$$

在实际应用中，一般直接用 T 和 t 代替 T_{90} 和 t_{90}。

ITS—90国际温标由三部分组成，即定义固定点、内插标准仪器和内插公式。

1) 定义固定点

固定点是指某些纯物质各相（态）间可以复现的平衡态温度。物质一般有三种相（态）：

固相、液相和气相。三相共存时的温度为三相点，固相和液相共存时的温度为熔点或凝固点，液相和气相共存时的温度为沸点。

ITS—90 国际温标中规定了 17 个定义固定点，见表 4-2。在定义固定点间的温度值用规定的内插标准仪器和内插公式来确定。

表 4-2 ITS—90 定义固定点

序 号	定义固定点	国际实用温标的规定值	
		T_{90}/K	t_{90}/℃
1	氦蒸气压点	3～5	−270.15～−268.15
2	平衡氢三相点	13.8033	−259.3467
3	平衡氢(或氦)蒸气压点	≈17	≈−256.15
4	平衡氢(或氦)蒸气压点	≈20.3	≈−252.85
5	氖三相点	24.5561	−248.5939
6	氧三相点	54.3584	−218.7916
7	氩三相点	83.8058	−189.3442
8	汞三相点	234.3156	−38.8344
9	水三相点	273.16	0.01
10	镓熔点	302.9146	29.7646
11	铟凝固点	429.7485	156.5985
12	锡凝固点	505.078	231.928
13	锌凝固点	692.677	419.527
14	铝凝固点	933.473	660.323
15	银凝固点	1234.93	961.78
16	金凝固点	1337.33	1064.18
17	铜凝固点	1357.77	1084.62

2）内插标准仪器

ITS—90 的内插用标准仪器，是将整个温标分成四个温区。温标的下限为 0.65K，向上到用单色辐射的普朗克辐射定律实际可测得的最高温度。

0.65～5.0K——$^{3}H_{e}$、$^{4}H_{e}$ 蒸气压温度计。其中，$^{3}H_{e}$ 蒸气压温度计覆盖 0.65～3.2K，$^{4}H_{e}$ 蒸气压温度计覆盖 1.25～5.0K。

3.0～24.5561K——$^{3}H_{e}$、$^{4}H_{e}$ 定容气体温度计。

13.8033～1234.93K——铂电阻温度计。

1234.93K 以上——光学或光电高温计。

3）内插公式

每种内插标准仪器在 n 个固定点温度下分度，以此求得相应温度区内插公式中的常数。有关各温度区的内插公式请参阅 ITS—90 的有关文献。

5. 温标的传递

为了保证温标复现的精确性和把温度的正确数值传递到实际使用的测量仪表，国际实用温标由各国计量部门按规定分别保持和传递。由定义基准点及一整套标准仪表复现温度标准，再通过基准和标准测温仪表逐级传递，其传递关系如下：

定义基准点→基准仪器→一等标准温度计→二等标准温度计→实验室仪表→工业现场仪表

各类温度计在使用前均要按传递系统的要求进行检定。一般实用工作温度计的检定装置采用各种恒温槽和管式电炉，用比较法进行检定。比较法是将标准温度计和被校温度计同时放入检定装置中，以标准温度计测定的温度为已知，将被校温度计的测量值与其比较，从而确定被校温度计的精度。

4.2 接触式温度检测仪表

一般工业生产过程中的温度检测大都采用接触式测温。常用的接触式温度检测仪表有膨胀式温度计、热电偶温度计、热电阻温度计等，其中以后两者最为常用，下面分别加以介绍。

4.2.1 膨胀式温度计

视频讲解

基于物体受热体积膨胀的性质而制成的温度计称为膨胀式温度计。

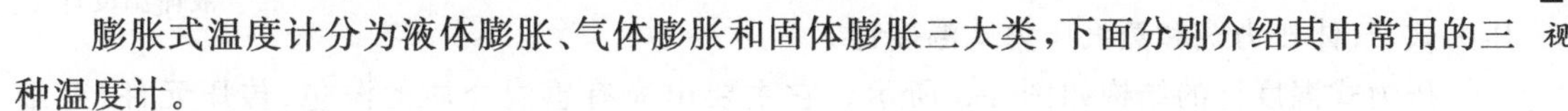

膨胀式温度计分为液体膨胀、气体膨胀和固体膨胀三大类，下面分别介绍其中常用的三种温度计。

1. 玻璃液体温度计

玻璃液体温度计是应用最广泛的一种温度计。其结构简单、使用方便、精度高、价格低廉。

1) 测温原理

图 4-1 所示为典型的玻璃液体温度计，是利用液体受热后体积随温度膨胀的原理制成的。玻璃温包插入被测介质中，被测介质的温度升高或降低，使感温液体膨胀或收缩，进而沿毛细管上升或下降，由刻度标尺显示出温度的数值。

液体受热后体积膨胀与温度之间的关系可用下式表示

$$V_t = V_{t_0}(\alpha - \alpha')(t - t_0) \tag{4-4}$$

式中，V_t——液体在温度为 t℃时的体积；

V_{t_0}——液体在温度为 t_0℃时的体积；

α——液体的体积膨胀系数；

α'——盛液容器的体积膨胀系数。

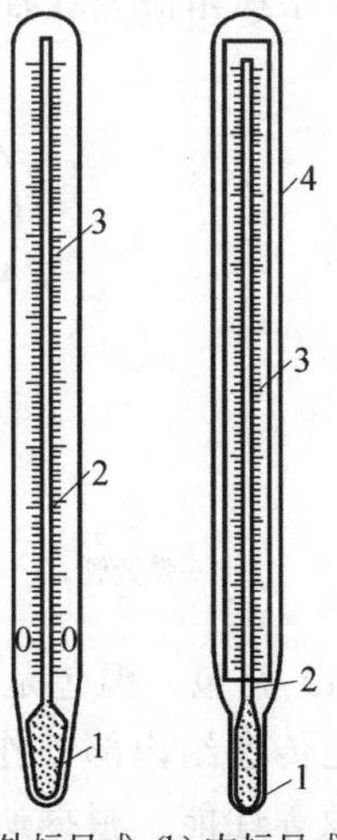

由式(4-4)可以看出，液体的膨胀系数 α 越大，温度计就越灵敏。大多数玻璃液体温度计的液体为水银或酒精。其中水银工作液在−38.9℃～356.7℃时呈液体状态，在此范围内，若温度升高，水银会膨胀，其膨胀率是线性的。与其他工作液相比，有不粘玻璃、不易氧化、容易提纯等优点。

(a) 外标尺式 (b) 内标尺式

图 4-1 水银玻璃液体温度计

1—玻璃温包；2—毛细管；3—刻度标尺；4—玻璃外壳

2) 结构与分类

玻璃液体温度计的结构都是棒状的，按其标尺位置可分为内标尺式和外标尺式。图 4-1(a)的标尺直接刻在玻璃管的外表面上，为外标尺式。外标尺式温度计是将连通玻璃温包的毛细管固定在标尺板上，多用来测量室温。图 4-1(b)为内标尺式温度计，它有乳白色的玻璃片温度标尺，该标尺放置在连通玻璃温包的毛细管后面，将毛细管和标尺一起套在玻璃管内。这种温度计热惯性较大，但观测比较方便。

玻璃液体温度计按用途分类又可分为工业、标准和实验室用三种。标准玻璃液体温度计有内标尺式和外标尺式，分为一等和二等，其分度值为 0.05℃～0.1℃，可作为标准温度计用于校验其他温度计。工业用温度计一般做成内标尺式，其尾部有直的、弯成 90°角或 135°角的，如图 4-2 所示。为了避免工业温度计在使用时被碰伤，在玻璃管外部常罩有金属保护套管，在玻璃温包与金属套管之间填有良好的导热物质，以减少温度计测温的惯性。实验室用温度计形式和标准的相仿，精度也较高。

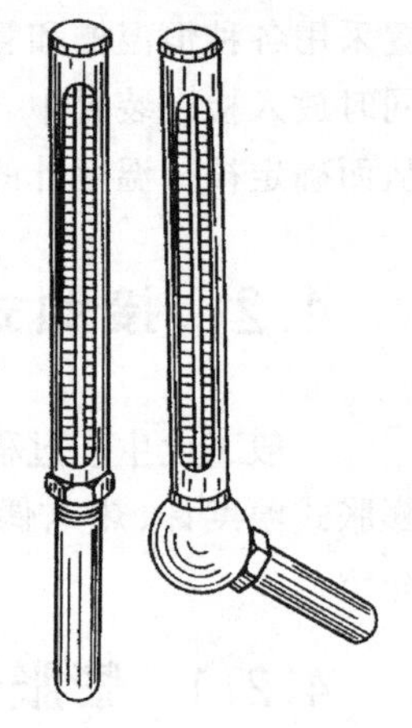

图 4-2 工业用玻璃液体温度计

2. 压力式温度计

压力式温度计是根据密闭容器中的液体、气体和低沸点液体的饱和蒸汽受热后体积膨胀或压力变化的原理工作的，用压力表测量此变化，故又称为压力表式温度计。按所用工作介质不同，分为液体压力式、气体压力式和蒸汽压力式温度计。

压力式温度计的结构如图 4-3 所示。它主要由充有感温介质的温包、传压元件(毛细管)和压力敏感元件(弹簧管)构成的全金属组件。温包内充填的感温介质有气体、液体或蒸发液体等。测温时将温包置于被测介质中，温包内的工作物质因温度变化而产生体积膨胀或收缩，进而导致压力变化。该压力变化经毛细管传递给弹簧管使其产生一定的形变，然后借助齿轮或杠杆等传动机构，带动指针转动，指示出相应的温度值。温包、毛细管和弹簧管这三个主要组成部分对温度计的精度影响极大。

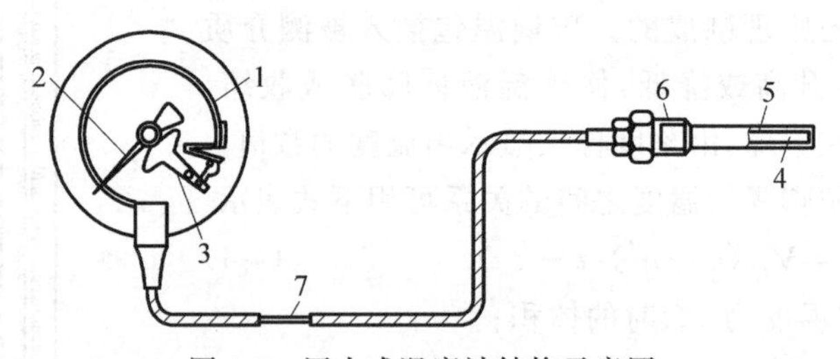

图 4-3 压力式温度计结构示意图

1—弹簧管；2—指针；3—传动机构；4—工作介质；5—温包；6—螺纹连接件；7—毛细管

(1) 温包。温包是直接与被测介质相接触来感受温度变化的元件，它将温度的变化充分地传递给内部工作介质。要求它具有高的机械强度、小的膨胀系数、高的热导率及抗腐蚀等性能。根据所充工作物质和被测介质的不同，温包可用铜合金、钢或不锈钢来制造。

(2) 毛细管。毛细管主要用来传递压力的变化，通常为铜或不锈钢冷拉无缝圆管。为了减小周围环境变化引起的附加误差，毛细管的容积应远小于温包的容积。其外径为 1.2～5mm，内径为 0.15～0.5mm，长度一般小于 50m。它的直径越细，长度越长，传递压力的滞后现象就越严重，也就是说，温度计对被测温度的反应就越迟钝。在长度相同的情况下，毛细管越细，仪表的精度越高。毛细管容易被损坏、折断，因此必须加以保护。对不经常弯曲的毛细管可用金属软管做保护套管。

(3) 弹簧管。一般压力表用的弹性元件。

液体压力式温度计多以有机液体(甲苯、酒精、戊烷等)或水银为感温介质；气体压力式温度计多以氮气或氢气为感温介质；蒸汽压力式温度计以低沸点液体(丙酮、乙醚等)为感温介质。

3. 双金属温度计

双金属温度计是一种固体膨胀式温度计,它是利用两种膨胀系数不同的金属薄片来测量温度的。其结构简单,可用于气体、液体及蒸汽的温度测量。

双金属温度计中的感温元件是用两片线膨胀系数不同的金属片叠焊在一起制成的,如图 4-4(a)所示。双金属片受热后,由于两种金属片的膨胀系数不同,膨胀长度就不同,会产生弯曲变形。温度越高产生的线膨胀长度差就越大,引起弯曲的角度也就越大,即弯曲程度与温度高低成正比。双金属温度计就是基于这一原理工作的。

为了提高仪表的灵敏度,工业上应用的双金属温度计是将双金属片制成螺旋形,结构如图 4-4(b)所示。一端固定在测量管的下部,另一端为自由端,与插入螺旋形金属片的中心轴焊接在一起。当被测温度发生变化时,双金属片自由端发生位移,使中心轴转动,经传动放大机构,由指针指示出被测温度值。

图 4-5 是一种双金属温度信号器的示意图。当温度变化时,双金属片 1 产生弯曲,且与调节螺钉相接触,使电路接通,信号灯 4 便发亮。如以继电器代替信号灯便可以用来控制热源(如电热丝)而成为两位式温度控制器。温度的控制范围可通过改变调节螺钉 2 与双金属片 1 之间的距离来调整。若以电铃代替信号灯便可以作为另一种双金属温度信号报警器。

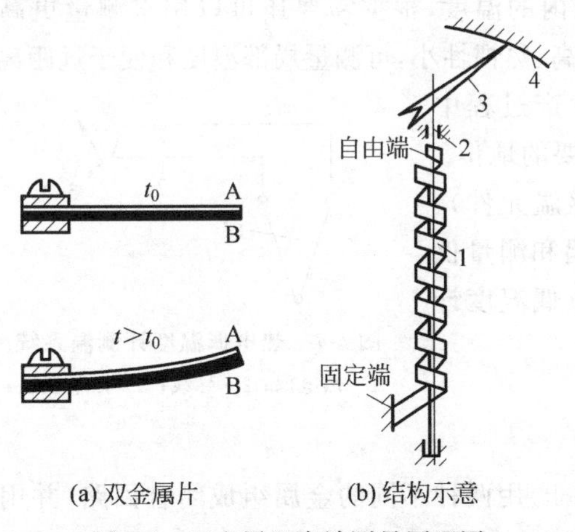

(a) 双金属片　(b) 结构示意

图 4-4　双金属温度计测量原理图

1—双金属片；2—指针轴；3—指针；4—刻度盘

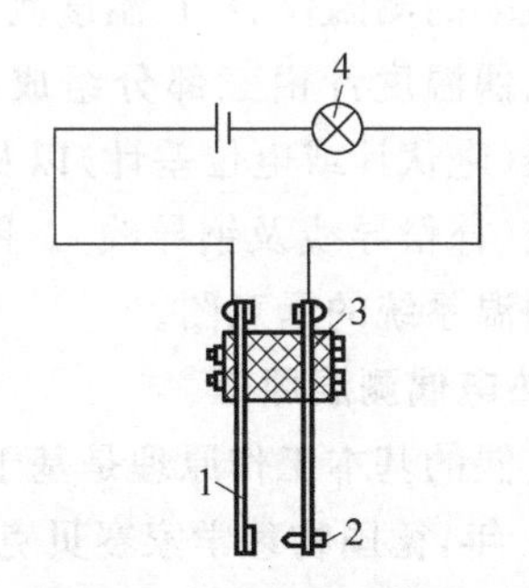

图 4-5　双金属温度信号器

1—双金属片；2—调节螺钉；3—绝缘子；4—信号灯

双金属温度计的实际结构如图 4-6 所示。它的常用结构有两种：一种是轴向结构,其刻度盘平面与保护管成垂直方向连接；另一种是径向结构,其刻度盘平面与保护管成水平方向连接。可根据生产操作中安装条件和方便观察的要求来选择轴向与径向结构。还可以做成带有上下限接点的电接点双金属温度计,当温度达到给定值时,可以发出电信号,实现温度的控制和报警功能。

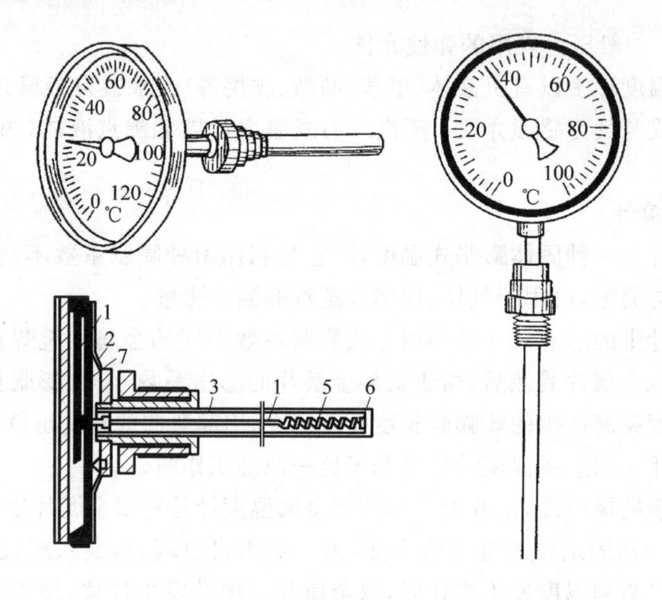

(a) 轴向型　　　　　　(b) 径向型

图 4-6　双金属温度计

1—指针；2—表壳；3—金属保护管；4—指针轴；5—双金属感温元件；6—固定轴；7—刻度盘

4.2.2　热电偶测温

热电偶温度计是将温度量转换成电势的热电式传感器。自 19 世纪发现热电效应以来，热电偶便被广泛用来测量 100℃～1300℃范围内的温度，根据需要还可以用来测量更高或更低的温度。它具有结构简单、使用方便、精度高、热惯性小，可测量局部温度和便于远距离传送、集中检测、自动记录等优点，是目前工业生产过程中应用的最多的测温仪表，在温度测量中占有重要的地位。

热电偶温度计由三部分组成：热电偶（感温元件）、测量仪表（毫伏计或电位差计）以及连接热电偶和测量仪表的导线（补偿导线及铜导线）。图 4-7 是热电偶温度计最简单测温系统的示意图。

图 4-7　热电偶温度计测温系统

1—热电偶；2—导线；3—显示仪表

1. 热电偶测温原理

视频讲解

热电偶的基本工作原理是基于热电效应。

1821 年，德国物理学家赛贝克（T. J. Seebeck）用两种不同的金属组成闭合回路，并用酒精灯加热其中一个接触点，发现在回路中的指南针发生偏转，如图 4-8 所示。如果用两盏酒精灯对两个接触点同时加热，指南针的偏转角度反而减小。显然，指南针的偏转说明了回路中有电动势产生并有电流流动，电流的强弱与两个接点的温度有关。据此，赛贝克发现并证明了热电效应，或称热电现象。

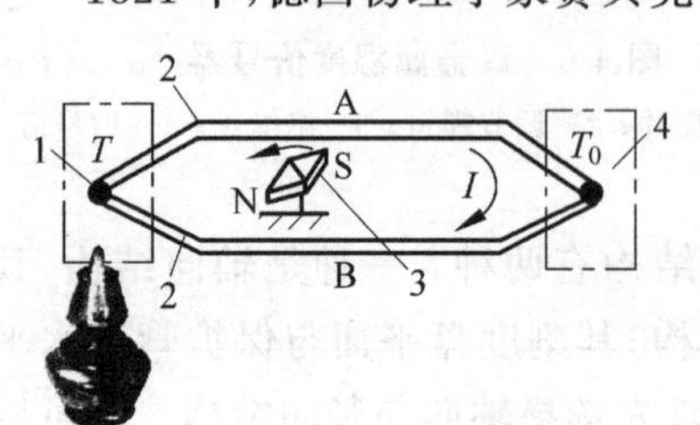

图 4-8　热电偶原理示意图

1—工作端；2—热电极；3—指南针；4—参考端

将两种不同的导体或半导体（A，B）连接在一起构成一个闭合回路，当两接点处温度不同时（$T>T_0$），回路中将产生电动势，这种现象称为热电效应，也称赛贝克效应，所产生的电动势称为热电势或赛贝克电势。两种不同材料的导体或半导体所组成的回路称为"热电偶"，组成热电偶的导体或半导体称为"热电极"。置于温度为 T 的被测介质中的接点称为测量端，又称工作端或热端。置于参考温度为 T_0 的温度相对固定处的另一接点称为参考端，又称固定端、自由端或冷端。

研究发现，热电偶回路产生的热电势 $E_{AB}(T,T_0)$ 由两部分构成：一是两种不同导体间的接触电势，又称帕尔贴(Peltier)电势；二是单一导体两端温度不同的温差电势，又称汤姆逊(Thomson)电势。

1) 接触电势——帕尔贴效应

两种不同导体接触时产生的电势。

当自由电子密度不同的 A、B 两种导体接触时，在两导体接触处会产生自由电子的扩散现象，自由电子由密度大的导体 A 向密度小的导体 B 扩散。在接触处失去电子的一侧(导体 A)带正电，得到电子的一侧(导体 B)带负电，从而在接点处形成一个电场，如图 4-9(a)所示。该电场将使电子反向转移，当电场作用和扩散作用动态平衡时，A、B 两种不同导体的接点处就形成稳定的接触电势，如图 4-9(b)所示，接触电势的数值取决于两种不同导体的性质和接触点的温度。在温度为 T 的接点处的接触电势 $E_{AB}(T)$ 为

$$E_{AB}(T)=\frac{kT}{e}\ln\frac{N_A}{N_B} \tag{4-5}$$

式中，k——玻耳兹曼常数，$k=1.38\times10^{-23}$J/K；

T——接触处的热力学温度；

e——电子电荷量，$e=1.6\times10^{-9}$C；

N_A 和 N_B——分别为金属 A 和 B 的自由电子密度。

2) 温差电势——汤姆逊效应

在同一导体中，由于两端温度不同而产生的电势。

同一导体的两端温度不同时，高温端的电子能量要比低温端的电子能量大，导体内自由电子从高温端向低温端扩散，并在低温端积聚起来，使导体内建立起一电场。当此电场对电子的作用力与扩散力平衡时，扩散作用停止。结果高温端因失去电子而带正电，低温端因获得多余的电子而带负电，因此，在导体两端便形成温差电势，也称汤姆逊电势，此现象称为汤姆逊效应，如图 4-9(c)所示。导体 A 的温差电势为

$$E_A(T,T_0)=\int_{T_0}^{T}\sigma_A\mathrm{d}t \tag{4-6}$$

式中，σ_A——导体 A 的汤姆逊系数，它表示温差为 1℃时所产生的电动势值，与导体材料有关；

T——导体 A 的热力学温度。

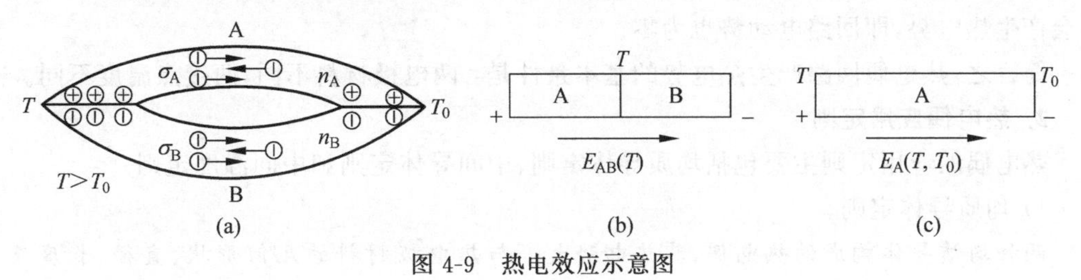

图 4-9 热电效应示意图

3）热电偶回路的总热电势

在两种金属 A、B 组成的热电偶回路中，两接点的温度为 T 和 T_0，且 $T>T_0$。则回路总电动势由四个部分构成：两个温差电动势，即 $E_A(T,T_0)$ 和 $E_B(T,T_0)$；两个接触电动势，即 $E_{AB}(T)$ 和 $E_{AB}(T_0)$，它们的大小和方向如图 4-10 所示。按逆时针方向写出总的回路电动势为

$$
\begin{aligned}
E_{AB}(T,T_0) &= E_{AB}(T)+E_B(T,T_0)-E_{AB}(T_0)-E_A(T,T_0) \\
&= \frac{kT}{e}\ln\frac{N_A}{N_B}+\int_{T_0}^{T}\sigma_B \mathrm{d}t-\frac{kT_0}{e}\ln\frac{N_A}{N_B}-\int_{T_0}^{T}\sigma_A \mathrm{d}t \\
&= \frac{k}{e}(T-T_0)\ln\frac{N_A}{N_B}-\int_{T_0}^{T}(\sigma_A-\sigma_B)\mathrm{d}t \\
&= \left[\frac{kT}{e}\ln\frac{N_A}{N_B}-\int_{0}^{T}(\sigma_A-\sigma_B)\mathrm{d}t\right]-\left[\frac{kT_0}{e}\ln\frac{N_A}{N_B}-\int_{0}^{T_0}(\sigma_A-\sigma_B)\mathrm{d}t\right] \\
&= f(T)-f(T_0)
\end{aligned} \tag{4-7}
$$

令

$$e_{AB}(T)=f(T);\quad e_{AB}(T_0)=f(T_0)$$

则有

$$E_{AB}(T,T_0)=e_{AB}(T)-e_{AB}(T_0) \tag{4-8}$$

因此，热电偶回路的总电动势为 $e_{AB}(T)$ 和 $e_{AB}(T_0)$ 两个分电动势的代数和。

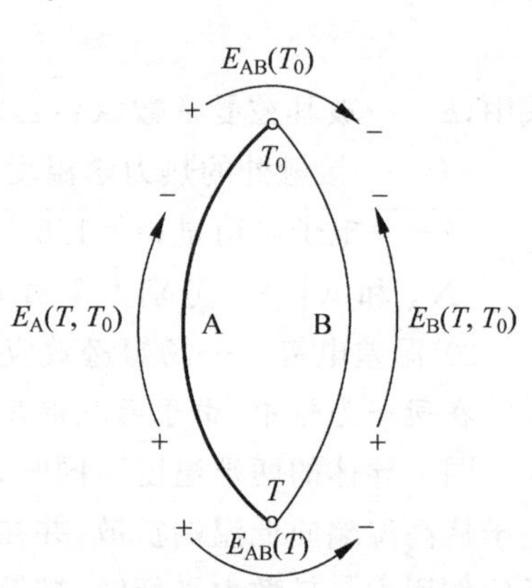

图 4-10　热电偶回路的总热电势示意图

由上述的推导结果可知，总电动势由与 T 有关和与 T_0 有关的两部分组成，它由电极材料和接点温度而定。

当材质选定后，将 T_0 固定，即

$$e_{AB}(T_0)=C(常数)$$

则

$$E_{AB}(T,T_0)=e_{AB}(T)-C=\Phi(T) \tag{4-9}$$

它只与 $e_{AB}(T)$ 有关，A、B 选定后，回路总电动势就只是温度 T 的单值函数，只要测得 $e_{AB}(T)$，即可得到温度。这就是热电偶测温的基本原理。

4）热电偶工作的基本条件

从上面的分析可知，热电偶工作的两个基本条件如下：

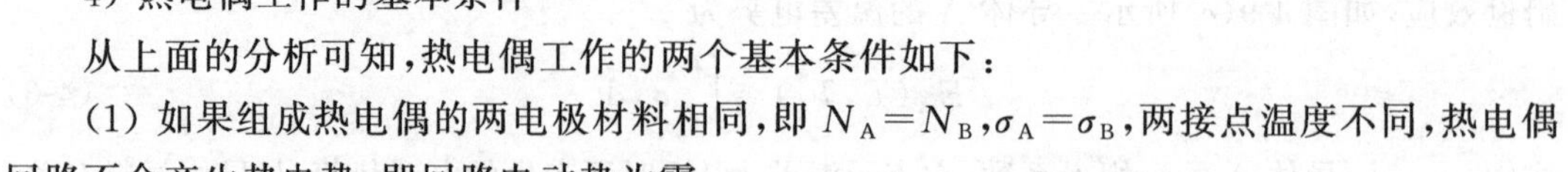

（1）如果组成热电偶的两电极材料相同，即 $N_A=N_B$，$\sigma_A=\sigma_B$，两接点温度不同，热电偶回路不会产生热电势，即回路电动势为零。

（2）如果组成热电偶的两电极材料不同，但两接点温度相同，即 $T=T_0$，热电偶回路也不会产生热电势，即回路电动势也为零。

简言之，热电偶回路产生热电势的基本条件是：两电极材料不同，两接点温度不同。

2. 热电偶应用定则

热电偶的应用定则主要包括均质导体定则、中间导体定则和中间温度定则。

1）均质导体定则

两种均质导体构成的热电偶，其热电势大小与热电极材料的几何形状、直径、长度及沿

热电极长度上的温度分布无关，只与电极材料和两端温度差有关。

如果热电极材质不均匀，则当热电极上各处温度不同时，将产生附加电势，造成无法估计的测量误差。因此，热电极材料的均匀性是衡量热电偶质量的重要指标之一。

2）中间导体定则

利用热电偶进行测温，必须在回路中引入连接导线和仪表，如图 4-11 所示。这样就在热电偶回路中加入了第三种导体，而第三种导体的引入又构成了新的接点，如图 4-11(a)中的点 2 和 3，图 4-11(b)中的点 3 和 4。接入导线和仪表后会不会影响回路中的热电势呢？下面分别对以上两种情况进行分析。

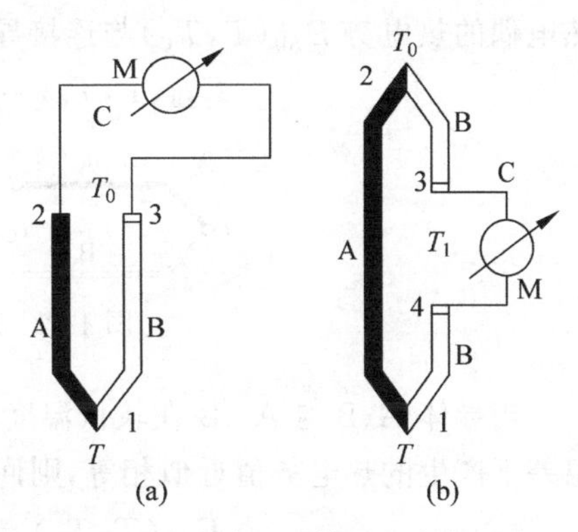

图 4-11　有中间导体的热电偶回路

在图 4-11(a)所示情况下（暂不考虑显示仪表），热电偶回路的总热电势为

$$E_1 = e_{AB}(T) + e_{BC}(T_0) + e_{CA}(T_0) \tag{4-10}$$

设各接点温度相同，都为 T_0，则闭合回路总电动势应为 0，即

$$e_{AB}(T_0) + e_{BC}(T_0) + e_{CA}(T_0) = 0$$

有

$$e_{BC}(T_0) + e_{CA}(T_0) = -e_{AB}(T_0)$$

可以得到

$$E_1 = e_{AB}(T) - e_{AB}(T_0) \tag{4-11}$$

式(4-8)与式(4-5)相同，即 $E_1 = E_{AB}(T, T_0)$。

在如图 4-11(b)所示的情况下（暂不考虑显示仪表），3、4 接点温度相同，均为 T_1，则热电偶回路的总热电势为

$$E_2 = e_{AB}(T) + e_{BC}(T_1) + e_{CB}(T_1) + e_{BA}(T_0) \tag{4-12}$$

因为

$$e_{BC}(T_1) = -e_{CB}(T_1)$$
$$e_{BA}(T_0) = -e_{AB}(T_0)$$

可以得到

$$E_2 = e_{AB}(T) - e_{AB}(T_0) \tag{4-13}$$

式(4-13)也和式(4-8)相同，即 $E_2 = E_{AB}(T, T_0)$。可见，总的热电势在中间导体两端温度相同的情况下，与没有接入时一样。

由此可得出结论：

在热电偶测温回路中接入中间导体，只要中间导体两端温度相同，则它的接入对回路的总热电势值没有影响。即回路中总的热电势与引入第三种导体无关，这就是中间导体定则。

根据这一定则，如果需要在回路中引入多种导体，只要保证引入的导体两端温度相同，均不会影响热电偶回路中的电动势，这是热电偶测量中一个非常重要的定则。有了这一定则，就可以在回路中方便地连接各种导线及仪表。

3）中间温度定则

在热电偶测温回路中，常会遇到热电极的中间连接问题，如图 4-12 所示。如果热电极

A、B分别与连接导体A′、B′相接，其接点温度分别为T、T_C和T_0，则回路的总电动势等于热电偶的热电势$E_{AB}(T,T_C)$与连接导体的热电势$E_{A'B'}(T_C,T_0)$的代数和，即

$$E_{AB}(T,T_0)=E_{AB}(T,T_C)+E_{A'B'}(T_C,T_0) \tag{4-14}$$

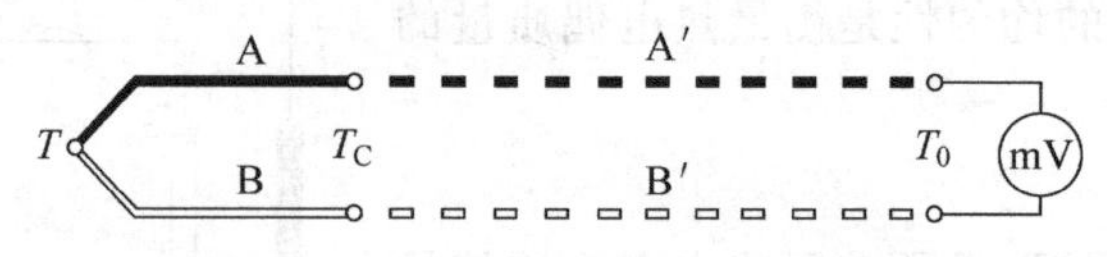

图4-12　采用连接导体的热电偶回路

当导体A、B与A′、B′在较低温度(100℃或200℃)下的热电特性相近时，即它们在相同温差下产生的热电势值近似相等，则回路的总电动势为

$$E_{AB}(T,T_0)=E_{AB}(T,T_C)+E_{AB}(T_C,T_0) \tag{4-15}$$

式(4-15)即为中间温度定则，T_C为中间温度。即

热电偶A、B在接点温度为T、T_0时的电动势$E_{AB}(T,T_0)$，等于热电偶A、B在接点温度为T、T_C和T_C、T_0时的电动势$E_{AB}(T,T_C)$和$E_{AB}(T_C,T_0)$的代数和。

中间温度定则为工业测温中使用补偿导线提供了理论基础。只要选配在低温下与热电偶热电特性相近的补偿导线，便可使热电偶的参比端延长，使之远离热源到达一个温度相对稳定的地方，而不会影响测温的准确性。从这一结论还可以看出，在使用热电偶测温时，如果热电偶各部分所受到的温度不同，则热电偶所产生的热电势只与工作端和参考端温度有关，其他部分温度变化(中间温度变化)并不影响回路热电势的大小。

另外，在热电偶热电势的计算中要使用分度表。热电偶的分度表表达的是在参比端温度为0℃时，热端温度与热电势之间的对应关系，以表格的形式表示出来。若设参比端温度为T_C，$T_0=0$，则

$$E_{AB}(T,0)=E_{AB}(T,T_C)+E_{AB}(T_C,0) \tag{4-16}$$

根据式(4-13)就可以进行热电势的计算，进而求出被测温度。在实际热电偶测温回路中，利用热电偶的这一性质，可对参考端温度不为0℃的热电势进行修正。

3. 常用工业热电偶及其分度表

根据热电偶测温原理可知，两种不同的导体或半导体都可以组成热电偶，且每一种热电偶的热电特性是不同的，即对应相同的温度所产生的电势值是不同的。那么在工业应用中的情况又如何呢？

1) 热电极材料的基本要求

理论上任意两种金属材料都可以组成热电偶，但实际情况并非如此。为保证在工程技术中应用的可靠性，并且有足够的准确度，并非所有材料都适合做热电偶，必须进行严格的选择。热电极材料应满足下列要求：

(1) 在测温范围内热电特性稳定，不随时间和被测对象变化。

(2) 在测温范围内物理、化学性质稳定，不易被氧化、腐蚀，耐辐射。

(3) 温度每增加1℃所产生的热电势要大，即热电势随温度的变化率足够大，灵敏度高。

(4) 热电特性接近单值线性或近似线性，测温范围宽。

(5) 电导率高，电阻温度系数小。

(6) 机械性能好，机械强度高，材质均匀；工艺性好，易加工，复制性好；制造工艺简单；

价格便宜。

热电偶的品种很多,各种分类方法也不尽相同。按照工业标准化的要求,可分为标准化热电偶和非标准化热电偶两大类。

2) 标准化热电偶及其分度表

(1) 标准化热电偶分类。

所谓标准化热电偶,是指工业上比较成熟、能批量生产、性能稳定、应用广泛、具有统一分度表并已列入国际标准和国家标准文件中的热电偶。同一型号的标准化热电偶具有良好的互换性,精度有一定的保证,并有配套的显示、记录仪表可供选用,为应用提供了方便。

目前国际电工委员会向世界各国推荐了八种标准化热电偶。在执行了国际温标 ITS—90 后,我国目前完全采用国际标准,还规定了具体热电偶的材质成分。不同材质构成的热电偶用不同的型号,即分度号来表示。表 4-3 列出了八种标准化热电偶的名称、性能及主要特点。其中所列各种型号热电偶的电极材料中,前者为热电偶的正极,后者为负极。

表 4-3 标准化热电偶特性表

名 称	分度号	$E(100,0)$	测量范围/℃		适用气氛	主要特点
			长期使用	短期使用		
铂铑$_{30}$-铂铑$_{6}$	B	0.033mV	0~1600	1800	O、N	测温上限高,稳定性好,精度高;热电势值小;线性较差;价格高;适于高温测量
铂铑$_{13}$-铂	R	0.647mV	0~1300	1600	O、N	测温上限较高,稳定性好,精度高;热电势值较小;线性差;价格高;多用于精密测量
铂铑$_{10}$-铂	S	0.646mV	0~1300	1600	O、N	性能几乎与 R 型相同,只是热电势还要小一些
镍铬-镍硅(铝)	K	4.096mV	−200~1200	1300	O、N	热电势值大,线性好,稳定性好,价格较便宜;广泛应用于中高温工业测量中
镍铬硅-镍硅	N	2.774mV	−200~1200	1300	O、N、R	是一种较新型热电偶,各项性能均比 K 型的好,适宜于工业测量
镍铬-康铜	E	6.319mV	−200~760	850	O、N	热电势值最大,中低温稳定性好,价格便宜;广泛应用于中低温工业测量中
铁-康铜	J	5.269mV	−40~600	750	O、N、R、V	热电势值较大,价格低廉,多用于工业测量
铜-康铜	T	4.279mV	−200~350	400	O、N、R、V	准确度较高,性能稳定,线性好,价格便宜;广泛用于低温测量

注:表中 O 为氧化气氛,N 为中性气氛,R 为还原气氛,V 为真空。

(2) 标准化热电偶的主要性能和特点。

① 贵金属热电偶：贵金属热电偶主要指铂铑合金、铂系列热电偶，由铂铑合金丝及纯铂丝构成。这个系列的热电偶使用温区宽，特性稳定，可以测量较高温度。由于可以得到高纯度材质，所以它们的测量精度较高，一般用于精密温度测量。但是所产生的热电势小，热电特性非线性较大，且价格较贵。铂铑$_{10}$-铂热电偶(S型)、铂铑$_{13}$-铂热电偶(R型)在1300℃以下可长时间使用，短时间可测1600℃；由于热电势小，300℃以下灵敏度低，300℃以上精确度最高；它在氧化气氛中物理化学稳定性好，但在高温情况下易受还原性气氛及金属蒸气玷污而降低测量准确度。铂铑$_{30}$-铂铑$_{6}$热电偶(B型)是氧化气氛中上限温度最高的热电偶，但是它的热电势最小，600℃以下灵敏度低，当参比端温度在100℃以下时，可以不必修正。

② 廉价金属热电偶：由价廉的合金或纯金属材料构成。镍基合金系列中有镍铬-镍硅(铝)热电偶(K型)和镍铬硅-镍硅热电偶(N型)，这两种热电偶性能稳定，产生的热电势大；热电特性线性好，复现性好；高温下抗氧化能力强；耐辐射；使用范围宽，应用广泛。镍铬-铜镍(康铜)热电偶(E型)热电势大，灵敏度最高，可以测量微小温度变化，但是重复性较差。铜-康铜热电偶(T型)稳定性较好，测温精度较高，是在低温区应用广泛的热电偶。铁-康铜热电偶(J型)有较高灵敏度，在700℃以下热电特性基本为线性。目前，我国石油化工行业最常用的热电偶有K、E和T型。

(3) 标准化热电偶分度表。

根据国际温标规定，在T_0=0℃(即冷端为0℃)时，用实验的方法测出各种不同热电极组合的热电偶在不同的工作温度下所产生的热电势值，列成一张张表格，这就是热电偶分度表。

各种热电偶在不同温度下的热电势值都可以从热电偶分度表中查到。显然，当T=0℃时，热电势为零。温度与热电势之间的关系也可以用函数形式表示，称为参考函数。新的ITS—90的分度表和参考函数是由国际电工委员会和国际计量委员会合作，由国际上有权威的研究机构(包括中国在内)共同参与完成的，它是热电偶测温的主要依据。有关标准热电偶分度表参见附录A(S型)、附录B(B型)、附录C(K型)和附录D(E型)。如图4-13所示为几种常见热电偶的温度与热电势值的特性曲线。

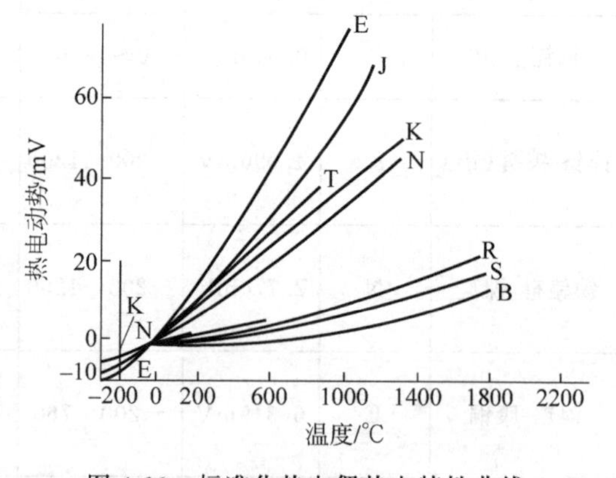

图4-13 标准化热电偶热电特性曲线

从分度表中可以得出如下结论：

① T=0℃时，所有型号热电偶的热电势值均为零；温度越高，热电势值越大；T<0℃时，热电势为负值。

② 不同型号的热电偶在相同温度下，热电势值有较大的差别；在所有标准化热电偶中，B型热电偶热电势值最小，E型热电偶为最大。

③ 如果做出温度—热电势曲线，如图4-13所示，可以看出温度与热电势的关系一般为非线性。由于热电偶的这种非线性特性，当冷端温度T_0≠0℃时，不能用测得的电动势

$E(T,T_0)$直接查分度表得出的温度，加上 T_0 来得出被测温度。应该根据下列公式先求出 $E(T,0)$，然后再查分度表，得到温度 T。

$$E(T,0)=E(T,T_0)+E(T_0,0) \tag{4-17}$$

式中，$E(T,0)$——冷端为 0℃，测量端为 T℃时的电势值；

$E(T,T_0)$——冷端为 T_0℃，测量端为 T℃时的电势值，即仪表测出的回路电势值；

$E(T_0,0)$——冷端为 0℃，测量端为 T_0℃时的电势值，即冷端温度不为 0℃时的热电势校正值。

3）非标准化热电偶

非标准化热电偶发展很快，主要目的是进一步扩展高温和低温的测量范围。例如，钨铼系列热电偶，这是一类高温难融合金热电偶，用于高温测量，最高测量温度可达 2800℃，但其均匀性和再现性较差，经历高温后会变脆。虽然我国已有产品，也能够使用，并建立了我国的行业标准，但由于对这一类热电偶的研究还不够成熟，还没有建立国际统一的标准和分度表，使用前需个别标定，以确定热电势和温度之间的关系。

表 4-4 给出了标准化工业热电偶的允差。根据各种热电偶的不同特点，选用时要综合考虑。

表 4-4 标准化工业热电偶的允差

类型	一级允差		二级允差		三级允差	
	温度范围/℃	允差值/℃	温度范围/℃	允差值/℃	温度范围/℃	允差值/℃
R,S	0～1000	±1	0～600	±1.5	—	
	1100～1600	±[1+0.003(t−1100)]	600～1600	±0.0025|t|		
B	—		600～1700	±0.0025|t|	600～800	±4
					800～1700	±0.005|t|
K.N	−40～375	±1.5	−40～333	±2.5	−167～40	±2.5
	375～1000	±0.004|t|	330～1200	±0.0075|t|	−200～−167	±0.015|t|
E	−40～375	±1.5	−40～333	±2.5	−167～40	±2.5
	375～800	±0.004|t|	333～900	±0.0075|t|	−200～167	±0.015|t|
J	−40～375	±1.5	−40～333	±2.5	—	
	375～750	±0.004|t|	333～750	±0.0075|t|		
T	−40～125	±0.5	−40～133	±1	−67～40	±1
	125～350	±0.004|t|	133～350	±0.0075|t|	−200～−67	±0.015|t|

4. 工业热电偶的结构型式

将两热电极的一个端点紧密地焊接在一起组成接点就构成了热电偶。工业用热电偶必须长期工作在恶劣环境中，为保证在使用时能够正常工作，热电偶需要良好的电绝缘，并需用保护套管将其与被测介质相隔离。根据其用途、安装位置和被测对象的不同，热电偶的结构形式是多种多样的，下面介绍几种比较典型的结构形式。

1）普通型热电偶

普通型热电偶为装配式结构，又称为装配式热电偶，一般由热电极、绝缘管、保护套管和接线盒等部分组成，如图 4-14 所示。

热电极是组成热电偶的两根热偶丝，热电极的直径由材料的价格、机械强度、电导率以

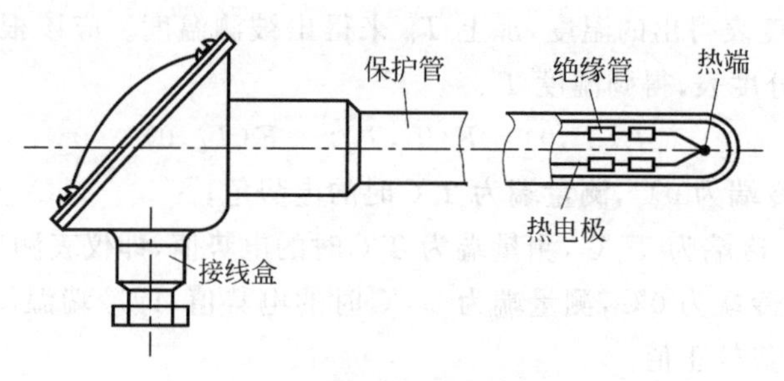

图 4-14　普通型热电偶的典型结构

及热电偶的用途和测量范围等决定。贵金属热电极直径不大于 0.5mm,廉金属热电极直径一般为 0.5～3.2mm。

绝缘管(又称绝缘子)用于防止两根热电极短路。材料的选用由使用温度范围而定,常用绝缘材料如表 4-5 所示。其结构形式通常有单孔管、双孔管及四孔管等,套在热电极上。

表 4-5　常用绝缘材料

材　　料	工作温度/℃	材　　料	工作温度/℃
橡皮、绝缘漆	80	石英管	1200
珐琅	150	瓷管	1400
玻璃管	500	纯氧化铝管	1700

保护套管套在热电极和绝缘子的外边,其作用是保护热电极不受化学腐蚀和机械损伤。保护套管材料的选择一般根据测温范围、插入深度以及测温的时间常数等因素来决定。对保护套管材料的要求是:耐高温、耐腐蚀、有足够的机械强度、能承受温度的剧变、物理化学特性稳定、有良好的气密性和具有高的热导系数。最常用的材料是铜及铜合金、钢和不锈钢以及陶瓷材料等,其结构一般有螺纹式和法兰式两种,常用保护套管的材料如表 4-6 所示。

表 4-6　常用保护套管的材料

材　　料	工作温度/℃	材　　料	工作温度/℃
无缝钢管	600	瓷管	1400
不锈钢管	1000	Al_2O_3 陶瓷管	1900 以上
石英管	1200		

接线盒是供热电极和补偿导线连接之用的。它通常用铝合金制成,一般分为普通式和密封式两种。为了防止灰尘和有害气体进入热电偶保护套管内,接线盒的出线孔和盖子均用垫片和垫圈加以密封。接线盒内用于连接热电极和补偿导线的螺丝必须固紧,以免产生较大的接触电阻而影响测量的准确度。

整支热电偶长度由安装条件和插入深度决定,一般为 350～2000mm。这种结构的热电偶热容量大,因而热惯性大,对温度变化的响应慢。

2) 铠装型热电偶

铠装型热电偶是将热电偶丝、绝缘材料和金属保护套管三者组合装配后,经拉伸加工而成的一种坚实的组合体。它的结构形式和外表与普通型热电偶相仿，如图 4-15 所示。与普通热电偶不同之处是：热电偶与金属保护套管之间被氧化镁或氧化铝粉末绝缘材料填实，三者合为一体；具有一定的可挠性。一般情况下，最小弯曲半径为其直径的 5 倍，安装使用方便。套管材料一般采用不锈钢或镍基高温合金，绝缘材料采用高纯度脱水氧化镁或氧化铝粉末。

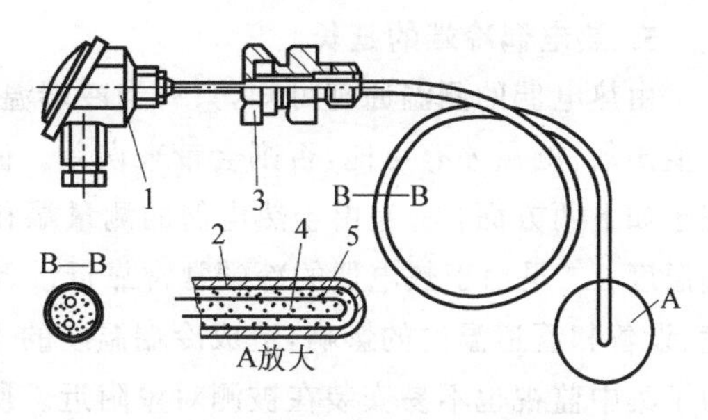

图 4-15　铠装型热电偶的典型结构

1—接线盒；2—金属套管；3—固定装置；4—绝缘材料；5—热电极

铠装热电偶工作端的结构形式多样，有接壳型、绝缘型、露头型和帽型等形式，如图 4-16 所示。其中以露头和接壳型动态特殊较好。接壳型是热电极与金属套管焊接在一起，其反应时间介于绝缘型和露头型之间；绝缘型的测量端封闭在完全焊合的套管里，热电偶与套管之间是互相绝缘的，是最常用的一种形式；露头型的热电偶测量端暴露在套管外面，仅适用于干燥的非腐蚀介质中。

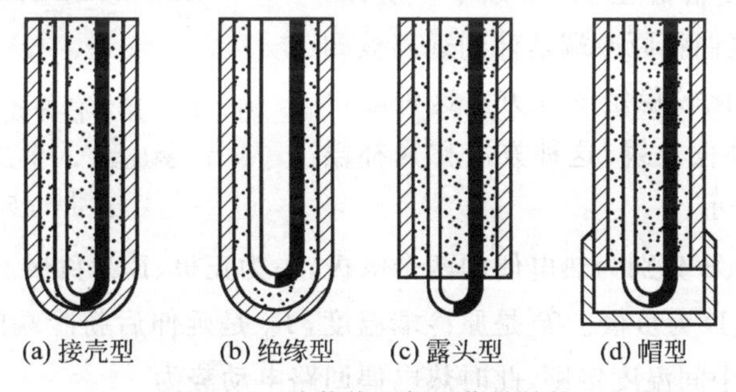

图 4-16　铠装热电偶工作端结构

铠装热电偶的外径一般为 0.5～8mm，热电极有单丝、双丝及四丝等，套管壁厚为 0.07～1mm，其长度可以根据需要截取。热电偶冷端可以用接线盒或其他形式的接插件与外部导线连接。由于铠装热电偶的金属套管壁薄，热电极细，因而相同分度号的铠装热电偶较普通热电偶使用温度要低，使用寿命要短。

铠装热电偶的突出优点之一是动态特性好，测量端热容量小，因而热惯性小，对温度变化响应快，更适合于温度变化频繁以及热容量较小对象的温度测量。另外，由于结构小型化，易于制成特殊用途的形式，可挠性好，可弯曲，可以安装在狭窄或结构复杂的测量场合，因此各种铠装热电偶的应用也比较广泛。

3）表面型热电偶

表面型热电偶常用的结构形式是利用真空镀膜法将两电极材料蒸镀在绝缘基底上的薄膜热电偶，是专门用来测量物体表面温度的一种特殊热电偶，其特点是反应速度极快、热惯性极小。它作为一种便携式测温计，在纺织、印染、橡胶、塑料等工业领域广泛应用。

热电偶的结构形式可根据它的用途和安装位置来确定。在热电偶选型时，要注意三个方面：热电极的材料；保护套管的结构、材料及耐压强度；保护套管的插入深度。

5. 热电偶冷端的延长

视频讲解

由热电偶的测温原理可知，只有当冷端温度 T_0 是恒定已知时，热电势才是被测温度的单值函数，测量才有可能，否则会带来误差。但通常情况下，冷端温度是不恒定的，原因主要在于如下两方面：一是由于热电偶的测量端和冷端靠得很近，热传导、热辐射都会影响到冷端温度；二是由于热电偶的冷端常常靠近设备和管道，且一般都在室外，冷端会受到周围环境、设备和管道温度的影响，造成冷端温度的不稳定。另外，与热电偶相连的检测仪表一般为了集中监视也不易安装在被测对象附近。所以为了准确测量温度，应设法把热电偶的冷端延伸至远离被测对象，且温度又比较稳定的地方，如控制室内。

一种方法是将热电偶的偶丝(热电极)延长，但有的热电极属于贵金属，如铂系列热电偶，此时延长偶丝是不经济的。能否用廉价金属组成热电偶与贵金属相连来延伸冷端呢？通过大量实验发现，有些廉价金属热电偶在 0℃～100℃环境温度范围内，与某些贵金属热电偶具有相似的热电特性，即在相同温度下两种热电偶所产生的热电势值近似相等。如铜-康铜与镍铬-镍硅、铜-铜镍与铂铑$_{10}$-铂热电偶在 0℃～100℃范围内，热电特性相同，而原冷端到控制室两点之间的温度恰恰在 100℃以下。所以，可以用廉价金属热电偶将原冷端延伸到远离被测对象，且环境温度又比较稳定的地方。这种廉价金属热电偶即称为补偿导线，这种方法称为补偿导线法，如图 4-17 所示。

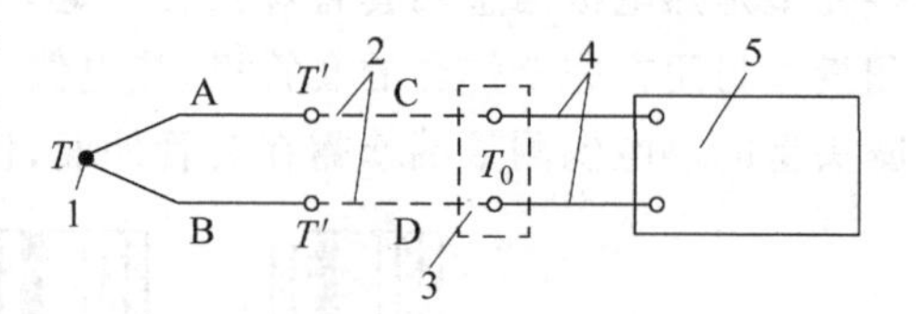

图 4-17 用补偿导线延长热电偶的冷端

1—测量端；2—补偿导线；3—冷端；4—铜导线；5—显示仪表

在图 4-17 中，A、B 分别为热电偶的两个电极，A 为正极、B 为负极。C、D 为补偿导线的两个电极，C 为正极、D 为负极。T'是原冷端温度，T_0 是延伸后新冷端的温度，T'、T_0 均在 100℃以下。则根据中间温度定则，此时热电偶回路电动势为

$$E = E_{AB}(T, T') + E_{CD}(T', T_0)$$

由于

$$E_{CD}(T', T_0) = E_{AB}(T', T_0)$$

所以

$$E = E_{AB}(T, T') + E_{AB}(T', T_0) = E_{AB}(T, T_0) \tag{4-18}$$

可见，用补偿导线延伸后，其回路电势只与新冷端温度有关，而与原冷端温度变化无关。

通过上面的讨论可以看出，补偿导线也是热电偶，只不过是廉价金属组成的热电偶。不同的热电偶因其热电特性不同，必须配以不同的补偿导线，见表 4-7。另外，热电偶与补偿导线相接时必须保证延伸前后特性不变，因此，热电偶的正极必须与补偿导线的正极相连，负极与负极相连，且连接点温度相同，并在 0℃～100℃范围内。延伸后新冷端温度应尽量维持恒定。即使用补偿导线应注意如下几点：

(1) 补偿导线与热电偶型号相匹配。

(2) 补偿导线的正负极与热电偶的正负极要相对应，不能接反。

(3) 原冷端和新冷端温度在 0℃～100℃范围内。

(4) 当新冷端温度 $T_0 \neq 0$℃时，还需进行其他补偿和修正。

表 4-7　常用热电偶补偿导线

<table>
<tr><th rowspan="3">配用热电偶类型</th><th rowspan="3">补偿导线型号</th><th colspan="2">色标</th><th colspan="4">允差/℃</th></tr>
<tr><th rowspan="2">正</th><th rowspan="2">负</th><th colspan="2">100℃</th><th colspan="2">200℃</th></tr>
<tr><th>B级</th><th>A级</th><th>B级</th><th>A级</th></tr>
<tr><td>S,R</td><td>SC</td><td rowspan="8">红</td><td>绿</td><td>5</td><td>3</td><td>5</td><td>5</td></tr>
<tr><td rowspan="2">K</td><td>KC</td><td>蓝</td><td>2.5</td><td>1.5</td><td>—</td><td>—</td></tr>
<tr><td>KX</td><td>黑</td><td>2.5</td><td>1.5</td><td>2.5</td><td>2.5</td></tr>
<tr><td rowspan="2">N</td><td>NC</td><td>浅灰</td><td>2.5</td><td>1.5</td><td>—</td><td>—</td></tr>
<tr><td>NX</td><td>深灰</td><td>2.5</td><td>1.5</td><td>2.5</td><td>1.5</td></tr>
<tr><td>E</td><td>EX</td><td>棕</td><td>2.5</td><td>1.5</td><td>2.5</td><td>1.5</td></tr>
<tr><td>J</td><td>JX</td><td>紫</td><td>2.5</td><td>1.5</td><td>2.5</td><td>1.5</td></tr>
<tr><td>T</td><td>TX</td><td>白</td><td>2.5</td><td>0.5</td><td>1.0</td><td>0.5</td></tr>
</table>

注：补偿导线第二个字母含义,C—补偿型,X—延长型。

根据所用材料,补偿导线分为补偿型补偿导线(C)和延长型补偿导线(X)两类,见表 4-7。补偿型补偿导线材料与热电极材料不同,常用于贵金属热电偶,它只能在一定的温度范围内与热电偶的热电特性一致；延长型补偿导线是采用与热电极相同的材料制成,适用于廉价金属热电偶。应该注意,无论是补偿型还是延长型的,补偿导线本身并不能补偿热电偶冷端温度的变化,只是起到将热电偶冷端延伸的作用,改变热电偶冷端的位置,以便于采用其他的补偿方法。另外,即使在规定的使用温度范围内,补偿导线的热电特性也不可能与热电偶完全相同,因而仍存有一定的误差。

6. 热电偶的冷端温度补偿

采用补偿导线后,把热电偶的冷端从温度较高和不稳定的地方,延伸到温度较低和比较稳定的控制室内,但冷端温度还不是 0℃。而工业上常用的各种热电偶的分度表或温度-热电势关系曲线都是在冷端温度保持为 0℃的情况下得到的,与它配套使用的仪表也是根据冷端温度为 0℃这一条件进行刻度的。由于控制室的温度往往高于 0℃,而且是不恒定的,因此,热电偶所产生的热电势必然比冷端为 0℃情况下所产生的热电势要偏小,且测量值也会随着冷端温度变化而变化,给测量结果带来误差。因此,在应用热电偶测温时,只有将冷端温度保持为 0℃,或者是进行一定的修正才能得到准确的测量结果。这样的做法就称为热电偶的冷端温度补偿。一般采用下述几种方法。

1) 冷端温度保持 0℃法

保持冷端温度为 0℃的方法,又称冰浴法或冰点槽法,如图 4-18 所示。把热电偶的两个冷端分别插入盛有绝缘油的试管中,然后放入装有冰水混合物的保温容器中,用铜导线引出接入显示仪表,此时显示仪表的读数就是对应冷端为 0℃时的毫伏值。这种方法要经常检查,并补充适量的冰,始终保持保温容器中为冰水混合状态,因此使用起来比较麻烦,多用于实验室精密测量中,工业测量中一般不采用。

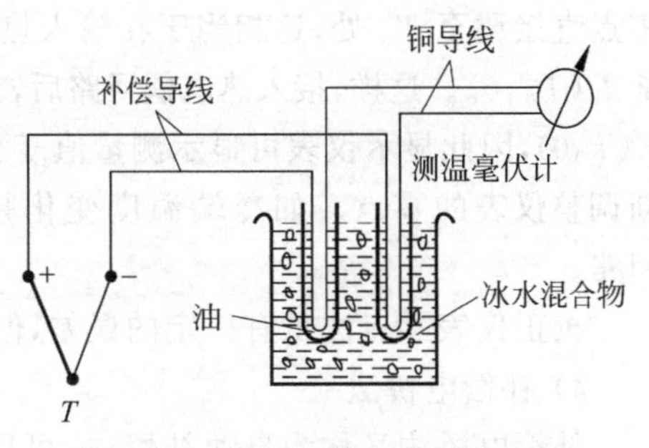

图 4-18　热电偶冷端温度保持 0℃法

2）冷端温度计算校正法

在实际生产中，采用补偿导线将热电偶冷端移到温度 T_0 处，T_0 通常为环境温度而不是 0℃。此时若用仪器测得的回路电势直接去查热电偶分度表，得出的温度就会偏低，引起测量误差，因此，必须对冷端温度进行修正。因为热电偶的分度表是在冷端温度是 0℃时做出的，所以必须用仪器测得的回路电势加上环境温度 T_0 与冰点 0℃之间温差所产生的热电势后，去查分度表，才能得到正确的测量温度，这样才能符合热电偶分度表的要求。一般情况下，先用温度计测出冷端的实际温度 T_0，在分度表上查得对应于 T_0 的 $E(T_0,0)$，即校正值。依式(4-17)

$$E(T,0)=E(T,T_0)+E(T_0,0)$$

将仪表测出的回路电势值 $E(T,T_0)$ 与此校正值相加，求得 $E(T,0)$ 后，再反查分度表求出 T，就得到了实际被测温度。

例 4-1 采用 E 分度号热电偶测量某加热炉的温度，测得的热电势 $E(T,T_0)=66982\mu V$，冷端温度 $T_0=30℃$。求被测的实际温度。

解 由 E 型热电偶分度表查得

$$E(30,0)=1801\mu V$$

则

$$E(T,0)=E(T,30)+E(30,0)=66982+1801=68783(\mu V)$$

再反查 E 型热电偶分度表，得实际温度为 900℃。

例 4-2 计算 $E_K(650,20)$。

解 $E_K(650,20)=E_K(650,0)-E_K(20,0)=27.025-0.798=26.227(\mu V)$

由于热电偶所产生的电动势与温度之间的关系都是非线性的(当然各种热电偶的非线性程度不同)，因此在冷端温度不为零时，将所测得的电动势对应的温度加上冷端温度，并不等于实际温度。如在例 4-1 中，测得的热电势为 $66982\mu V$，由分度表可查得对应的温度为 876.6℃，如果加上冷端温度 30℃，则为 906.6℃，这与实际温度 900℃有一定的误差。实际热电势与温度之间的非线性程度越严重，误差就越大。

可以看出，用计算校正法来补偿冷端温度的变化需要计算、查表，仅适用于实验室测温，不能应用于生产过程的连续测量。

3）校正仪表零点法

如果热电偶的冷端温度比较稳定，与之配用的显示仪表零点调整比较方便，测量准确度要求又不太高时，可对仪表的机械零点进行调整。若冷端温度 T_0 已知，可将显示仪表机械零点直接调至 T_0 处，这相当于在输入热电偶回路热电势之前，就给显示仪表输入了一个电势 $E(T_0,0)$。这样，接入热电偶回路后，输入显示仪表的电势相当于 $E(T,T_0)+E(T_0,0)=E(T,0)$，因此显示仪表可显示测量值 T。在应用这种方法时应注意，冷端温度变化时要重新调整仪表的零点。如冷端温度变化频繁，不宜采用此法。调整零点时，应断开热电偶回路。

校正仪表零点法虽有一定的误差，但非常简便，在工业上经常采用。

4）补偿电桥法

补偿电桥法又称为自动补偿法，可以对冷端温度进行自动修正，保证连续准确地进行测量。

补偿电桥法利用不平衡电桥(又称补偿电桥或冷端补偿器)产生相应的电势,以补偿热电偶由于冷端温度变化而引起的热电势变化。如图 4-19 所示,补偿电桥由四个桥臂电阻 R_1、R_2、R_3、R_t 和桥路稳压电源组成。其中的三个桥臂电阻 R_1、R_2、R_3 是由电阻温度系数很小的锰铜丝绕制的,其电阻值基本不随温度而变化。另一个桥臂电阻 R_t 由电阻温度系数很大的铜丝绕制,其阻值随温度而变化。

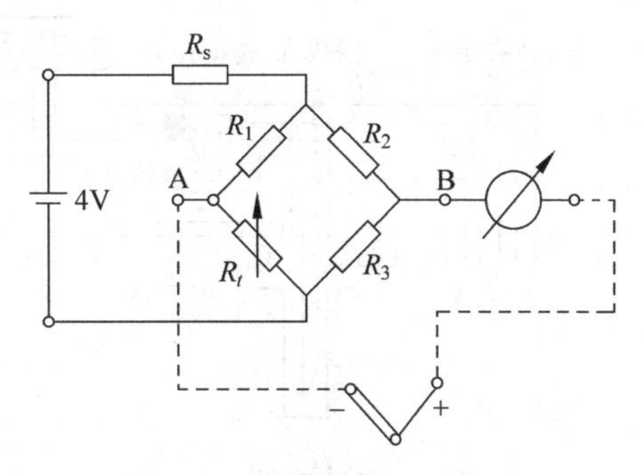

图 4-19 补偿电桥法示意图

将补偿电桥串接在热电偶回路中,热电偶用补偿导线将其冷端连接到补偿器,使冷端与 R_t 电阻所处的温度一致。因为一般显示仪表都是工作在常温下,通常不平衡电桥取在 20℃时平衡。即冷端为 20℃时,$R_t=R_{t_0}=R_{20}$,电桥平衡。设计 $R_1=R_2=R_3=R_{20}$,桥路平衡无信号输出,即 $V_{AB}=0$。此时测温回路电势

$$E=E_{AB}(t,t_0)+V_{AB}=E_{AB}(t,20)$$

当冷端温度变化时,电桥将输出不平衡电压。设冷端温度升高(>20℃)至 t_1,此时 $R_{t_1}\neq R_{t_0}$,电桥不平衡,$V_{AB}\neq 0$,回路中电动势为

$$\begin{aligned}E&=E_{AB}(t,t_1)+V_{AB}=E_{AB}(t,t_0)-E_{AB}(t_1,t_0)+V_{AB}\\&=E_{AB}(t,20)-E_{AB}(t_1,20)+V_{AB}\end{aligned}$$

选择适当的电阻 R_t,使电桥的输出电压 V_{AB} 可以补偿因冷端变化而引起的回路热电势变化量。即用 R_t 的变化引入的不平衡电压 V_{AB} 来抵消 t_0 变化引入的热电势 $E_{AB}(t_1,t_0)$,即 $E_{AB}(t_1,20)$的值。使

$$-E_{AB}(t_1,20)+V_{AB}=0,\quad V_{AB}=E_{AB}(t_1,20)$$

此时,回路电势 $E=E_{AB}(t,20)$,与 t_0 没有变化时相等,保持显示仪表接收的电势不变,即所指示的测量温度没有因为冷端温度的变化而变化,达到了自动补偿冷端温度变化的目的。请推证,如果冷端温度降低,即 t_1 低于 20℃,补偿电桥是如何工作的。

使用补偿电桥时应注意:

(1) 由于电桥是在 20℃时平衡,所以需将显示仪表机械零点预先调至 20℃。如果补偿电桥是按 0℃时平衡设计的,则零点应调至 0℃。

(2) 补偿电桥、热电偶、补偿导线和显示仪表型号必须匹配。

(3) 补偿电桥、热电偶、补偿导线和显示仪表的极性不能接反,否则将带来测量误差。

5) 补偿热电偶法

在实际应用中,为了节省补偿导线和投资费用,常用多只热电偶配用一台测温仪表。通过切换开关实现多点间歇测量,其接线如图 4-20 所示。补偿热电偶 C、D 的材料可以与测量热电偶材料相同,也可以是测量热电偶的补偿导线。设置补偿热电偶是为了使多只热电偶的冷端温度保持恒定,为了达到此目的,将补偿热电偶的工作端插入 2~3m 的地下或放在一个恒温器中,使其温度恒定为 t_0。补偿热电偶的与多支热电偶的冷端都接在温度为 t_1 的同一个接线盒中。于是,根据热电偶测温的中间温度定则不难证明,这时测温仪表的指示值则为 $E(t,t_0)$所对应的温度,而不受接线盒处温度 t_1 变化的影响,同时实现了多只热电偶的冷端温度补偿。

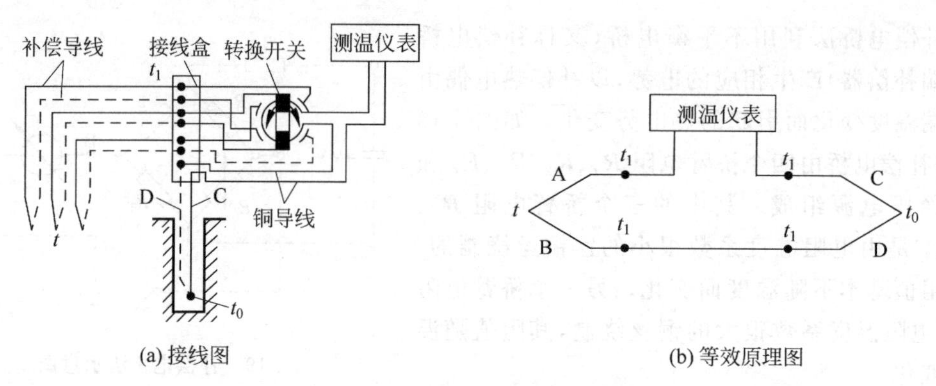

(a) 接线图　　(b) 等效原理图

图 4-20　补偿热电偶连接线路

6) 软件修正法

在计算机控制系统中，有专门设计的热电偶信号采集卡(I/O 卡中的一种)，一般有 8 路或 16 路信号通道，并带有隔离、放大、滤波等处理电路。使用时要求把热电偶通过补偿导线与采集卡上的输入端子连接起来，在每一块卡上的接线端子附近安装有热敏电阻。在采集卡驱动程序的支持下，计算机每次都采集各路热电势信号和热敏电阻信号。根据热敏电阻信号可得到 $E(t_0,0)$，再按照前面介绍的计算校正法自动计算出每一路的 $E(t,0)$ 值，就可以得到准确的温度了。这种方法是在热电偶信号采集卡硬件的支持下，依靠软件自动计算来完成热电偶冷端处理和补偿功能的。

7) 一体化温度变送器

所谓一体化温度变送器，就是将变送器模块安装在测温元件接线盒内的一种温度变送器，使变送器模块与测温元件形成一个整体。这种温度变送器具有参比端温度补偿功能，不需要补偿导线，输出信号为 4～20mA 或 0～10mA 标准信号，适用于－20℃～100℃的环境温度，精确度可达±0.2%，配用这种装置可简化测温电路设计。这种变送器具有体积小、重量轻，现场安装方便等优点，因而在工业生产中得到了广泛应用。

7. 热电偶测温线路及误差分析

1) 热电偶测温线路

热电偶温度计由热电偶、显示仪表及中间连接导线所组成。实际测温中，其连接方式有所不同，应根据不同的需求，选择准确、方便的测量线路。

(1) 典型测温线路。

目前工业用热电偶所配用的显示仪表，大多带有冷端温度的自动补偿作用，因此典型的测温线路如图 4-21 所示。热电偶采用补偿导线，将其冷端延伸到显示仪表的接线端子处，使得热电偶冷端与显示仪表的温度补偿装置处在同一温度下，从而实现冷端温度的自动补偿，显示仪表所显示的温度即为测量端温度。

如果所配用的显示仪表不带有冷端温度的自动补偿作用，则需采用上述所介绍的方法，对热电偶的冷端温度的影响进行补偿或修正。

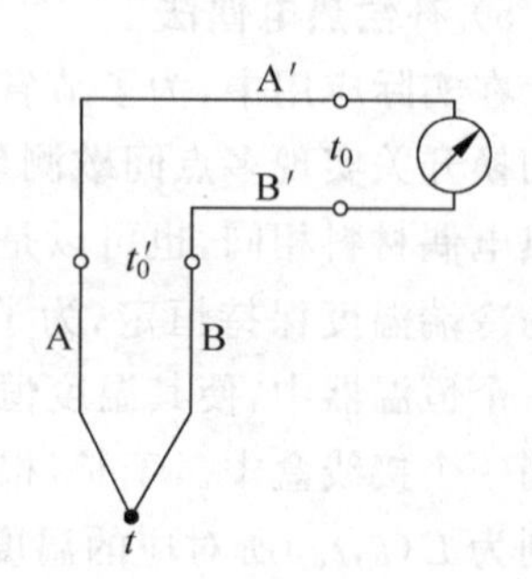

图 4-21　典型热电偶测温线路

(2) 测温实例。

例 4-3　如图 4-22 所示为一实际测温系统，采用 K 型

热电偶、补偿导线、补偿电桥及显示仪表。已知：$t=300℃$，$t_c=50℃$，$t_0=20℃$

① 求测量回路的总电动势及温度显示仪表的读数。

② 如果补偿导线为普通的铜导线或显示仪表错用了E型的，则测量回路的总电动势及温度显示仪表的读数又为多少？

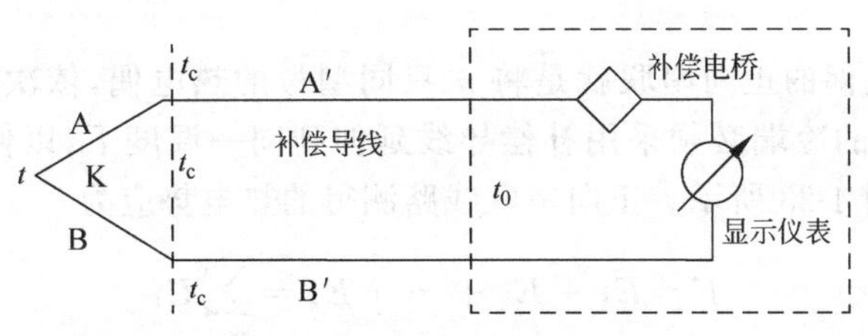

图4-22 例4-3测温线路图

解 ① 回路的总电动势为

$$E=E_K(t,t_c)+E_{补}(t_c,t_0)+E_{冷}(t_0,0)$$

因为 $E_{补}(t_c,t_0)=E_K(t_c,t_0)$，$E_{冷}(t_0,0)=E_K(t_0,0)$

所以 $E=E_K(t,t_c)+E_K(t_c,t_0)+E_K(t_0,0)=E_K(t,0)$

因为 $t=300℃$

查得 $E_K(t,0)=E_K(300,0)=12.209\text{mV}$

显示仪表读数为300℃。

或，因为测温回路热电偶，补偿导线，补偿电桥及显示仪表型号相配，又有冷端补偿，所以显示温度为实际温度300℃。

② 当补偿导线为普通的铜导线时(显示仪表为K型)，则

$$E_{补}(t_c,t_0)=E_{铜}(t_c,t_0)=0$$

回路的总电动势为

$$\begin{aligned}E&=E_K(t,t_c)+E_{冷}(t_0,0)=E_K(t,t_c)+E_K(t_0,0)\\&=E_K(300,50)+E_K(20,0)\\&=E_K(300,0)-E_K(50,0)+E_K(20,0)\\&=12.209-2.023+0.798=10.984(\text{mV})\end{aligned}$$

查K型热电偶分度表可知，显示仪表的读数为$t=270.3℃$。可见补偿导线用错时，会带来测量误差。

当错用了E型显示仪表时，有

$$E_{冷}(t_0,0)=E_E(t_0,0)$$

回路的总电动势为

$$\begin{aligned}E&=E_K(t,t_c)+E_K(t_c,t_0)+E_E(t_0,0)\\&=E_K(300,50)+E_K(50,20)+E_E(20,0)\\&=E_K(300,0)-E_K(50,0)+E_K(50,0)-E_K(20,0)+E_E(20,0)\\&=12.209-0.798+1.192=12.603(\text{mV})\end{aligned}$$

由于显示仪表是E型的，所以读数值要查E型热电偶分度表。

显示仪表的读数为188.9℃，误差很大，造成了错误。

从本例中可以看出，在热电偶测量系统中，补偿导线使用的不正确或配用仪表的型号不对等，都会引起错误的测量结果，而不是误差。在实际应用中，曾经发生过类似的事故，造成

了人力和物力的浪费。应尽量避免这种错误的发生，以免造成不必要的经济损失。

(3) 串并联连接。

① 串联连接。

串联连接是将两只以上的热电偶以串联的方式进行连接，分为正向串联和反向串联两种方式。

正向串联。热电偶的正向串联就是将 n 只同型号的热电偶，依次按正、负极性相连接的线路，各支热电偶的冷端必须采用补偿导线延伸到同一温度下，以便对冷端温度进行补偿。其连接方式如图 4-23 所示。正向串联线路测得的热电势应为

$$E = E_1 + E_2 + \cdots + E_n = \sum_{i=1}^{n} E_i \tag{4-19}$$

式中，$E_1, E_2, \cdots, E_n$——各单只热电偶的热电势；

E——n 只热电偶的总热电势。

此种串联线路的主要优点是热电势大，测量精度比单支热电偶高。因此在测量微小的温度变化或微弱的辐射能时，可以获得较大的热电势输出，具有较高的灵敏度。其主要缺点是，只要有一支热电偶断路，整个测温系统就不能工作。

反向串联。热电偶的反向串联一般是将两支同型号的热电偶的相同极性串联在一起，如图 4-24 所示。测得的热电势为

$$E = E_1 - E_2 \tag{4-20}$$

这种连接方法常用来测量两点的温度差。如测量某设备上下或左右两点的温度差值等。要求两只热电偶利用补偿导线延伸出的热电偶新冷端温度必须一样，否则不能测得真实温度差值。需要特别注意的是，采用此种方式测温差时，两支热电偶的热电特性均应为近似线性，否则将会产生测量误差。

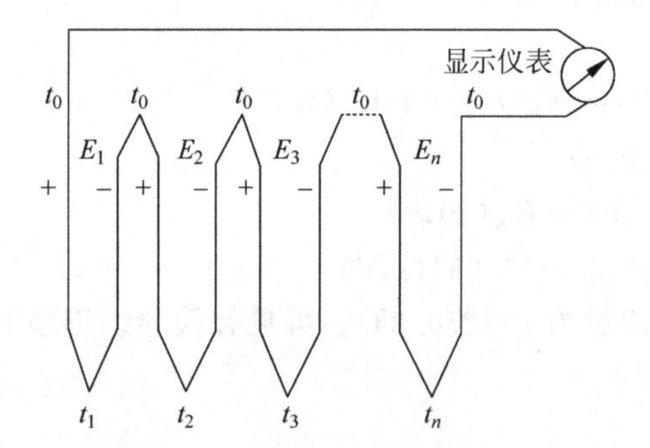

图 4-23 正向串联连接示意图

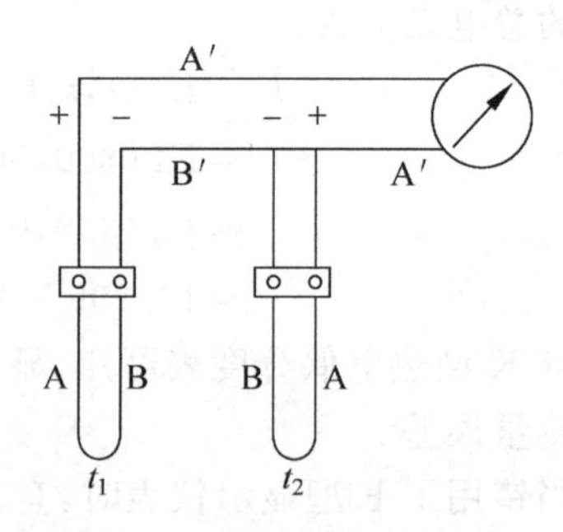

图 4-24 反向串联连接示意图

② 并联连接。

并联线路是将 n 支同型号的热电偶的正极和负极分别连接在一起的线路，如图 4-25 所示。如果 n 支热电偶的电阻值均相等，则并联线路的总电势等于 n 支热电偶热电势的平均值，即

$$E = \frac{E_1 + E_2 + \cdots + E_n}{n} = \frac{1}{n}\sum_{i=1}^{n} E_i \tag{4-21}$$

并联线路常用来测量平均温度。同串联线路

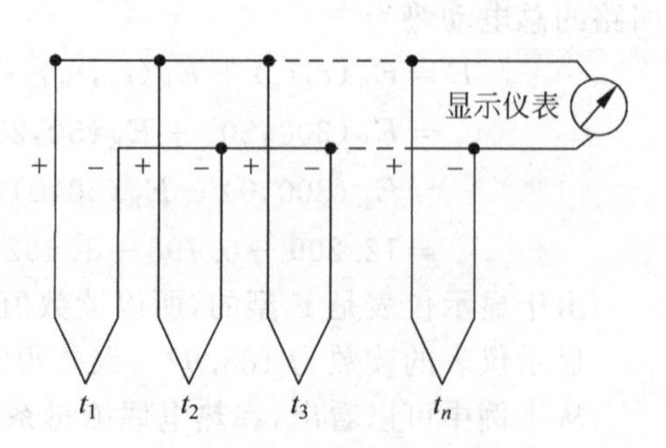

图 4-25 并联连接示意图

相比,并联线路的热电势虽小,但其相对误差仅为单支热电偶的 $1/\sqrt{n}$,当某支热电偶断路时,测温系统可照常工作。为了保证热电偶回路内阻尽量相同,可以分别串入较大的电阻,以减小内阻不同的影响。

2) 热电偶测量误差分析

因为热电偶温度计是由热电偶、补偿导线、冷端补偿器及显示仪表等组成,而且工业用热电偶一般均带有保护管,则在测温时,常包括如下误差因素。

(1) 热电偶本身的误差。

① 分度误差。

对于标准化热电偶的分度误差就是校验时的误差,其值不得超过所允许的偏差。对于非标准化热电偶,其分度误差由校验时个别确定。严格按照规定条件使用时,分度误差的影响并非主要的。

② 热电特性变化引起的误差。

在使用过程中,由于热电极的腐蚀污染等因素,会导致热电特性的变化,从而产生较大的误差。因热偶丝遭受严重污染或发生不可逆的时效,使其热电特性与原标准分度特性严重偏离所引起的测量误差,称为“蜕变”误差或“漂移”。引起这种误差的原因很多,主要有以下几点:

- 在一个或两个热电极中发生与绝缘子及其中的杂质间的化学反应,或与环境介质反应,使绝缘性能降低。
- 在一种或两种电极中产生的冶金转变过程(如 K 型热电偶的短程有序化)。
- 合金元素选择型优先蒸发(如 K 型热电偶在高温真空中使用时,发生 C_r 损失)。
- 由于热电偶合金的原子遭受中子辐照而引起核嬗变。漂移的速率一般是随温度增高而迅速增大。
- 不同种类的标准化热电偶,不仅其标准分度特性不一样,而且在抗沾污能力、抗时效、耐高温等方面也有所不同。因此,在使用中应当注意,对热电偶定期进行检查和校验。

(2) 热交换引起的误差。

热交换引起的误差是由于被测对象和热电偶之间的热交换不完善,使得热电偶测量端达不到被测温度而引起的误差。这种误差的产生,主要是热辐射损失和导热损失所致。

实际工业测量时,热电偶均有保护管。其测量端难以和被测对象直接接触,而是经过保护管及其间接介质进行热交换,加之热电偶及其保护管向周围环境也有热损失等,造成了热电偶测量端与被测对象之间的温度误差。热交换有对流、传导及辐射换热等形式,其情况又很复杂,故只能采取一定的措施,尽量减少其影响。如:增加热电偶的插入深度,减小保护管壁厚和外径等。

(3) 补偿导线引入的误差。

补偿导线引入的误差是由于补偿导线的热电特性与热电偶不完全相同所造成的。如:K 型热电偶的补偿导线,在使用温度为 100℃时,允许误差约为±2.5℃。如果使用不当,那么当补偿导线的工作温度超出规定使用范围时,误差将显著增加。

(4) 显示仪表的误差。

与热电偶配用的显示仪表均有一定的准确度等级,它说明了仪表在单次测量中允许误差的大小。大多数显示仪表均带有冷端温度补偿作用，如果显示仪表的环境使用温度变化范围不大，对于冷端温度补偿所造成的误差可以忽略不计。但当环境温度变化较大时，因为显示仪表不可能对冷端温度进行完全补偿，所以同样会引入一定的误差。

总之，在应用热电偶测温时，首先必须正确地选型，合理地安装与使用，同时还应尽可能地避免污染及设法消除各种外界影响，以减小附加误差，达到测温准确、简便和耐用等目的。

视频讲解

4.2.3 热电阻测温

物质的电阻率随温度的变化而变化的特性称为热电阻效应，利用热电阻效应制成的检测元件称为热电阻(RTD)。

热电阻式温度检测元件分为两大类：由金属或合金导体制作的金属热电阻和由金属氧化物或半导体制作的半导体热敏电阻。一般将金属热电阻称为热电阻，而将半导体热电阻称为热敏电阻。

大多数金属电阻具有正的电阻温度系数，温度越高电阻值越大。一般温度每升高1℃，电阻值约增加0.4%～0.6%。半导体热敏电阻大多具有负温度系数，温度每升高1℃，电阻值约减少2%～6%。利用上述特性，可实现温度的检测。

1. 金属热电阻

由金属导体制成的热电阻称为金属热电阻。

1）测温原理及特点

金属热电阻测温基于导体的电阻值随温度而变化的特性。由导体制成的感温器件称为热电阻。

对于呈线性特征的电阻来说，其电阻值与温度的关系为

$$R_t = R_{t_0}[1 + \alpha(t - t_0)] \tag{4-22}$$

$$\Delta R_t = R_t - R_{t_0} = \alpha R_{t_0} \times \Delta t \tag{4-23}$$

式中，R_t——温度为t℃时的电阻值；

R_{t_0}——温度为t_0℃(通常为0℃)时的电阻值；

α——电阻温度系数；

Δt——温度的变化值；

ΔR_t——电阻值的变化值。

由式(4-22)和式(4-23)可以看出，由于温度的变化，导致了金属导体电阻的变化。这样只要设法测出电阻值的变化，就可达到温度测量的目的。由此可知，热电阻温度计与热电偶温度计的测量原理是不相同的。热电阻温度计是把温度的变化通过测温元件热电阻转换为电阻值的变化来测量温度的；而热电偶温度计则把温度的变化通过测温元件热电偶转化为热电势的变化来测量温度的。

热电阻测温的优点是信号可以远传、输出信号大、灵敏度高、无须进行冷端补偿。金属热电阻稳定性高、互换性好、准确度高，可以用作基准仪表。其缺点是需要电源激励、不能测高温和瞬时变化的温度。测温范围为－200℃～＋850℃，一般用在500℃以下的测温，适用于测量－200℃～＋500℃范围内液体、气体、蒸气及固体表面的温度。

2）热电阻材料

虽然大多数金属导体的电阻值随温度的变化而变化，但是它们并不都能作为测温用的

热电阻，对热电阻的材料选择有如下要求。

(1) 选择电阻随温度变化成单值连续关系的材料，最好是具有线性关系或平滑特性，这一特性可以用分度公式和分度表描述。

(2) 有尽可能大的电阻温度系数。电阻温度系数 α 一般表示为

$$\alpha=\frac{R_{100}}{R_0}\times\frac{1}{100} \tag{4-24}$$

通常取 0℃～100℃的平均电阻温度系数 $\alpha=\frac{R_{100}}{R_0}\times\frac{1}{100}$。电阻温度系数 α 与金属的纯度有关，金属越纯，α 值越大。α 值的大小表示热电阻的灵敏度，它是由电阻比 $W_{100}=\frac{R_{100}}{R_0}$ 所决定的，热电阻材料纯度越高，W_{100} 值越大，热电阻的精度和稳定性就越好。W_{100} 是热电阻的重要技术指标。

(3) 有较大的电阻率，以便制成小尺寸元件，减小测温热惯性。0℃时的电阻值 R_0 很重要，要选择合适的大小，并有允许误差要求。

(4) 在测温范围内物理化学性能稳定。

(5) 复现性好，复制性强，易于得到高纯物质，价格较便宜。

目前使用的金属热电阻材料有铜、铂、镍、铁等，实际应用最多的是铜、铂两种材料，并已实行标准化生产。

3) 常用工业热电阻

目前工业上应用最多的热电阻有铂热电阻和铜热电阻。

(1) 铂电阻。

铂电阻金属铂易于提纯，在氧化性介质中，甚至在高温下其物理、化学性质都非常稳定。但在还原性介质中，特别是在高温下很容易被沾污，使铂丝变脆，并改变了其电阻与温度间的关系，导致电阻值迅速漂移。因此，要特别注意保护。铂热电阻的使用范围为－200℃～850℃，体积小，精度高，测温范围宽，稳定性好，再现性好，但是价格较高。

根据国际实用温标的规定，在不同温度范围内，电阻与温度之间的关系也不同。其电阻与温度的关系如下。

在－200℃～0℃范围内时，有

$$R(t)=R_0[1+At+Bt^2+C(t-100)t^3] \tag{4-25}$$

在 0℃～850℃范围内时，有

$$R(t)=R_0(1+At+Bt^2) \tag{4-26}$$

式中，$R(t)$——t℃时铂电阻值；

R_0——0℃时铂电阻值；

A、B、C——常数，其中，$A=3.90803\times10^{-3}$(1/℃)，$B=-5.775\times10^{-7}$(1/℃^{2})，$C=-4.183\times10^{-12}$(1/℃^{3})。

一般工业上使用的铂热电阻，国标规定的分度号有 Pt10 和 Pt100 两种，即在 0℃时相应的电阻值分别为 $R_0=10\Omega$ 和 $R_0=100\Omega$。

铂电阻的 W_{100} 值越大，铂电阻丝纯度越高，测温精度也越高。国际实用温标规定：作为基准器的铂热电阻，其 $W_{100}\geqslant1.39256$，与之相应的铂纯度为 99.9995%，测温精度可达

± 0.001℃，最高可达± 0.0001℃；作为工业用标准铂电阻，$W_{100} \geqslant 1.391$，其测温精度在-200℃～0℃为± 1℃，在0℃～100℃为± 0.5℃，在100℃～850℃为$\pm(0.5\%)t$℃。

不同分度号的铂电阻因为R_0不同，在相同温度下的电阻值是不同的，因此电阻与温度的对应关系，即分度表也是不同的。Pt100分度表见附录E。

(2) 铜电阻。

铜热电阻一般用于-50℃～150℃范围内的温度测量。其特点是电阻与温度之间的关系接近线性，电阻温度系数大，灵敏度高，材料易提纯，复制性好，价格便宜。但其电阻率低，体积较大，易氧化，一般只适用于150℃以下的低温和没有水分及无腐蚀性介质的温度测量。

铜电阻与温度的关系为：

$$R(t) = R_0(1 + At + Bt^2 + Ct^3) \tag{4-27}$$

式中，$R(t)$——t℃时铜电阻值；

R_0——0℃时铜电阻值；

A、B、C——常数，其中，$A = 4.28899 \times 10^{-3}(1/℃)$，$B = -2.133 \times 10^{-7}(1/℃^2)$，$C = 1.233 \times 10^{-9}(1/℃^3)$。

由于B和C很小，所以某些场合可以近似表示为

$$R(t) = R_0(1 + \alpha t) \tag{4-28}$$

式中，α——电阻温度系数，取$\alpha = 4.28 \times 10^{-3}(1/℃)$。

国内工业用铜热电阻的分度号为Cu50和Cu100，即在0℃时相应的电阻值分别为$R_0 = 50\Omega$和$R_0 = 100\Omega$。Cu100分度表见附录F。

铜电阻的$W_{100} \geqslant 1.425$时，其测温精度在-50℃～50℃范围内为± 5℃，在50℃～100℃之间为$\pm(1\%)t$℃。

另外，铁和镍两种金属也有较高的电阻率和电阻温度系数，也可制成体积小、灵敏度高的热电阻温度计。但由于铁容易氧化，性能不太稳定，故尚未使用。镍的稳定性较好，已定型生产，可测温范围为-60℃～180℃，R_0值有100Ω、300Ω和500Ω三种。

工业热电阻分类及特性见表4-8。

表4-8 工业热电阻分类及特性

项　目	铂热电阻		铜热电阻	
分度号	Pt100	Pt10	Cu100	Cu50
R_0/Ω	100	10	100	50
α/℃	0.00385		0.00428	
测温范围/℃	-200～850		-50～150	
允差/℃	A级：$\pm(0.15+0.002\|t\|)$ B级：$\pm(0.30+0.005\|t\|)$		$\pm(0.30+0.006\|t\|)$	

4) 工业热电阻的结构

工业热电阻主要有普通型、铠装型和薄膜型三种结构形式。

(1) 普通型热电阻。

普通型热电阻其结构如图4-26(a)所示，主要由电阻体、内引线、绝缘套管、保护套管和接线盒等部分组成。

电阻体是由细的铂丝或铜丝绕在绝缘支架上构成，为了使电阻体不产生电感，电阻丝要用无感绕法绕制，如图 4-26(b)所示，将电阻丝对折后双绕，使电阻丝的两端均由支架的同一侧引出。电阻丝的直径一般为 0.01～0.1mm，由所用材料及测温范围决定。一般铂丝为 0.05mm 以下，铜丝为 0.1mm。

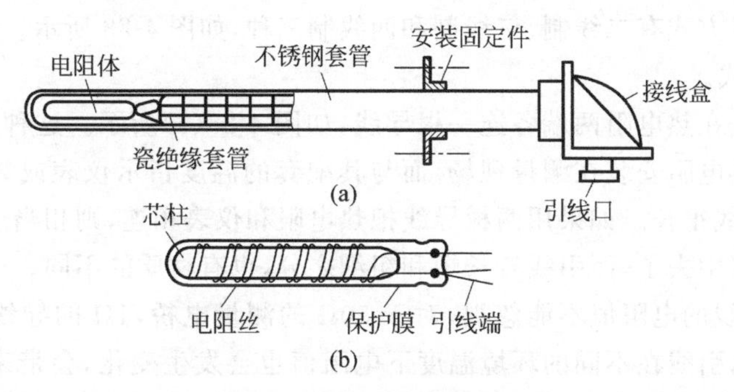

图 4-26　普通热电阻结构图

连接电阻体引出端和接线盒之间的引线为内引线。其材料最好是采用与电阻丝相同，或者与电阻丝的接触电势较小的材料，以免产生感应电动势。在工业热电阻中，铂电阻高温用镍丝，中低温用银丝做引出线，这样即可降低成本，又能提高感温元件的引线强度。铜电阻和镍电阻的内引线，一般均采用本身的材料，即铜丝和镍丝。为了减小引线电阻的影响，其直径往往比电阻丝的直径大得多。工业用热电阻的内引线直径一般为 1mm 左右，标准或实验室用直径为 0.3～0.5mm。内引线之间也采用绝缘子将其绝缘隔离。

保护套管和接线盒的要求与热电偶相同。

(2) 铠装型热电阻。

铠装型热电阻用铠装电缆作为保护管-绝缘物-内引线组件，前端与感温元件连接，外部焊接短保护管，组成铠装热电阻。铠装热电阻外径一般为 2～8mm，其特点是体积小，热响应快，耐振动和冲击性能好，除感温元件部分外，其他部分可以弯曲，适合在复杂条件下安装。

(3) 薄膜型热电阻。

将热电阻材料通过真空镀膜法，直接蒸镀到绝缘基底上。这种热电阻的体积小、热惯性小、灵敏度高，可紧贴物体表面测量，多用于特殊用途。

5) 热电阻的测量线路

采用热电阻作为测温元件时，温度的变化转换为电阻值的变化，这样对温度的测量就转化为对电阻值的测量。怎样将热电阻值的变化检测出来呢？最常用的测量线路是采用电桥。热电阻的输入电桥又分为不平衡电桥和平衡电桥。

(1) 不平衡电桥。

图 4-27 为不平衡电桥的原理图。热电阻 R_t 作为电桥的一个桥臂，R_1、R_2 和 R_3 为固定锰铜电阻，分别为电桥的另三个桥臂。当温度变化时，电桥就失去平衡，输出不平衡电压 ΔV。输出变化越大，电桥不平衡越厉害，输出不平衡电压也越大。这样，就将温度的变化转换成了不平衡电压的输出。

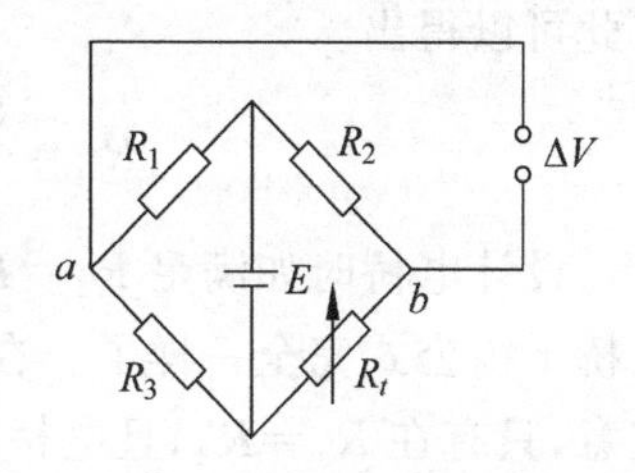

图 4-27　不平衡电桥的原理图

电桥的一个对角接稳压电源 E，另一个对角接显示仪表。设 $R_t=R_{t_0}$ 时电桥平衡。设计时，一般取 $R_1=R_{t_0}=R_2=R_3$，此时 $R_2R_3=R_1R_{t_0}$，$\Delta V=0$。现将 R_t 置于某一温度 t，当测温点温度 t 变化时，R_t 就变化，$R_2R_3\neq R_1R_{t_0}$，使 $\Delta V\neq 0$。t 变化越大，ΔV 变化就越大，这样就可以根据不平衡电压的大小来测量温度。

(2) 热电阻的引线方式。

热电阻的引线方式有二线制、三线制和四线制三种，如图 4-28 所示。

① 二线制方式。

二线制方式是在热电阻两端各连一根导线，如图 4-28(a)所示。这种引线方式简单、费用低。但是工业热电阻安装在测量现场，而与其配套的温度指示仪表或数据采集卡要安装在控制室，其间引线很长。如果用两根导线把热电阻和仪表相连，则相当于把引线电阻也串接加入到测温电阻中去了，而引线有长短和粗细之分，也有材质的不同。由于热电阻的阻值较小，所以连接导线的电阻值不能忽视，对于 50Ω 的测量电桥，1Ω 的导线电阻就会产生约 5℃的误差。另外，引线在不同的环境温度下电阻值也会发生变化，会带来附加误差。只有当引线电阻 r 与元件电阻值 R 满足 $2r/R\leqslant 10^{-3}$ 时，引线电阻的影响才可以忽略。

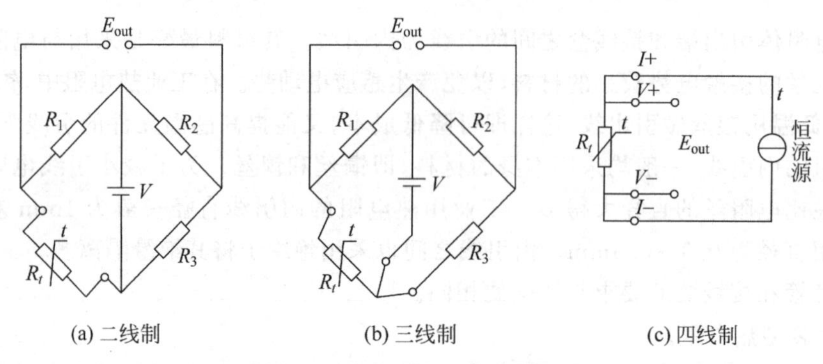

(a) 二线制　(b) 三线制　(c) 四线制

图 4-28　热电阻的三种引线方式

② 三线制方式。

为了避免或减少导线电阻对测量的影响，工业热电阻大都采用三线制连接方式。三线制方式是在热电阻的一端连接两根导线(其中一根作为电源线)，另一端连接一根导线，如图 4-28(b)所示。当热电阻与测量电桥配用时，分别将两端引线接入两个桥臂，就可以较好地消除引线电阻影响，提高测量精度。

假设在图 4-28(b)中，引线的粗细、材质相同，长度相等，阻值都为 r；其中一根串接在电桥的电源上，另外两根分别串接在电桥相邻的两个臂上，使相邻两个臂的阻值都增加了同一个量 r。当电桥平衡时，可得到下列关系式，即

$$(R_t+r)R_2=(R_3+r)R_1 \tag{4-29}$$

由此可以得出

$$R_t=\frac{(R_3+r)R_1-rR_2}{R_2}=\frac{R_3R_1}{R_2}+\frac{R_1r}{R_2}-r \tag{4-30}$$

设计电桥时如满足 $R_1=R_2$，则式(4-30)等号右面含有 r 的两项完全消去，就和 $r=0$ 的电桥平衡公式完全一样了。在这种情况下，导线电阻 r 对热电阻的测量毫无影响。但必须注意，只有在 $R_1=R_2$，且电桥平衡的状态下才会有上述结论。当采用不平衡电桥与热电阻配合测量温度时，虽不能完全消除导线电阻 r 的影响，但采用三线制已大大减少了误差。

③ 四线制方式。

四线制方式是在热电阻两端各连两根导线，其中两根引线为热电阻提供恒流源，在热电阻上产生的压降通过另外两根导线接入电势测量仪表进行测量，如图 4-28(c)所示。当电势测量端的电流很小时，可以完全消除引线电阻对测量的影响，这种引线方式主要用于高精度的温度检测。

综上所述，热电阻内部引线方式有二线制、三线制和四线制三种。二线制中引线电阻对测量影响大，用于测温精度不高场合。三线制可以减小热电阻与测量仪表之间连接导线的电阻因环境温度变化所引起的测量误差，广泛用于工业测量。四线制可以完全消除引线电阻对测量的影响，但费用高，用于高精度温度检测。

这里特别要注意的是，无论是三线制还是四线制，导线都必须从热电阻感温部位的根部引出，不能从接线端子处引出，否则仍会有影响。热电阻在实际使用时都会有电流通过，电流会使电阻体发热，使阻值增大。为了避免这一因素引起的误差，一般流过热电阻的电流应小于 6mA，在热电阻与电桥或电位差计配合使用时，应注意共模电压给测量带来的影响。

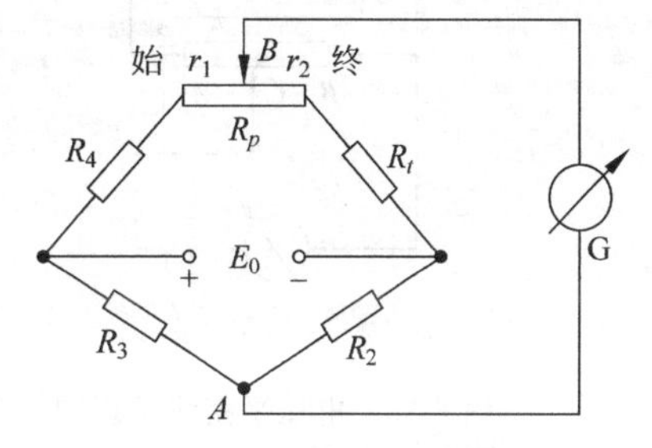

图 4-29 平衡电桥的原理图

(3) 平衡电桥。

平衡电桥是利用电桥的平衡来测量热电阻值变化的。图 4-29 是平衡电桥的原理图。图中 R_t 为热电阻，它与 R_2、R_3、R_4 和 R_p 组成电桥；电源电压为 E_0；对角线 A、B 接入一检流计 G；R_p 为一带刻度的滑线电阻。

当被测温度为下限时，R_t 有最小值 R_{t_0}，滑动触点应在 R_p 的左端，此时电桥的平衡条件为

$$R_2R_4 = R_3(R_{t_0} + R_p) \tag{4-31}$$

当被测温度升高后，R_t 增加了 ΔR_t，使得电桥不平衡。调节滑动触点至 B 处，电桥再次平衡的条件是

$$R_2(R_4 + r_1) = R_3(R_{t_0} + \Delta R_t + R_p - r_1) \tag{4-32}$$

用式(4-32)减式(4-31)，有

$$R_2r_1 = R_3\Delta R_t - R_3r_1$$

即

$$r_1 = \frac{R_3}{R_2 + R_3}\Delta R_t \tag{4-33}$$

从上式可以看出，滑动触点 B 的位置可以反映电阻的变化，也可以反映温度的变化。并且可以看到触点的位移与热电阻的增量呈线性关系。

如果将检流计换成放大器，利用被放大的不平衡电压去推动可逆电机，使可逆电机再带动滑动触点 B 以达到电桥平衡，这就是自动平衡电子电位差计的原理。

6) 电子电位差计

电子电位差计可以与热电阻、热电偶等测温元件配合，作为温度显示之用，具有测量精度高的特点。

(1) 手动电子电位差计。

用天平称量物体的重量时，增减砝码使天平的指针指零，砝码与被称量物体达到平衡，

此时被称量物体的质量就等于砝码的质量。电子电位差计的工作原理与天平称量原理相同，是根据电压平衡法(也称补偿法、零值法)工作的。即，将被测电势与已知的标准电压相比较，当两者的差值为零时，被测电势就等于已知的标准电压。

图 4-30 为电压平衡法原理图。其中 R 为线性度较高的锰铜线绕电阻，由稳压电源供电，这样就可以认为通过它的电流 I 是恒定的。G 为检流计，是灵敏度很高的电流计，E_t 为被测电动势。测量时，可调节滑动触点 C 的位置，使检流计中电流为零。此时，$V_{CB}=E_t$，而 $V_{CB}=IR_{CB}$，为已知的标准电压，即 $E_t=IR_{CB}$。根据滑动触点的位置，可以读出 V_{CB}，达到了对未知电势测量的目的。

由上面的论述可以看出，为了要在线绕电阻 R 上直接刻出 V_{CB} 的数值，就得是工作电流 I 保持恒定值。实际工作中用电池代替稳压电源，则需要对工作电流 I 进行校准，如图 4-31 所示。

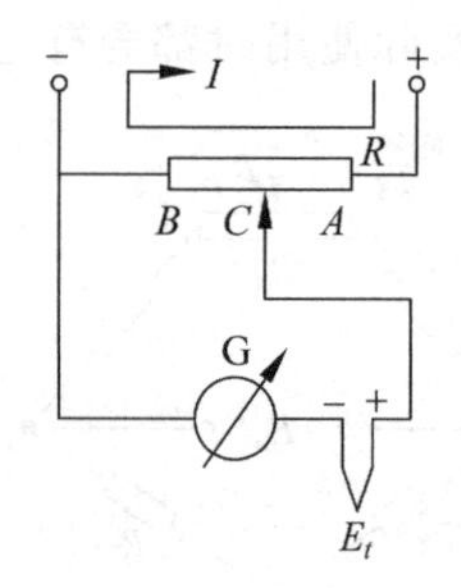

图 4-30 电压平衡法原理图

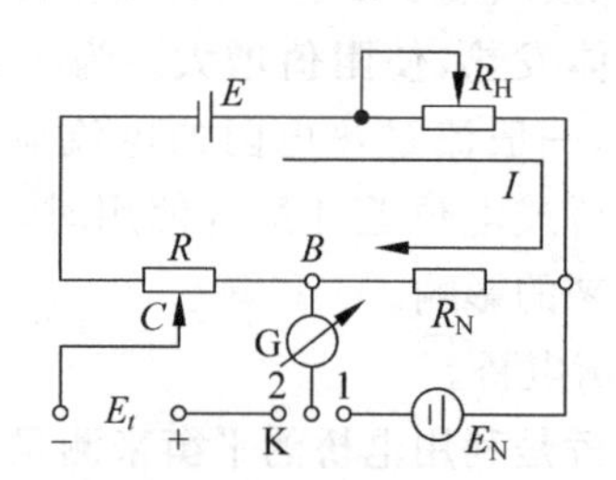

图 4-31 用标准电池校准工作电流

① 校准工作电流。

将开关 K 合在 1 位置上，调节 R_H，使流过检流计的电流为零，即检流计的指示为零，此时工作电流 I 在标准电阻 R_N 上的电压降与标准电池 E_N 电势相等，即 $E_N=IR_N$，$I=E_N/R_N$。因为 E_N 为标准电动势，R_N 为标准电阻，都是已知标准值，所以此时的电流 I 为仪表刻度时的规定值。

② 测量未知电势 E_t。

工作电流校准后，就可以将开关 K 合在 2 位置上，这时校准回路断开，测量回路接通。滑动触点 C 的位置，直至检流计指示为零，此时有

$$V_{BC}=IR_{BC}=\frac{E_N}{R_N}R_{BC}=E_t \tag{4-34}$$

R_{BC} 可由变阻器刻度读出，在 R_{BC} 上刻度出$(E_N/R_N)R_{BC}$，就可直接读出 E_t 的值。

(2) 自动电子电位差计。

自动电子电位差计工作原理示意如图 4-32 所示，其与手动电子电位差计的区别是：用放大器代替检流计，用可逆电机和机械传动机构代替人手操作。图中 E 表示直流电源，I 表示回路中产生的直流电流，U_K 表示在滑线电阻 R_H 上滑点 K 左侧的电压降，E_X 表示被测电动势。回路中可变电阻 R 用于调整回路电流 I 以达到额定工作电流，滑线电阻 R_H 用于被测电动势 E_X 的平衡比较。

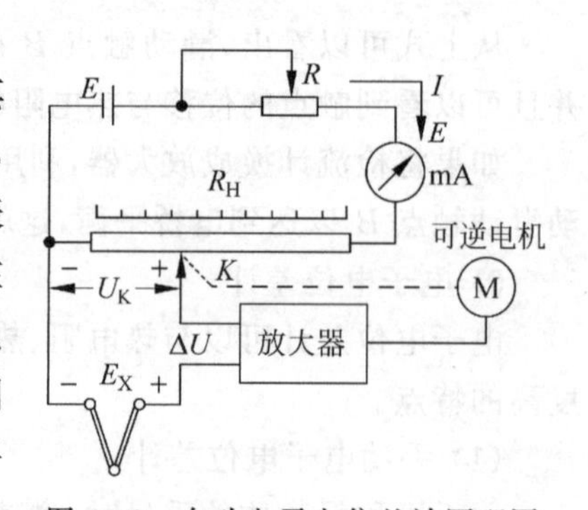

图 4-32 自动电子电位差计原理图

由图 4-32 可知，放大器的输入是滑线电阻 R_H 上的电压降 U_K 与被测电动势 E_X 的代数差，即 $\Delta U = U_K - E_X$。该电势差经放大器放大后驱动可逆电机转动，并带动滑动触点 K 在滑线电阻 R_H 上左右移动。滑动触点 K 的移动产生新的电压降 U_K，并馈入放大器输入端，从而形成常规的反馈控制回路。为保证电子电位差计的自动平衡，设计时要求该反馈回路具有负反馈效应，即当 $\Delta U \neq 0$ 时，放大器和可逆电机驱动滑点 K 的移动总能保证电势差 ΔU 向逐渐减小的方向变化。当电势差 $\Delta U = 0$ 时，放大器输出为零，可逆电机停止转动，此时电位差计达到平衡状态，滑点 K 所对应的标尺刻度反映了被测电动势 E_X 的大小。

显然，由于电位差计是工作在负反馈闭环模式下的，其对被测电动势的测量和显示可自动完成。同时能够自动跟踪测量过程中平衡状态的变化，从而可以保证仪表自动显示和记录功能的实现。

2. 半导体热敏电阻

半导体热敏电阻又称为热敏电阻，它是用金属氧化物或半导体材料作为电阻体的温敏元件。其工作原理也是基于热电阻效应，即热敏电阻的阻值随温度的变化而变化。

热敏电阻的测温范围为－100℃～300℃。与金属热电阻比，热敏电阻具有灵敏度高、体积小（热容量小）、反应速度快等优点，它作为中低温的测量元件已得到广泛的应用。

热敏电阻有正温度系数、负温度系数和临界温度系数三种，它们的温度特性曲线如图 4-33 所示。温度检测用热敏电阻主要是负温度系数热敏电阻，PTC 和 CTR 热敏电阻则利用在特定温度下电阻值急剧变化的特性构成温度开关器件。

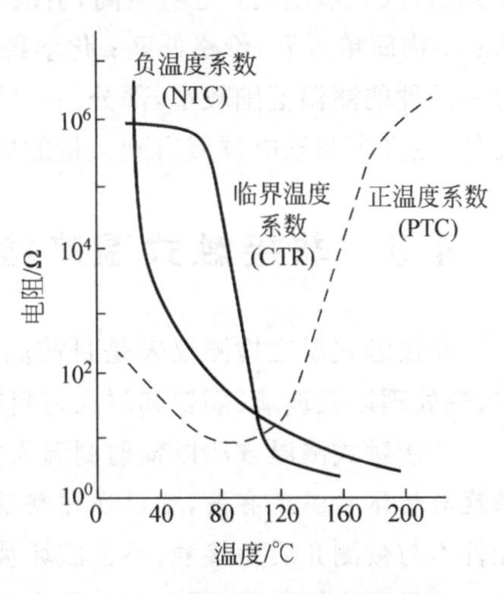

图 4-33　热敏电阻温度特性曲线

1）NTC 热敏电阻

负温度系数热敏电阻的阻值与温度的关系近似表示为

$$R_T = A\mathrm{e}^{\frac{B}{T}} \tag{4-35}$$

式中，T——热力学温度，单位为 K；

R_T——温度为 T 时的阻值，单位为 Ω；

A、B——取决于材料和结构的常数，单位为 Ω 和 K。

上述关系如图 4-33 中 NTC 曲线所示。由曲线可以看出，温度越高，其电阻值越小，且其阻值与温度为非线性关系。

根据电阻温度系数的定义，可求得负温度系数热敏电阻的温度系数 α_T 为

$$\alpha_T = \frac{1}{R_T}\frac{\mathrm{d}R_T}{\mathrm{d}T} = -\frac{B}{T^2} \tag{4-36}$$

由上式看出，电阻温度系数 α_T 并不是常数，是随温度 T 的平方而减小的，所以热敏电阻在低温段比高温段要更灵敏。另外，B 值越大灵敏度越高。

热敏电阻可以制成不同的结构形式，有珠形、片形、柱形、薄膜形等。负温度系数热敏电阻主要由单晶以及锰、镍、钴等金属氧化物制成，如有用于低温的锗电阻、碳电阻和渗碳玻璃电阻；用于中高温的混合氧化物电阻。在－50℃～300℃范围内，珠形和柱形的金属氧化物

热敏电阻的稳定性较好。

2) PTC 热敏电阻

具有正温度系数的 PTC 热敏电阻的特性曲线如图 4-33 中的 PTC 曲线所示，它是随着温度升高而阻值增大的，曲线呈开关(突变)型。由曲线可以看出，这种热敏电阻在某一温度点其电阻值将产生阶跃式增加，因而适宜于作为控制元件。

PTC 热敏电阻是用 $BaTiO_3$ 掺入稀土元素使之半导体化而制成的。它的工作范围较窄，在温度较低时灵敏度低，而温度高时灵敏度迅速增加。

3) CTR 热敏电阻

CTR 临界温度热敏电阻是一种具有负的温度系数的开关型热敏电阻，如图 4-33 中的 CTR 曲线所示。它在某一温度点附近电阻值发生突变，且在极度小温区内随温度的增加，电阻值降低 3～4 个数量级，具有很好的开关特性，常作为温度控制元件。

热敏电阻的优点是电阻温度系数大，α_T 为 $-3\times10^{-2}\sim-6\times10^{-2}$℃$^{-1}$，为金属电阻的十几倍，故灵敏度高；电阻值高，引线电阻对测温没有影响，使用方便；体积小，热响应速度快；结构简单可靠，价格低廉；化学稳定性好，使用寿命长。缺点是非线性严重，互换性差，每一品种的测温范围较窄，部分品种的稳定性差。由于这些特点，热敏电阻作为工业用测温元件，在汽车和家电领域得到大量的应用。

4.3 非接触式温度检测仪表

非接触式温度检测仪表是目前高温测量中应用广泛的一种仪表，主要应用于冶金、铸造、热处理以及玻璃、陶瓷和耐火材料等工业生产过程中。

非接触式测温方法以辐射测温为主。具有一定温度的物体都会向外辐射能量，其辐射强度与物体的温度有关，可以通过测量辐射强度来确定物体的温度。辐射测温时，辐射感温元件不与被测介质相接触，不会破坏被测温度场，可以测量运动物体并可实现遥测；由于感温元件只接收辐射能，因此它不必达到与被测对象相同的温度，测量上限可以很高；辐射测温方法广泛应用于 800℃以上的高温区测量中。近年来，随着红外技术的发展，产生了非接触式红外测温仪，测温的下限已经下移到常温区，大大扩展了非接触式测温方法的使用范围，测温范围可达－50℃～6000℃。但是，影响其测量精度的因素较多，应用技术较复杂。

4.3.1 辐射测温原理

辐射测温主要基于如下定律。

1. 普朗克定律

绝对黑体(简称黑体)的单色辐射强度 $E_{0\lambda}$ 与波长 λ 及温度 T 的关系，由普朗克公式确定

$$E_{0\lambda}=c_1\lambda^{-5}(e^{c_2/\lambda T}-1)^{-1}\quad \mathrm{W/m^2} \tag{4-37}$$

式中，c_1——普朗克第一辐射常数，$c_1=(3.741832\pm0.000020)\times10^{-16}\mathrm{W\cdot m^2}$；

c_2——普朗克第二辐射常数，$c_2=(1.438786\pm0.000044)\times10^{-2}\mathrm{m\cdot K}$；$\lambda$ 为真空中波长，单位为 m。

2. 维恩位移定律

单色辐射强度的峰值波长 λ_m 与温度 T 之间的关系由下式表述

$$\lambda_m T = 2.8978 \times 10^{-3} \quad \mathrm{m \cdot K} \tag{4-38}$$

3. 全辐射定律

对于绝对黑体，若在 $\lambda=0\sim\infty$ 的全部波长范围内对 $E_{0\lambda}$ 积分，可求出全辐射能量：

$$E_0 = \int_0^\infty E_{0\lambda}\,\mathrm{d}\lambda = \sigma T^4 \quad \mathrm{W/m^2} \tag{4-39}$$

式中，σ 为斯蒂芬-玻耳兹曼常数，$\sigma=(5.67032\pm0.00071)\times10^{-8}\ \mathrm{W/(m^2\cdot K^4)}$。

但是，实际物体多不是黑体，它们的辐射能力均低于黑体的辐射能力。实验表明，大多数工程材料的辐射特性接近黑体的辐射特性，称之为灰体。可以用黑度系数来表示灰体的相对辐射能力，黑度系数定义为同一温度下灰体和黑体的辐射能力之比，用符号 ε 表示，其值均在 0～1，一般用实验方法确定。ε_λ 代表单色辐射黑度系数，ε 代表全辐射黑度系数。则式(4-37)和式(4-39)可修正为：

$$E_{0\lambda} = \varepsilon_\lambda c_1 \lambda^{-5}\left(\mathrm{e}^{c_2/\lambda T}-1\right)^{-1} = f(T) \tag{4-40}$$

$$E = \varepsilon\sigma T^4 = F(T) \tag{4-41}$$

由式(4-40)和式(4-41)可以看出，物体在特定波长上的辐射能量 $f(T)$ 和全波长上的辐射能量 $F(T)$ 都是温度 T 的单值函数。取两个特定波长上辐射能之比为

$$\frac{E_{\lambda1}}{E_{\lambda2}} = \left(\frac{\lambda_1}{\lambda_2}\right)^{-5} \mathrm{e}^{\frac{c_2}{T}\left(\frac{1}{\lambda_2}-\frac{1}{\lambda_1}\right)} = \Phi(T) \tag{4-42}$$

可见，$\Phi(T)$ 也是温度 T 的单值函数。只要获得 $f(T)$、$F(T)$ 或 $\Phi(T)$ 即可求出对应的温度。

4.3.2 辐射测温方法

由辐射测温原理可知，辐射测温的基本方法有如下四种。

1. 全辐射法

测出物体在整个波长范围内的辐射能量 $F(T)$ 来推算温度。

2. 亮度法

测出物体在某一波长（实际上是一段连续波长 $\lambda\sim\lambda+\Delta\lambda$）上的辐射能量 $f(T)$（亮度）来推算温度。

3. 比色法

测出物体在两个特定波长段上的辐射能之比 $\Phi(T)$，进而推算温度。

4. 多色法

按物体多个波长的光谱辐射亮度和物体发射率随波长变化的规律来推算温度。

4.3.3 常用辐射测温仪表

1. 辐射测温仪表的基本组成

辐射式测温仪表主要由光学系统、检测元件、转换电路和信号处理等部分组成，其基本组成如图 4-34 所示。光学系统包括瞄准系统、透镜、滤光片等，把物体的辐射能通过透镜聚焦到检测元件上；检测元件为光敏或热敏器件；转换电路和信号处理系统将信号转换、放

大，进行辐射率修正和标度变换后，输出与被测温度相对应的信号。

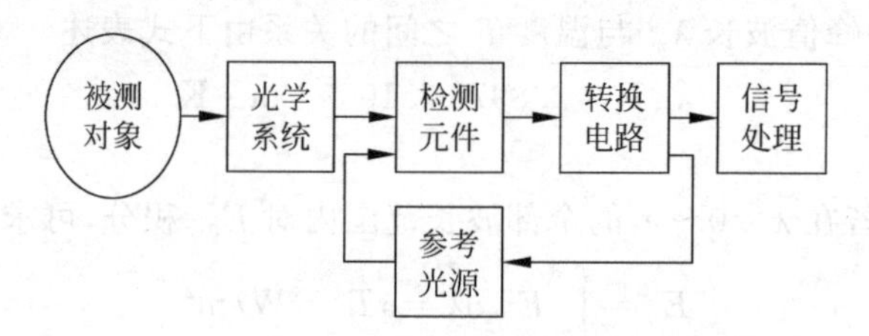

图 4-34 辐射式测温仪表基本组成框图

光学系统和检测元件对辐射光谱均有选择性，因此，各种辐射测温系统一般只接收一定波长范围内的辐射能。

2. 常用辐射测温仪表

1）光学高温计

光学高温计是目前应用较广的一种非接触测温仪表，采用亮度法测温，可用来测量800℃～3200℃的高温，一般可制成便携式仪表。由于采用肉眼进行色度比较，所以测量误差与人的使用经验有关。

工业用光学高温计分成两种：一种为隐丝式，另一种为恒定亮度式。隐丝式光学高温计是利用调节电阻来改变高温灯泡的工作电流，当灯丝的亮度与被测物体的亮度一致时，灯泡的亮度就代表了被测物体的亮度温度。恒定亮度式光学高温计是利用减光楔来衰减被测物体的亮度，将它与恒定亮度的高温灯泡相比较，当两者亮度相等时，根据减光楔旋转的角度来确定被测物体的亮度温度。由于隐丝式光学高温计的结构和使用方法都优于恒定亮度式，所以应用更广泛。

如图 4-35 所示为我国生产的一种光学高温计的外形和原理图。它属于隐丝式，测量精度为 1.5 级。物镜和目镜的镜筒可以沿光轴方向移动，便于调节。红色滤光片通过旋钮引入或引出视场，吸收玻璃是在应用第Ⅱ量程时引入视场的，其设计量程为Ⅰ(700℃～1500℃)和Ⅱ(1200℃～2000℃)两种。测量电路采用电压表式，如图 4-35(b)所示，测量时按下开关 K，电源接通，调节滑线电阻 7，灯泡 3 随着电流的增减而改变亮度。通过目镜观察被测物体，使被测物体聚焦在灯丝平面上，并使灯丝与被测物体的亮度达到平衡。这时在指示仪表 6 上指示出灯丝两端的电压值，利用电压与温度的关系曲线，将表盘直接刻度成温度值。

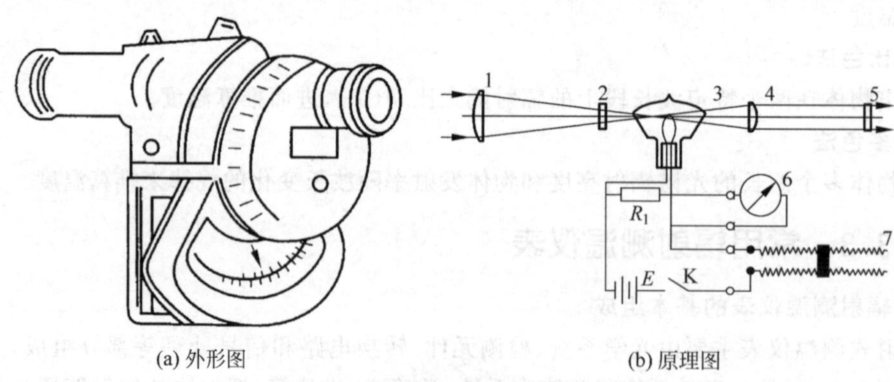

(a) 外形图 (b) 原理图

图 4-35 光学高温计外形及工作原理

1—物镜；2—吸收玻璃；3—灯泡；4—红色滤光片；5—目镜；6—指示仪表；7—滑线电阻

2）光电高温计

光电高温计采用亮度平衡法测温，通过测量某一波长下物体辐射亮度的变化测知温度。光学高温计为人工操作，由人眼对高温计灯泡的灯丝亮度与被测物体的亮度进行平衡比较。光电高温计则采用光敏器件作为感受元件，系统自动进行亮度平衡，可以连续测温。图 4-36 为一种光电高温计的工作原理示意图。

如图 4-36(a)所示，被测物体发出的辐射能由物镜聚焦，通过孔径光阑和遮光板上的孔 3 和红色滤光片入射到硅光电池上，可以调整瞄准系统使光束充满孔 3。瞄准系统由透镜、反射镜和观察孔组成。从反馈灯发出的辐射能通过遮光板上的孔 5 和同一红色滤光片，也投射到同一硅光电池上。在遮光板前面装有调制片，如图 4-36(b)所示的调制器使调制片作机械振动，交替打开和遮盖孔 3 及孔 5，被测物体和反馈灯发出的辐射能将交替地投射到硅光电池上。当反馈灯亮度和被测物体的亮度不同时，硅光电池将产生脉冲光电流，光电流信号经放大处理调整通过反馈灯的电流，从而改变反馈灯亮度。当反馈灯亮度与被测物体的亮度相同时，脉冲光电流接近于零。这时由通过反馈灯电流的大小就可以得知被测物体温度。

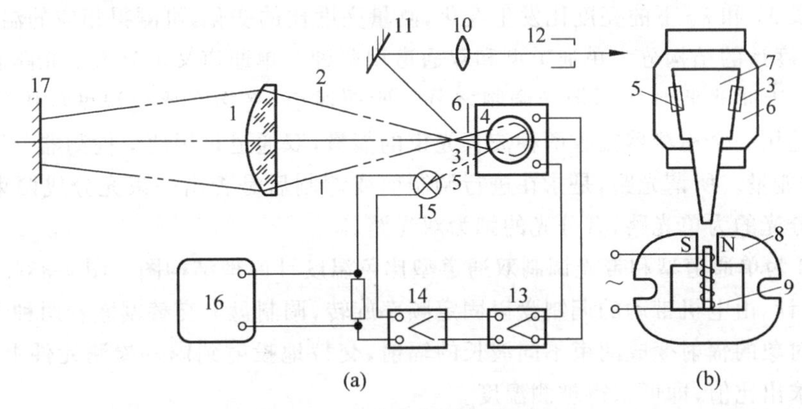

图 4-36　光电高温计工作原理

1—物镜；2—孔径；3,5—孔；4—光电器件；6—遮光板；7—调制片；8—永久磁铁；9—激磁绕组；10—透镜；11—反射镜；12—观察孔；13—前置放大器；14—主放大器；15—反馈灯；16—电位差计；17—被测物体

光电高温计避免了人工误差，灵敏度高，精确度高，响应快。若改变光电元件的种类，就可以改变光电高温计的使用波长，从而能够适用于可见光或红外光等场合。例如，用硅光电池可测 600℃～1000℃和以上范围；用硫化铅元件则可测 400℃～800℃和以下范围。这类仪表分段的测温范围可达 150℃～3200℃。测量距离 0.5～3m。

3）辐射温度计

辐射温度计依据全辐射定律，敏感元件感受物体的全辐射能量来测知物体的温度。它也是一种工业中广泛应用的非接触式测温仪表。此类温度计的测温范围在 400℃～2000℃，多为现场安装式结构。

辐射温度计的有辐射感温器和显示仪表两部分组成。其光学系统分为透镜式和反射镜式，检测元件有热电堆、热释电元件、硅光电池和热敏电阻等。透镜式系统将物体的全辐射能透过物镜及光阑、滤光片等聚焦于敏感元件；反射镜式系统则将全辐射能反射后聚焦在敏感元件上。图 4-37 为这两种系统的示意图。反射镜式系统测量距离 0.5～1.5m，透镜式系统测量距离 1～2m。

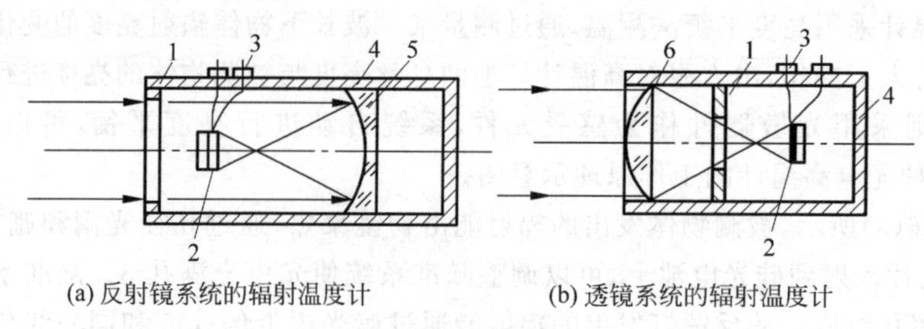

(a) 反射镜系统的辐射温度计　(b) 透镜系统的辐射温度计

图 4-37 反射镜和透镜式系统辐射温度计示意图

4）比色温度计

比色温度计是利用被测对象的两个不同波长（或波段）光谱辐射亮度之比来测量温度的。它的特点是准确度高、响应快、可观察小目标（最小可到 2mm）。典型比色温度计的工作波长为 1.0μm 附近的两个窄波段，测量范围为 550℃～3200℃。

由维恩位移定律可知，物体温度变化时，辐射强度的峰值将向波长增加或减少的方向移动，将使波长 λ_1 和 λ_2 下的亮度比发生变化，测量亮度比的变化，可测得相应的温度。

比色温度计的结构分为单通道型和双通道型两种。单通道又可分为单光路和多光路两种，双通道又有带光调制和不带光调制之分。所谓通道，是指在比色温度计中检测器的个数，单通道是用一个检测器接收两种波长光束的能量，双通道是用两个检测器分别接收两种波长光束的能量。所谓光路，是指在进行调制前或调制后是否由一束光分成两束进行分光处理，没有分光的为单光路，有分光的则为双光路。

图 4-38 为单通道型和带光调制双通道型比色温度计原理结构图。图 4-38(a)为单通道型比色温度计，由电机带动的调制盘以固定频率旋转，调制盘上交替镶嵌着两种不同的滤光片，使被测对象的辐射变成两束不同波长的辐射，交替地投射到同一检测元件上，在转换为电信号后，求出比值，即可求得被测温度。

图 4-38(b)为带光调制双通道型比色温度计，调制盘上有间隔排列着两种波长 λ_1 和 λ_2 的滤光片。被测物体的辐射光束经过物镜 1 的聚焦和棱镜 7 的分光后，再经反射镜 4 的反射，在调制盘的作用下，使光束中的 λ_1 和 λ_2 的单波长的辐射光分别轮流达到两个检测器 3a 和 3b。这两个信号分别经放大器后到达计算电路，经计算后得到两个波长辐射强度的比值，即可求得被测温度。

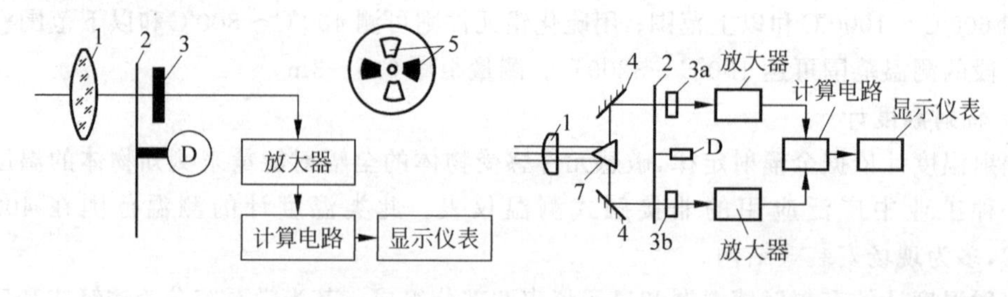

(a) 单通道型比色温度计　(b) 带光调制双通道型比色温度计

图 4-38 比色温度计原理结构图

1—物镜；2—调制盘；3，3a，3b—检测元件；4—反射镜；5—滤光片

5）红外测温仪

在辐射测温方面，前面介绍的几种非接触式测温仪表主要用于800℃以上的高温测量中。近几年，由于光学传感元件和电子技术的发展，把非接触测温仪表中的光学系统改用只能透射红外波长的材料，接收能量的检测器选用有利于红外光能量转换的器件，从而开发出了一种工作于红外波段的辐射或比色温度计，这种仪表统称为红外测温仪。它使用的红外波段范围宽，既适合高温测量也适合低温测量，仪器的检测器可以选择响应速度快的器件，以适用于高速变化温度的动态测量。这类精度和灵敏度较高，可以测量常温的非接触式红外测温仪已得到迅速发展和广泛应用。其测量范围为－50℃～3000℃，精度可达1%，最佳响应时间为0.01ms。2003年“非典”期间我国在公共场所监测人群体温的设备就是这种红外测温仪。

红外测温仪是将被测物体表面发射的红外波段的辐射能量通过光学系统汇聚到红外探测元件上，使其产生一个信号，经电子元件放大和处理后，以数字方式显示被测的温度值。

如图4-39所示为一种辐射式红外测温仪原理图。被测物体1所发射的红外辐射能量进入测温仪的光学聚焦系统中，经光学窗口2到分光片3，然后分成两路。其中一路透射到聚光镜4上，红外光束被调制盘5转变成脉冲光波，透射到黑体空腔6中的红外检测器上。为消除环境因素对红外检测器的影响，用温度传感器9的测量值来控制黑体空腔的温度，使其保持在40℃。此时检测器输出的信号相当于被测目标与黑体空腔温度的差值，由于黑体空腔温度被控制在40℃，故输出信号大小只取决于被测目标的红外辐射能量。此信号经A_1与A_2整形和电压放大后，被送入到相敏功率放大器7，与此同时调制盘驱动器的同步放大器10把信号也送给相敏功率放大器7。解调和整流后的输出电流，经A/D转换器8由数字显示器15给出被测物体的温度值。为了对准被测目标的特定位置，由分光片发出的另一路光束投射到反光镜11上，经由12、13、14组成的目镜系统，可以观测到被测物体和透镜12上的十字形交叉线。

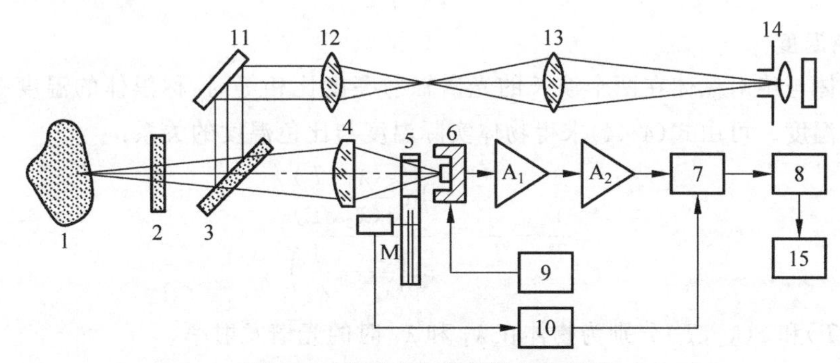

图4-39 辐射式红外测温仪原理图

1—被测物体；2—光学窗口；3—分光片；4—聚光镜；5—调制盘；
6—黑体空腔(内有红外检测器)；7—相敏功率放大器；8—A/D转换器；
9—温度传感器；10—同步放大器；11—反光镜；12,13—透镜；14—目镜；15—数字显示器

4.3.4 辐射测温仪表的表观温度

辐射测温仪表均以黑体炉等作基准进行标定，其示值是按黑体温度刻度的。各种物体因其黑度系数ε_λ的不同，在实际测温时必须考虑发射率的影响。辐射仪表的表观温度是指

在仪表工作波长范围内，温度为 T 的辐射体的辐射情况与温度为 T_A 的黑体的辐射情况相等，则 T_A 就是该辐射体的表观温度。由表观温度可以求得被测物体的实际温度。本节介绍的几种测温仪表分别对应的表观温度为亮度温度、辐射温度和比色温度。

1. 亮度温度

物体在辐射波长为 λ、温度为 T 时的亮度，和黑体在相同波长、温度为 T_L 时的亮度相等时，称 T_L 为该物体在波长 λ 时的亮度温度。当灯丝亮度与物体亮度相等时，有以下关系：

$$B_\lambda = B_{0\lambda} \tag{4-43}$$

式中，λ——红光波长；

B_λ——物体亮度，$B_\lambda = C\varepsilon_\lambda c_1 \lambda^{-5} e^{-c_2/\lambda T}$；

$B_{0\lambda}$——黑体亮度，$B_{0\lambda} = Cc_1 \lambda^{-5} e^{-c_2/\lambda T_L}$。

由上式可推出：

$$\frac{1}{T_L} - \frac{1}{T} = \frac{\lambda}{c_2} \ln \frac{1}{\varepsilon_\lambda} \tag{4-44}$$

若已知物体的黑度系数 ε_λ，就可以从亮度温度 T_L 求出物体的真实温度 T。

2. 辐射温度

当被测物体的真实温度为 T 时，其全辐射能量 E 与黑体在温度为 T_P 时的全辐射能量 E_0 相等，称 T_P 为被测物体的辐射温度。

当 $E = E_0$ 时，有：

$$\varepsilon \sigma T^4 = \sigma T_P^4 \tag{4-45}$$

则辐射温度计测出的实际温度为：

$$T = T_P \sqrt[4]{\frac{1}{\varepsilon}} \tag{4-46}$$

3. 比色温度

热辐射体与绝对黑体在两个波长的光谱辐射亮度比相等时，称黑体的温度 T_R 为热辐射体的比色温度。可由式(4-44)求得物体实际温度与比色温度的关系：

$$\frac{1}{T} - \frac{1}{T_R} = \frac{\ln \dfrac{\varepsilon(\lambda_1, T)}{\varepsilon(\lambda_2, T)}}{c_2\left(\dfrac{1}{\lambda_1} - \dfrac{1}{\lambda_2}\right)} \tag{4-47}$$

式中，$\varepsilon(\lambda_1, T)$ 和 $\varepsilon(\lambda_2, T)$ 分别为物体在 λ_1 和 λ_2 时的光谱发射率。

4.4 光纤温度传感器

光纤温度传感器是采用光纤作为敏感元件或能量传输介质而构成的新型测温仪表，它有接触式和非接触式等多种型式。光纤传感器的特点是灵敏度高；电绝缘性能好，可适用于强烈电磁干扰、强辐射的恶劣环境；体积小、重量轻、可弯曲；可实现不带电的全光型探头等。近几年来光纤温度传感器在许多领域得到了广泛应用。

光纤传感器由光源激励、光源、光纤（含敏感元件）、光检测器、光电转换及处理系统和各种连接件等部分构成。

光纤传感器可分为功能型和非功能型两种，功能型传感器是利用光纤的各种特性，由光纤本身感受被测量的变化，光纤既是传输介质，又是敏感元件；非功能型传感器又称传光型，是由其他敏感元件感受被测量的变化，光纤仅作为光信号的传输介质。非功能型光纤温度传感器在实际中得到较多的应用，并有多种类型，已实用化的温度计有液晶光纤温度传感器、荧光光纤温度传感器、半导体光纤温度传感器和光纤辐射温度计等。

4.4.1 液晶光纤温度传感器

液晶光纤温度传感器利用液晶的"热色"效应而工作。例如在光纤端面上安装液晶片，在液晶片中按比例混入 3 种液晶，温度在 10℃～45℃范围内变化，液晶颜色由绿变成深红，光的反射率也随之变化，测量光强变化可知相应温度，其精度约为 0.1℃。不同类型的液晶光纤温度传感器的测温范围为－50℃～250℃。

4.4.2 荧光光纤温度传感器

荧光光纤温度传感器的工作原理是利用荧光材料的荧光强度随温度而变化，或荧光强度的衰变速度随温度而变化的特性，前者称荧光强度型，后者称荧光余辉型。其结构是在光纤头部黏接荧光材料，用紫外光进行激励，荧光材料将会发出荧光，检测荧光强度就可以检测温度。荧光强度型传感器的测温范围为－50℃～200℃；荧光余辉型温度传感器的测温范围为－50℃～250℃。

4.4.3 半导体光纤温度传感器

半导体光纤温度传感器是利用半导体的光吸收响应随温度而变化的特性，根据透过半导体的光强变化检测温度。例如，单波长式半导体光纤温度传感器，半导体材料的透光率与温度的特性曲线如图 4-40 所示，温度变化时，半导体的透光率曲线亦随之变化。当温度升高时，曲线将向长波方向移动，在光源的光谱处于 λ_g 附近的特定入射波长的波段内，其透过光强将减弱，测出光强变化就可知对应的温度变化。半导体光纤温度传感器的装置简图及探头结构见图 4-41。这类温度计的测温范围为－30℃～300℃。

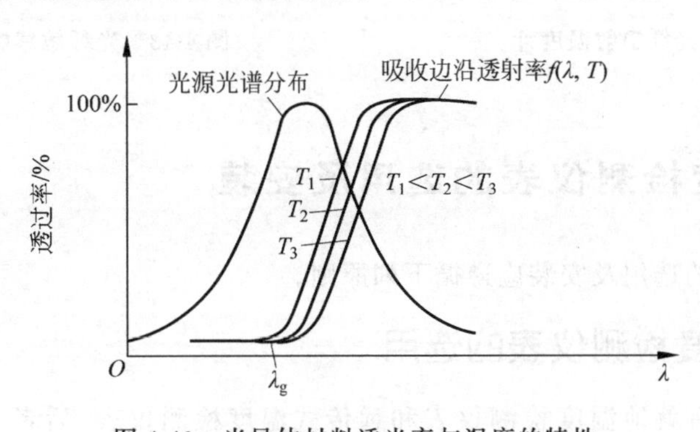

图 4-40　半导体材料透光率与温度的特性

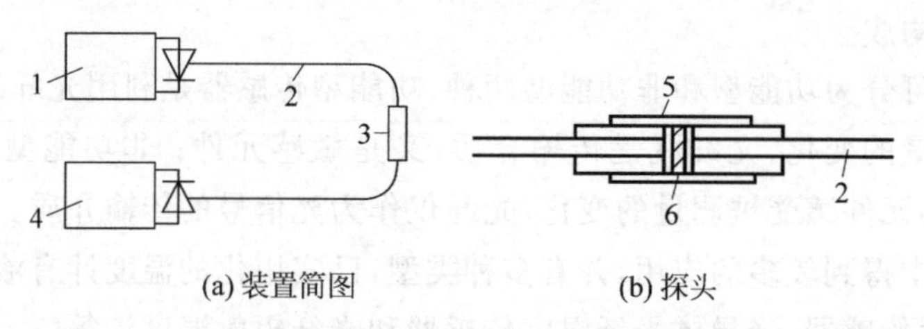

(a) 装置简图　　(b) 探头

图 4-41　半导体光纤温度传感器的装置简图及探头结构

1—光源；2—光纤；3—探头；4—光探测器；5—不锈钢套；6—半导体吸收元件

4.4.4　光纤辐射温度计

光纤辐射温度计的工作原理和分类与普通的辐射测温仪表类似，它可以接近或接触目标进行测温。目前，因受光纤传输能力的限制，其工作波长一般为短波，采用亮度法或比色法测量。

光纤辐射温度计的光纤可以直接延伸为敏感探头，也可以经过耦合器，用刚性光导棒延伸，如图 4-42 所示。

光纤敏感探头有多种类型，例如直型、楔型、带透镜型和黑体型等，如图 4-43(a)、(b)、(c)、(d)所示。

典型光纤辐射温度计的测温范围为 200℃～4000℃，分辨率可达 0.01℃，在高温时精确度可优于±0.2%，其探头耐温一般可达 3000℃，加冷却后可达 500℃。

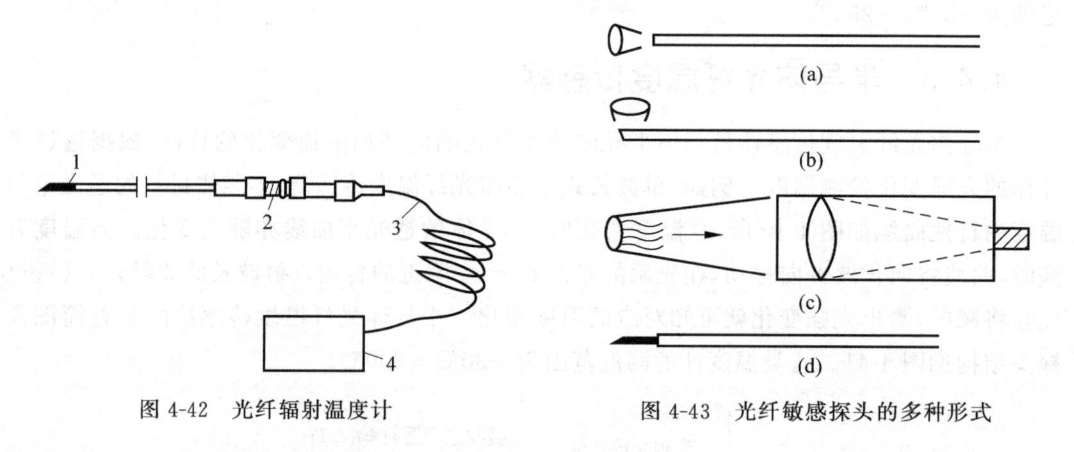

图 4-42　光纤辐射温度计　　图 4-43　光纤敏感探头的多种形式

4.5　温度检测仪表的选用及安装

温度检测仪表的选用及安装应遵循下列原则。

4.5.1　温度检测仪表的选用

温度检测仪表有就地温度检测仪表和远传式温度检测仪表，后者一般称为温度检测元件。

1. 就地温度仪表的选用

就地温度仪表的选用要从精度等级、测量范围等方面来考虑。

1) 精度等级

(1) 一般工业用温度计,选用 2.5、1.5 或 1.0 级。

(2) 精密测量用温度计,选用 0.5 级或以上仪表。

2) 测量范围

(1) 最高测量值不大于仪表测量范围上限值的 90%,正常测量值在仪表测量范围上限值的 1/2 左右。

(2) 压力式温度计测量值应在仪表测量范围上限值的 1/2~3/4。

3) 双金属温度计

在满足测量范围、工作压力和精度等级的要求时,应被优先选用就地显示。

4) 压力式温度计

适用于-80℃以下低温、无法近距离观察、有振动及精度要求不高的就地或就地盘面显示。

5) 玻璃温度计

仅用于测量精确度较高、振动较小、无机械损伤、观察方便的特殊场合。不得使用玻璃水银温度计。

2. 温度检测元件的选用

温度检测元件的选用包括热电偶、热电阻和热敏热电阻的选用。

(1) 根据温度测量范围,参照表 4-9 选用相应分度号的热电偶、热电阻或热敏热电阻。

(2) 铠装式热电偶适用于一般场合;铠装式热电阻适用于无振动场合;热敏电阻适用于测量反应速度快的场合。

表 4-9 常用温度检测元件

检测元件名称	分度号	测温范围/℃	R_{100}/R_0	检测元件名称	分度号	测温范围/℃
铜热电阻 $R_0=50\Omega$	Cu50	-50~+150	1.248	铁-康铜热电偶	J	-200~+800
$R_0=100\Omega$	Cu100			铜-康铜热电偶	T	-200~+400
铂热电阻 $R_0=10\Omega$	Pt10	-200~650	1.385	铂铑$_{10}$-铂热电偶	S	0~+1600
铂热电阻 $R_0=100\Omega$	Pt100			铂铑$_{13}$-铂热电偶	R	0~+1600
镍铬-镍硅热电偶	K	-200~+1300		铂铑$_{30}$-铂铑$_6$ 热电偶	B	0~+1800
镍铬硅-镍硅热电偶	N	-200~+900		钨铼$_5$-钨铼$_{26}$ 热电偶	WRe_5-WRe_{26}	0~+2300
镍铬-康铜热电偶	E	-200~+900		钨铼$_3$-钨铼$_{25}$ 热电偶	WRe_3-WRe_{25}	0~+2300

3. 特殊场合适用的热电偶、热电阻

特殊场合应考虑选择如下的热电偶、热电阻。

(1) 温度高于 870℃、氢含量大于 5%的还原性气体、惰性气体及真空场合,选用钨铼热电偶或吹气热电偶。

(2) 设备、管道外壁和转体表面温度,选用端(表面)式、压簧固定式或铠装热电偶、热电阻。

(3) 含坚硬固体颗粒介质,选用耐磨热电偶。

(4) 在同一检出(测)元件保护管中,要求多点测量时,选用多点(支)热电偶。

(5) 为了节省特殊保护管材料，提高响应速度或要求检出元件弯曲安装时可选用铠装热电偶、热电阻。

(6) 高炉、热风炉温度测量，可选用高炉、热风炉专用热电偶。

4.5.2 温度检测仪表的安装

在石油化工生产过程中，温度检测仪表一般安装在工艺管道上或烟道中。下面针对这两种情况进行讨论。

1. 管道内流体温度的测量

通常采用接触式测温方法测量管道内流体的温度，测温元件直接插入流体中。接触式测温仪表所测得的温度都是由测温(感温)元件来决定的。在正确选择测温元件和二次仪表之后，如不注意测温元件的正确安装，那么测量精度得不到保证。

为了正确地反映流体温度和减少测量误差，要注意合理地选择测点位置，并使测温元件与流体充分接触。工业上，一般是按下列要求进行安装的。

(1) 测点位置要选在有代表性的地点，不能在温度的死角区域，尽量避免电磁干扰。

(2) 在测量管道温度时，应保证测温元件与流体充分接触，以减少测量误差。因此，要求安装时测温元件应迎着被测介质流向插入，至少须与被测介质流向垂直(成 90°)，切勿与被测介质形成顺流，如图 4-44 所示。

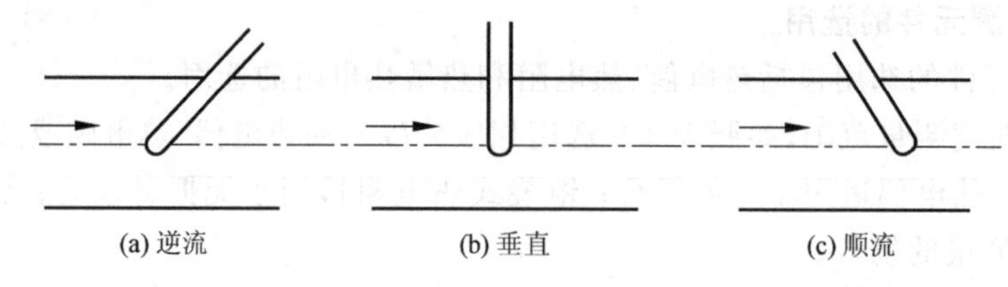

图 4-44 测温元件安装示意图(1)

(3) 测温元件的感温点应处于管道中流速最大处。一般来说，热电偶、铂电阻、铜电阻保护套管的末端应分别越过流束中心线 5～10mm、50～70mm、25～30mm。

(4) 测温元件应有足够的插入深度，以减小测量误差。为此，测温元件应斜插安装或在弯头处安装，如图 4-45 所示。

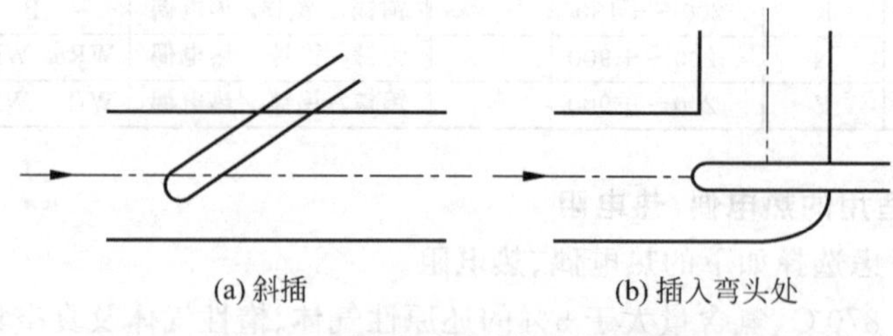

图 4-45 测温元件安装示意图(2)

(5) 若工艺管道过小(直径小于 80mm)，安装测温元件处应接装扩大管，如图 4-46 所示。

(6) 热电偶、热电阻的接线盒面盖应该在上面，以避免雨水或其他液体、脏物进入接线盒中影响测量，如图 4-47 所示。

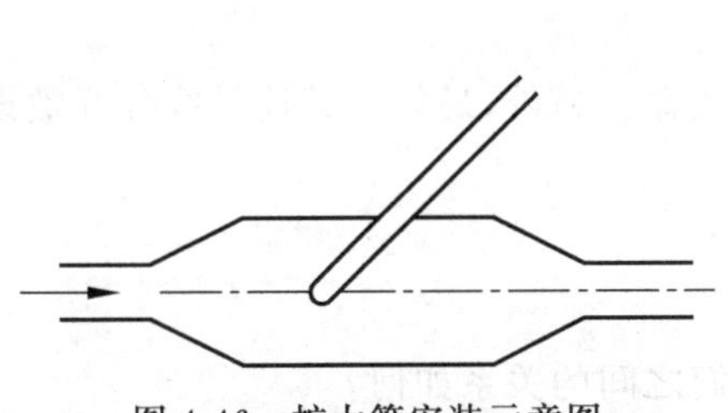

图 4-46　扩大管安装示意图

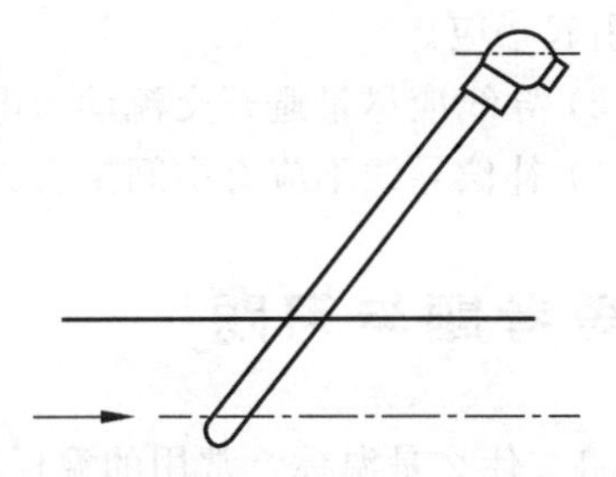

图 4-47　热电偶或热电阻安装示意图

(7) 为了防止热量散失，在测点引出处要加保温材料隔热，以减少热损失带来的测量误差。

(8) 测温元件安装在负压管道中时，必须保证其密封性，以防外界冷空气进入，使读数降低。

2. 烟道中烟气温度的测量

烟道的管径很大，测温元件插入深度有时可达 2m，应注意减低套管的导热误差和向周围环境的辐射误差。可以在测温元件外围加热屏蔽罩，如图 4-48 所示。也可以采用抽气的办法加大流速，增强对流换热，减少辐射误差。图 4-49 给出一种抽气装置的示意图，热电偶装于有多层屏蔽的管中，屏蔽管的后部与抽气器连接。当蒸气或压缩空气通过抽气器时，会夹带着烟气以很高的流速流过热电偶测量端。在抽气管路上加装的孔板是为了测量抽气流量，以计算测量处的流速来估计误差。

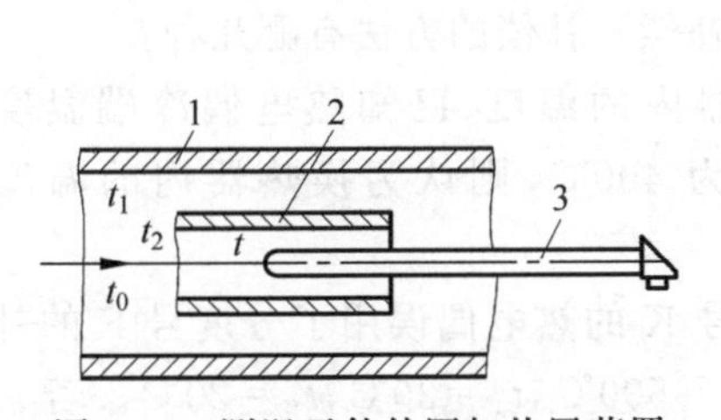

图 4-48　测温元件外围加热屏蔽罩

1—外壁；2—屏蔽罩；3—温度计

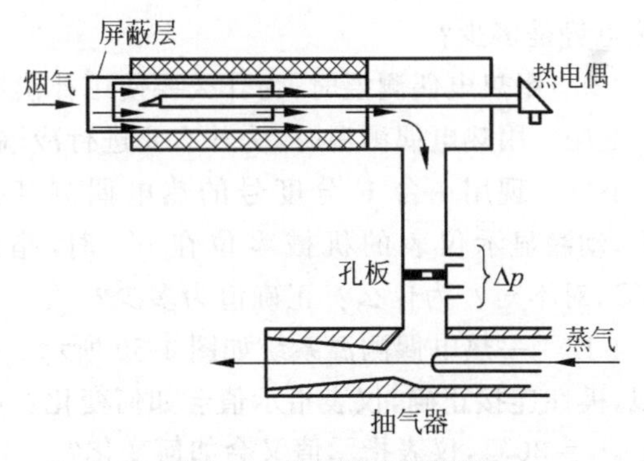

图 4-49　抽气装置示意图

3. 测温元件的布线要求

测温元件安装在现场，而显示仪表或计算机控制装置都在控制室内，所以要将测温元件测到的信号引入控制室内，就需要布线。工业上，一般是按下列要求进行布线的。

(1) 按照规定的型号配用热电偶的补偿导线，注意热电偶的正、负极与补偿导线的正、负极相连接，不要接错。

(2) 热电阻的线路电阻一定要符合所配二次仪表的要求。

(3) 为了保护连接导线与补偿导线不受外来的机械损伤，应把连接导线或补偿导线穿入钢管内或走槽板。

(4) 导线应尽量避免有接头。应有良好的绝缘。禁止与交流输电线合用一根穿线管，以免引起感应。

(5) 导线应尽量避开交流动力电线。

(6) 补偿导线不应有中间接头,否则应加装接线盒。另外,最好与其他导线分开敷设。

思考题与习题

4-1 什么是温标？常用的温标有哪几种？它们之间的关系如何？

4-2 按测温方式分,温度检测仪表分成哪几类？常用温度检测仪表有哪些？

4-3 热电偶的测温原理和热电偶测温的基本条件是什么？

4-4 工业常用热电偶有哪几种？试简要说明其各自的特点。

4-5 现有K、S、T三种分度号的热电偶,试问在下列三种情况下,应分别选用哪种？

(1) 测温范围在600℃～1100℃,要求测量精度高；

(2) 测温范围在200℃～400℃,要求在还原性介质中测量；

(3) 测温范围在600℃～800℃,要求线性度较好,且价格低。

4-6 用分度号为S的热电偶测温,其冷端温度为20℃,测得热电势$E(t,20)=11.30$mV,试求被测温度t。

4-7 用电子电位差计配K型热电偶进行测温,室温为20℃,仪表指示值为300℃,问此时热电偶送入电子电位差计的输入电压是多少？

4-8 用K型热电偶测量某设备的温度,测得的热电势为20mV,冷端温度(室温)为25℃,求设备的温度。如果选用E型热电偶来测量,那么在相同的条件下,E型热电偶测得的热电势是多少？

4-9 用热电偶测温时,为什么要使用补偿导线？使用时应注意哪些问题？

4-10 用热电偶测温时,为什么要进行冷端温度补偿？补偿的方法有哪几种？

4-11 现用一台E分度号的热电偶测某换热器内的温度,已知热电偶冷端温度为30℃,动圈显示仪表的机械零位在0℃时,指示值为400℃,则认为换热器内的温度为430℃,对不对？为什么？正确值为多少？

4-12 一热电偶测温系统如图4-50所示。分度号K的热电偶误用了分度号E的补偿导线,极性连接正确,仪表指示值会如何变化？已知$t=500$℃,$t_1=30$℃,$t_0=20$℃。若$t_1=20$℃,$t_0=30$℃,仪表指示值又会如何变化？

4-13 某人将K分度号补偿导线的极性接反,当电炉温度控制于800℃时,若热电偶接线盒处温度为50℃,仪表接线板处温度为40℃,问测量结果和实际相差多少？

4-14 一测温系统如图4-51所示。已知所用的热电偶及补偿导线均为K分度号,但错用了与E配套的显示仪表。当仪表指示为160℃时,请计算实际温度为多少？(已知控制室温度为25℃)

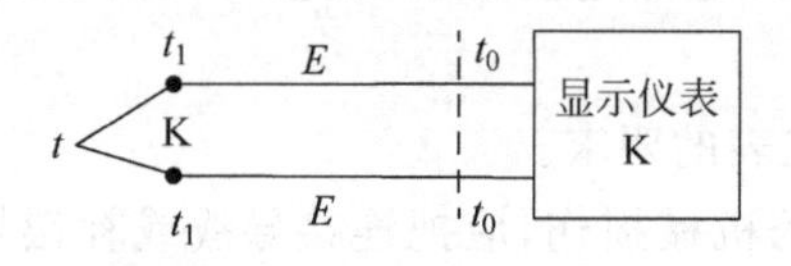

图4-50 习题4-12测温系统

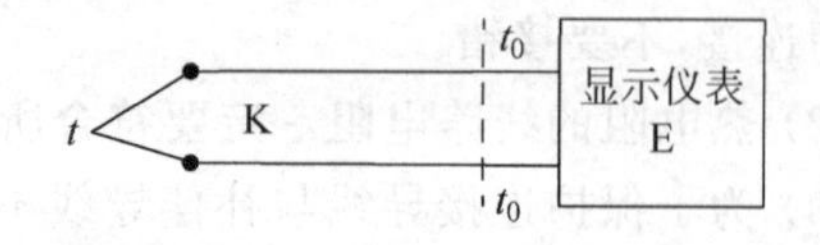

图4-51 习题4-14测温系统

4-15　如图 4-52 所示的三种测温系统中，试比较A 表、B 表和 C 表指示值的高低高。说明理由。

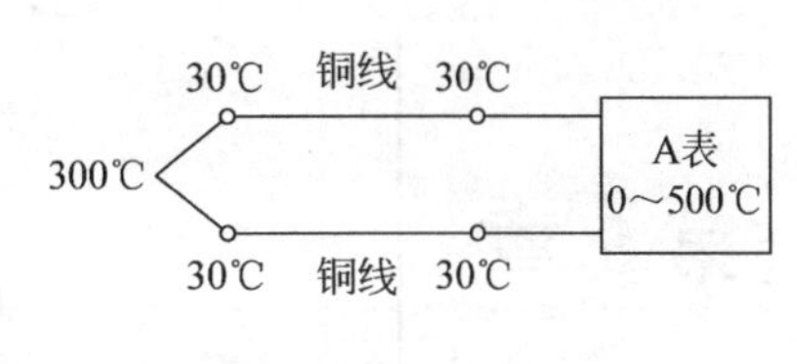

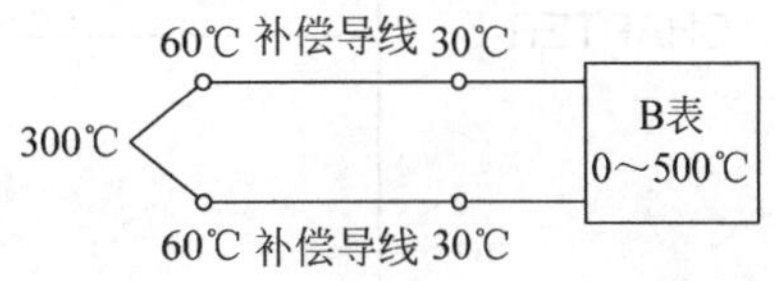

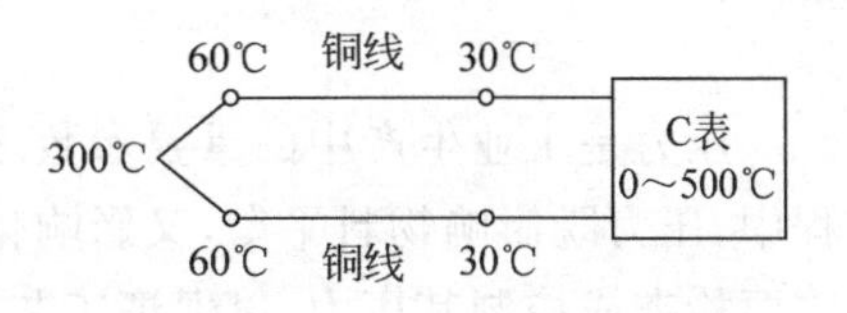

图 4-52　习题 4-15 三种测温系统

4-16　试述热电阻测温原理。常用热电阻的种类有哪些？R_0 各为多少？

4-17　热电阻的引线方式有哪几种？以电桥法测定热电阻的电阻值时，为什么常采用三线制接线方法？

4-18　用分度号 Pt100 铂电阻测温，在计算时错用了 Cu100 的分度表，查得的温度为 140℃，问实际温度为多少？

4-19　热敏电阻有哪些种类？各有什么特点？各适用于什么场合？

4-20　试述热电偶温度计、热电阻温度计各包括哪些元件和仪表？输入、输出信号各是什么？

4-21　辐射测温仪表的基本组成是什么。

4-22　常用的光纤温度传感器有哪些？有什么特点？

4-23　试述接触式测温中，测温元件的安装和布线要求。

4-24　测量管道内流体的温度时，测温元件的安装如图 4-53 所示。试判断其中哪些是错的，那些是对的(直接在图上标明)，并简要说明理由。

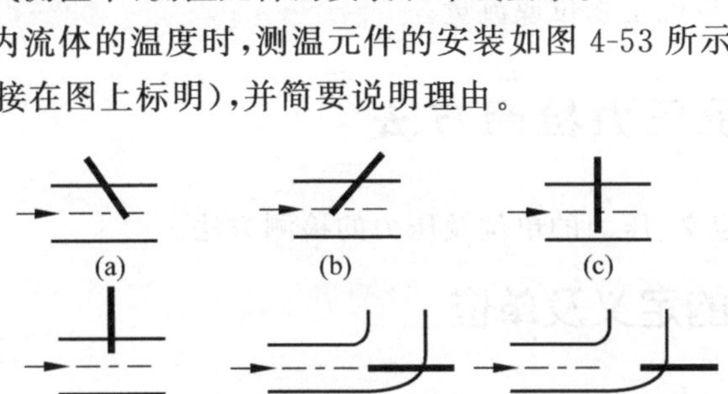

图 4-53　习题 4-24 测温元件安装图

第5章 压力检测及仪表

CHAPTER 5

压力是工业生产中的重要参数之一。特别是在化工、炼油、天然气的处理与加工生产过程中，压力既影响物料平衡，又影响化学反应速率。所以必须严格遵守工艺操作规程，这就需要检查或控制其压力，以保证工艺过程的正常进行。

例如高压聚乙烯要在150MPa的高压下聚合，氢气和氮气合成氨气时，要在15MPa的高压下进行反应，而炼油厂的减压蒸馏，则要求在比大气压力低很多的真空中进行。如果压力不符合要求，不仅会影响生产效率，降低产品质量，有时还会造成严重的生产事故，此外，测出压力或差压，也可以确定物位或流量。

视频讲解

5.1 压力及压力检测方法

本节介绍压力的定义、压力的单位及压力的检测方法。

5.1.1 压力的定义及单位

1. 压力的定义

压力是指垂直、均匀地作用于单位面积上的力。

压力通常用 P 表示，单位力作用在单位面积上，为一个压力单位。

$$P = \frac{F}{A} \tag{5-1}$$

式中，P——压力；

F——垂直作用力；

A——受力面积。

2. 压力的单位

在工程上衡量压力的单位有如下几种。

1) 工程大气压

1公斤力垂直而均匀地作用在1平方厘米的面积上所产生的压力，以公斤力/厘米^{2}表示，记作kgf/cm^2。是工业上使用过的单位。

2) 毫米汞柱(mmHg)，毫米水柱(mmH_2O)

1平方厘米的面积上分别由1毫米汞柱或1毫米水柱的重量所产生的压力。

3) 标准大气压

由于大气压随地点不同，变化很大，所以国际上规定水银密度为13.5951g/cm^3、重力加速度为 980.665cm/s^2 时，高度为 760mm 的汞柱，作用在 1cm^2 的面积上所产生的压力为标准大气压。

4) 国际单位(SI)制压力单位帕(Pa)

1 牛顿力垂直均匀地作用在 1 平方米面积上所形成的压力为 1“帕斯卡”，简称“帕”，符号为 Pa。加上词头又有千帕(kPa)、兆帕(MPa)等。为我国自 1986 年 7 月 1 日开始执行的计量法规定采用的压力单位。表 5-1 给出了各压力单位之间的换算关系。

表 5-1　压力单位换算表

单位	帕(Pa)	巴(bar)	工程大气压 (kgf/cm^2)	标准大气压 (atm)	毫米水柱 (mmH_2O)	毫米汞柱 (mmHg)	磅力/平方英寸 (lbf/in^2)
帕(Pa)	1	1×10^{-5}	1.019716×10^{-5}	0.9869236×10^{-5}	1.019716×10^{-1}	0.75006×10^{-2}	1.450442×10^{-4}
巴(bar)	1×10^{5}	1	1.019716	0.9869236	1.019716×10^{4}	0.75006×10^{3}	1.450442×10
工程大气压 (kgf/cm^2)	0.980665×10^{5}	0.980665	1	0.96784	1×10^{4}	0.73556×10^{3}	1.4224×10
标准大气压 (atm)	1.01325×10^{5}	1.01325	1.03323	1	1.03323×10^{4}	0.76×10^{3}	1.4696×10
毫米水柱 (mmH_2O)	0.980665×10	0.980665×10^{-4}	1×10^{-4}	0.96784×10^{-4}	1	0.73556×10^{-1}	1.4224×10^{-3}
毫米汞柱 (mmHg)	1.333224×10^{2}	1.333224×10^{-3}	1.35951×10^{-3}	1.3158×10^{-3}	1.35951×10	1	1.9338×10^{-2}
磅力/平方英寸 (lbf/in^2)	0.68949×10^{4}	0.68949×10^{-1}	0.70307×10^{-1}	0.6805×10^{-1}	0.70307×10^{3}	0.51715×10^{2}	1

5.1.2　压力的表示方法

在工程上，压力有几种不同的表示方法，并且有相应的测量仪表。

1. 绝对压力

被测介质作用在容器表面积上的全部压力称为绝对压力，用符号 $p_{绝}$ 表示。

2. 大气压力

由地球表面空气柱重量形成的压力，称为大气压力。

它随地理纬度、海拔高度及气象条件而变化，其值用气压计测定，用符号 $p_{大气压}$ 表示。

3. 表压力

通常压力测量仪器是处于大气之中，则其测量的压力值等于绝对压力和大气压力之差，称为表压力，用符号 $p_{表}$ 表示。

$$p_{表}=p_{绝}-p_{大气压} \tag{5-2}$$

一般地说，常用压力测量仪表测得的压力值均是表压力。

4. 真空度

当绝对压力小于大气压力时，表压力为负值(负压力)，其绝对值称为真空度，用符号 $p_{真}$ 表示。

$$p_{真}=p_{大气压}-p_{绝} \tag{5-3}$$

用来测量真空度的仪器称为真空表。

5. 差压

设备中两处的压力之差称为差压。

生产过程中有时直接以差压作为工艺参数。差压的测量还可作为流量和物位测量的间接手段。

这几种表示方法的关系如图 5-1 所示。

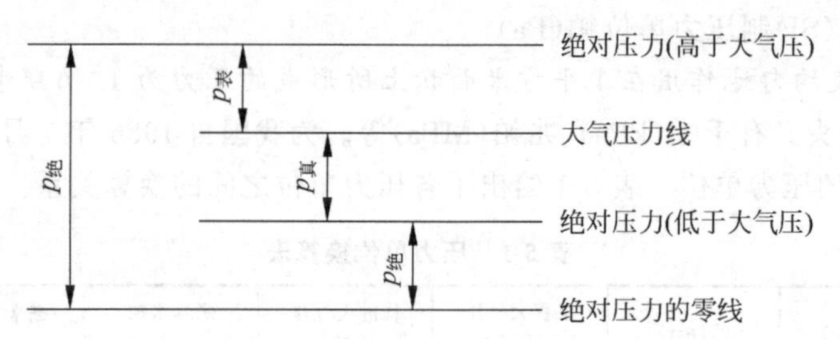

图 5-1 各种压力表示法之间的关系

5.1.3 压力检测的主要方法及分类

根据不同工作原理，压力检测方法及分类主要有如下几种。

1. 重力平衡方法

基于重力平衡方法的压力计分为如下几种。

1）液柱式压力计

基于液体静力学原理。被测压力与一定高度的工作液体产生的重力相平衡，将被测压力转换为液柱高度来测量，其典型仪表是 U 形管压力计。

2）负荷式压力计

基于重力平衡原理。其主要形式为活塞式压力计。

2. 弹性力平衡方法

这种方法利用弹性元件的弹性变形特性进行测量，被测压力使弹性元件产生变形，因弹性变形而产生的弹性力与被测压力相平衡，测量弹性元件的变形大小可知被测压力。

3. 机械力平衡方法

这种方法是将被测压力经变换单元转换成一个集中力，用外力与之平衡，通过测量平衡时的外力可以测知被测压力。

4. 物性测量方法

在压力的作用下，测压元件的某些物理特性会发生变化。

1）电测式压力计

利用测压元件的压阻、压电等特性或其他物理特性，将被测压力直接转换为各种电量来测量。多种电测式类型的压力传感器，可以适用于不同的测量场合。

2）其他新型压力计

如集成式压力计、光纤压力计。

5.2 常用压力检测仪表

压力检测仪表有很多，这里仅介绍液柱式压力计、活塞式压力计、弹性式压力计及常用的压力传感器。

视频讲解

5.2.1 液柱式压力计

这种压力计一般采用水银或水为工作液，用 U 形管、单管或斜管进行压力测量，常用于低压、负压或压力差的检测。

1. U形管压力计

如图5-2是用U形玻璃管检测的原理图。它的两个管口分别接压力 p_1 和 p_2。当 $p_1=p_2$ 时，左右两管的液体的高度相等，如图5-2(a)所示。当 $p_2>p_1$ 时，U形管的两管内的液面便会产生高度差，如图5-2(b)所示。根据液体静力学原理，有

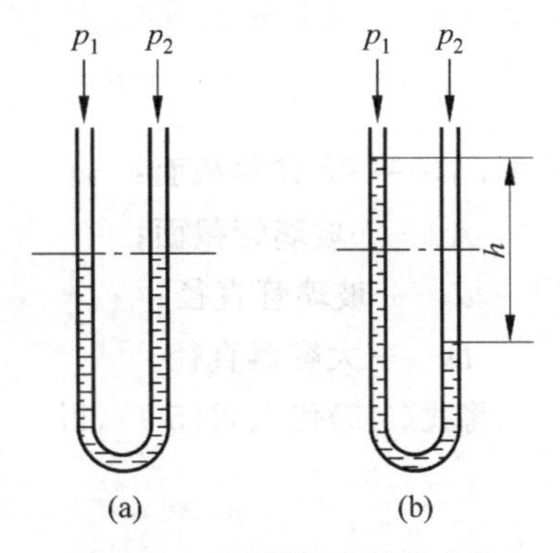

图5-2　U形管压力计示意图

$$p_2=p_1+\rho hg \tag{5-4}$$

式中，ρ——U形管内所充工作液的密度；

g——U形管所在地的重力加速度；

h——U形管左右两管的液面高度差。

式(5-4)可改写为

$$h=\frac{1}{\rho g}(p_2-p_1) \tag{5-5}$$

这说明U形管内两边液面的高度差 h 与两管口的被测压力之差成正比。如果将 p_1 管通大气，即 $p_1=p_{大气压}$，则

$$h=\frac{p}{\rho g} \tag{5-6}$$

式中，$p=p_2-p_{大气压}$，为 p_2 的表压。

由此可见，用U形管可以检测两被测压力之间的差值(称差压)，或检测某个表压。

由式(5-6)可知，若提高U形管工作液的密度 ρ，则在相同的压力作用下，h 值将下降。因此，提高工作液密度将增加压力的测量范围，但灵敏度下降。

用U形管进行压力检测具有结构简单、读数直观、准确度较高、价格低廉等优点，它不仅能测表压、差压，还能测负压，是科学实验研究中常用的压力检测工具。但是，用U形管只能测量较低的压力或差压(不可能将U形管做得很长)，测量上限不超过0.1～0.2MPa，为了便于读数，U形管一般是用玻璃做成，因此易破损，同时也不能用于静压较高的差压检测，另外它只能进行现场指示。

2. 单管压力计

U形管压力计的标尺分格值是1mm，每次读数的最大误差为分格值的一半，而在测量时需要对左、右两边的玻璃管分别读数，所以可能产生的读数误差为±1mm。为了减小读数误差和进行1次读数，可以采用单管压力计。

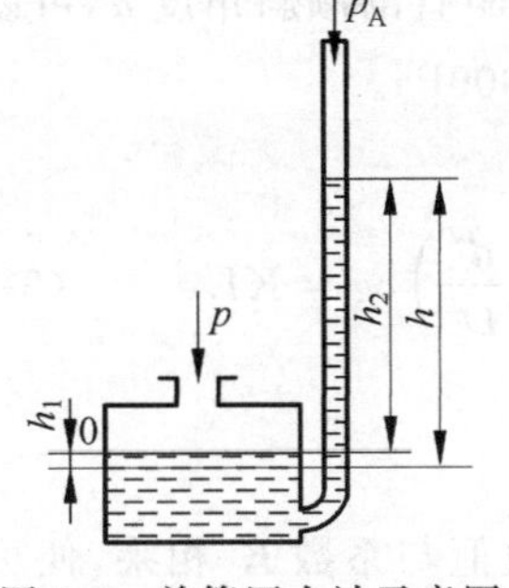

图5-3　单管压力计示意图

单管压力计如图5-3所示，它相当于将U形管的一端换成一个大直径的容器，测压原理仍与U形管相同。当大容器一侧通入被测压力 p，管一侧通入大气压 p_A 时，满足下列关系

$$p=(h_1+h_2)\rho g \tag{5-7}$$

式中，h_1——大容器中工作液下降的高度；

h_2——玻璃管中工作液上升的高度。

在压力 p 的作用下，大容器内工作液下降的体积等于管

内工作液上升的体积，即

$$h_1 A_1 = h_2 A_2 \tag{5-8}$$

$$h_1 = \frac{A_2}{A_1} h_2 = \frac{d^2}{D^2} h_2 \tag{5-9}$$

式中，A_1——大容器截面；

A_2——玻璃管截面；

d——玻璃管直径；

D——大容器直径。

将式(5-9)代入式(5-7)，得

$$p = \left(1 + \frac{d^2}{D^2}\right) h_2 \rho g \tag{5-10}$$

由于 $D \gg d$，故$\frac{d^2}{D^2}$可忽略不计，则式(5-10)可写成

$$p = h_2 \rho g \tag{5-11}$$

此式与式(5-6)类似，当工作液密度 ρ 一定时，则管内工作液上升的高度 h_2 即可表示被测压力(表压)的大小，即只需 1 次读数便可以得到测量结果。因而读数误差比 U 形管压力计小一半，即±0.5mm。

3. 斜管压力计

用 U 形管或单管压力计来测量微小的压力时，因为液柱高度变化很小，读数困难，为了提高灵敏度，减小误差，可将单管压力计的玻璃管制成斜管，如图 5-4 所示。

大容器通入被测压力 p，斜管通入大气压力 p_A，则 p 与液柱之间的关系仍然与式(5-7)相同，即

$$p = (h_1 + h_2)\rho g$$

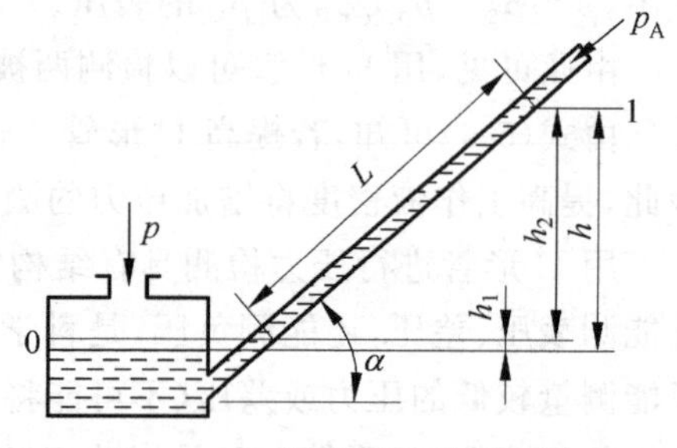

图 5-4 倾斜式压力计示意图

因为大容器的直径 D 远大于玻璃管的直径 d，则 $h_1 + h_2 \approx h_2 = L\sin\alpha$，代入上式后可得

$$p = L\rho g \sin\alpha \tag{5-12}$$

式中，L——斜管内液柱的长度；

α——斜管倾斜角。

由于 $L > h_2$，所以说斜管压力计比单管压力计更灵敏。改变斜管的倾斜角度 α，可以改变斜管压力计的测量范围。斜管压力计的测量范围一般为 0～2000Pa。

要求精确测量时，要考虑容器内液面下降的高度 h_1，这时

$$p = (h_1 + h_2)\rho g = \left(L\sin\alpha + L\frac{A_2}{A_1}\right)\rho g = L\left(\sin\alpha + \frac{d^2}{D^2}\right)\rho g = KL \tag{5-13}$$

式中，K 为系数，$K = \left(\sin\alpha + \frac{d^2}{D^2}\right)\rho g$。

当工作液密度及斜管结构尺寸一定时，K 为常数，读出 L 数值与系数 K 相乘，便可以得到要测量的压力 p。

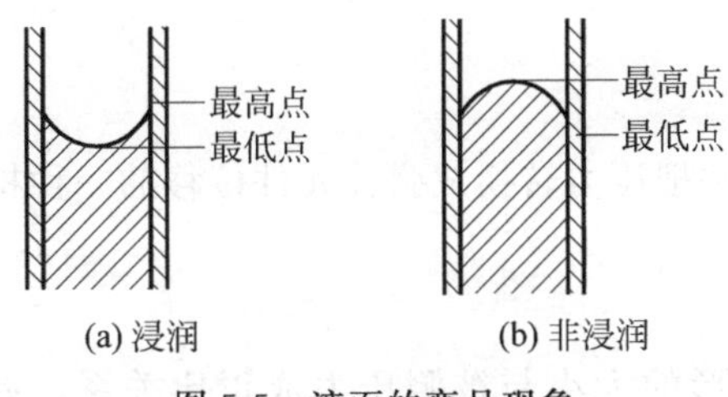

(a) 浸润　　(b) 非浸润

图 5-5　液面的弯月现象

在使用液柱式测压法进行压力测量时，由于毛细管和液体表面张力的作用，会引起玻璃管内的液面呈弯月状，如图 5-5 所示。如果工作液对管壁是浸润的(水)，则在管内成下凹的曲面，读数时要读凹面的最低点；如果工作液对管壁是非浸润的(水银)，则在管内成上凸的曲面，读数时要读凸面的最高点。

5.2.2　活塞式压力计

活塞式压力计是一种精度很高的标准器，常用于校验标准压力表及普通压力表。其结构如图 5-6 所示，它由压力发生部分和压力测量部分组成。

1. 压力发生部分

螺旋压力发生器 4，通过手轮 7 旋转丝杠 8，推动工作活塞 9 挤压工作液，经工作液传压给测量活塞 1。工作液一般采用洁净的变压器油或蓖麻油等。

2. 压力测量部分

测量活塞 1 上端的托盘上放有砝码 2，活塞 1 插入在活塞柱 3 内，下端承受螺旋压力发生器 4 向左挤压工作液 5 所产生的压力 P 的作用。当活塞 1 下端面因压力 P 作用所产生向上顶的力与活塞 1 本身和托盘以及砝码 2 的重量相等时，活塞 1 将被顶起而稳定在活塞柱 3 内的任一平衡位置上，这时的力平衡关系为

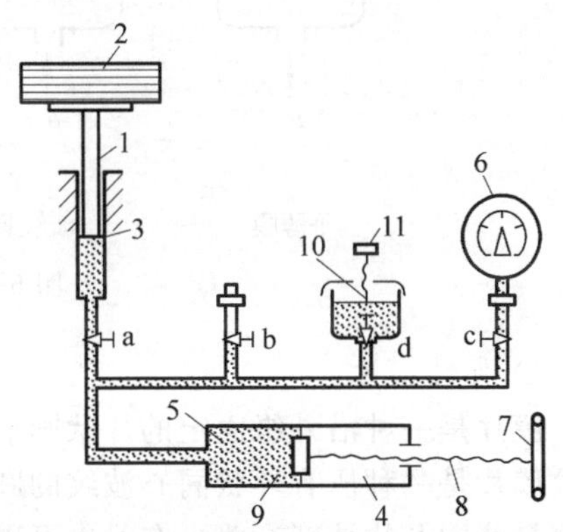

图 5-6　活塞式压力计示意图

a,b,c,d—切断阀；1—测量活塞；2—砝码；3—活塞柱；4—螺旋压力发生器；5—工作液；6—压力表；7—手轮；8—丝杠；9—工作活塞；10—油杯；11—进油阀

$$pA = W + W_0 \tag{5-14}$$

$$p = \frac{1}{A}(W + W_0) \tag{5-15}$$

式中，A——测量活塞 1 的截面积；

W——砝码的重量；

W_0——测量活塞(包括托盘)的重量；

p——被测压力。

一般取 $A=1\text{cm}^2$ 或 0.1cm^2。因此可以方便而准确地由平衡时所加的砝码和活塞本身的质量得到被测压力 p 的数值。如果把被校压力表 6 上的示值 p' 与这一准确的压力 p 相比较，便可知道被校压力表的误差大小；也可以在 b 阀上部接入标准压力表，由压力发生器改变工作液压力，比较被校表和标准表上的示值进行校验，此时，a 阀应关闭。还可以同时校验两台压力表。测量范围为 0.04～2500MPa，精度达±0.01%。可测正压、负压、绝对压力。主要用于压力表的校验。

视频讲解

5.2.3 弹性式压力计

弹性式压力检测是用弹性元件作为压力敏感元件把压力转换成弹性元件位移的一种检测方法。

1. 测压弹性元件

弹性元件在弹性限度内受压后会产生形变，变形的大小与被测压力成正比关系。如图 5-7 所示，目前工业上常用的测压用弹性元件主要是弹性膜片、波纹管和弹簧管等。

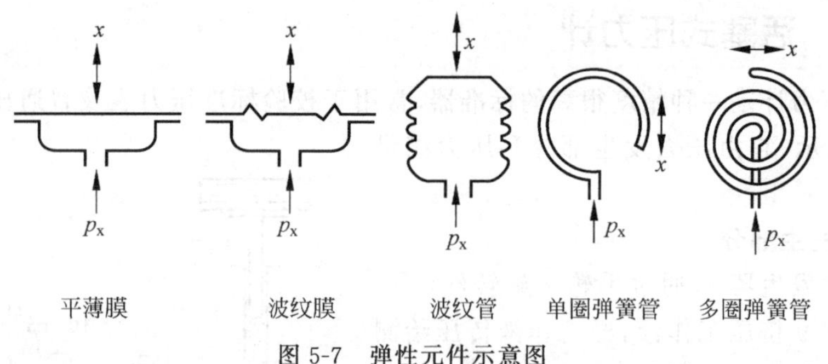

图 5-7 弹性元件示意图

1）弹性膜片

膜片是一种沿外缘固定的片状圆形薄板或薄膜，按剖面形状分为平薄膜片和波纹膜片。波纹膜片是一种压有环状同心波纹的圆形薄膜，其波纹数量、形状、尺寸和分布情况与压力的测量范围及线性度有关。有时也可以将两块膜片沿周边对焊起来，形成一个薄膜盒子，两膜片之间内充液体（如硅油），称为膜盒。

当膜片两边压力不等时，膜片就会发生形变，产生位移，当膜片位移很小时，它们之间具有良好的线性关系，这就是利用膜片进行压力检测的基本原理。膜片受压力作用产生的位移，可直接带动传动机构指示。但是，由于膜片的位移较小，灵敏度低，指示精度也不高，一般为 2.5 级。在更多的情况下，都是把膜片和其他转换环节合起来使用，通过膜片和转换环节把压力转换成电信号，例如，膜盒式压力变送器、电容式压力变送器等。

2）波纹管

波纹管是一种具有同轴环状波纹，能沿轴向伸缩的测压弹性元件。当它受到轴向力作用时能产生较大的伸长收缩位移，通常在其顶端安装传动机构，带动指针直接读数。波纹管的特点是灵敏度高（特别是在低区），适合检测低压信号（$\leqslant 10^6$ Pa），但波纹管时滞较大，测量精度一般只能达到 1.5 级。

3）弹簧管

弹簧管是弯成圆弧形的空心管子（中心角 θ 通常为 270°）。其横截面积呈非圆形（椭圆或扁圆形）。弹簧管一端是开口的，另一端是封闭的，如图 5-8 所示。开口端作为固定端，被测压力从开口端接入到弹簧管内腔；封闭端作为自由端，可以自由移动。

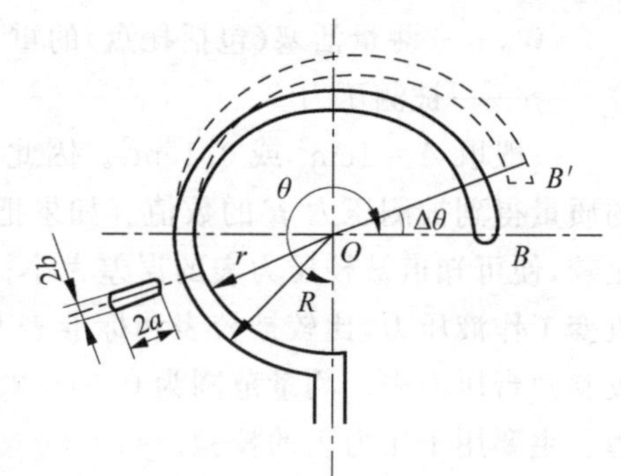

图 5-8 单圈弹簧管结构示意图

当被测压力从弹簧管的固定端输入时，由于弹簧管的非圆横截面，使它有变成圆形并伴有伸直的趋势，使自由端产生位移并改变中心角 $\Delta\theta$。由于

输入压力 p 与弹簧管自由端的位移成正比，所以只要测得自由端的位移量就能够反映压力 p 的大小，这就是弹簧管的测压原理。

弹簧管有单圈和多圈之分。单圈弹簧管的中心角变化量较小，而多圈弹簧管的中心角变化量较大，二者的测压原理是相同的。弹簧管常用的材料有锡青铜、磷青铜、合金钢、不锈钢等，适用于不同的压力测量范围和测量介质。

2. 弹簧管压力表

弹簧管压力可以通过传动机构直接指示被测压力，也可以用适当的转换元件把弹簧管自由端的位移变换成电信号输出。

弹簧管压力表是一种指示型仪表，如图 5-9 所示。被测压力由接头 9 输入，使弹簧管 1 的自由端产生位移，通过拉杆 2 使扇形齿轮 3 作逆时针偏转，于是指针 5 通过同轴的中心齿轮 4 的带动而作顺时针偏转，在面板 6 的刻度标尺上显示出被测压力的数值。游丝 7 是用来克服因扇形齿轮和中心齿轮的间隙所产生的仪表变差。改变调节螺钉 8 的位置(即改变机械传动的放大系数)，可以实现压力表的量程调节。

弹簧管压力表结构简单、使用方便、价格低廉、测量范围宽，因此应用十分广泛。可测负压、微压、低压、中压和高压(可达 1000MPa)，测量范围为 $-10^5 \sim 10^9$ Pa。精度高达 0.1 级(±0.1%)。一般的工业用弹簧管压力表的精度等级为 1.5 级或 2.5 级。

在化工生产过程中，常常需要把压力控制在某一范围内，即当压力低于或高于给定范围时，就会破坏正常工艺条件，甚至可能发生危险。这时就应采用带有报警或控制触点的压力表。将普通弹簧管压力表稍加变化，便可成为电接点信号压力表，它能在压力偏离给定范围时，及时发出信号，以提醒操作人员注意或通过中间继电器实现压力的自动控制。

图 5-10 是电接点信号压力表的结构和工作原理示意图。压力表指针上有动触点 2，表盘上另有两根可调节的指针，上面分别有静触点 1 和 4。当压力超过上限给定数值(此数值由静触点 4 的指针位置确定)时，动触点 2 和静触点 4 接触，红色信号灯 5 的电路被接通，

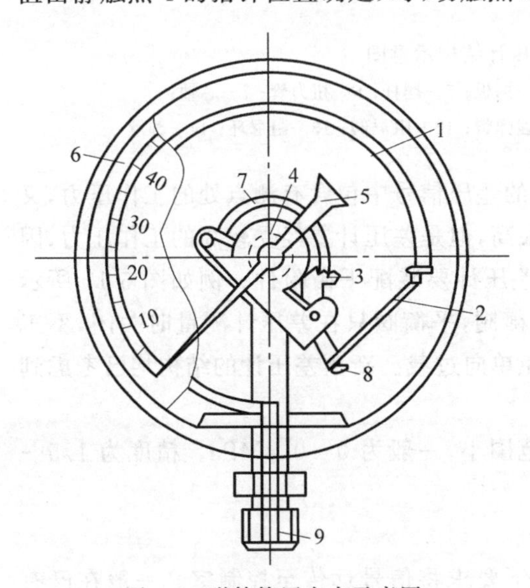

图 5-9　弹簧管压力表示意图

1—弹簧管；2—拉杆；3—扇形齿轮；4—中心齿轮；5—指针；6—面板；7—游丝；8—调节螺钉；9—接头

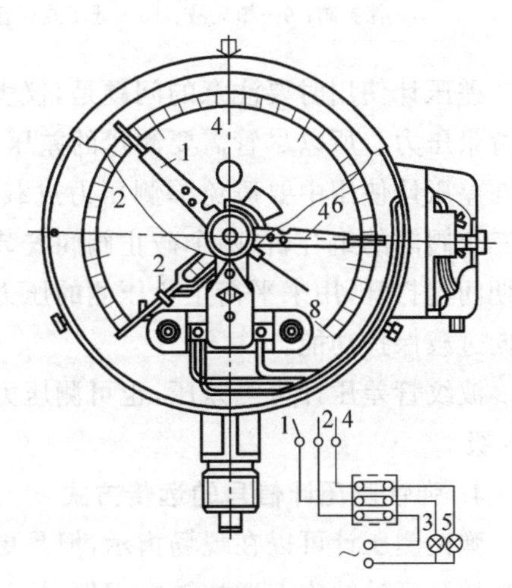

图 5-10　电接点信号压力表示意图

1,4—静触点；2—动触点；3—绿色信号灯；5—红色信号灯

使红色灯发亮。当压力超过下限给定数值时，动触点 2 和静触点 1 接触，绿色信号灯 3 的电路被接通，使绿色灯发亮。静触点 1 和静触点 4 的位置可根据需要灵活调节。

3. 波纹管差压计

采用膜片、膜盒、波纹管等弹性元件可以制成差压计。图 5-11 给出双波纹管差压计结构示意图，双波纹管差压计是一种应用较多的直读式仪表，其测量机构包括波纹管、量程弹簧组和扭力管组件等。仪表两侧的高压波纹管和低压波纹管为测量主体，感受引入的差压信号，两个波纹管由连杆连接，内部填充液体用来传递压力。差压信号引入后，低压波纹管自由端带动连杆位移，连杆上的挡板推动摆杆使扭力管机构偏转，扭力管芯轴的扭转角度变化，扭转角变化传送给仪表的显示机构，可以给出相对应的被测差压值。量程弹簧的弹性力和波纹管的弹性变形力与被测差压的作用力相平衡，改变量程弹簧的弹性力大小可以调整仪表的量程。高压波纹管与补偿波纹管相连，用来补偿填充液因温度变化而产生的体积膨胀。

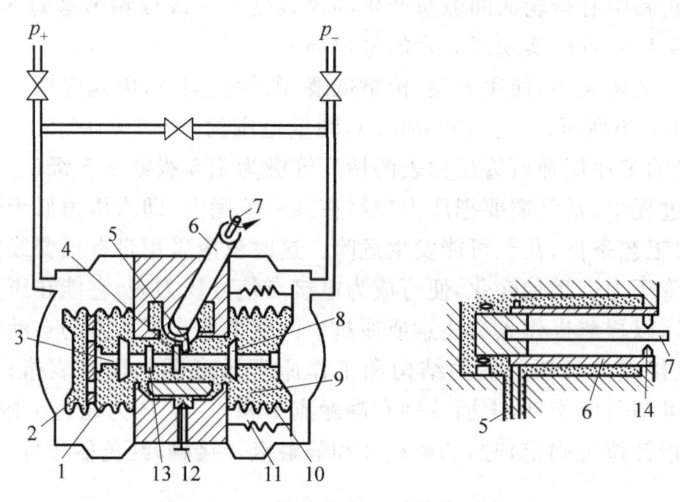

图 5-11 双波纹管差压计结构示意图

1—高压波纹管；2—补偿波纹管；3—连杆；4—挡板；5—摆杆；6—扭力管；7—芯轴；8—保护阀；9—填充液；10—低压波纹管；11—量程弹簧；12—阻尼阀；13—阻尼环；14—轴承

差压计使用时要注意的问题是，仪表所引入的差压信号中包含有测点处的工作压力，又称背景压力。所以尽管需要测量的差压值并不很高，但是差压计要经受较高的工作压力，因此在差压计使用中要避免单侧压力过载。一般差压计要装配平衡附件。例如图 5-11 所示的三个阀门的组合，在两个截止阀间安装一个平衡阀，平衡阀只在差压计测量时关闭，不工作期间则打开，用来平衡正负压侧的压力，以避免单向过载。新型差压计的结构均已考虑到单向过载保护功能。

波纹管差压计可测差压，也可测压力，测量范围小，一般为 0～0.4MPa。精度为 1.5～2.5 级。

4. 弹性测压计信号的远传方式

弹性测压计可以在现场指示，但是更多情况下要求将信号远传至控制室。一般在已有的弹性测压计结构上增加转换部件，就可以实现信号的远距离传送。弹性测压计信号多采用电远传方式，即把弹性元件的变形或位移转换为电信号输出。常见的转换方式有电位器式、霍尔元件式、电感式、差动变压器式等。

图 5-12 为电位器式电远传弹性压力计结构原理。在弹性元件的自由端处安装滑线电位器，滑线电位器的滑动触点与自由端连接并随之移动，自由端的位移就转换为电位器的电信号输出。这种远传方法比较简单，可以有很好的线性输出，但是滑线电位器的结构可靠性较差。

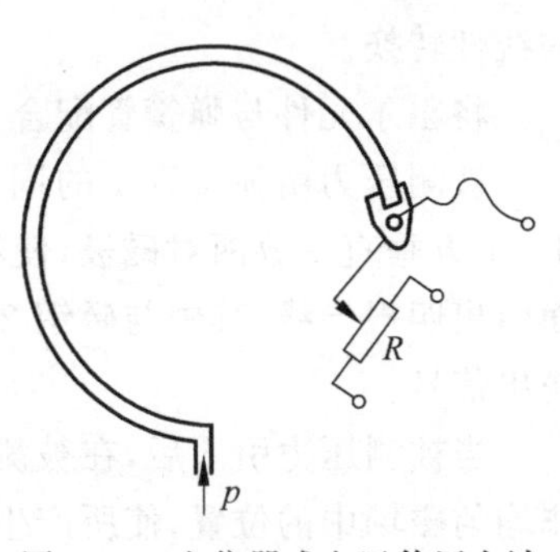

图 5-12　电位器式电远传压力计结构原理图

图 5-13 为霍尔元件式电远传弹性压力计结构原理。霍尔片式压力传感器是根据霍尔效应制成的，即利用霍尔元件将由压力所引起的弹性元件的位移转换成霍尔电势，从而实现压力的测量。

霍尔片为一半导体(如锗)材料制成的薄片。如图 5-14 所示，在霍尔片的 Z 轴方向加一磁感应强度为 B 的恒定磁场，在 Y 轴方向加一外电场(接入直流稳压电源)，便有恒定电流沿 Y 轴方向通过。电子在霍尔片中运动(电子逆 Y 轴方向运动)时，由于受电磁力的作用，而使电子的运动轨道发生偏移，造成霍尔片的一个端面上正电荷过剩，于是在霍尔片的 X 轴方向上出现电位差，这一电位差称为霍尔电势，这样一种物理现象就称为“霍尔效应”。

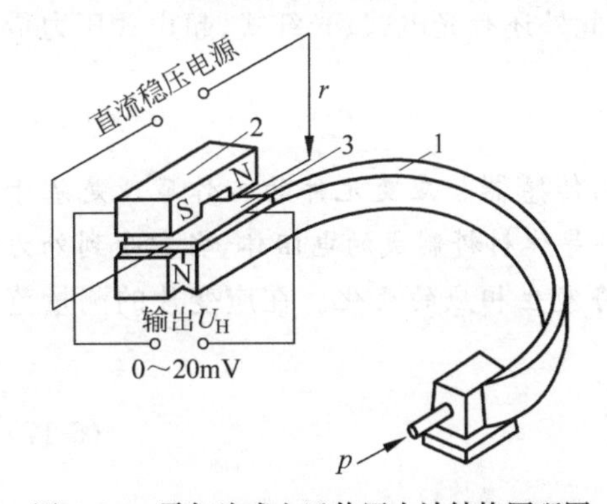

图 5-13　霍尔片式电远传压力计结构原理图

1—弹簧管；2—磁钢；3—霍尔片

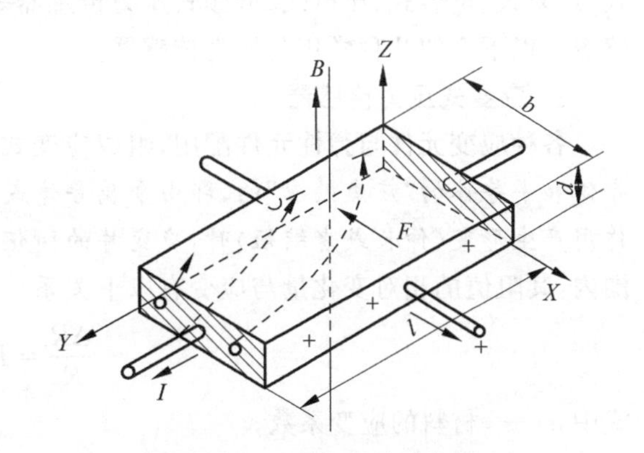

图 5-14　霍尔效应示意图

霍尔电势的大小与半导体材料、所通过的电流(一般称为控制电流)、磁感应强度以及霍尔片的几何尺寸等因素有关，可用下式表示

$$U_H = R_H BI \tag{5-16}$$

式中，U_H——霍尔电势；

R_H——霍尔常数，与霍尔片材料、几何形状有关；

B——磁感应强度；

I——控制电流的大小。

由式(5-16)可知，霍尔电势与磁感应强度和电流成正比。提高 B 和 I 值可增大霍尔电势 U_H，但两者都有一定限度，一般 I 为 3～30mA，B 约为几千高斯，所得的霍尔电势 U_H 约为几十毫伏数量级。必须指出，导体也有霍尔效应，不过它们的霍尔电势远比半导体的霍尔电势小。

如果选定了霍尔元件，并使电流保持恒定，则在非均匀磁场中，霍尔元件所处的位置不同，所受到的磁感应强度也将不同，这样就可得到与位移成比例的霍尔电势，实现位移-电势的线性转换。

将霍尔元件与弹簧管配合，就组成了霍尔片式电远传弹性压力计，如图 5-13 所示。

被测压力由弹簧管 1 的固定端引入，弹簧管的自由端与霍尔片 3 相连接，在霍尔片的上、下方垂直安放两对磁极，使霍尔片处于两对磁极形成的非均匀磁场中。霍尔片的四个端面引出四根导线，其中与磁钢 2 相平行的两根导线和直流稳压电源相连接，另两根导线用来输出信号。

当被测压力引入后，在被测压力作用下，弹簧管自由端产生位移，因而改变了霍尔片在非均匀磁场中的位置，使所产生的霍尔电势与被测压力成比例。利用这一电势即可实现远距离显示和自动控制。这种仪表结构简单，灵敏度高，寿命长；但对外部磁场敏感，耐振性差。其测量精确度可达 0.5%，仪表测量范围 0～0.00025MPa 至 0～60MPa。

视频讲解

5.2.4 压力传感器

能够检测压力值并提供远传信号的装置统称为压力传感器。

压力传感器是压力检测仪表的重要组成部分，它可以满足自动化系统集中检测与控制的要求，在工业生产中得到广泛应用。压力传感器的结构形式多种多样，常见的形式有应变式、压阻式、电容式、压电式、振频式压力传感器等。此外还有光电式、光纤式、超声式压力传感器。以下介绍几种常用的压力传感器。

1. 应变式压力传感器

各种应变元件与弹性元件配用，组成应变式压力传感器。应变元件的工作原理是基于导体和半导体的“应变效应”的，即由金属导体或者半导体材料制成的电阻体，当它受到外力作用产生形变（伸长或者缩短）时，应变片的阻值也将发生相应的变化。在应变片的测量范围内，其阻值的相对变化量与应变有以下关系

$$\frac{\Delta R}{R}=K\varepsilon \tag{5-17}$$

式中，ε——材料的应变系数；

K——材料的电阻应变系数，金属材料的 K 值为 2～6，半导体材料的 K 值为 60～180。

为了使应变元件能在受压时产生变形，应变元件一般要与弹性元件一起使用，弹性元件可以是金属膜片、膜盒、弹簧管及其他弹性体；敏感元件（应变片）有金属或合金丝、箔等，可做成丝状、片状或体状。它们可以以粘贴或非粘贴的形式连接在一起，在弹性元件受压变形的同时带动应变片也发生形变，其阻值也发生变化。粘贴式压力计通常采用四个特性相同的应变元件，粘贴在弹性元件的适当位置上，并分别接入电桥的四个臂，则电桥输出信号可以反映被测压力的大小。为了提高测量灵敏度，通常使相对桥臂的两对应变元件分别位于接受拉应力或压应力的位置上。

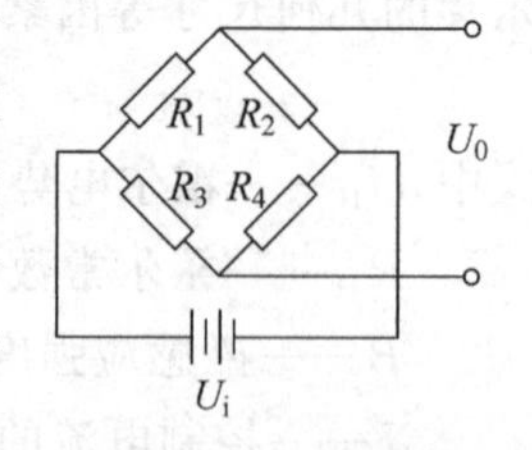

图 5-15 直流电桥

应变式压力传感器的测量电路采用电桥电路，如图 5-15 所示。

$$U_0=\left(\frac{R_1}{R_1+R_2}-\frac{R_3}{R_3+R_4}\right)U_i=U_i\frac{R_1R_4-R_2R_3}{(R_1+R_2)(R_3+R_4)} \tag{5-18}$$

当不受压力时，$R_1=R_2=R_3=R_4=R$，$U_0=0$。

当受压，并且相应电阻变化 ΔR_i 时，

$$U_0 = U_i \frac{R(\Delta R_1 - \Delta R_2 - \Delta R_3 + \Delta R_4) + \Delta R_1 \Delta R_4 - \Delta R_2 \Delta R_3}{(2R + \Delta R_1 + \Delta R_2)(2R + \Delta R_3 + \Delta R_4)} \tag{5-19}$$

当 $R \gg \Delta R_i$ 时，

$$U_0 = \frac{U_i}{4}\left(\frac{\Delta R_1}{R} - \frac{\Delta R_2}{R} - \frac{\Delta R_3}{R} + \frac{\Delta R_4}{R}\right) = \frac{U_i}{4} K(\varepsilon_1 - \varepsilon_2 - \varepsilon_3 + \varepsilon_4) \tag{5-20}$$

如图 5-16 所示，待测压力 p 作用在膜片的下方，应变片贴在膜片的上表面。当膜片受压力作用变形向上凸起时，膜片上的应变

$$\varepsilon_r = \frac{3p}{8h^2 E}(1-\mu^2)(R^2 - 3r^2) \quad （径向） \tag{5-21}$$

$$\varepsilon_t = \frac{3p}{8h^2 E}(1-\mu^2)(R^2 - r^2) \quad （轴向） \tag{5-22}$$

式中，p——待测压力；

h——膜片厚度；

R——膜片半径；

E——膜片材料弹性模量；

μ——膜片材料泊松比。

$r=0$ 时，ε_r 和 ε_t 达到正最大值。

$$\varepsilon_{rmax} = \varepsilon_{tmax} = \frac{3pR^2}{8h^2 E}(1-\mu^2) \tag{5-23}$$

$r = r_c = R/\sqrt{3} \approx 0.58R$ 时，$\varepsilon_r = 0$；

$r > 0.58R$ 时，$\varepsilon_r < 0$；

$r = R$ 时，$\varepsilon_t = 0$，ε_r 达到负的最大值。

$$\varepsilon_r = -\frac{3pR^2}{4h^2 E}(1-\mu^2) \tag{5-24}$$

如图 5-16 所示，使粘贴在 $r > r_c$ 区域的径向应变片 R_1、R_4 感受的应变与粘贴在 $r < r_c$ 内的切向应变片 R_2、R_3 感受的应变大小相等，它们的极性相反，则电桥输出信号反映了被测压力的大小。

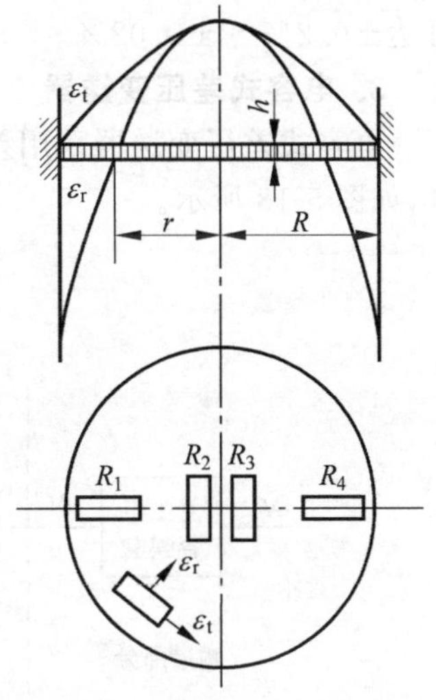

图 5-16　应变式压力传感器示意图

应变式压力检测仪表具有较大的测量范围，被测压力可达几百兆帕，并具有良好的动态性能，适用于快速变化的压力测量。尽管测量电桥具有一定的温度补偿作用，应变片压力检测仪表仍有比较明显的温漂和时漂，因此，这种压力检测仪表较多地用于一般要求的动态压力检测，测量精度一般为 0.5%～1.0%。

2. 压阻式压力传感器

压阻式压力传感器是根据压阻效应原理制造的，其压力敏感元件就是在半导体材料的基片上利用集成电路工艺制成的扩散电阻，当它受到外力作用时，扩散电阻的阻值由于电阻率的变化而改变，扩散电阻一般也要依附于弹性元件才能正常工作。

用作压阻式传感器的基片材料主要为硅片和锗片，由于单晶硅材料纯、功耗小、滞后和蠕变极小、机械稳定性好，而

且传感器的制造工艺和硅集成电路工艺有很好的兼容性，以扩散硅压阻传感器作为检测元件的压力检测仪表得到了广泛应用。

如图 5-17 所示为压阻式压力传感器的结构示意图。它的核心部分是一块圆形的单晶硅膜片，膜片上用离子注入和激光修正方法布置有四个阻值相等的扩散电阻，如图 5-17(b)所示，组成一个全桥测量电路。单晶硅膜片用一个圆形硅杯固定，并将两个气腔隔开，一端接被测压力，另一端接参考压力(如接入低压或者直接通大气)。

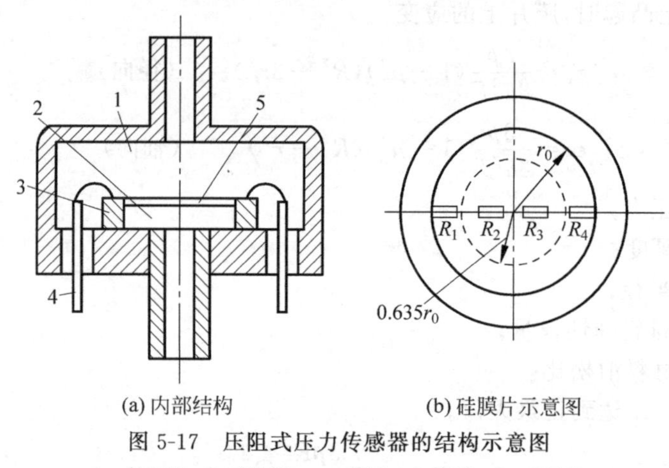

图 5-17 压阻式压力传感器的结构示意图

1—低压腔；2—高压腔；3—硅杯；4—引线；5—硅膜片

当外界压力作用于膜片上产生压差时，膜片产生变形，使两对扩散电阻的阻值发生变化，电桥失去平衡，其输出电压与膜片承受的压差成比例。

压阻式压力传感器的主要优点是体积小、结构简单，其核心部分就是一个既是弹性元件又是压敏元件的单晶硅膜片。扩散电阻的灵敏系数是金属应变片的几十倍，能直接测量出微小的压力变化。此外，压阻式压力传感器还具有良好的动态响应、迟滞小、频率响应高、结构比较简单、可以小型化等特点。因此，这是一种发展比较迅速、应用十分广泛的压力传感器。

压阻式压力传感器的测量范围为 0～0.0005MPa、0～0.002MPa 至 0～210MPa。精度可达±0.2%～±0.02%。

3. 电容式差压变送器

电容式差压变送器采用差动电容作为检测元件，主要包括测量部件和转换放大器两部分，如图 5-18 所示。

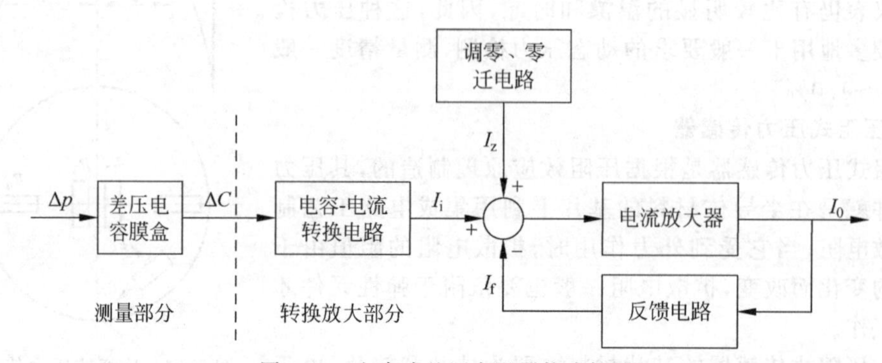

图 5-18 电容式差压变送器构成框图

图 5-19 是电容式差压变送器测量部件的原理，它主要是利用通过中心感压膜片（可动电极）和左右两个弧形电容极板（固定电极）把差压信号转换为差动电容信号，中心感压膜片分别与左右两个弧形电容极板形成电容 C_{i1} 和 C_{i2}。

当正、负压力（差压）由正、负压室导压口加到膜盒两边的隔离膜片上时，通过腔内硅油液压传递到中心感压膜片，中心感压膜片产生位移，使可动电极和左右两个固定电极之间的间距不再相等，形成差动电容。

如图 5-20 所示，当 $\Delta p=0$ 时，极板之间的间距满足 $S_1=S_2=S_0$；当 $\Delta p\neq0$ 时，中心膜片会产生位移 δ，则

$$S_1=S_0+\delta,\quad S_2=S_0-\delta \tag{5-25}$$

由于中心感压膜片是在施加预张力条件下焊接的，其厚度很薄，因此中心感压膜片的位移 δ 与输入差压 Δp 之间可以近似为线性关系 $\delta\propto\Delta p$。

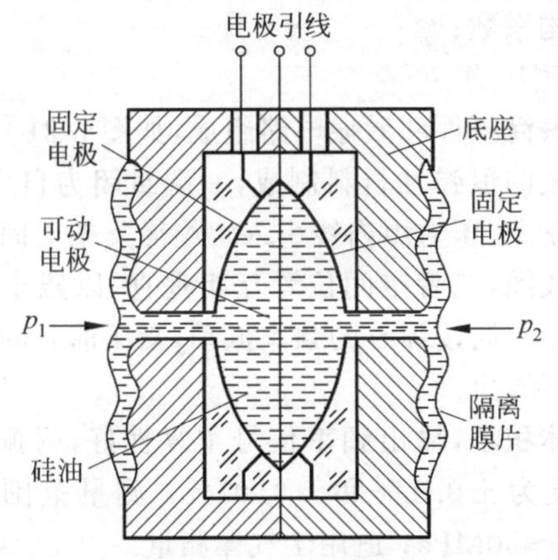

图 5-19　电容式差压变送器测量部件原理图

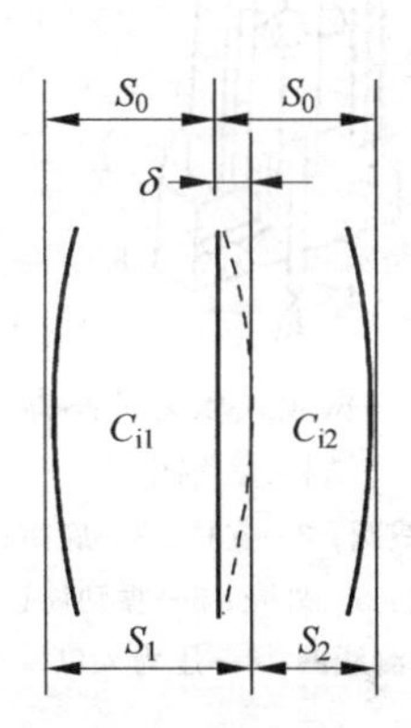

图 5-20　差动电容原理示意图

若不考虑边缘电场影响，中心感压膜片与两边电极构成的电容 C_{i1}、C_{i2} 可作平板电容处理，即

$$C_{i1}=\frac{\varepsilon A}{S_1}=\frac{\varepsilon A}{S_0+\delta},\quad C_{i2}=\frac{\varepsilon A}{S_2}=\frac{\varepsilon A}{S_0-\delta} \tag{5-26}$$

式中，ε——介电常数；

A——电极面积（各电极面积是相等的）。

由于

$$C_{i1}+C_{i2}=\frac{2\varepsilon AS_0}{S_0^2-\delta^2},\quad C_{i1}-C_{i2}=\frac{2\varepsilon A\delta}{S_0^2-\delta^2} \tag{5-27}$$

若取两电容量之差与两电容量之和的比值，即取差动电容的相对变化值，则有

$$\frac{C_{i1}-C_{i2}}{C_{i1}+C_{i2}}=\frac{\delta}{S_0}\propto\Delta p \tag{5-28}$$

由此可见，差动电容的相对变化值与差压 Δp 成线性对应关系，并与腔内硅油的介电常数无关，从原理上消除了介电常数的变化给测量带来的误差。

以上就是电容式差压变送器的差压测量原理。差动电容的相对变化值将通过电容-电流转换、放大的输出限幅等电路，最终输出一个 4～20mA 的标准电流信号。

由于整个电容式差压变送器内部没有杠杆的机械传动机构，因而具有高精度、高稳定性

和高可靠性的特点，其精度等级可达0.2级，是目前工业上普遍使用的一类变送器。

4. 振频式压力传感器

振频式压力传感器利用感压元件本身的谐振频率与压力的关系，通过测量频率信号的变化来检测压力。这类传感器有振筒、振弦、振膜、石英谐振等多种形式，以下以振筒式压力传感器为例介绍。

振筒式压力传感器的感压元件是一个薄壁金属圆筒，圆柱筒本身具有一定的固有频率，当筒壁受压张紧后，其刚度发生变化，固有频率相应改变。在一定的压力作用下，变化后的振筒频率可以近似表示为

$$f_p = f_0\sqrt{1+\alpha p} \tag{5-29}$$

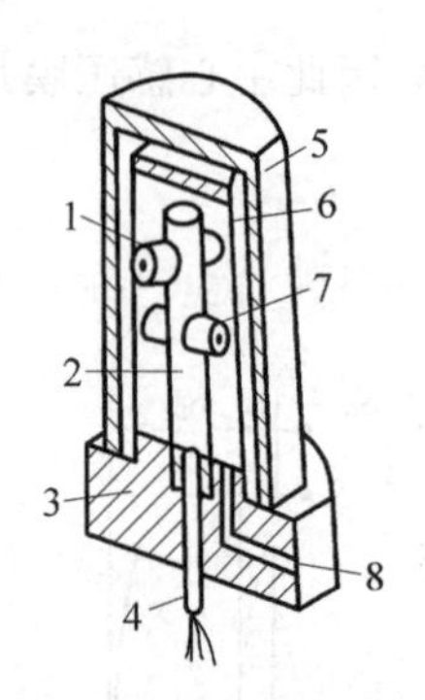

图 5-21 振频式压力传感器结构示意图

1—激振线圈；2—支柱；3—底座；4—引线；5—外壳；6—振动筒；7—检测线圈；8—压力入口

式中，f_p——受压后的谐振频率；

f_0——固有频率；

α——结构系数；

p——待测压力。

传感器由振筒组件和激振电路组成，如图5-21所示，振筒用低温度系数的恒弹性材料制成，一端封闭为自由端，开口端固定在基座上，压力由内线引入。绝缘支架上固定着激振线圈和检测线圈，二者空间位置互相垂直，以减小电磁耦合。激振线圈使振筒按固有的频率振动，受压前后的频率变化可由检测线圈检出。

此种仪表体积小，输出频率信号重复性好，耐振；精确度高，其精确度为±0.1%和±0.01%；测量范围为0～0.014MPa或0～50MPa；适用于气体测量。

5. 压电式压力传感器

压电式压力传感器是利用压电材料的压电效应将被测压力转换成电信号的。它是动态压力检测中常用的传感器，不适合测量缓慢变化的压力和静态压力。

由压电材料制成的压电元件受到压力作用时将产生电荷，当外力去除后电荷将消失。在弹性范围内，压电元件产生的电荷量与作用力之间呈线性关系。电荷输出为

$$q = kSp \tag{5-30}$$

式中，q——电荷量；

k——压电常数；

S——作用面积；

p——压力。

测得电荷量即可知被测压力的大小。

图5-22为一种压电式压力传感器的结构示意图。压电元件夹于两个弹性膜片之间，压电元件的一个侧面与膜片接触并接地，另一个侧面通过金属箔和引线将电量引出。

被测压力均匀地作用在膜片上，使压电元件受力而产生电荷。电荷量经放大可以转换为电压或电流输出，输出信号给出相应的被测压力值，压电式压力传感器的压电元件材料多为压电陶瓷，也有高分子材料或复合材料的合成膜，各适用于不同的

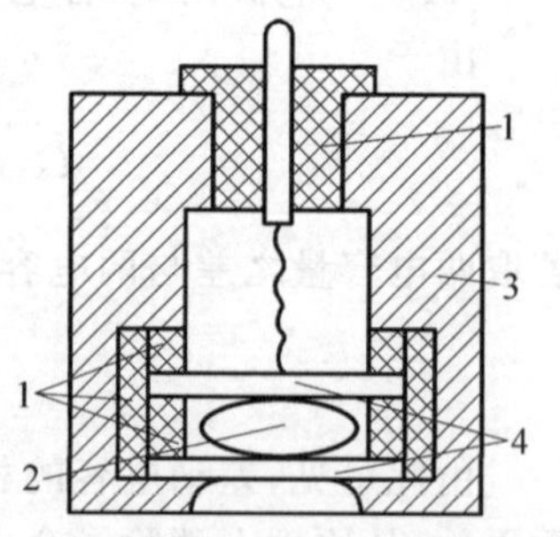

图 5-22 压电式压力传感器的结构示意图

1—绝缘体；2—压电元件；3—壳体；4—膜片

传感器形式。电荷量的测量一般配有电荷放大器。可以更换压电元件以改变压力的测量范围，还可以用多个压电元件叠加的方式提高仪表的灵敏度。

压电式压力传感器体积小，结构简单，工作可靠；频率响应高，不需外加电源；测量范围 0～0.0007MPa 至 0～70MPa；测量精确度为±1%、±0.2%、±0.06%。但是其输出阻抗高，需要特殊信号传输导线；温度效应较大。

5.2.5　力平衡式差压(压力)变送器

力平衡式差压(压力)变送器采用反馈力平衡的原理，其基本结构如图 5-23 所示。由测量部分(膜盒)、杠杆系统、放大器和反馈机构等部分组成，被测差压信号 Δp 经测量部分转换成相应的输入力 F_i，F_i 与反馈机构输出的反馈力 F_f 一起作用于杠杆系统，使杠杆产生微小的位移，再经放大器转换成标准统一信号输出。当输入力与反馈力对杠杆系统所产生的力矩 M_i、M_f 达到平衡时，杠杆系统便达到稳定状态，此时变送器的输出信号 y 反映了被测压力 Δp 的大小。下面以 DDZ-Ⅲ型膜盒式差压变送器为例进行讨论。DDZ-Ⅲ型变送器是两线制变送器，其结构示意图如图 5-24 所示。

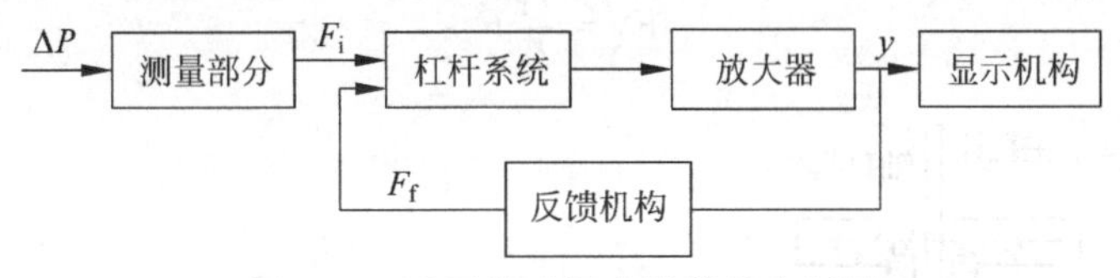

图 5-23　力平衡式压力计的基本框图

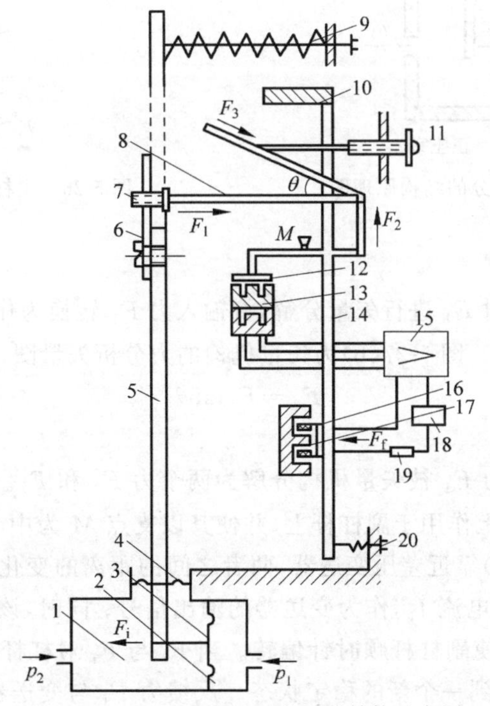

图 5-24　DDZ-Ⅲ型差压变送器结构示意图

1—低压室；2—高压室；3—测量元件(膜盒)；4—轴封膜片；5—主杠杆；6—过载保护簧片；7—静压调整螺钉；8—矢量机构；9—零点迁移弹簧；10—平衡锤；11—量程调整螺钉；12—位移检测片(衔铁)；13—差动变压器；14—副杠杆；15—放大器；16—反馈动圈；17—永久磁钢；18—电源；19—负载；20—调零弹簧

1. 测量部分

测量部分的作用，是把被测差压 $\Delta p(\Delta p=p_1-p_2)$ 转换成作用于主杠杆下端的输入力 F_i。如果把 p_2 接大气，则 Δp 相当于 p_1 的表压。测量部分的结构如图 5-25 所示，输入力 F_i 与 Δp 之间的关系可用下式表示，即

$$F_i=p_1A_1-p_2A_2=\Delta pA_d \tag{5-31}$$

式中，A_1、A_2 为膜盒正、负压室膜片的有效面积（制造时经严格选配使 $A_1=A_2=A_d$）。

因膜片工作位移只有几十微米，所以可以认为膜片的有效面积在测量范围内保持不变，即保证了 F_i 与 Δp 之间的线性关系。轴封膜片为主杠杆的支点，同时它又起密封作用。

2. 主杠杆

杠杆系统的作用是进行力的传递和力矩比较。为了便于分析，这里把杠杆系统进行了分解。被测差压 Δp 经膜盒将其转换成作用于主杠杆下端的输入力 F_i，使主杠杆以轴封膜片 H 为支点而偏转，并以力 F_1 沿水平方向推动矢量机构。由图 5-26 可知 F_1 与 F_i 之间的关系为

$$F_1=\frac{l_1}{l_2}F_i \tag{5-32}$$

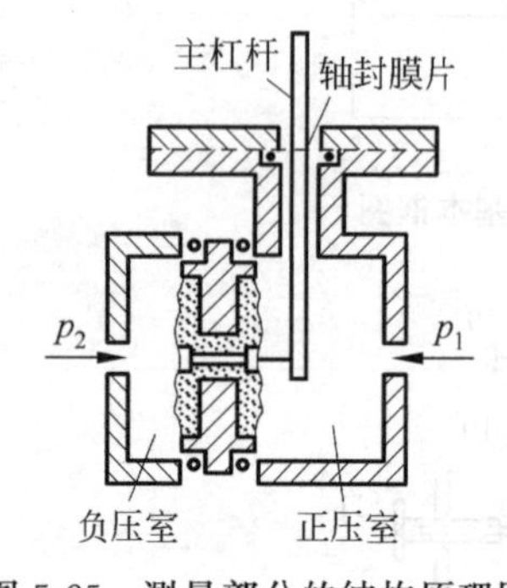

图 5-25 测量部分的结构原理图

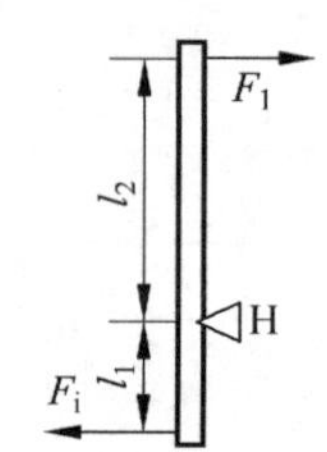

图 5-26 主杠杆受力分析示意图

3. 矢量机构

矢量机构的作用是对 F_1 进行矢量分解，将输入力 F_1 转换为作用于副杠杆上的力 F_2，其结构如图 5-27(a)所示。图 5-27(b)为矢量机构的力分析矢量图，由此可得出如下关系

$$F_2=F_1\tan\theta \tag{5-33}$$

4. 副杠杆

由主杠杆传来的推力 F_1 被矢量机构分解为两个力 F_2 和 F_3。F_3 顺着矢量板方向，不起任何作用；F_2 垂直向上作用于副杠杆上，并使其以支点 M 为中心逆时针偏转，带动副杠杆上的衔铁（位移检测片）靠近差压变送器，两者之间的距离的变化量通过位移检测放大器转换为 4～20mA 的直流电流 I_0，作为变送器的输出信号；同时，该电流又流过电磁反馈装置，产生电磁反馈力 F_f，使副杠杆顺时针偏转。当 F_i 与 F_f 对杠杆系统产生的力矩 M_i、M_f 达到平衡时，变送器便达到一个新的稳定状态。反馈力 F_f 与变送器输出电流 I_0 之间的关系可以简单地记为

$$F_f=K_fI_0 \tag{5-34}$$

式中，K_f——反馈系数。

需要注意的是，调零弹簧的张力 F_z 也作用于副杠杆，并与 F_f 和 F_2 一起构成一个力矩平衡系统，如图 5-28 所示。

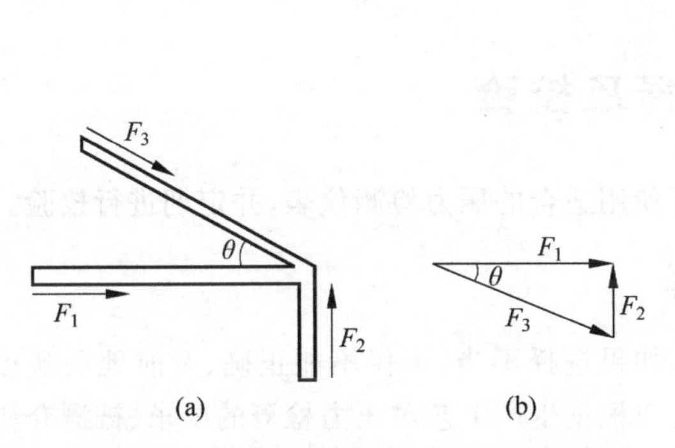

图 5-27　矢量机构及其受力分析示意图

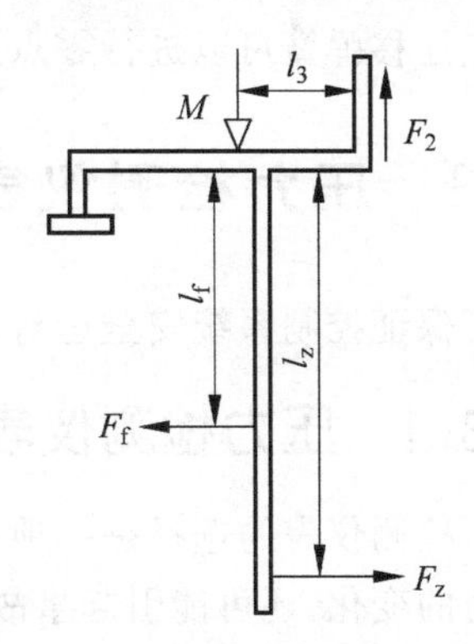

图 5-28　副杠杆受力分析示意图

输入力矩 M_i、反馈力矩 M_f 和调零力矩 M_z 分别为

$$M_i = l_3 F_2, \quad M_f = l_f F_f, \quad M_z = l_z F_z \tag{5-35}$$

5. 整机特性

综合以上分析可得出该变送器的整机方块图，如图 5-29 所示，图中 K 为差压变压器、低频位移检测放大器等的等效放大系数，其余符号的含义如前所述。

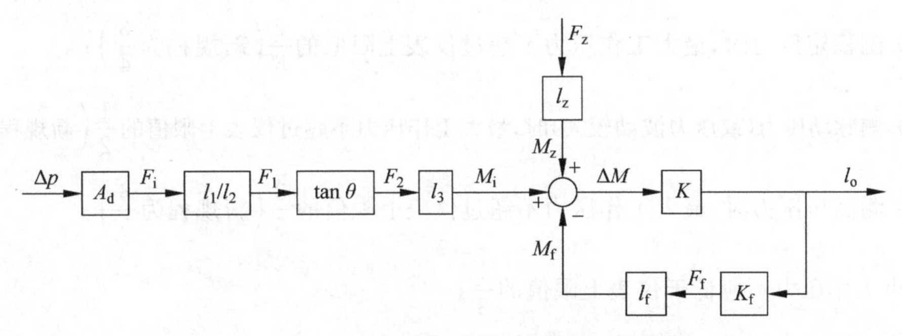

图 5-29　DDZ-Ⅲ型差压变送器的整机方框图

由图 5-29 可以求得

$$I_0 = \frac{K}{1 + KK_f l_f}\left(\Delta p A_d \frac{l_1 l_3}{l_2}\tan\theta + F_z l_z\right) \tag{5-36}$$

在满足深度负反馈 $KK_f l_f \geqslant 1$ 条件时，DDZ-Ⅲ型差压变送器的输出输入关系如下，即

$$I_0 = A_d \frac{l_1 l_3}{l_2 K_f l_f}\tan\theta \Delta p + \frac{l_z}{K_f l_f} F_z = K_i \Delta p + K_z F_z \tag{5-37}$$

式中，K_i 为变送器的比例系数。

由式(5-37)可以看出：

(1) 在满足深度负反馈条件下，在量程一定时，变送器的比例系数 K_i 为常数，即变送器的输出电流 I_o 和输入信号 Δp 之间成线性关系，其基本误差一般为±0.5%，变差为±0.25%；

(2) 式中 $K_z F_z$ 为调零项，调零弹簧可以调整 F_z 的大小，从而使 I_o 在 $\Delta p = \Delta p_{min}$ 时为 4mA；

(3) 改变 θ 和 K_f 可以改变变送器的比例系数 K_i 的大小。θ 的改变量是通过调节量程调整螺钉实现的，θ 增大，量程变小。K_f 的改变是通过改变反馈线圈的匝数实现的。另外，调整零点迁移弹簧可以进行零点迁移。

5.3 压力检测仪表的选择及校验

为了保证控制系统安全运行，必须选择使用适合的压力检测仪表，并定期进行校验。

视频讲解

5.3.1 压力检测仪表的选择

压力检测仪表的选择是一项重要工作，如果选择不当，不仅不能正确、及时地反映被测对象压力的变化，还可能引起事故。选择时应根据生产工艺对压力检测的要求、被测介质的特性、现场使用的环境等条件，本着经济的原则合理地考虑仪表的量程、精度和类型等。

1. 仪表量程的选择

仪表量程是指该仪表可按规定的精确度对被测量进行测量的范围，它根据操作中需要测量的参数的大小来确定。为了保证敏感元件能在其安全的范围内可靠地工作，也考虑到被测对象可能发生的异常超压情况，仪表的量程选择必须留有足够的余地，但过大也不好。

《化工自控设计技术规程》对压力仪表量程选择要求如下：

(1) 测稳定压力时，最大工作压力不超过仪表上限值的 $\frac{2}{3}\left(新规程为\frac{3}{4}\right)$；

(2) 测脉动压力(或压力波动较大)时，最大工作压力不超过仪表上限值的 $\frac{1}{2}\left(新规程为\frac{2}{3}\right)$；

(3) 测高压压力时，最大工作压力不超过仪表上限值的 $\frac{3}{5}\left(新规程为\frac{3}{5}\right)$；

最小工作压力不应低于仪表上限值的 $\frac{1}{3}$。

压力表量程选择示意图如图 5-30 所示。

当被测压力变化范围大，最大和最小工作压力可能不能同时满足上述要求时，选择仪表量程应首先满足最大工作压力条件。

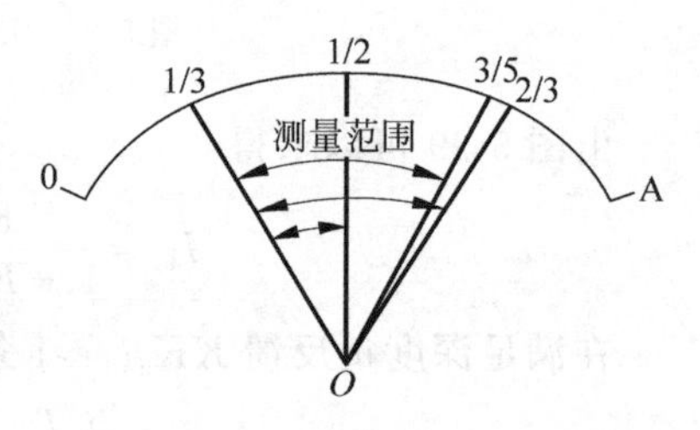

图 5-30 压力表量程选择示意图

根据被测压力计算得到仪表上、下限后，还不能以此直接作为仪表的量程，目前我国出厂的压力(包括差压)检测仪表有统一的量程系列，它们是 1kPa、1.6kPa、2.5kPa、4.0kPa、6.0kPa 以及它们的 10^n 倍数(n 为整数)。因此，在选用仪表量程时，应采用相应规程或者标准中的数值。

2. 仪表精度的选择

压力检测仪表的精度主要根据生产允许的最大误差来确定，即要求实际被测压力允许的最大绝对误差应大于仪表的基本误差。另外，精度的选择要以经济、实用为原则，只要测量精度能满足生产的要求，就不必追求用过高精度的仪表。压力表的精度等级略有不同，主要有：0.1,0.16,0.25,0.4；0.5,1.0,1.5,2.5,4.0 等。一般工业用 1.5、2.5 级已足够，在科研、精密测量和校验压力表时，则需用 0.25 级以上的精密压力表、标准压力表或标准活塞式压力计。

例 6-1　有一压力容器在正常工作时压力范固为 0.4～0.6MPa，要求使用弹簧管压力表进行检测，并使测量误差不大于被测压力的 3%，试确定该表的量程和精度等级。

解　由题意可知，被测对象的压力比较稳定，设弹簧管压力表的量程为 A，则根据最大、最小工作压力与量程关系，有

$$A \geqslant 0.6 \times \frac{3}{2} = 0.9(\mathrm{MPa})$$

根据仪表的量程系列，可选用量程范围为 0～1.0MPa 的弹簧管压力表。

此时下限 $\frac{0.4}{1.0} \geqslant \frac{1}{3}$ 也符合要求，

根据题意，被测压力的允许最大绝对误差为

$$\Delta_{\max} = 0.4 \times 3\% = 0.012(\mathrm{MPa})$$

这就要求所选仪表的相对百分误差为

$$\delta_{\max} = \frac{0.012}{1.0 - 0} \times 100\% = 1.2\%$$

按照仪表的精度等级，可选择 1.0 级的压力表。

3. 仪表类型的选择

根据工艺要求正确选用仪表类型是保证仪表正常工作及安全生产的主要前提。压力检测仪表类型的选择主要应考虑以下几个方面。

1) 仪表的材料

压力检测的特点是压力敏感元件往往要与被测介质直接接触，因此在选择仪表材料的时候要综合考虑仪表的工作条件，即工艺介质的性质。例如，对腐蚀性较强的介质应使用像不锈钢之类的弹性元件或敏感元件；氨用压力表则要求仪表的材料不允许采用铜或铜合金，因为氨气对铜的腐蚀性极强；又如氧用压力表在结构和材质上可以与普通压力表完全相同，但要禁油，因为油进入氧气系统极易引起爆炸。

2) 仪表的输出信号

对于只需要观察压力变化的情况，应选用如弹簧管压力表，甚至液柱式压力计那样的直接指示型的仪表；如需将压力信号远传到控制室或其他电动仪表，则可选用电气式压力检测仪表或其他具有电信号输出的仪表；如果控制系统要求能进行数字量通信，则可选用智能式压力检测仪表。

3) 仪表的使用环境

对爆炸性较强的环境，应选择防爆型压力仪表；对于温度特别高或特别低的环境，应选择温度系数小的敏感元件以及其他变换元件。

事实上，上述压力表选型的原则也适用于差压、流量、液位等其他检测仪表的选型。

5.3.2　压力检测仪表的校验

压力检测仪表在出厂前均需进行检定，使之符合精度等级要求。使用中的仪表则应定

期进行校验，以保证测量结果有足够的准确度。常用的压力校验仪表有液柱式压力计、活塞式压力计或配有高精度标准表的压力校验泵。标准仪表的选择原则是，其允许绝对误差约为被校仪表允许绝对误差的$\frac{1}{3}\sim\frac{1}{5}$，这样可以认为标准仪表的读数就是真实值。如果被校表的读数误差小于规定误差，则认为它是合格的。

活塞式压力校验系统的结构原理如前图 5-6 所示。

视频讲解

5.4 压力检测系统

到目前为止，几乎所有的压力检测都是接触式的，即测量时需要将被测压力传递到压力检测仪表的引压入口，进入测量室。一个完整的压力检测系统至少包括：

(1) 取压口——在被测对象上开设的专门引出介质压力的孔或设备。

(2) 引压管路——连接取压口与压力仪表入口的管路，使被测压力传递到测量仪表。

(3) 压力检测仪表——检测压力。

压力检测系统如图 5-31 所示。

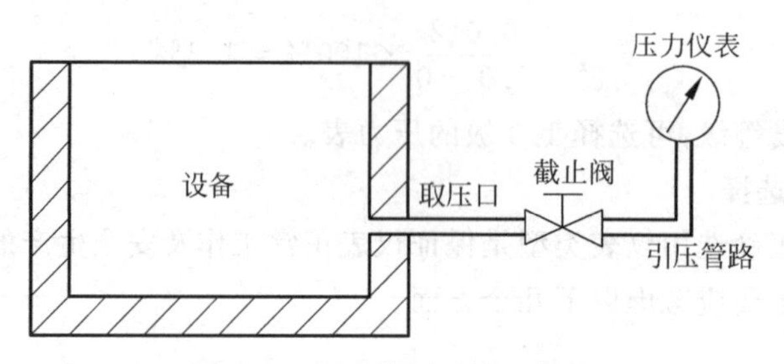

图 5-31 压力检测系统示意图

根据被测介质的不同和测量要求的不同，压力测量系统有的非常简单，有的比较复杂。为保证准确测量，系统还需加许多辅件，正确选用压力测量仪表十分重要，合理的测压系统也是准确测量的重要保证。

5.4.1 取压点位置和取压口形式

为真实反映被测压力的大小，要合理选择取压点，注意取压口形式。工业系统中取压点的选取原则遵循以下几条。

(1) 取压点位置避免处于管路弯曲、分叉、死角或流动形成涡流的区域。不要靠近有局部阻力或其他干扰的地点，当管路中有突出物体时(如测温元件)，取压点应在其前方。需要在阀门前后取压时，应与阀门有必要的距离。图 5-32 为取压口选择原则示意图。

(2) 取压口开孔轴线应垂直设备的壁面，其内端面与设备内壁平齐，不应有毛刺或突出物。

(3) 被测介质为液体时，取压口应位于管道下半部与管道水平线成 0°～45°的区域内，如图 5-33(a)所示。取压口位于管道下半部的目的是保证引压管内没有气泡，以避免造成测量误差；取压口不宜从底部引出，这是为了防止液体介质中可能夹带的固体杂质会沉积在引压管中引起堵塞。

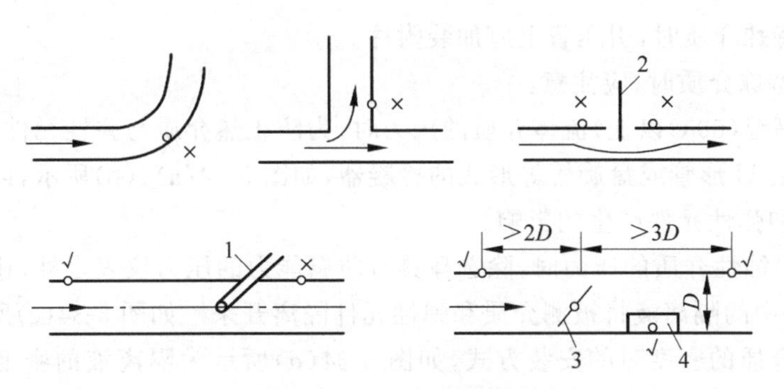

图 5-32　取压口选择原则示意图

1—温度计；2—挡板；3—阀；4—导流板

×—不适合做取压口的地点；√—可用于做取压口的地点

被测介质为气体时，取压口应位于管道上半部与管道垂直中心线成 0°～45°的区域内，如图 5-33(b)所示。其目的是为了保证引压管中不积聚和滞留液体。

被测介质为蒸气时，取压口应位于管道上半部与管道水平线成 0°～45°的区域内，如图 5-33(c)所示。这样可以使引压管内部充满冷凝液，且没有不凝气，保证测量精度。

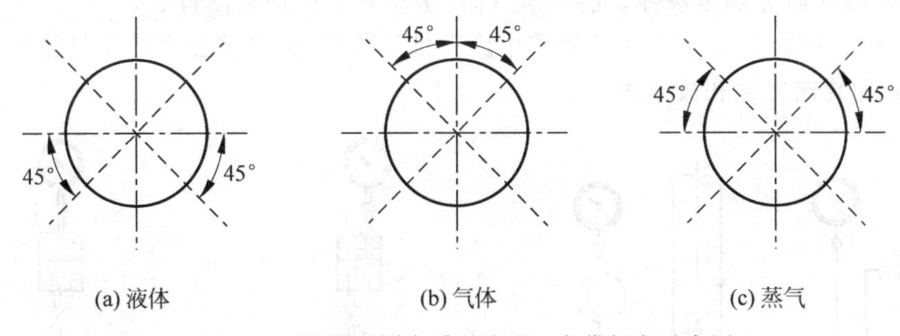

图 5-33　测量不同介质时取压口方位规定示意图

5.4.2　引压管路的铺设

引压管路应保证压力传递的实时、可靠和准确。实时，指不能因引压管路影响压力传递速度，与引压管的内径和长度有关；可靠，指必须有防止杂质进入引压管或被测介质本身凝固造成的堵塞的措施；准确，指管路中介质的静压力会对仪表产生附加力，可通过零点调整或计算进行修正，这要求引压管路中介质的特性(密度)必须稳定，否则会造成较大的测量误差。

引压管铺设应遵循以下原则。

(1) 导压管粗细要合适，一般内径为 6～10mm，长度尽可能短，不得超过 50m，否则会引起压力测量的迟缓。如超过 50m，应选用能远距离传送的压力计。引压管路越长，介质的黏度越大(或含杂质越多)，引压管的内径要求越大。

(2) 导压管水平铺设时要有一定的倾斜度(1∶10～1∶20)，以利于积存于其中之液体(或气体)的排出。

(3) 被测介质为易冷凝、结晶、凝固流体时，引压管路要有保温伴热措施。

(4) 取压口与仪表之间要装切断阀，以备仪表检修时使用。

(5) 测量特殊介质时,引压管上应加装附件。

测量下面特殊介质时,应注意:

(1) 测量高温(60℃以上)流体介质的压力时,为防止热介质与弹性元件直接接触,压力仪表之前应加装U形管或盘旋管等形式的冷凝器,如图5-34(a)、(b)所示,以避免因温度变化对测量精度和弹性元件产生的影响。

(2) 测量腐蚀性介质的压力时,除选择具有防腐能力的压力仪表之外,还可加装隔离装置,利用隔离罐中的隔离液将被测介质和弹性元件隔离开来。如图5-34(c)所示为隔离液的密度大于被测介质的密度时的安装方式,如图5-34(d)所示为隔离液的密度小于被测介质的密度时的安装方式。

(3) 测量波动剧烈(如泵、压缩机的出口压力)的压力时,应在压力仪表之前加装针形阀和缓冲器,必要时还应加装阻尼器,如图5-34(e)所示。

(4) 测量黏性大或易结晶的介质压力时,应在取压装置上安装隔离罐,使罐内和导压管内充满隔离液,必要时可采取保温措施,如图5-34(f)所示。

(5) 测量含尘介质压力时,最好在取压装置后安装一个除尘器,如图5-34(g)所示。

总之,针对被测介质的不同性质,要采取相应的防热、防腐、防冻、防堵和防尘等措施。

(6) 当被测介质分别是液体、气体、蒸气时,引压管上应加装附件。

在测量液体介质时,在引压管的管路中应有排气装置,如果差压变送器只能安装在取样口之上时,应加装储气罐和放空阀。

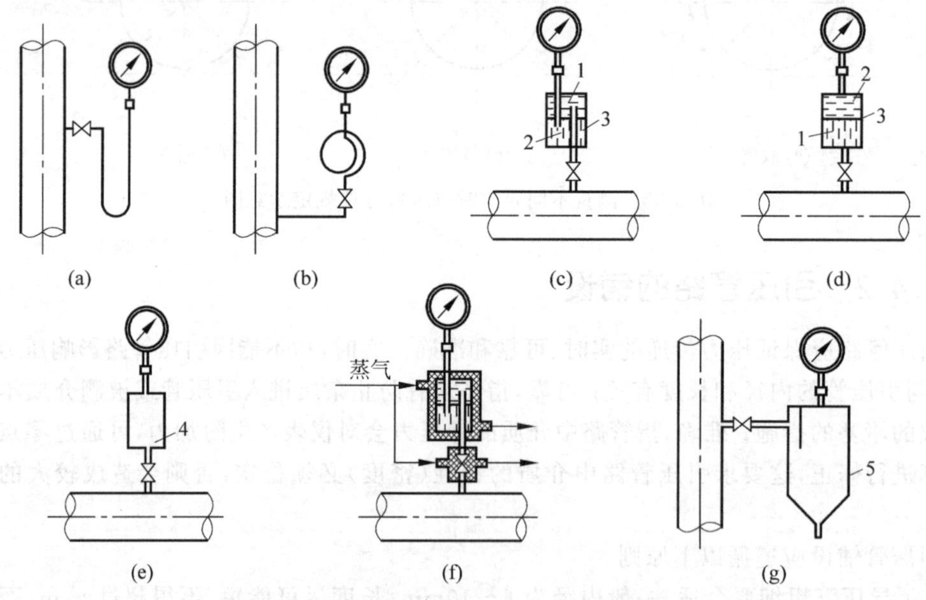

图5-34 测量特殊介质压力时附件的安装示意图

1—被测介质;2—隔离介质;3—隔离罐;4—缓冲罐;5—除尘器

5.4.3 压力检测仪表的安装

无论选用何种压力检测仪表和采用何种安装方式,在安装过程中都应注意以下几点。

(1) 压力计应安装在易于观测和检修的地方。

(2) 对于特殊介质应采取必要的防护措施。

(3) 压力计与引压管的连接处，应根据被测压力的高低和被测介质性质，选择适当的材料作为密封垫圈，以防泄漏。

(4) 压力检测仪表尽可能安装在室温，相对湿度小于80%，振动小，灰尘少，没有腐蚀性物质的地方，对于电气式压力仪表应尽可能避免受到电磁干扰。

(5) 当被测压力较小时，而压力计与取压口又不在同一高度时，对由此高度而引起的测量误差应按式(5-38)进行修正，即

$$\Delta p = \pm H\rho g \tag{5-38}$$

式中，H——压力计与取压口的高度差；

ρ——导压管中介质的密度；

g——重力加速度。

(6) 为安全起见，测量高压的压力计除选用有通气孔的外，安装时表壳应向墙壁或无人通过之处，以防止发生意外。

思考题与习题

5-1 简述压力的定义、单位及各种表示方法。表压力、绝对压力、真空度之间有何关系？

5-2 某容器的顶部压力和底部压力分别为－20kPa和200kPa，若当地的大气压力为标准大气压，试求容器顶部和底部处的绝对压力及底部和顶部间的差压。

5-3 压力检测仪表有哪几类？各基于什么原理？

5-4 作为感受压力的弹性元件有哪几种？它们各有什么特点？

5-5 简述弹簧管压力表的基本组成和测压原理。

5-6 应变式压力传感器和压阻式压力传感器的原理是什么？

5-7 简述电容式压力传感器的测压原理及特点。

5-8 振频式压力传感器、压电式压力传感器的测压原理及特点是什么？

5-9 要实现准确的压力测量要实现哪些环节？了解从取压口到测压仪表的整个压力测量系统中各组成部分的作用及要求。

5-10 简述压力检测仪表的选择原则。

5-11 请列举常见的弹性压力计电远传方式。

5-12 在压力表与测压点所处高度不同时如何进行读数修正？

5-13 用U形玻璃管压力计测量某管段上的差压，已知工作介质为水银，水银柱在U形管上的高度差为25mm，当地重力加速度g＝9.8065m/s^2，工作温度为30℃，水银的密度为13500kg/m^3，试用国际单位制表示被测压差大小。

5-14 用弹簧管压力表测某容器内的压力，已知压力表的读数为0.85MPa，当地大气压为759.2mmHg，求容器内的绝对压力。

5-15 有一工作压力均为6.3MPa的容器，现采用弹簧管压力表进行测量，要求测量误差不大于压力示值的1%，试选择压力表的量程和准确度等级。

5-16 压力仪表的选用主要从量程、准确度和使用的介质特性(腐蚀性)等方面考虑，所

以差压检测仪表也只需考虑上述这些因素。这句话对吗？为什么？

5-17 在测量快速变化的压力时，选择何种压力传感器比较合适？

5-18 用弹簧管压力计测量蒸气管道内压力，仪表低于管道安装，二者所处标高为 1.6m 和 6m，若仪表指示值为 0.7MPa。已知蒸气冷凝水的密度为 $\rho=966\text{kg/m}^2$，重力加速度 $g=9.8\text{m/s}^2$，试求蒸气管道内的实际压力值。

5-19 某台空压机的缓冲器，其工作压力范围为 1.1～1.6MPa，工艺要求就地观察罐内压力，并要求测量结果的误差不得大于罐内压力的±5%，试选择一台测量范围及精度等级合适的压力计，并说明其理由。

5-20 现有一台测量范围为 0～1.6MPa，精度为 1.5 级的普通弹簧管压力表，校验后，其结果如下表所示，试问这台表是否合格？它能否用于某空气储罐的压力测量？（该储罐工作压力为 0.8～1.0MPa ，测量的绝对误差不允许大于±0.05MPa）

MPa	上行程					下行程				
标准表读数	0.0	0.4	0.8	1.2	1.6	1.6	1.2	0.8	0.4	0.0
被校表读数	0.000	0.385	0.790	1.210	1.595	1.595	1.215	0.810	0.405	0.000

5-21 被测量压力变化范围为 0.9～1.4MPa，要求测量误差不大于压力示值的±5%，可供选用的压力表量程规格为 0～1.6MPa、0～2.5MPa、0～4.0MPa，精度等级有 1.0、1.5、2.5 三种。试选择合适量程和精度的仪表。

5-22 如果某反应器最大压力为 1.4MPa（平稳压力），允许最大绝对误差为±0.02MPa，现有一台测量范围为 0～1.6MPa，精度为 1 级的压力表，问能否用于该反应器的测量？试选择量程和精度合适的仪表。

5-23 某台往复式压缩机的出口压力范围为 25～28MPa，测量误差不得大于 1MPa，工艺上要求就地观察，并能高低限报警，试正确选用一台压力表，指出精度与测量范围。

5-24 如图 5-35 所示，管道中介质为水，设 $1\text{mH}_2\text{O}$ 产生的压力约等于 9.8kPa，则 A、B 两压力表的读数值为多少？

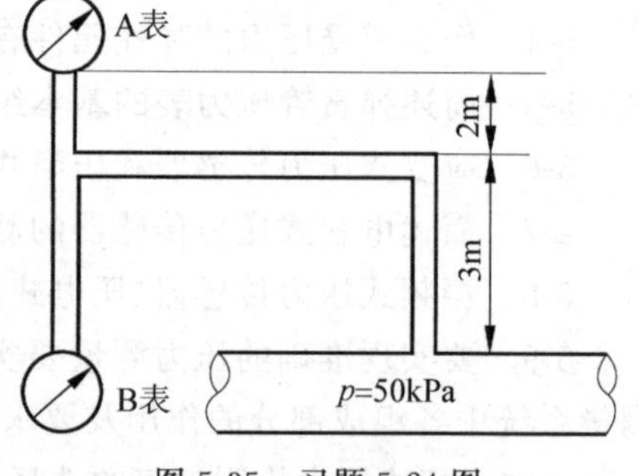

图 5-35 习题 5-24 图

第6章 流量检测及仪表

CHAPTER 6

在工业生产过程中，为了有效地指导生产操作、监视和控制生产过程，经常需要检测生产过程中各种流动介质（如液体、气体或蒸气、固体粉末）的流量，以便为管理和控制生产提供依据。同时，厂与厂、车间与车间之间经常有物料的输送，需要对它们进行精确的计量，将计量结果作为经济核算的重要依据。所以，流量检测在现代化生产中显得十分重要。

6.1 流量的概念及单位

视频讲解

流体的流量是指单位时间内流过管道某一截面的流体数量的大小，此流量又称瞬时流量。流体数量以体积表示称为体积流量，流体数量以质量表示称为质量流量。

流量的表达式为：

$$q_v = \frac{dV}{dt} = vA \tag{6-1}$$

$$q_m = \frac{dM}{dt} = \rho vA \tag{6-2}$$

式中，q_v——体积流量，m^3/s；

q_m——质量流量，kg/s；

V——流体体积，m^3；

M——流体质量，kg；

t——时间，s；

ρ——流体密度，kg/m^3；

v——流体平均流速，m/s；

A——流通截面积，m^2。

体积流量和质量流量的关系为 $q_m = \rho q_v$。

常用的流量单位还有吨每小时（t/h）、千克每小时（kg/h）、立方米每小时（m^3/h）、升每小时（L/h）、升每分（L/min）等。

在某一段时间内流过管道的流体流量的总和，即瞬时流量在某一段时间内的累计值，称为总量或累积流量。

总量是体积流量或质量流量在该段时间中的积分，表示为

$$V = \int_0^t q_v dt \tag{6-3}$$

$$M = \int_0^t q_m \mathrm{d}t \tag{6-4}$$

式中，V——体积总量；

M——质量总量；

t——测量时间。

总量的单位就是体积或质量的单位。

6.2 流量检测方法及流量计分类

流量检测方法很多，是常见参数检测中最多的，全世界至少已有上百种，常用的有几十种，其测量原理和所应用的仪表结构形式各不相同。目前有许多流量测量的分类方法，本节仅介绍一种大致的分类方法。

流量检测方法可以归为体积流量检测和质量流量检测两种方式，前者测得流体的体积流量值，后者可以直接测得流体的质量流量值。

测量流量的仪表称为流量计，测量流体总量的仪表称为计量表或总量计。流量计通常由一次仪表(或装置)和二次仪表组成，一次仪表安装于管道的内部或外部，根据流体与之相互作用关系的物理定律产生一个与流量有确定关系的信号，这种一次仪表也称流量传感器。二次仪表则给出相应的流量值大小(是在仪表盘上安装的仪表)。

流量计的种类繁多，各适合于不同的工作场合，按检测原理分类的典型流量计列在表 6-1 中，本章将分别进行介绍。

表 6-1 流量计的分类

	类别	仪表名称
体积流量计	容积式流量计	椭圆齿轮流量计、腰轮流量计、皮膜式流量计等
	差压式流量计	节流式流量计、弯管流量计、靶式流量计、浮子流量计等
	速度式流量计	涡轮流量计、涡街流量计、电磁流量计、超声波流量计等
质量流量计	推导式质量流量计	体积流量经密度补偿或温度、压力补偿求得质量流量等
	直接式质量流量计	科里奥利质量流量计、热式流量计、冲量式流量计等

6.3 体积流量检测及仪表

体积流量检测仪表分为容积式流量计、差压式流量计、速度式流量计。

视频讲解

6.3.1 容积式流量计

容积式流量计又称定(正)排量流量计，是直接根据排出的体积进行流量累计的仪表，它利用运动元件的往复次数或转速与流体的连续排出量成比例的特性对被测流体进行连续的检测。

容积式流量计可以计量各种液体和气体的累积流量，由于这种流量计可以精密测量体积量，所以其类型包括从小型的家用煤气表到大容积的石油和天然气计量仪表，应用非常广泛。

1. 容积式流量计的测量机构与流量公式

容积式流量计由测量室(计量空间)、运动部件、传动和显示部件组成。它的测量主体为具有固定容积的测量室,测量室由流量计内部的运动部件与壳体构成。在流体进、出口压力差的作用下,运动部件不断地将充满在测量室中的流体从入口排向出口。假定测量室的固定容积为 V,某一时间间隔内经过流量计排出流体的固定容积数为 n,则被测流体的体积总量 Q 可知。容积式流量计的流量方程式可以表示为:

$$Q = nV \tag{6-5}$$

计数器通过传动机构测出运动部件的转数,n 即可知,从而给出通过流量计的流体总量。在测量较小流量时,要考虑泄漏量的影响,通常仪表有最小流量的测量限度。

容积式流量计的运动部件有往复运动和旋转运动两种形式。往复运动式有家用煤气表、活塞式油量表等。旋转运动式有旋转活塞式流量计、椭圆齿轮流量计、腰轮流量计等。各种流量计型式适用于不同的场合和条件。

2. 几种容积式流量计

下面介绍椭圆齿轮流量计、腰轮流量计、皮膜式家用煤气表。

1) 椭圆齿轮流量计

椭圆齿轮流量计的测量部分是由两个互相啮合的椭圆形齿轮 A 和 B、轴及壳体组成。椭圆齿轮与壳体之间形成测量室,如图 6-1 所示。

当流体流过椭圆齿轮流量计时,由于要克服阻力,将会引起阻力损失,从而使进口侧压力 p_1 大于出口侧压力 p_2,在此压力差的作用下,产生作用力矩使椭圆齿轮连续转动。在如图 6-1(a)所示的位置时,由于 $p_1 > p_2$,在 p_1 和 p_2 的作用下所产生的合力矩使 A 顺时针方向转动。这时 A 为主动轮,B 为从动轮。图 6-1(b)所示为中间位置,根据力的分析可知,此时 A 与 B 均为主动轮。当继续转至图 6-1(c)所示位置时,p_1 和 p_2 作用在 A 轮上的合力矩为零,作用在 B 上的合力矩使 B 作逆时针方向转动,并把已吸入的半月形容积内的介质排出出口,这时 B 为主动轮,A 为从动轮,与如图 6-1(a)所示情况刚好相反。如此往复循环,A 和 B 互相交替地由一个带动另一个转动,并把被测介质以半月形容积为单位一次一次地由进口排至出口。显然,如图 6-1(a)、(b)、(c)所示,仅仅表示椭圆齿轮转动了 1/4 周的情况,而其所排出的被测介质为一个半月形容积。所以,椭圆齿轮每转一周所排出的被测介质量为半月形容积的 4 倍,故通过椭圆齿轮流量计的体积流量 Q 为

$$Q = 4nV_0 \tag{6-6}$$

式中,n——椭圆齿轮的旋转速度;

V_0——半月形测量室容积。

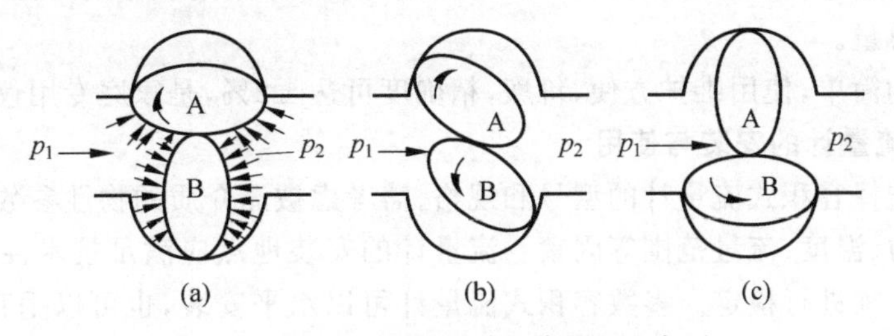

图 6-1　椭圆齿轮流量计工作原理示意图

由式(6-6)可知,在椭圆齿轮流量计的半月形容积 V_0 已定的条件下,只要测出椭圆齿轮的转速 n,便可知道被测介质的流量。

椭圆齿轮流量计的流量信号(即转速 n)的显示,分为就地显示和远传显示两种。配以一定的传动机构及计算机构,就可记录或指示被测介质的总量。

由于椭圆齿轮流量计是基于容积式测量原理的,与流体的黏度等性质无关,因此,特别适用于高黏度介质的流量测量。测量精度较高,压力损失较小,安装使用也较方便,但是,在使用时要特别注意被测介质中不能含有固体颗粒,更不能夹杂机械物,否则会引起齿轮磨损以致损坏。为此,椭圆齿轮流量计的入口端必须加装过滤器。另外,椭圆齿轮流量计的使用温度有一定范围,工作温度 120℃以下,以防止齿轮发生卡死。

2) 腰轮流量计

腰轮流量计又称罗茨流量计,它的工作原理与椭圆齿轮流量计相同,只是一对测量转子是两个不带齿的腰形轮。腰形轮形状保证在转动过程中两轮外缘保持良好的面接触,以依次排出定量流体,而两个腰轮的驱动是由套在壳体外的与腰轮同轴上的啮合齿轮来完成的。因此较之于椭圆齿轮流量计,其明显优点是能保持长期稳定性。其工作原理如图 6-2 所示。

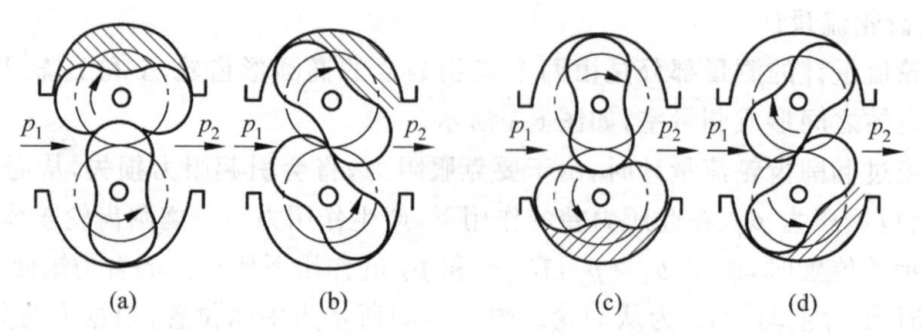

图 6-2 腰轮流量计工作原理示意图

腰轮流量计可以测量液体和气体,也可以测高黏度流体。其基本误差为±0.2%～±0.5%,范围度为 10∶1,工作温度 120℃以下,压力损失小于 0.02MPa。

3) 皮膜式家用煤气表

膜式气体流量计因广泛应用于城市家用煤气、天然气、液化石油气等燃气消耗量的计量,故习惯上又称为家用煤气表。但实际上家用煤气表只是膜式气体流量计系列中的一部分,系列中用于厂矿企业中计量工业用煤气的大规格仪表称为工业煤气表。

膜式气体流量计的工作原理如图 6-3 所示。它由"皿"字形隔膜(皮膜)制成的能自由伸缩的计量室 1、2、3、4 以及能与之联动的滑阀组成测量元件,在薄膜伸缩及滑阀的作用下,可连续地将气体从流量计入口送至出口。只要测出薄膜的动作循环次数,就可获得通过流量计的气体体积总量。

此仪表结构简单,使用维护方便,价廉,精确度可达±2%,是家庭专用仪表。

3. 容积式流量计的安装与使用

要正确地选择容积式流量计的型号和规格,需考虑被测介质的物性参数和工作状态,如黏度、密度、压力、温度、流量范围等因素。流量计的安装地点应满足技术性能规定的条件,仪表在安装前必须进行检定。多数容积式流量计可以水平安装,也可以垂直安装。在流量计上游要加装过滤器,调节流量的阀门应位于流量计下游。为维护方便,需设置旁路管路。安装时要注意流量计外壳上的流向标志应与被测流体的流向一致。

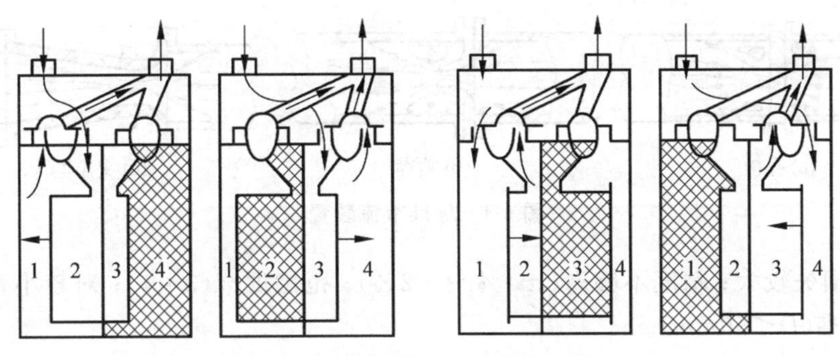

图 6-3 家用煤气表结构示意图

1—室排气；1—室排气结束；1—室充气；1—室充气结束；
2—室充气；2—室充气结束；2—室排气；2—室排气结束；
3—室排气结束；3—室充气；3—室充气结束；3—室排气；
4—室充气结束；4—室排气；4—室排气结束；4—室充气

仪表在使用过程中被测流体应充满管道，并工作在仪表规定的流量范围内；当黏度、温度等参数超过规定范围时应对流量值进行修正；仪表要定期清洗和检定。

6.3.2 差压式流量计

视频讲解

差压式流量计基于在流通管道上设置流动阻力件，流体流过阻力件时将产生压力差，此压力差与流体流量之间有确定的数值关系，通过测量差压值可以求得流体流量。最常用的差压式流量计是由产生差压的装置和差压计组成。流体流过差压产生装置形成静压差，由差压计测得差压值，并转换成流量信号输出。产生差压的装置有多种形式，包括节流装置，如孔板、喷嘴、文丘里管等，以及动压管、匀速管、弯管等；其他形式的差压式流量计还有靶式流量计、浮子流量计等。

1. 节流式流量计

节流式流量计可以用于测量液体、气体或蒸气的流量。它是目前工业生产过程中流量测量最成熟、最常用的方法之一。

节流式流量计中产生差压的装置称为节流装置，其主体是一个局部收缩阻力件，如果在管道中安置一个固定的阻力件，它的中间开一个比管道截面小的孔，当流体流过该阻力件时，由于流体流束的收缩而使流速加快、静压力降低，其结果是在阻力件前后产生一个较大的压差。压差的大小与流体流速的大小有关，流速愈大，压差也愈大，因此，只要测出压差就可以推算出流速，进而可以计算出流体的流量。

把流体流过阻力件使流束收缩造成压力变化的过程称节流过程，其中的阻力件称为节流元件（节流件）。作为流量检测用的节流件有标准的和非标准的两种。标准节流件包括标准孔板、标准喷嘴和标准文丘里管，如图 6-4 所示。对于标准节流件，在设计计算时都有统一标准的规定、要求和计算所需的有关数据及程序，安装和使用时不必进行标定。非标准节流件主要用于特殊介质或特殊工况条件的流量检测，它必须用实验方法单独标定。

节流式流量计的特点是结构简单，无可移动部件；可靠性高；复现性能好；适应性较广，是历史应用最长和最成熟的差压式流量计，至今仍占重要地位。其主要缺点是安装要求

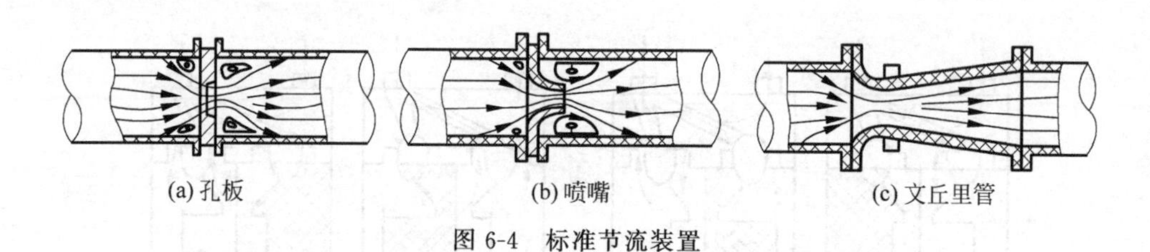

图 6-4 标准节流装置

严格；压力损失较大；精度不够高(±1%～±2%)；范围度窄(3∶1)；对较小直径的管道测量比较困难($D<50$mm)。

目前最常用的节流件是标准孔板，所以在下面的讨论中将主要以标准孔板为例介绍节流式流量检测的原理、设计以及实现方法。

1）节流原理

流体流动的能量有两种形式：静压能和动能。流体由于有压力而具有静压能，又由于有流动速度而具有动能，这两种形式的能量在一定条件下是可以互相转化的。

设稳定流动的流体沿水平管流经节流件，在节流件前后将产生压力和速度的变化，如图 6-5 所示。在截面 1 处流体未受节流件影响，流束充满管道，流体的平均流速为 v_1，静压力为 p_1；流体接近节流装置时，由于遇到节流装置的阻挡，使一部分动能转化为静压能，出现节流装置入口端面靠近管壁处流体的静压力升高至最大 p_{max}；流体流经节流件时，导致流束截面的收缩，流体流速增大，由于惯性的作用，流束流经节流孔以后继续收缩，到截面 2 处达到最小，此时流速最大为 v_2，静压力 p_2 最小；随后，流体的流束逐渐扩大，到截面 3 以后完全复原，流速回复到原来的数值，即 $v_3=v_1$，静压力逐渐增大到 p_3。由于流体流动产生的涡流和流体流经节流孔时需要克服的摩擦力，导致流体能量的损失，所以在截面 3 处的静压力 p_3 不能回复到原来的数值 p_1，而产生永久的压力损失。

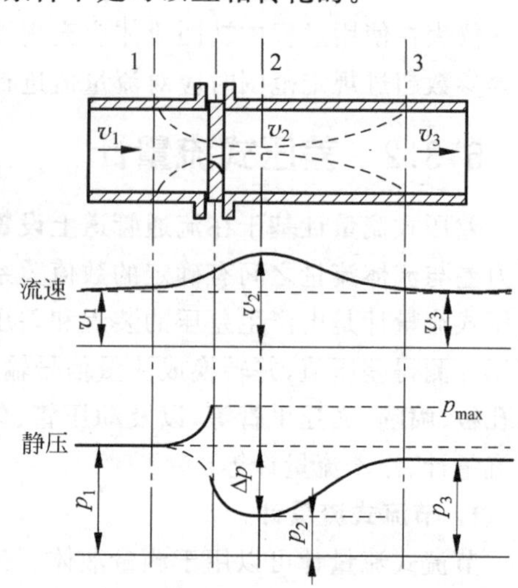

图 6-5 标准孔板的压力、流速分布示意图

2）流量方程

假设流体为不可压缩的理想流体，截面 1 处流体密度为 ρ_1，截面 2 处流体密度为 ρ_2，可以列出水平管道的能量方程和连续方程式：

$$\frac{p_1}{\rho_1}+\frac{v_1^2}{2}=\frac{p_2}{\rho_2}+\frac{v_2^2}{2} \tag{6-7}$$

$$A_1 v_1 \rho_1 = A_2 v_2 \rho_2 \tag{6-8}$$

式中，A_1——管道截面积；

A_2——流束最小收缩截面积。

由于节流件很短，可以假定流体的密度在流经节流件时没有变化，即 $\rho_1=\rho_2=\rho$；用节

流件开孔面积 $A_0=\frac{\pi}{4}d^2$ 代替最小收缩截面积 A_2；并引入节流装置的直径比——β 值，$\beta=\frac{d}{D}=\sqrt{\frac{A_0}{A_1}}$，其中 d 为节流件的开孔直径，D 为管道内径。由式(6-7)和式(6-8)可以求出流体流经孔板时的平均流速 v_2：

$$v_2=\frac{1}{\sqrt{1-\beta^4}}\sqrt{\frac{2}{\rho}(p_1-p_2)} \tag{6-9}$$

根据流量的定义，流量与差压 $\Delta p=p_1-p_2$ 之间的关系式如下：

体积流量

$$q_v=A_0v_2=\frac{A_0}{\sqrt{1-\beta^4}}\sqrt{\frac{2}{\rho}\Delta p} \tag{6-10}$$

质量流量

$$q_m=A_0v_2\rho=\frac{A_0}{\sqrt{1-\beta^4}}\sqrt{2\rho\Delta p} \tag{6-11}$$

在以上关系式中，由于用节流件的开孔面积代替了最小收缩截面，以及 Δp 有不同的取压位置等因素的影响，在实际应用时必然造成测量偏差。为此引入流量系数 α 以进行修正。则最后推导出的流量方程式表示为：

$$q_v=\alpha\frac{\pi}{4}d^2\sqrt{\frac{2}{\rho}\Delta p} \tag{6-12}$$

$$q_m=\alpha\frac{\pi}{4}d^2\sqrt{2\rho\Delta p} \tag{6-13}$$

流量系数 α 是节流装置中最重要的一个系数，它与节流件形式、直径比、取压方式、流动雷诺数 Re 及管道粗糙度等多种因素有关。由于影响因素复杂，通常流量系数 α 要由实验来确定。实验表明，在管道直径、节流件形式、开孔尺寸和取压位置确定的情况下，α 只与流动雷诺数 Re 有关，当 Re 大于某一数值(称为界限雷诺数)时，α 可以认为是一个常数，因此节流式流量计应该工作在界限雷诺数以上。α 与 Re 及 β 的关系对于不同的节流件形式各有相应的经验公式计算，并列有图表可查。

对于可压缩流体，考虑流体通过节流件时的膨胀效应，再引入可膨胀性系数 ε 作为因流体密度改变引起流量系数变化的修正。可压缩流体的流量方程式表示为：

$$q_v=\alpha\varepsilon\frac{\pi}{4}d^2\sqrt{\frac{2}{\rho}\Delta p} \tag{6-14}$$

$$q_m=\alpha\varepsilon\frac{\pi}{4}d^2\sqrt{2\rho\Delta p} \tag{6-15}$$

可膨胀性系数 $\varepsilon\leqslant1$，它与节流件形式、β 值、$\Delta p/p_1$ 及气体熵指数 κ 有关，对于不同的节流件形式亦有相应的经验公式计算，并列有图表可查。需要注意，在查表时 Δp 应取对应于常用流量时的差压值。

3）节流式流量计的组成和标准节流装置

下面介绍节流式流量计的组成和标准节流装置。

(1) 节流式流量计的组成。

图 6-6 为节流式流量计的组成示意图。节流式流量计由节流装置、引压管路、差压计或差压变送器构成。

① 节流装置。由节流件、取压装置和测量所要求的直管段组成，如图 6-7 所示。作用是产生差压信号。

② 引压管路。由隔离罐(冷凝器等)、管路、三阀组组成。作用是将产生的差压信号，通过压力传输管道引至差压计。

③ 差压计或差压变送器。作用是将差压信号转换成电信号或气信号显示或远传。

差压计有 U 形管差压计、双波纹管差压计、膜盒差压计等，都是就地指示，工业生产中常用差压变送器，即将差压信号转换为标准信号进行远传，其结构及工作原理与压力变送器类似，如第 5 章所述。

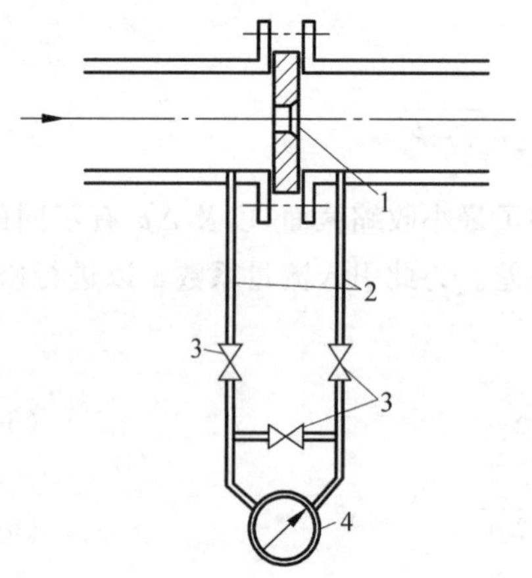

图 6-6 节流式流量计的组成示意图

1—节流元件；2—引压管路；3—三阀组；4—差压计

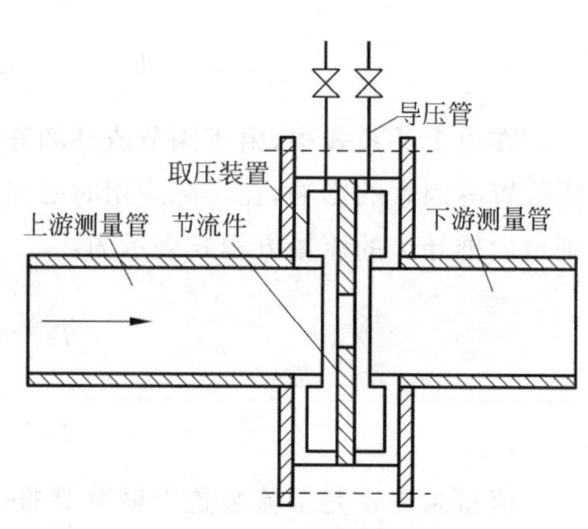

图 6-7 节流装置组成示意图

节流装置前流体压力较高，称为正压，常以"+"标识；节流装置后流体压力较低，称为负压(注意不要与真空度混淆)，常以"—"标识。

差压计(差压变送器)安装时必须安装三阀组，以防单侧受压(背景压力)过大(过载)，损坏弹性元件。三阀组的安装如图 6-8 所示。

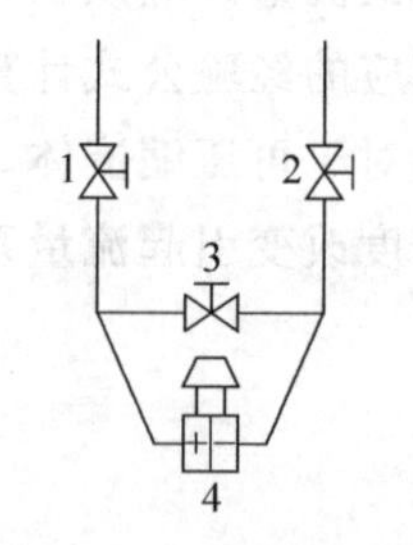

图 6-8 三阀组示意图

1、2—切断阀；3—平衡阀；4—差压变送器

启用差压计时，先开平衡阀 3，使正负压室连通，受压相同，然后再开切断阀 1、阀 2，最后再关闭平衡阀 3，差压计即可投入运行；差压计停用时，应先打开平衡阀 3，然后再关闭切断阀 1、阀 2；当关闭切断阀 1、阀 2 时，打开平衡阀 3，进行零点校验。

实际使用时，还应考虑不能让隔离罐中的隔离液或冷凝水流失造成误差，不能让三个阀同时打开，以防止高压侧将低压侧的隔离液或冷凝水顶出。所以，启用差压计时，先开平衡阀 3，再开切断阀 1，关平衡阀 3，再开切断阀 2；差压计停用时，应先关切断阀 2，开平衡阀 3，然后关闭切断阀 1。

(2) 标准节流装置。

引压管路与差压计第 5 章已介绍，此处不再赘述，只介绍标准节流装置。

① 三种标准节流件形式如图 6-4 所示。它们的结构、尺寸和技术条件均有统一的标准，计算数据和图表可查阅有关手册或资料(GB/T 2624.1—2006、GB/T 2624.2—2006、GB/T 2624.3—2006、GB/T 2624.4—2006)。

标准孔板是一块中心开有圆孔的金属薄圆平板，圆孔的入口朝着流动方向，并有尖锐的直角边缘。圆孔直径 d 由所选取的差压计量程而定，在大多数使用场合，β 值为 0.2～0.75。标准孔板的结构最简单，体积小，加工方便，成本低，因而在工业上应用最多；但其测量精度较低，压力损失较大，而且只能用于清洁的流体。

标准喷嘴是由两个圆弧曲面构成的入口收缩部分和与之相接的圆筒形喉部组成，β 值为 0.32～0.8。标准喷嘴的形状适应流体收缩的流型，所以压力损失较小，测量精度较高。但它的结构比较复杂，体积大，加工困难，成本较高。然而由于喷嘴的坚固性，一般选择喷嘴用于高速的蒸气流量测量。

文丘里管具有圆锥形的入口收缩段和喇叭形的出口扩散段。它能使压力损失显著减少，并有较高的测量精度；但加工困难，成本最高，一般用在有特殊要求如低压损、高精度测量的场合。它的流道连续变化，所以可以用于脏污流体的流量测量，并在大管径流量测量方面应用较多。

② 取压装置。标准节流装置规定了由节流件前后引出差压信号的几种取压方式，不同的节流件取压方式不同，有理论取压法、D-$D/2$ 取压法(也称径距取压法)、角接取压法、法兰取压法等，如图 6-9 所示。图中 1-1、2-2 所示为角接取压的两种结构，适用于孔板和喷嘴。1-1 为环室取压，上、下游静压通过环缝传至环室，由前、后环室引出差压信号；2-2 表示钻孔取压，取压孔开在节流件前后的夹紧环上，这种方式在大管径(D>500mm)时应用较多。3-3 为径距取压，取压孔开在前、后测量管段上，适用于标准孔板。4-4 为法兰取压，上、下游侧取压孔开在固定节流件的法兰上，适用于标准孔板。取压孔大小及各部件尺寸均有相应规定，可以查阅有关手册。

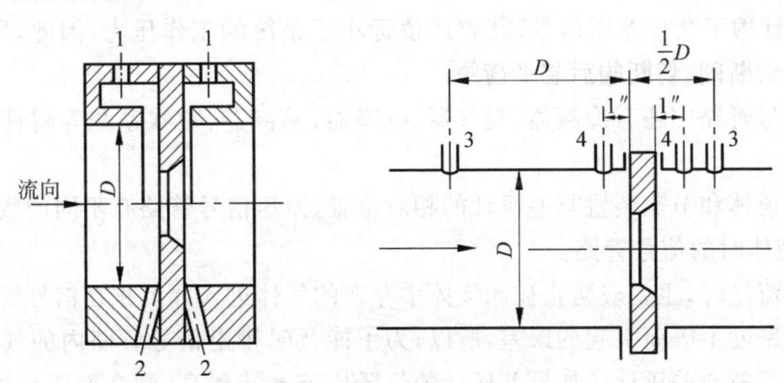

图 6-9　节流装置取压方式

③ 测量管段。为了确保流体流动在节流件前达到充分发展的湍流速度分布，要求在节流件前后有一段足够长的直管段。最小直管段长度与节流件前的局部阻力件形式及直径比有关，可以查阅手册。节流装置的测量管段通常取节流件前 10D，节流件后 5D 的长度，以保证节流件的正确安装和使用条件，整套装置事先装配好后整体安装在管道上。

4）节流装置的设计和计算

在实际的工作中，通常有两类计算命题，它们都以节流装置的流量方程式为依据。

（1）已知管道内径及现场布置情况，已知流体的性质和工作参数，给出流量测量范围，要求设计标准节流装置。为此要进行以下几个方面的工作：选择节流件类型，选择差压计类型及量程范围；计算确定节流件开孔尺寸，提出加工要求；建议节流件在管道上的安装位置；估算流量测量误差。制造厂家多已将这个设计计算过程编制成软件，用户只需提供原始数据即可。由于节流式流量计经过长期的研究和使用，手册数据资料齐全，根据规定的条件和计算方法设计的节流装置可以直接投产使用，不必经过标定。

（2）已知管道内径及节流件开孔尺寸、取压方式、被测流体参数等必要条件，要求根据所测得的差压值计算流量。这一般是实验工作需要，为准确地求得流量，需同时准确地测出流体的温度、压力参数。

5）节流式流量计的安装与使用条件

标准节流装置的流量系数，都是在一定的条件下通过严格的实验取得的，因此对管道选择、流量计的安装和使用条件均有严格的规定。在设计、制造与使用时应满足基本规定条件，否则难以保证测量准确性。

（1）标准节流装置的使用条件。节流装置仅适用于圆形测量管道，在节流装置前后直管段上，内壁表面应无可见坑凹、毛刺和沉积物，对相对粗糙度和管道圆度均有规定。管径大小也有一定限制（$D_{最小} \geqslant 50mm$）。

（2）节流式流量计的安装。节流式流量计应按照手册要求进行安装，以保证测量精度。节流装置安装时要注意节流件开孔必须与管道同轴，节流件方向不能装反。管道内部不得有突入物。在节流件装置附近，不得安装测温元件或开设其他测压口。

（3）取压口位置和引压管路的安装。与测压仪表的要求类似。应保证差压计能够正确、迅速地反映节流装置产生的差压值。引压导管应按被测流体的性质和参数要求使用耐压、耐腐蚀的管材，引压管内径不得小于 6mm，长度最好在 16m 以内。引压管应垂直或倾斜敷设，其倾斜度不得小于 1∶12，倾斜方向视流体而定。

（4）差压计用于测量差压信号，其差压值远小于系统的工作压力，因此，导压管与差压计连接处应装切断阀，切断阀后装平衡阀。

在差压信号管路中还有冷凝器、集气器、沉降器、隔离器、喷吹系统等附件，可查阅相关手册。

根据被测流体和节流装置与差压计的相对位置，差压信号管路有不同的敷设方式。

① 测量液体时的信号管路。

测量液体流量时，主要应防止被测液体中存在的气体进入并沉积在信号管路内，造成两信号管中介质密度不等而引起的误差，所以，为了能及时排走信号管路内的气体，取压口处的导压管应向下斜向差压计。如果差压计的位置比节流装置高，则在取压口处也应有向下倾斜的导压管，或设置 U 形水封。信号管路最高点要设置集气器，并装有阀门以定期排出气体，如图 6-10 所示。

② 测量气体流量时的信号管路。

测量气体流量时，主要应防止被测气体中存在的凝结水进入并沉积在信号管路中，造成两信号管中介质密度不等而引起的误差，所以，为了能及时排走信号管路中的气体，取压口

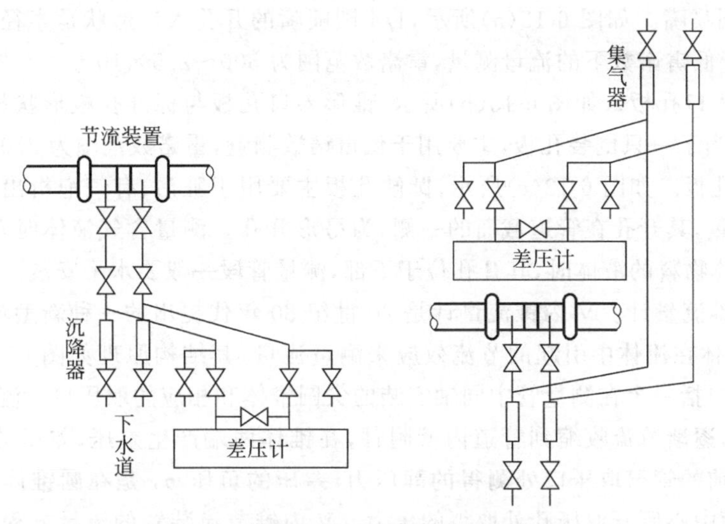

图 6-10 测量液体时信号管路安装示意图

处的导压管应向上倾向差压计，如果差压计的位置比节流装置低，则在取压口处也应有向上倾斜的导压管，并在信号管路最低点要设置集水箱，并装有阀门以定期排水，如图 6-11 所示。

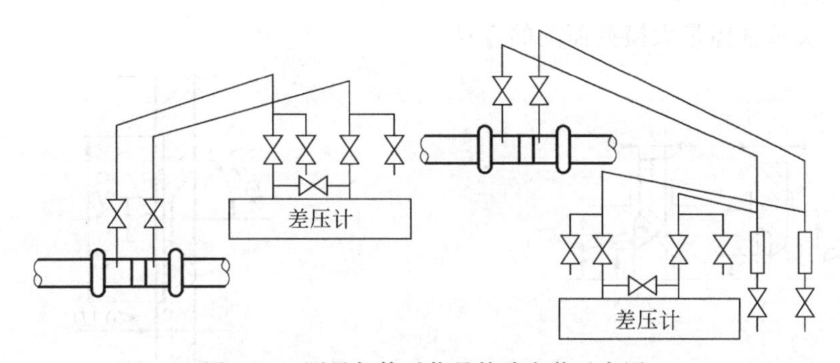

图 6-11 测量气体时信号管路安装示意图

③ 测量蒸气流量时的信号管路。

测量蒸气流量时，应防止高温蒸气直接进入差压计。一般在取压口都应设置冷凝器，冷凝器的作用是使被测蒸气冷凝后再进入导压管，其容积应大于全量程内差压计工作空间的最大容积变化的三倍。为了准确地测量差压，应严格保持两信号管中的凝结液位在同一高度，如图 6-12 所示。

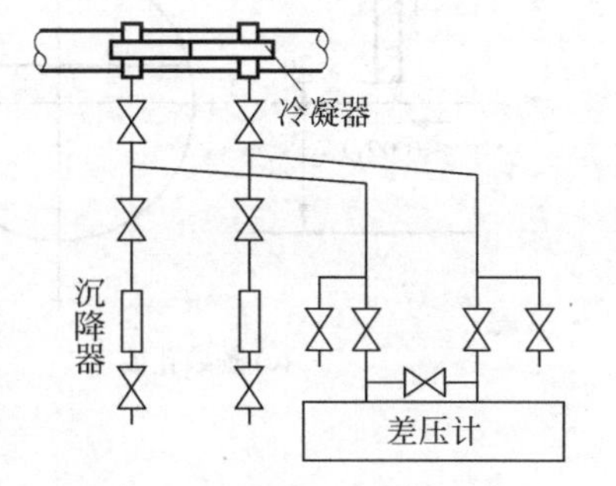

图 6-12 测量蒸气时信号管路安装示意图

6）非标准节流装置

非标准节流装置通常只在特殊情况下使用，它们的估算方法与标准节流装置基本相同，只是所用数据不同，这些数据可以在有关手册中查到。但非标准节流装置在使用前要进行实际标定。图 6-13 所示为几种典型的非标准节流装置。其中：

(1) 1/4 圆喷嘴。如图 6-13(a)所示，1/4 圆喷嘴的开孔入口形状是半径为 r 的 1/4 圆弧，它主要用于低雷诺数下的流量测量，雷诺数范围为 $500\sim2.5\times10^5$。

(2) 锥形入口孔板。如图 6-13(b)所示，锥形入口孔板与标准孔板形状相似，只是入口为 45°锥角，相当于一只倒装孔板，主要用于低雷诺数测量，雷诺数范围为 $250\sim2\times10^5$。

(3) 圆缺孔板。如图 6-13(c)所示，圆缺孔板主要用于脏污、有气泡析出或有固体微粒的液体流量测量，其开孔在管道截面的一侧，为弓形开孔。测量含气液体时，其开孔位于上部；测量含固体物料的液体时，其开孔位于下部，测量管段一般要水平安装。

(4) V 内锥流量计。V 内锥流量计是 20 世纪 80 年代提出的一种新型流量计，它是利用内置 V 形锥体在流体中引起的节流效应来测量流量，其结构原理如图 6-13(d)所示。V 内锥节流装置包括一个在测量管中同轴安装的尖圆锥体和相应的取压口。流体在测量管中流经尖圆锥体，逐渐节流收缩到管道内壁附件，在锥体两端产生差压，差压的正压 p_1 是在上游流体收缩前的管壁取压口处测得的静压力，差压的负压 p_2 是在圆锥体朝向下游的端面，由在锥端面中心所开取压孔处取得的压力。V 内锥节流装置的流量方程式与标准节流装置的形式相同，只是在公式中采用了等效的开孔直径和等效的 β 值——β_v，即

$$\beta_v=\frac{\sqrt{D^2-d_v^2}}{D} \tag{6-16}$$

式中，D——测量管内径；

d_v——尖圆锥体最大横截面圆的直径。

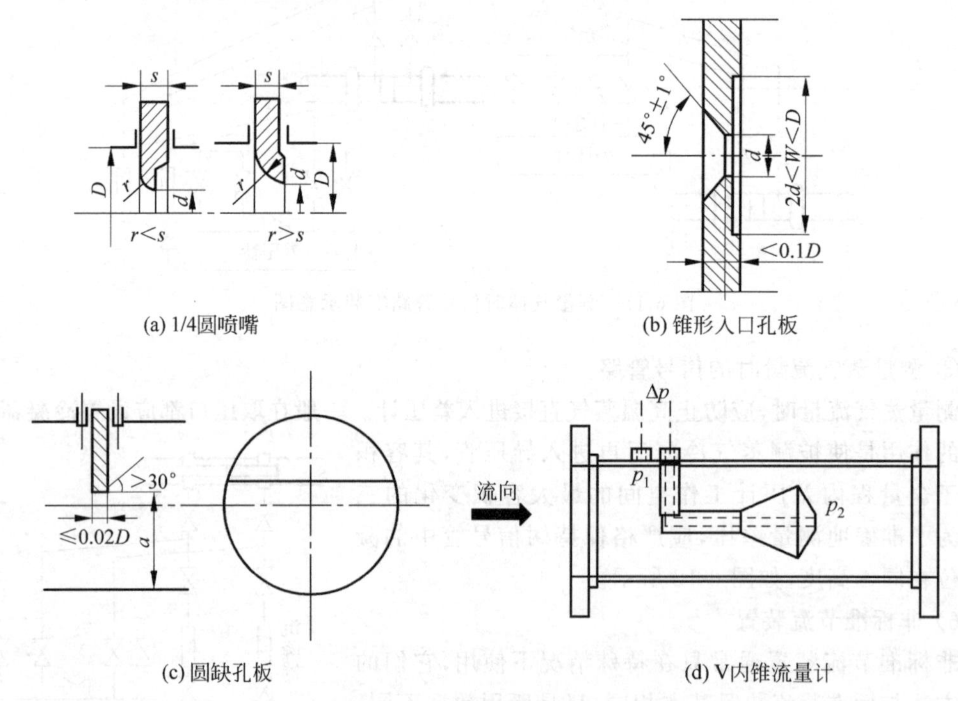

(a) 1/4圆喷嘴 (b) 锥形入口孔板

(c) 圆缺孔板 (d) V内锥流量计

图 6-13 非标准节流装置

这种节流式流量计改变了传统的节流布局，从中心节流改为外环节流，与传统流量计相比具有明显的优点；结构设计合理，不截留流体中的夹带物，耐磨损；信号噪声低，可以达到较高量程比(10∶1～14∶1)；安装直管段要求较短，一般上游只需 $0\sim2D$，下游只需 $3\sim5D$；

压力损失小，仅为孔板的1/2～1/3，与文丘里管相近。目前这种流量计尚未达到标准化程度，还没有相应的国际标准和国家标准，其流量系数需要通过实验标定得到。

2. 弯管流量计

当流体通过管道弯头时，受到角加速的作用而产生的离心力会在弯头的外半径侧与内半径侧之间形成差压，此差压的平方根与流体流量成正比。弯管流量计如图6-14所示。取压口开在45°角处，两个取压口要对准。弯头的内壁应保证基本光滑，在弯头入口和出口平面各测两次直径，取其平均值作为弯头内径 D。弯头曲率 R 取其外半径与内半径的平均值。

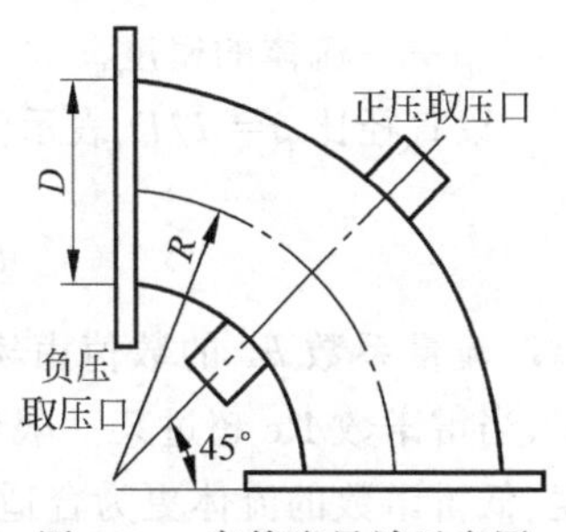

图6-14　弯管流量计示意图

弯管流量计的流量方程式为：

$$q_v = \frac{\pi}{4} D^2 k \sqrt{\frac{2}{\rho} \Delta p} \tag{6-17}$$

式中，D——弯头内径；

ρ——流体密度；

Δp——差压值；

k——弯管流量系数。

流量系数 k 与弯管的结构参数有关，也与流体流速有关，需经实验确定。

弯管流量计的特点是结构简单，安装维修方便；在弯管内流动无障碍，没有附加压力损失；对介质条件要求低。其主要缺点是产生的差压非常小。它是一种尚未标准化的仪表。由于许多装置上都有不少的弯头，所以弯管流量计是一种便宜的流量计，特别在工艺管道条件受限的情况下，可用弯管流量计测量流量，但是其前直管段至少要有10D。弯头之间的差异限制了测量精度的提高，其精确度约在±5%～±10%，但其重复性可达±1%。有些制造厂家提供专门加工的弯管流量计，经单独标定，能使精确度提高到±0.5%。

3. 靶式流量计

在石油、化工、轻工等生产过程中，常常会遇到某些黏度较高的介质或含有悬浮物及颗粒介质的流量测量，如原油、渣油、沥青等。靶式流量计就是20世纪70年代随着工业生产迫切需要解决高黏度、低雷诺数流体的流量测量而发展起来的一种流量计。

1）工作原理

在管路中垂直于流动方向安装一圆盘形阻挡件，称之为"靶"。流体经过时，由于受阻将对靶产生作用力，此作用力与流速之间存在着一定关系。通过测量靶所受作用力，可以求出流体流量。靶式流量计构成如图6-15所示。

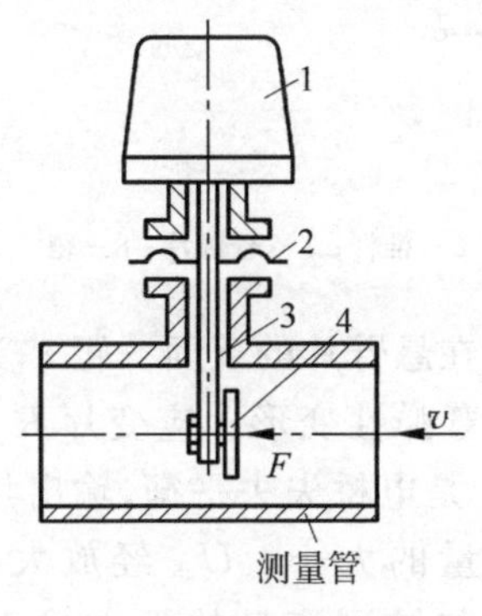

图6-15　靶式流量计示意图

1—转换指示部分；2—密封膜片；3—杠杆；4—靶

圆盘靶所受作用力，主要是由靶对流体的节流作用和流体对靶的冲击作用造成的。若管道直径为 D，靶的直径为 d，环隙通道面积 $A_0 = \frac{\pi}{4}(D^2 - d^2)$，则可求出体积流量与靶上受力 F 的关系为：

$$q_v = A_0 v = k_a \frac{D^2 - d^2}{d} \sqrt{\frac{\pi}{2}} \sqrt{\frac{F}{\rho}} \tag{6-18}$$

式中，v——流体通过环隙截面的流速；

k_a——流量系数；

F——作用力；

ρ——流体的密度。

以直径比 $\beta=d/D$ 表示流量公式可写成如下形式：

$$q_v=A_0 v=k_a D\left(\frac{1}{\beta}-\beta\right)\sqrt{\frac{\pi}{2}}\sqrt{\frac{F}{\rho}} \tag{6-19}$$

流量系数 k_a 的数值由实验确定。实验结果表明，在管道条件与靶的形状确定的情况下，当雷诺数 Re 超过某一限值后，k_a 趋于平稳，由于此限值较低，所以这种方法对于高黏度、低雷诺数的流体更为合适。使用时要保证在测量范围内，使 k_a 值基本保持恒定。

2）结构形式

靶式流量计通常由检测部分和转换部分组成。检测部分包括测量管、靶板、主杠杆和轴封膜片，其作用是将被测流量转换成作用于主杠杆上的测量力矩。转换部分由力转换器、信号处理电路和显示仪表组成。靶一般由不锈钢材料制成，靶的入口侧边缘必须锐利、无钝口。靶直径比 β 一般为 0.35～0.8。靶式流量计的结构型式有夹装式、法兰式和插入式三种。

靶式流量计的力转换器可分为两种结构：一种是力矩平衡杠杆式力转换器，它直接采用电动差压变送器的力矩平衡式转换机构，只是用靶取代了膜盒；另一种是应变片式力转换器，如图 6-16 所示。

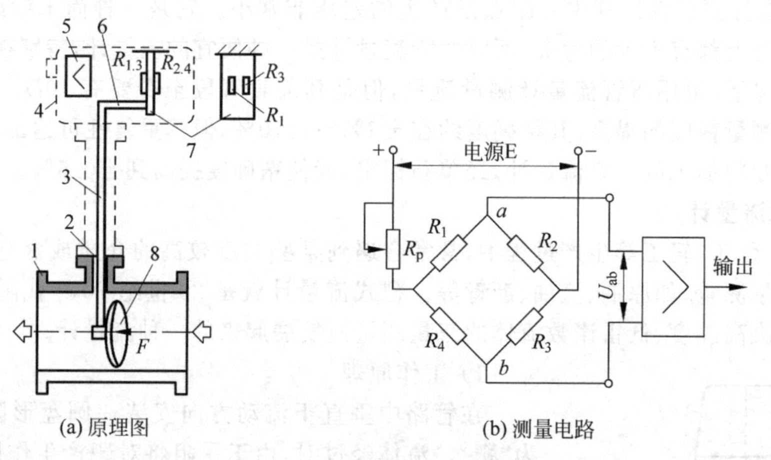

(a) 原理图　　(b) 测量电路

图 6-16　应变片式靶式流量计

1—测量管；2—密封膜片；3—杠杆；4—转换指示部分；5—信号处理电路；6—推杆；7—悬臂片；8—靶

半导体应变片 R_1、R_3 粘贴在悬臂片 7 的正面，R_2、R_4 粘贴在悬臂片的反面。靶 8 受力作用，以密封膜片 2 为支点，经杠杆 3、推杆 6 使悬臂片产生微弯弹性变形。应变片 R_1 和 R_3 受拉伸，其电阻值增大；R_2 和 R_4 受压缩而电阻值减小。于是电桥失去平衡，输出与流体对靶的作用力 F 成正比的电信号 U_{ab}，可以反映被测流体流量的大小。U_{ab} 经放大、转换为标准信号输出，也可由毫安表就地显示流量。但因 U_{ab} 与被测流量的平方成正比关系，所以变送器信号处理电路中，一般采取开方器运算，能使输出信号与被测流量成正比例关系。

3）特点及应用

靶式流量计的特点以及安装应用注意事项总结如下。

(1) 特点。

结构简单，安装方便，仪表的安装维护工作量小；不易堵塞；抗振动、抗干扰能力强；能测高黏度、低流速流体的流量，也可测带有悬浮颗粒的流体流量；压力损失较小，在相同流量范围的条件下，其压力损失约为标准孔板的1/2。

(2) 安装与应用。

靶式流量计安装及应用时应注意：

① 流量计前后应有一定长度的直管段，一般为前面 $8D$、后面 $5D$。流量计前后不应有垫片等凸入管道中；

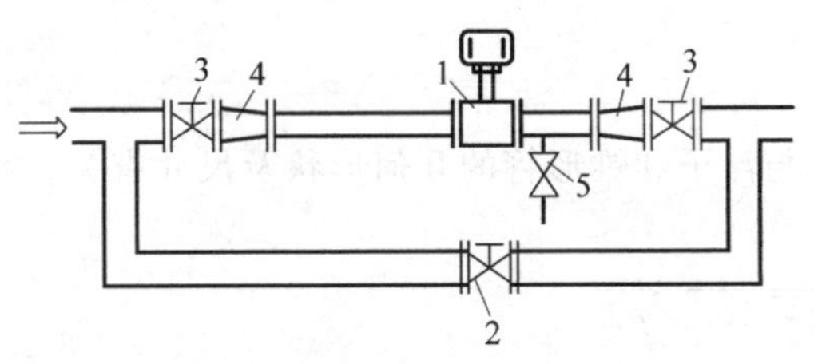

图 6-17　靶式流量计安装示意图
1—流量计；2—旁路阀；3—截止阀；
4—缩径阀；5—放空阀

② 流量计前后应加装截止阀和旁路阀，如图 6-17 所示，以便于校对流量计的零点和方便检修。流量计可水平或垂直安装，但当流体中含有颗粒状物质时，流量计必须水平安装。垂直安装时，流体的流动方向应由下而上。

③ 因靶的输出力 F 受到被测介质密度的影响，所以在工作条件（温度、压力）变化时，要进行适当的修正。

④ 靶式流量计可以采用砝码挂重的方法代替靶上所受作用力，用来校验靶上受力与仪表输出信号之间的对应关系，并可调整仪表的零点和量程。这种挂重的校验称为干校。

4. 浮子流量计

浮子流量计也是利用节流原理测量流体的流量，但它的差压值基本保持不变，是通过节流面积的变化反映流量的大小，故又称为恒压降变截面流量计，也称作转子流量计。

浮子流量计可以测量多种介质的流量，更适用于中小管径、中小流量和较低雷诺数的流量测量。其特点是结构简单，使用维护方便，对仪表前后直管段长度要求不高，压力损失小而且恒定，测量范围比较宽，刻度为线性。浮子流量计测量精确度为±2%左右。但仪表测量受被测介质的密度、黏度、温度、压力、纯净度影响，还受安装位置的影响。

1）测量原理及结构

浮子流量计测量主体由一根自下向上扩大的垂直锥形管和一只可以沿锥形管轴向上下自由移动的浮子组成，如图 6-18 所示。流体由锥形管的下端进入，经过浮子与锥形管间的环隙，从上端流出。当流体流过环隙面时，因节流作用而在浮子上下端面产生差压形成作用于浮子的上升力。当此上升力与浮子在流体中的重量相等时，浮子就稳定在一个平衡位置上，平衡位置的高度与所通过的流量有对应的关系，这个高度就代表流量值的大小。

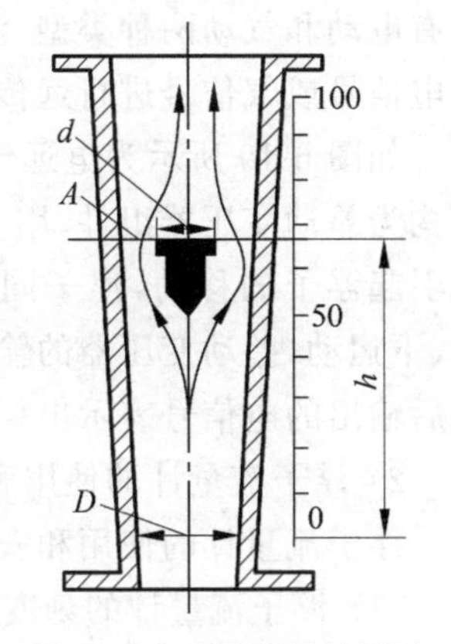

图 6-18　浮子流量计测量原理示意图

根据浮子在锥形管中的受力平衡条件，可以写出力平衡公式：

$$\Delta p \cdot A_f = V_f(\rho_f - \rho)g \tag{6-20}$$

式中，Δp——差压；

A_f——浮子的截面积；

V_f——浮子的体积；

ρ_f——浮子密度；

ρ——流体密度；

g——重力加速度。

将此恒压降公式代入节流流量方程式，则有

$$q_v = \alpha A \sqrt{\frac{2gV_f(\rho_f - \rho)}{\rho A_f}} \tag{6-21}$$

式中，A——环隙面积，它与浮子高度 h 相对应；

α——流量系数。

对于小锥度锥形管，近似有 $A=ch$，系数 c 与浮子和锥形管的几何形状及尺寸有关。则流量方程式写为：

$$q_v = \alpha ch \sqrt{\frac{2gV_f(\rho_f - \rho)}{\rho A_f}} \tag{6-22}$$

式(6-22)给出了流量与浮子高度之间的关系，这个关系近似线性。

流量系数 α 与流体黏度、浮子形式、锥形管与浮子的直径比以及流速分布等因素有关，每种流量计有相应的界限雷诺数，在低于此值情况下 α 不再是常数。流量计应工作在 α 为常数的范围，即大于一定的雷诺数范围。

浮子流量计有两大类型：采用玻璃锥形管的直读式浮子流量计和采用金属锥形管的远传式浮子流量计。

直读式浮子流量计主要由玻璃锥形管、浮子和支撑结构组成。流量标尺直接刻在锥形管上，由浮子位置高度读出流量值。玻璃管浮子流量计的锥形管刻度有流量刻度和百分刻度两种。对于百分刻度流量计要配有制造厂提供的流量刻度曲线。这种流量计结构简单，工作可靠，价格低廉，使用方便，可制成防腐蚀仪表，用于现场测量。

远传式浮子流量计可采用金属锥形管，它的信号远传方式有电动和气动两种类型，测量转换机构将浮子的移动转换为电信号或气信号进行远传及显示。

如图 6-19 所示为电远传浮子流量计工作原理。其转换机构为差动变压器组件，用于测量浮子的位移。流体流量变化引起浮子的移动，浮子同时带动差动变压器中的铁芯作上、下运动，差动变压器的输出电压将随之改变，通过信号放大后输出的电信号表示出相应流量的大小。

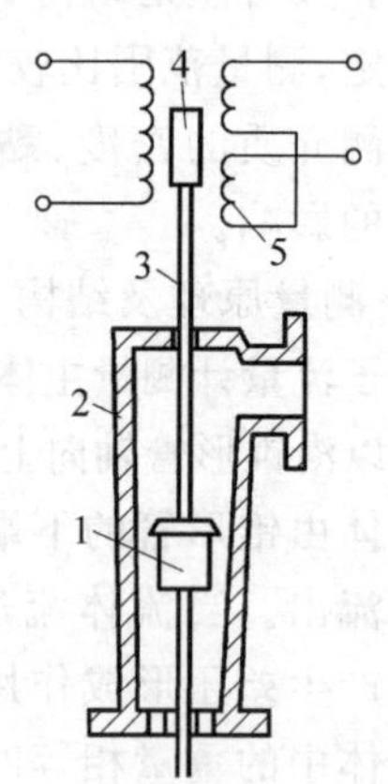

图 6-19 电远传浮子流量计工作原理示意图

1—浮子；2—锥形管；3—连动杆；4—铁芯；差动线圈

2) 浮子流量计的使用和安装

浮子流量计的使用和安装时应注意：

(1) 浮子流量计的刻度换算。

浮子流量计是一种非通用性仪表，出厂时需单个标定刻度。测量液体的浮子流量计用常温水标定，测量气体的浮子流量计用常温常压(20℃，1.013×10^{5}Pa)的空气标定。在实际测量时，如果被测介质不是水或空气，则流量计的指示值与实际流量值之间存在差别，因此要对其进行刻度换算修正。

对于一般液体介质，当温度和压力变化时，流体的黏度变化不会超过 10mPa·s，只需进行密度校正。根据前述流量方程式，可以得到修正式为：

$$q'_v = q_{v0}\sqrt{\frac{(\rho_f-\rho')\rho_0}{(\rho_f-\rho_0)\rho'}} \tag{6-23}$$

式中，q'_v——被测介质的实际流量；

q_{v0}——流量计标定刻度流量；

ρ'——被测介质密度；

ρ_0——标定介质密度；

ρ_f——浮子密度。

对于气体介质，由于 $\rho_f \gg \rho'$ 或 ρ_0，上式可以简化为：

$$q'_v = q_{v0}\sqrt{\frac{\rho_0}{\rho'}} \tag{6-24}$$

式中，ρ'——被测气体介质密度；

ρ_0——标定状态下空气密度。

当已知被测介质的密度和流量测量范围等参数后，可以根据以上公式选择合适量程的浮子流量计。

(2) 浮子流量计的安装使用。

在安装使用前必须核对所需测量范围、工作压力和介质温度是否与选用流量计规格相符。如图 6-20 所示，仪表应垂直安装，流体必须自下而上通过流量计，不应有明显的倾斜。流量计前后应有截断阀，并安装旁通管道。仪表投入时前后阀门要缓慢开启，投入运行后，关闭旁路阀。流量计的最佳测量范围为测量上限的 1/3～2/3 刻度内。

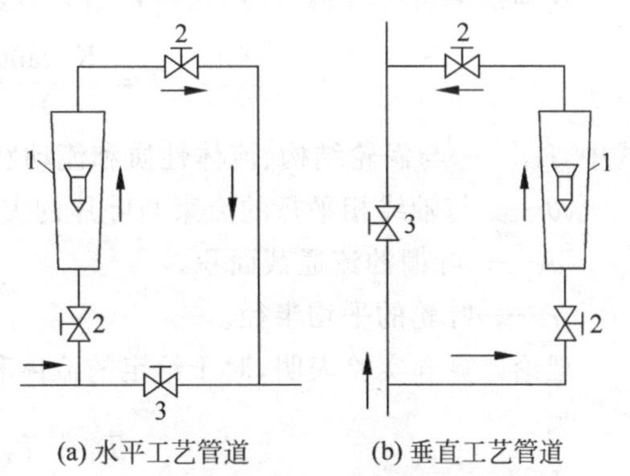

图 6-20　浮子流量计的安装示意图

1—浮子流量计；2—截止阀；3—旁通阀

当被测介质的物性参数(密度、黏度)和状态参数(温度、压力)与流量计标定介质不同时，必须对流量计指示值进行修正。

6.3.3　速度式流量计

速度式流量计的测量原理基于与流体流速有关的各种物理现象，仪表的输出与流速有确定的关系，即可知流体的体积流量。工业生产中使用的速度式流量计种类很多，新的品种也不断开发，它们各有特点和适用范围。本节介绍几种应用较普遍的、有代表性的流量计。

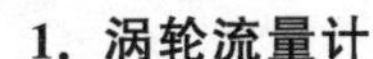

1. 涡轮流量计

涡轮流量计是利用安装在管道中可以自由转动的叶轮感受流体的速度变化，从而测定管道内的流体流量。

1) 涡轮流量计的构成和流量方程式

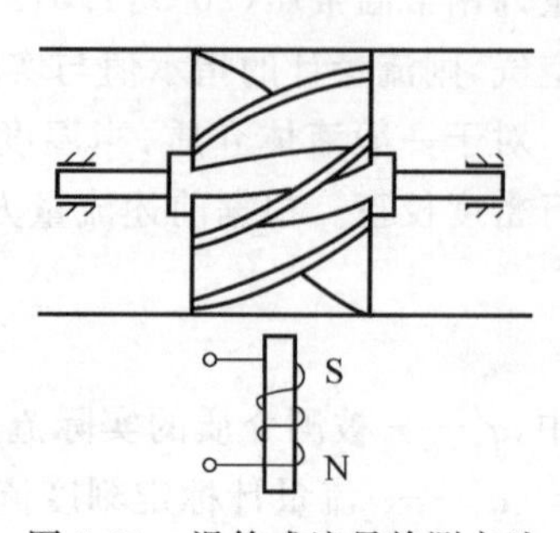

图 6-21 涡轮式流量检测方法原理图

涡轮式流量检测方法是以动量矩守恒原理为基础，如图 6-21 所示，流体冲击涡轮叶片，使涡轮旋转，涡轮的旋转速度随流量的变化而变化，通过涡轮外的磁电转换装置可将涡轮的旋转转换成电脉冲。

由动量矩守恒定理可知，涡轮运动方程的一般形式为：

$$J\frac{\mathrm{d}\omega}{\mathrm{d}t}=T-T_1-T_2-T_3 \tag{6-25}$$

式中，J——涡轮的转动惯量；

$\frac{\mathrm{d}\omega}{\mathrm{d}t}$——涡轮旋转的角加速度；

T——流体作用在涡轮上的旋转力矩；

T_1——由流体粘滞摩擦力引起的阻力矩；

T_2——由轴承引起的机械摩擦阻力矩；

T_3——由叶片切割磁力线引起的电磁阻力矩。

从理论上可以推得，推动涡轮转动的力矩为

$$T=\frac{K_1\tan\theta}{A}r\rho q_{\mathrm{v}}^2-\omega r^2\rho q_{\mathrm{v}} \tag{6-26}$$

式中，K_1——与涡轮结构、流体性质和流动状态有关的系数；

θ——与轴线相平行的流束与叶片的夹角；

A——叶栅的流通截面积；

r——叶轮的平均半径。

理论计算和实验表明，对于给定的流体和涡轮，摩擦阻力矩 T_1+T_2 为

$$T_1+T_2\propto\frac{a_1q_{\mathrm{v}}}{q_{\mathrm{v}}+a_2} \tag{6-27}$$

电磁阻力矩 T_3 为

$$T_3\propto\frac{a_1q_{\mathrm{v}}}{1+a_1/q_{\mathrm{v}}} \tag{6-28}$$

式中 a_1 和 a_2 为系数。

从式(6-25)可以看出：当流量不变时 $\frac{\mathrm{d}\omega}{\mathrm{d}t}=0$，涡轮以角速度 ω 作匀速转动；当流量发生变化时，$\frac{\mathrm{d}\omega}{\mathrm{d}t}\neq0$，涡轮作加速度旋转运动，经过短暂时间后，涡轮运动又会适应新的流量到达新的稳定状态，以另一匀速旋转。因此，在稳定流动情况下，$\frac{\mathrm{d}\omega}{\mathrm{d}t}=0$，则涡轮的稳态方程为：

$$T-T_1-T_2-T_3=0 \tag{6-29}$$

把式(6-26)、式(6-27)和式(6-28)代入式(6-29)，简化后可得：

$$\omega=\xi q_{\mathrm{v}}-\xi\frac{a_1}{1+a_1/q_{\mathrm{v}}}-\frac{a_2}{q_{\mathrm{v}}+a_2} \tag{6-30}$$

式中，ξ 为仪表的转换系数。

式(6-30)表明，当流量较小时，主要受摩擦阻力矩的影响，涡轮转速随流量 q_v 增加较慢；当 q_v 大于某一数值后，因为系数 a_1 和 a_2 很小，则(6-30)式可近似为

$$\omega = \xi q_v - \xi a_1 \tag{6-31}$$

这说明 ω 随 q_v 线性增加；当 q_v 很大时，阻力矩将显著上升，使 ω 随 q_v 的增加变慢，见图 6-22 所示的特性曲线。

利用上述原理制成的流量检测仪表和涡轮流量计的结构如图 6-23 所示，它主要由叶轮、导流器、磁电转换装置、外壳以及前置放大电路等部分组成。

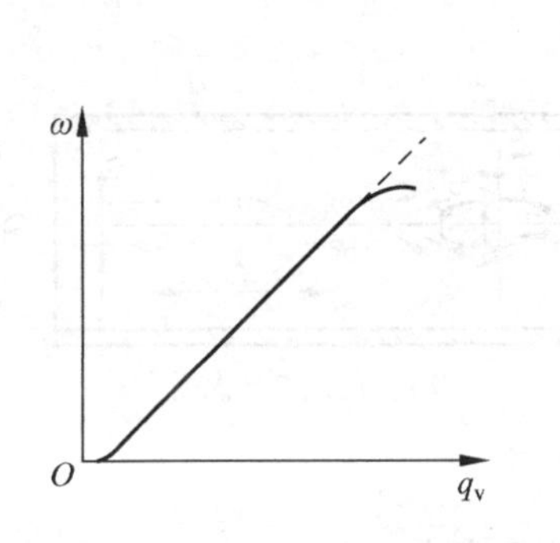

图 6-22　涡轮流量计的静特性曲线

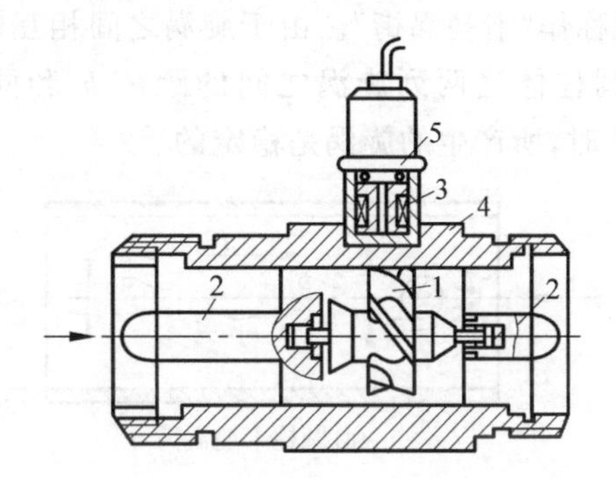

图 6-23　涡轮流量计结构示意图

1—叶轮；2—导流器；3—磁电感应转换器；4—外壳；5—前置放大器

(1) 叶轮：是用高磁导率的不锈钢材料制成的，叶轮芯上装有螺旋形叶片，流体作用于叶片上使之转动；

(2) 导流器：用以稳定流体的流向和支承叶轮；

(3) 磁电感应转换器：由线圈和磁钢组成，叶轮转动时，使线圈上感应出脉动电信号；

(4) 外壳：一般由非导磁材料制成，用以固定和保护内部各部件，并与流体管道相连；

(5) 前置放大器：用以放大由磁电转换装置输出的微弱信号。

经放大电路后输出的电脉冲信号需进一步放大整形以获得方波信号，对其进行脉冲计数和单位换算可得到累积流量；通过频率-电流转换单元后可得到瞬时流量。

2) 涡轮流量计的特点和使用

涡轮流量计可以测量气体、液体流量，但要求被测介质洁净，并且不适用于黏度大的液体测量。它的测量精度较高，一般为 0.5 级，在小范围内误差可以≤±0.1%；由于仪表刻度为线性，范围度可达(10～20)：1；输出频率信号便于远传及与计算机相连；仪表有较宽的工作温度范围(−200℃～400℃)，可耐较高工作压力(<10MPa)。

涡轮流量计一般应水平安装，并保证其前后有一定的直管段(前 $10D$，后 $5D$)。为保证被测介质洁净，表前应装过滤装置。如果被测液体易气化或含有气体时，要在仪表前装消气器。

涡轮流量计的缺点是制造困难，成本高。由于涡轮高速转动，轴承易磨损，降低了长期运行的稳定性，影响使用寿命。通常涡轮流量计主要用于测量精度要求高、流量变化快的场合，还用作标定其他流量的标准仪表，如水表、油表。

2. 涡街流量计

涡街流量计又称旋涡流量计。它可以用来测量各种管道中的液体、气体和蒸气的流量，是目前工业控制、能源计量及节能管理中常用的新型流量仪表。

1）测量原理

涡街流量计是利用有规则的旋涡剥离现象来测量流体流量的仪表。在流体中垂直插入一个非流线形的柱状物(圆柱或三角柱)作为旋涡发生体，如图6-24所示。当雷诺数达到一定的数值时，会在柱状物的下游处产生如图6-24所示的两列平行并且上下交替出现的旋涡，因为这些旋涡有如街道旁的路灯，故有“涡街”之称，又因此现象首先被卡曼(Karman)发现，也称作“卡曼涡街”。由于旋涡之间相互影响，所以旋涡列一般是不稳定的。实验证明，对于圆柱体当两列旋涡之间的距离 h 和同列的两旋涡之间的距离 l 之比能满足 $h/l=0.281$ 时，所产生的旋涡是稳定的。

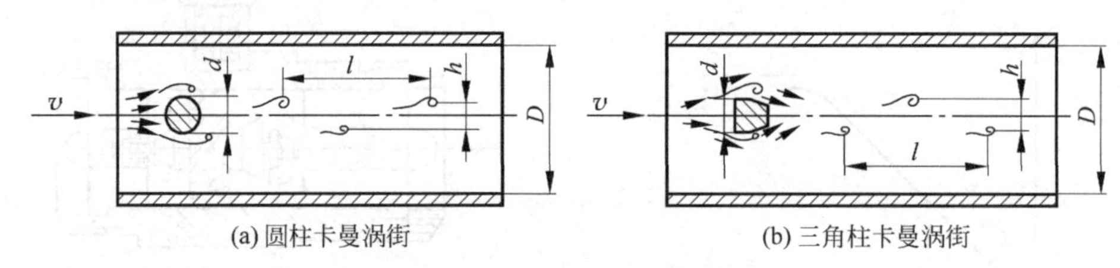

图 6-24 卡曼涡街示意图

由圆柱体形成的稳定卡曼旋涡，其单侧旋涡产生的频率为

$$f=S_t\cdot\frac{v}{d} \tag{6-32}$$

式中，f——单侧旋涡产生的频率，单位 Hz；

v——流体平均流速，单位 m/s；

d——柱体直径，单位 m；

S_t——斯特劳哈尔数(当雷诺数 $\mathrm{Re}=5\times10^2\sim15\times10^4$ 时，$S_t=0.2$)。

由上式可知，当 S_t 近似为常数时，旋涡产生的频率 f 与流体的平均流速 v 成正比，测得 f 即可求得体积流量 Q。

2）测量方法

旋涡频率的检测方法有许多种，例如热敏检测法、电容检测法、应力检测法、超声检测法等，这些方法无非是利用旋涡的局部压力、密度、流速等的变化作用于敏感元件，产生周期性电信号，再经放大整形，得到方波脉冲。如图6-25所示是一种热敏检测法。它采用铂电阻丝作为旋涡频率的转换元件。在圆柱形发生体上有一段空腔(检测器)，被隔墙分成两部分。在隔墙中央有一小孔，小孔上装有一根被加热了的细铂丝。在产生旋涡的一侧，流速降低，静压升高，于是在有旋涡的一侧和无旋涡的一侧之间产生静压差。流体从空腔上的导压孔进入，向未产生旋涡的一侧流出。流体在空腔内流动时将铂丝上的热量带走，铂丝温度下降，导致其电阻值减小。由于旋涡是交替地出现在柱状物的

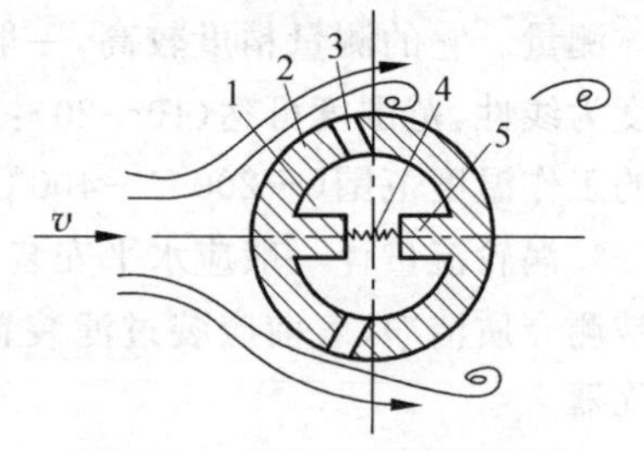

图 6-25 圆柱检出器原理图

1—空腔；2—圆柱体；3—导压孔；4—铂电阻丝；5—隔墙

两侧的，所以铂热电阻丝阻值的变化也是交替的，且阻值变化的频率与旋涡产生的频率相对应，故可通过测量铂丝阻值变化的频率来推算流量。

铂丝阻值的变化频率，采用一个不平衡电桥进行转换、放大和整形，再变换成 4～20mA（或 0～10mA）直流电流信号输出，供显示、累计流量或进行自动控制。

旋涡流量计的特点是精度高、测量范围宽、没有运动部件、无机械磨损、维护方便、压力损失小、节能效果明显。但是，旋涡流量计不适用于低雷诺数的情况，对于高黏度、低流速、小口径的使用有限制，流量计安装时要有足够的直管段长度，上下游的直管段长度不小于 $20D$ 和 $5D$，而且，应尽量杜绝振动。

3. 电磁流量计

对于具有导电性的液体介质，可以用电磁流量计测量流量。电磁流量计基于电磁感应原理，导电流体在磁场中垂直于磁力线方向流过，在流通管道两侧的电极上将产生感应电势，感应电势的大小与流体速度有关，通过测量此电势可求得流体流量。

1）电磁流量计的组成及流量方程式

电磁流量计的测量原理如图 6-26 所示。感应电势 E_x 与流速的关系由下式表示：

$$E_x = CBDv \tag{6-33}$$

式中，C——常数；

B——磁感应强度；

D——管道内径；

v——流体平均流速。

当仪表结构参数确定之后，感应电势与流速 v 成对应关系，则流体体积流量可以求得。其流量方程式可写为：

$$q_v = \frac{\pi D^2}{4}v = \frac{\pi D}{4CB}E_x = \frac{E_x}{K} \tag{6-34}$$

式中，K 为仪表常数，对于固定的电磁流量计，K 为定值。

电磁流量计的测量主体由磁路系统、测量导管、电极和调整转换装置等组成。流量计结构如图 6-27 所示，由非导磁性的材料制成导管，测量电极嵌在管壁上，若导管为导电材料，其内壁和电极之间必须绝缘，通常在整个测量导管内壁装有绝缘衬里。导管外围的激磁线圈用来产生交变磁场。在导管和线圈外还装有磁轭，以便形成均匀磁势和具有较大磁通量。

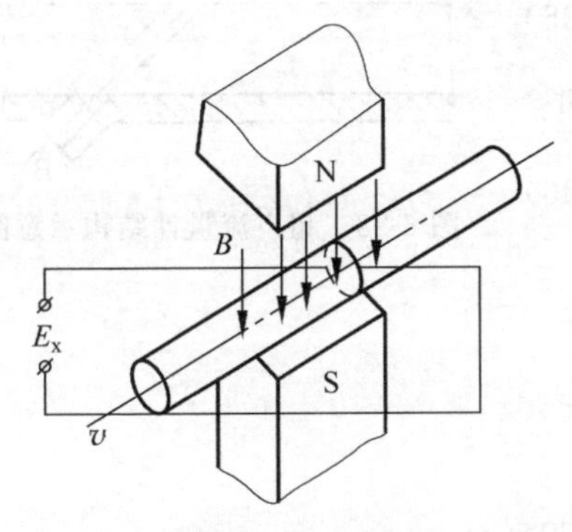

图 6-26　电磁式流量检测原理示意图

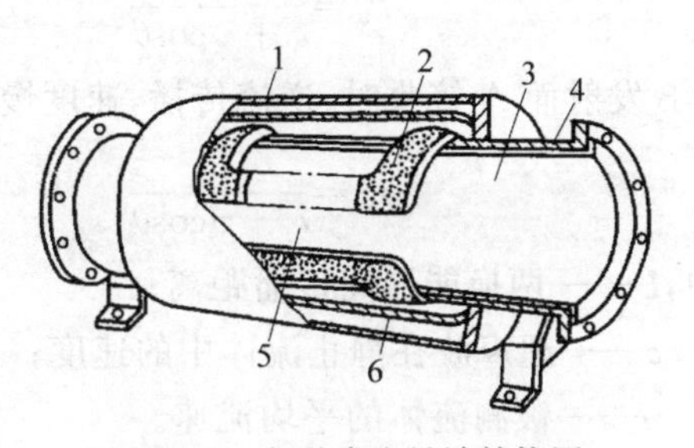

图 6-27　电磁式流量计结构图

1—外壳；2—激磁线圈；3—衬里；4—测量管；5—电极；6—铁芯

电磁流量计转换部分的输出电流 I_0 与平均流速成正比。

2）电磁流量计的特点及应用

电磁流量计的测量导管中无阻力件，压力损失极小，对于大口径节能效果显著；其流速测量范围宽，为0.5～10m/s；范围度可达10∶1；输出与流量成线性关系；流量计的口径可从几毫米到几米以上；流量计的精度0.5～1.5级；仪表反应速度快，流动状态对示值影响小，可以测量脉动流和两相流，如泥浆和纸浆的流量。电磁流量计对被测介质有一定的电导率要求（$\gamma \geqslant 10^{-4}$S/cm），因此不能测量气体、蒸气和电导率低的石油流量；并且介质温度和压力不能太高（200℃以下，2.5MPa以下）。

电磁流量计对直管段要求不高，前直管段长度为 $5D \sim 10D$。安装地点应尽量避免剧烈振动和交直流强磁场。在垂直安装时，流体要自下而上流过仪表，水平安装时两个电极要在同一平面上。要确保流体、外壳、管道间的良好接地。

选择电磁流量计时要根据被测流体情况确定合适的内衬和电极材料。其测量准确度受导管的内壁，特别是电极附近结垢的影响，应注意维护清洗。

近年来，电磁流量计有了更新的发展和更广泛的应用。

4. 超声波流量计

超声波在流体中传播速度与流体的流动速度有关，据此可以实现流量的测量。这种方法不会造成压力损失，并且适合大管径、非导电性、强腐蚀性流体的流量测量。

20世纪90年代，气体超声流量计在天然气工业中的成功应用取得了突破性的进展，一些在天然气计量中的疑难问题得到了解决，特别是多声道气体超声流量计已被气体界接受，多声道气体超声流量计是继气体涡轮流量计后被气体工业界接受的最重要的流量计量器具。目前国外已有“用超声流量计测量气体流量”的标准，我国也制定有“用气体超声流量计测量天然气流量”的国家标准GB/T 18604—2001。气体超声流量计在国外天然气工业中的贸易计量方面已得到了广泛的采用。

超声波流量计有以下几种测量方法。

1）时差法

在管道的两侧斜向安装两个超声换能器，使其轴线重合在一条斜线上，如图6-28所示，当换能器A发射、B接收时，声波基本上顺流传播，速度快、时间短，可表示为：

$$t_1 = \frac{L}{c + v\cos\theta} \tag{6-35}$$

B发射而A接收时，逆流传播，速度慢、时间长，即：

$$t_2 = \frac{L}{c - v\cos\theta} \tag{6-36}$$

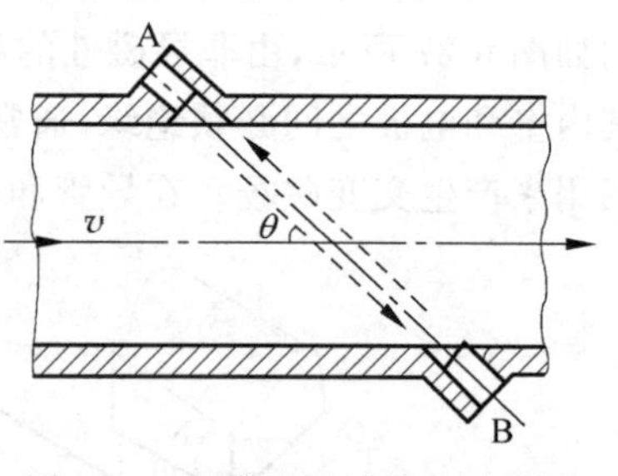

图6-28 超声流量计结构示意图

式中，L——两换能器间传播距离；

c——超声波在静止流体中的速度；

v——被测流体的平均流速。

两种方向传播的时间差 Δt 为

$$\Delta t = t_2 - t_1 = \frac{2Lv\cos\theta}{c^2 - v^2\cos^2\theta} \tag{6-37}$$

因 $v \ll c$，故 $v^2\cos^2\theta$ 可忽略，故得

$$\Delta t = 2Lv\cos\theta / c^2 \tag{6-38}$$

或

$$v = c^2 \Delta t / 2L\cos\theta \tag{6-39}$$

当流体中的声速 c 为常数时，流体的流速 v 与 Δt 成正比，测出时间差即可求出流速 v，进而得到流量。

值得注意的是，一般液体中的声速往往在1500m/s左右，而流体流速只有每秒几米，如要求流速测量的精度达到1%，则对声速测量的精度需为 $10^{-5} \sim 10^{-6}$ 数量级，这是难以做到的。更何况声速受温度的影响不容易忽略，所以直接利用式(6-39)不易实现流量的精确测量。

2）速差法

式(6-35)、式(6-36)可改为

$$c + v\cos\theta = L / t_1 \tag{6-40}$$

$$c - v\cos\theta = L / t_2 \tag{6-41}$$

以上两式相减，得

$$2v\cos\theta = L/t_1 - L/t_2 = L(t_2 - t_1)/t_1 t_2 \tag{6-42}$$

将顺流与逆流的传播时间差 Δt 代入上式得

$$v = \frac{L\Delta t}{2\cos\theta t_1 t_2} = \frac{L\Delta t}{2\cos\theta t_1 (t_2 - t_1 + t_1)} = \frac{L\Delta t}{2\cos\theta t_1 (\Delta t + t_1)} \tag{6-43}$$

式中，$L/2$ 为常数。

只要测出顺流传播时间 t_1 和时间差 Δt，就能求出 v，进而求得流量，这就避免了测声速 c 的困难。这种方法还不受温度的影响，容易得到可靠的数据。因为式(6-40)和式(6-41)相减即双向声速之差，故称此法为速差法。

3）频差法

超声发射探头和接收探头可以经放大器接成闭环，使接收到的脉冲放大之后去驱动发射探头，这就构成了振荡器，振荡频率取决于从发射到接收的时间，即前述的 t_1 或 t_2。如果A发射、B接收，则频率为：

$$f_1 = 1/t_1 = (c + v\cos\theta)/L \tag{6-44}$$

反之，B发射而A接收时，其频率为：

$$f_2 = 1/t_2 = (c - v\cos\theta)/L \tag{6-45}$$

以上两频率之差为：

$$\Delta f = f_1 - f_2 = 2v\cos\theta / L \tag{6-46}$$

可见，频差与速度成正比，式中也不含声速 c，测量结果不受温度影响，这种方法更为简单实用。不过，一般频差 Δf 很小，直接测量不精确，往往采用倍频电路。

因为两个探头是轮流承担发射和接收任务的，所以要有控制其转换的电路，两个方向闭环振荡的倍频利用可逆计数器求差。如果配上D/A转换并放大成0～10mA或4～20mA信号，便构成超声流量变送器。

4）多普勒法

非纯净流体在工业中也很普遍，流体中若含有悬浮颗粒或气泡，最适于采用多普勒效应

测量流量，其原理如图 6-29 所示。

发射探头 A 和接收探头 B，都安装在与管道轴线夹角为 θ 的两侧，且都迎着流向，当平均流速 v，声波在静止流体中的速度为 c 时，根据多普勒效应，接收到的超声波频率（靠流体里的悬浮颗粒或气泡反射而来）f_2 将比原发射频率 f_1 略高，其差 Δf 即多普勒频移，可用下式表示

$$\Delta f = f_2 - f_1 = \frac{2v\cos\theta}{c} f_1 \tag{6-47}$$

由此可见，在发射频率 f_1 恒定时，频移与流速成正比。但是，式中又出现了受温度影响比较明显的声速 c，应设法消去。

如果在超声波探头上设置声楔，使超声波先经过声楔再进入流体，声楔材料中的声速为 c_1，流体中的声速为 c，声波由声楔材料进入流体时的入射角为 β，在流体中的折艸角为 φ，如图 6-30 所示。则根据折射定律可以写出

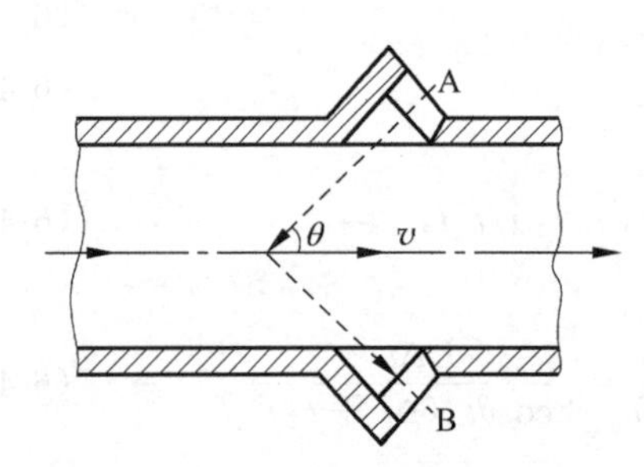

图 6-29 超声多普勒流量计原理图

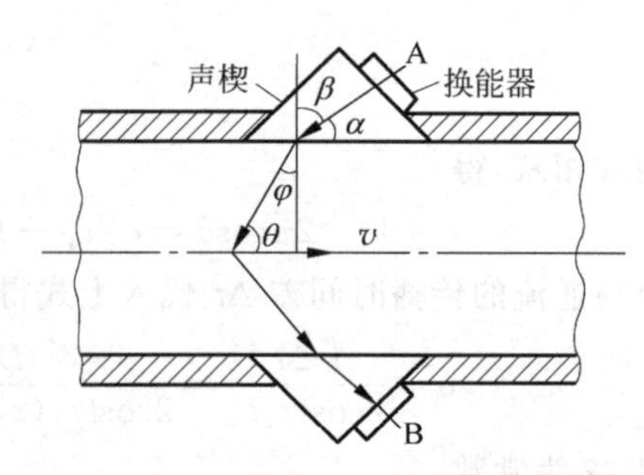

图 6-30 有声楔的超声多普勒流量计原理图

$$\frac{c}{\cos\theta} = \frac{c}{\sin\varphi} = \frac{c_1}{\sin\beta} = \frac{c_1}{\cos\alpha} \tag{6-48}$$

将上述关系代入式(6-47)，得

$$\Delta f = \frac{2v\cos\alpha}{c_1} f_1 \tag{6-49}$$

由此可得流速

$$v = \frac{c_1 \Delta f}{2\cos\alpha \cdot f_1} \tag{6-50}$$

进而求得流量。

可见，采用声楔之后，流速 v 中不含超声波在流体中的声速 c，而只有声楔材料中的声速 c_1，声楔为固体材料，其声速 c_1 受温度影响比液体中声速受温度的影响要小一个数量级，因而可以减小温度引起的测量误差。

多普勒法也有将两个探头置于管道同一侧的，利用声束扩散锥角的重叠部分形成收发声道。

对于煤粉和油的混合流体（COM）及煤粉和水的混合流体（CWM），多普勒法有广阔的应用前景。

5）相关法

超声技术与相关技术结合起来也可测流量。在管道上相距 L 处设置两组收发探头，流

体中的随机旋涡、气泡或杂质都会在接收探头上引起扰动信号，将上游某截面处收到的这种随机扰动信号与下游相距 L 处的另一截面处的扰动信号比较，如发现两者变化规律相同，则证明流体已运动到下游截面。将距离 L 除以两相关信号出现在不同截面所经历的时间，就得到流速，从而能求出流量。这种方法特别适合于气液、液固、气固等两相流甚至多相流的流量测量，它也不需要在管道内设置任何阻力体，而且与温度无关。

相关法所需信号处理设备较复杂，成本很高，虽然在计算机普及条件下，其技术可行性已不成问题，然而在工业生产过程中推广应用尚有待于简化电路和降低成本。

相关法不一定都是利用超声实现，只是利用超声比较方便。

超声换能器通常由压电材料制成，通过电致伸缩效应和压电效应，发射和接收超声波。流量计的电子线路包括发射、接收电路和控制测量电路，可显示瞬时流量和累积流量。

超声换能器通常由压电材料制成，通过电致伸缩效应和压电效应，发射和接收超声波。流量计的电子线路包括发射、接收电路和控制测量电路，可显示瞬时流量和累积流量。

超声流量计可夹装在管道外表面，实现非接触测量。仪表阻力损失极小，还可以做成便携式仪表，探头安装方便，通用性好。这种仪表可以测量各种液体的流量，包括腐蚀性、高黏度、非导电性流体。超声流量计尤其适于大口径管道测量，多探头设置时最大口径可达几米。超声流量计的范围度一般为 20：1，误差为±2%～±3%。但由于测量电路复杂，价格较贵。

6.4　质量流量检测及仪表

视频讲解

由于流体的体积是流体温度、压力和密度的函数，在流体状态参数变化的情况下，采用体积流量测量方式会产生较大误差。因此，在生产过程和科学实验的很多场合，以及作为工业管理和经济核算等方面的重要参数，要求检测流体的质量流量。

质量流量测量仪表通常可分为两大类：间接式质量流量计和直接式质量流量计。间接式质量流量计采用密度或温度、压力补偿的办法，在测量体积流量的同时，测量流体的密度或流体的温度、压力值，再通过运算求得质量流量。现在带有微处理器的流量传感器均可实现这一功能，这种仪表又称为推导式质量流量计。直接式质量流量计直接输出与质量流量相对应的信号，反映质量流量的大小。

6.4.1　间接式质量流量测量方法

根据质量流量与体积流量的关系，可以有多种仪表的组合以实现质量流量测量。常见的组合方式有如下几种。

1. 体积流量计与密度计的组合方式

体积流量计与密度计的组合方式有如下几种：

1）差压式流量计与密度计的组合

差压计输出信号正比于 ρq_v^2，密度计测量流体密度 ρ，仪表输出为统一标准的电信号，可以进行运算处理求出质量流量。其计算式为：

$$q_m = \sqrt{\rho q_v^2 \cdot \rho} = \rho \cdot q_v \tag{6-51}$$

2）其他体积流量计与密度计组合

其他流量计可以用速度式流量计，如涡轮流量计、电磁流量计，或容积式流量计。这类流量计输出信号与密度计输出信号组合运算，即可求出质量流量：

$$q_m = \rho \cdot q_v \tag{6-52}$$

2. 体积流量计与体积流量计的组合方式

差压式流量计（或靶式流量计）与涡轮流量计（或电磁流量计、涡街流量计等）组合，通过运算得到质量流量。其计算式为：

$$q_m = \frac{\rho q_v^2}{q_v} = \rho q_v \tag{6-53}$$

3. 温度、压力补偿式质量流量计

流体密度是温度、压力的函数，通过测量流体温度和压力，与体积流量测量组合可求出流体质量流量。

图 6-31 给出了几种推导式质量流量计组合示意图。

间接式质量流量计构成复杂，由于包括了其他参数仪表误差和函数误差等，其系统误差通常低于体积流量计。但在目前，已有多种形式的微机化仪表可以实现有关计算功能，应用仍较普遍。

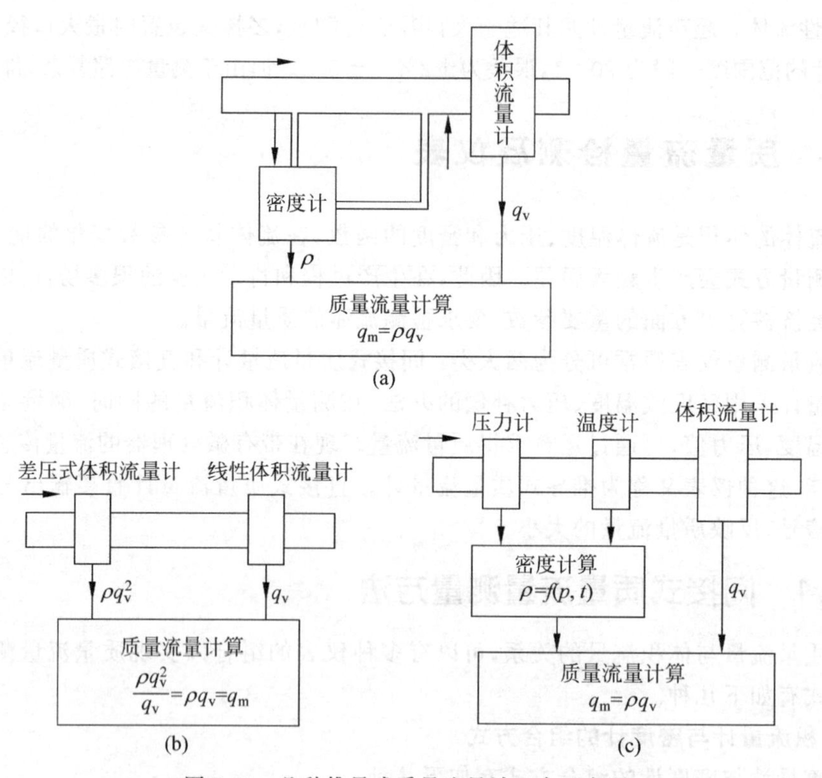

图 6-31 几种推导式质量流量计组合示意图

6.4.2 直接式质量流量计

直接式质量流量计的输出信号直接反映质量流量，其测量不受流体的温度、压力、密度变化的影响。目前得到较多应用的直接式质量流量计是科里奥利质量流量计，此外还有热式质量流量计和冲量式质量流量计等。

1. 科里奥利质量流量计

科里奥利质量流量计的工作原理是基于科里奥利力。

1）科里奥利力

如图 6-32(a)和(b)所示，当一根管子绕着原点旋转时，让一个质点以一定的直线速度 v 从原点通过管子向外端流动，由于管子的旋转运动(角速度$\boldsymbol{\omega}$)，质点做切向加速运动，质点的切向线速度由零逐渐加大，也就是说，质点被赋予能量，随之产生的反作用力 $\boldsymbol{F}_c$(即惯性力)将使管子的旋转速度减缓，即管子运动发生滞后。

相反，让一个质点从外端通过管子向原点流动，即质点的线速度由大逐渐减小趋向于零，也就是说，质点的能量被释放出来，随之而产生的反作用力 $\boldsymbol{F}_c$ 将使管子的旋转速度加快，即管子运动发生超前。

这种能使旋转着的管子运动速度发生超前或滞后的力，就称为科里奥利力，简称科氏力。

$$\mathrm{d}\boldsymbol{F}_c = -2\mathrm{d}m\boldsymbol{\omega}\cdot\boldsymbol{v} \tag{6-54}$$

式中，$\mathrm{d}m$——质点的质量；$\mathrm{d}\boldsymbol{F}_c$、$\boldsymbol{\omega}$ 和$\boldsymbol{v}$ 均为矢量。

当流体在旋转管道中以恒定速度 v 流动时，管道内流体的科氏力为

$$\boldsymbol{F}_c = 2\boldsymbol{\omega}LM \tag{6-55}$$

式中，L——管道长度；

M——质量流量。

若将绕一轴线以同相位和角速度旋转的两根相同的管子外端用同样的管子连接起来，如图 6-32(c)所示。当管子内没有流体或有流体但不流动时，连接管与轴线平行；当管子内有流体流动时，由于科氏力的作用，两根旋转管产生相位差 φ，出口侧相位超前于进口侧相位，而且连接管被扭转(扭转角 θ)而不再与轴线平行。相位差 φ 或扭转角 θ 反映管子内流体的质量流量。

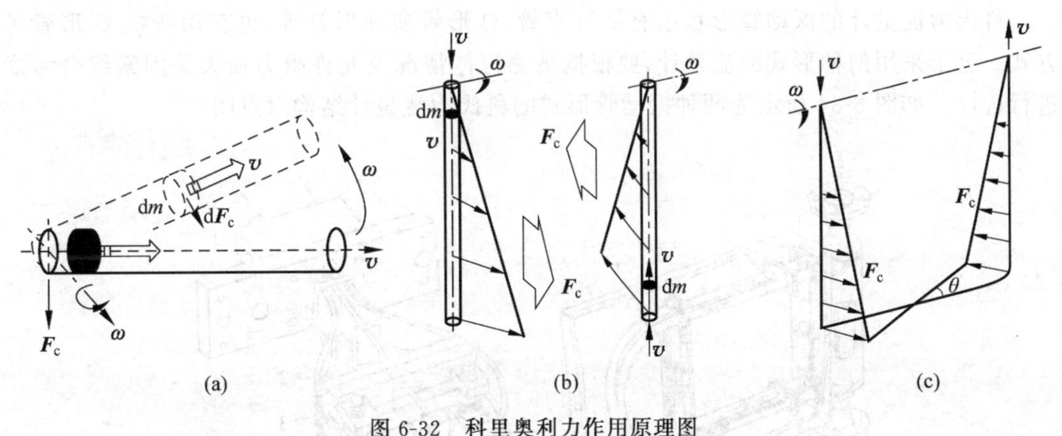

图 6-32　科里奥利力作用原理图

2）科里奥利质量流量计

科里奥利质量流量计简称科氏力流量计(CMF)，它是利用流体在振动管中流动时，将产生与质量流量成正比的科里奥利力的测量原理。科氏力流量计由检测科里奥利力的传感器与转换器组成。如图 6-33 所示为一种 U 形管式科氏力流量计的示意图，其工作原理如下。

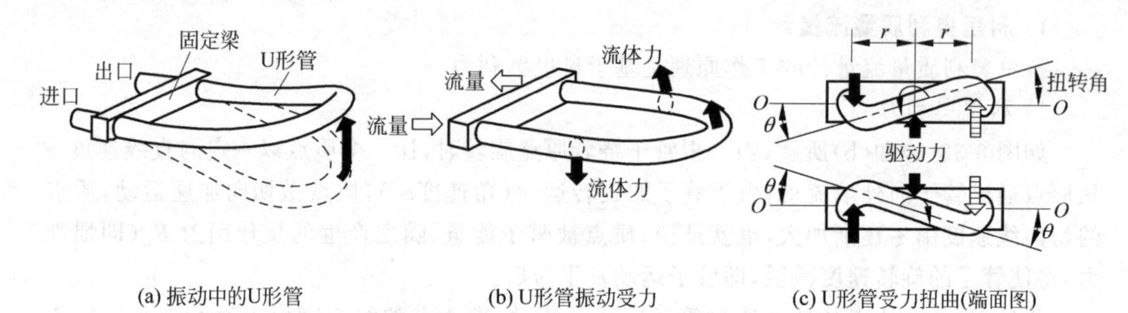

(a) 振动中的U形管　　(b) U形管振动受力　　(c) U形管受力扭曲(端面图)

图 6-33　U 形管式科里奥利力作用原理图

测量管在外力驱动下，以固有振动频率做周期性上、下振动，频率约为 80Hz，振幅接近 1mm。当流体流过振动管时，管内流体一方面沿管子轴向流动，一方面随管绕固定梁正反交替“转动”，对管子产生科里奥利力。进、出口管内流体的流向相反，将分别产生大小相等、方向相反的科氏力的作用。在管子向上振动的半个周期内，流入侧管路的流体对管子施加一个向下的力；而流出侧管路的流体对管子施加一个向上的力，导致 U 形测量管产生扭曲。在振动的另外半个周期，测量管向下振动，扭曲方向则相反。如图 6-31(c)所示，U 形测量管受到方向和大小都随时间变化的扭矩 M_c 的作用，使测量管绕 O-O 轴作周期性扭曲变形。扭转角 θ 与扭矩 M_c 及刚度 k 有关。其关系为

$$M_c = 2\boldsymbol{F}_c r = 4\boldsymbol{\omega} L r \cdot M = k\theta \tag{6-56}$$

$$M = \frac{k}{4\boldsymbol{\omega} L r}\theta \tag{6-57}$$

所以被测流体的质量流量 M 与扭转角 θ 成正比。如果 U 形管振动频率一定，则 $\boldsymbol{\omega}$ 恒定不变。所以只要在振动中心位置 O-O 上安装两个光电检测器，测出 U 形管在振动过程中测量管通过两侧的光电探头的时间差，就能间接确定 θ，即质量流量 M。

科氏力流量计的振动管形状还有平行直管、Ω 形管或环形管等，也有用两根 U 形管等方式。至于采用何种形式的流量计，要根据被测流体情况及允许阻力损失等因素综合考虑进行选择。如图 6-34 所示为两种振动管形式的科氏力流量计结构示意图。

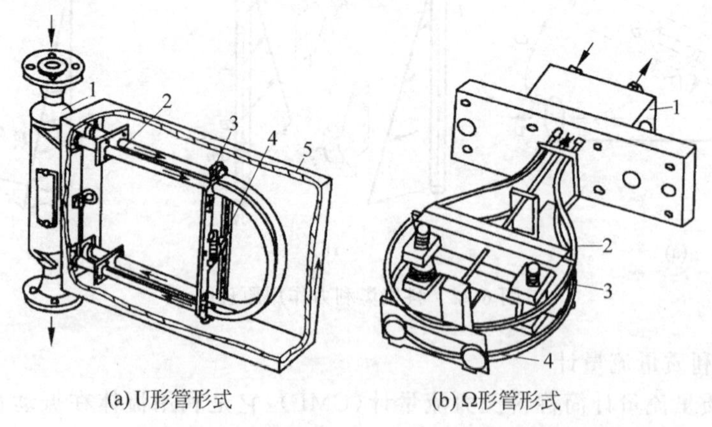

(a) U形管形式　　(b) Ω形管形式

图 6-34　两种科氏力流量计结构示意图

1—支承管；2—检测管；3—电磁检测器；4—电磁激励器；5—壳体

这种类型的流量计的特点是可直接测得质量流量信号，不受被测介质物理参数的影响，精度较高；可以测量多种液体和浆液，也可以用于多相流测量；不受管内流态影响，因此对流量计前后直管段要求不高；其范围度可达 100∶1。但是它的阻力损失较大，存在零点漂移，管路的振动会影响其测量精度。

2. 热式质量流量计

热式质量流量计的测量原理基于流体中热传递和热转移与流体质量流量的关系。其工作机理是利用外热源对被测流体加热，测量因流体流动造成的温度场变化，从而测得流体的质量流量。热式流量计中被测流体的质量流量可表示为

$$q_m = \frac{P}{c_P \Delta T} \tag{6-58}$$

式中，P——加热功率；

c_P——比定压热容；

ΔT——加热器前后温差。

若采用恒定功率法，则通过测量温差 ΔT 可以求得质量流量。若采用恒定温差法，则测出热量的输入功率 P 就可以求得质量流量。

图 6-35 为一种非接触式对称结构的热式流量计示意图。加热器和两只测温铂电阻安装在小口径的金属薄壁圆管外，测温铂电阻 R_1、R_2 接于测量电桥的两臂。在管内流体静止时，电桥处于平衡状态。当流体流动时则形成变化的温度场，两只测温铂电阻阻值的变化使电桥产生不平衡电压，测得此信号可知温差 ΔT，即可求得流体的质量流量。

热式流量计适用于微小流量测量。当需要测量较大流量时，要采用分流方法，仅测一小部分流量，再求得全流量。热式流量计结构简单，压力损失小。非接触式流量计使用寿命长；其缺点是灵敏度低，测量时还要进行温度补偿。

3. 冲量式流量计

冲量式流量计用于测量自由落下的固体粉料的质量流量。冲量式流量计由冲量传感器及显示仪表组成。冲量传感器感受被测介质的冲力，经转换放大输出与质量流量成比例的标准信号，其工作原理如图 6-36 所示。自由下落的固体粉料对检测板——冲板产生冲击力，其垂直分力由机械结构克服而不起作用。其水平分力则作用在冲板轴上，并通过机械结构的作用与反馈测量弹簧产生的力相平衡，水平分力大小可表示为

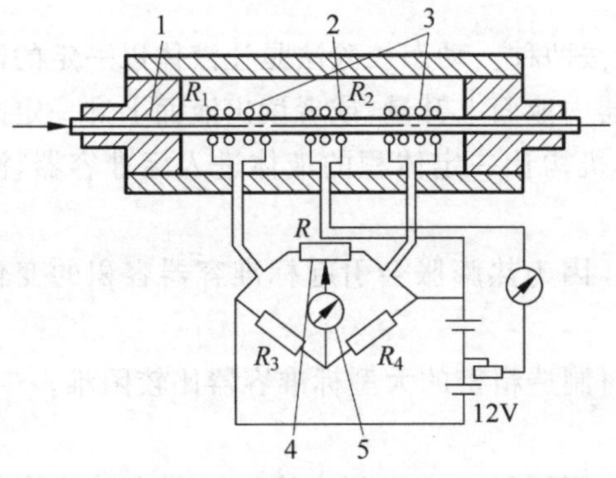

图 6-35 非接触式对称结构的热式流量计示意图

1—镍管；2—加热线圈；3—测温线圈；4—调零电阻；5—电表

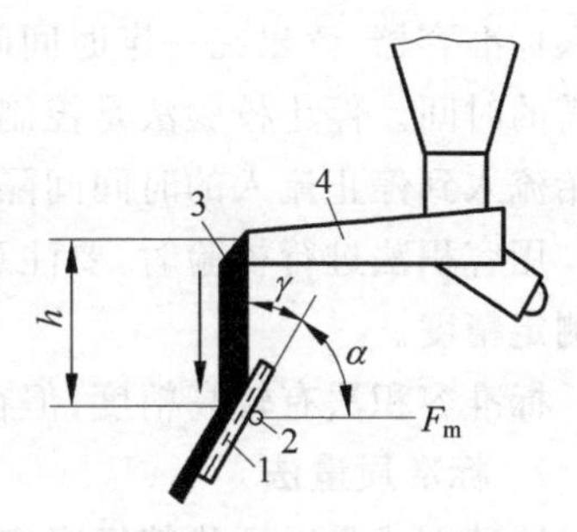

图 6-36 冲量式流量计工作原理图

1—冲板；2—冲板轴；3—物料；4—输送机

$$F_m = q_m \sqrt{2gh \sin\alpha \sin\gamma} \tag{6-59}$$

式中，q_m——物料流量，kg/s；

h——物料自由下落至冲板的高度，m；

γ——物料与冲板之间的夹角；

α——冲板安装角度。

转换装置检测冲板轴的位移量，经转换放大后输出与流量相对应的信号。

冲量式流量计结构简单；安装维修方便；使用寿命长，可靠性高；由于检测的是水平力，所以检测板上有物料附着时也不会发生零点漂移。冲量式流量计适用于各种固体粉料介质的流量测量，从粉末到块状物以及浆状物料。流量计的选择要根据被测介质的大小、重量和正常工作流量等条件。正常流量应为流量计最大流量的30%～80%。改变流量计的量程弹簧可以调整流量测量范围。

6.5 流量标准装置

流量计的标定随流体的不同有很大的差异，需要建立各种类型的流量标准装置。流量标准装置的建立是比较复杂的，不同的介质如气、水、油，以及不同的流量范围和管径，均要有与之相应的装置。以下介绍几种典型的流量标准装置。

6.5.1 液体流量标准装置

液体流量标定方法和装置主要有以下几种。

1. 标准容积法

标准容积法所使用的标准计量容器是经过精细分度的量具，其容积精度可达万分之几，根据需要可以制成不同的容积大小。如图6-37所示为标准容积法流量标准装置示意图。在校验时，高位水槽中的液体通过被校流量计经切换机构流入标准容器，从标准容器的读数装置上读出在一定时间内进入标准容器的液体体积，将由此决定的体积流量值作为标准值与被校流量计的标准值相比较。高位水槽内有溢流装置以保持槽内液位的恒定，补充的液体由泵从下面的水池中抽送。切换机构的作用是当流动达到稳定后再将流体引入标准容器。

进行校验的方法有动态校验法和停止校验法两种。动态校验法是让液体以一定的流量流入标准容器，读出在一定时间间隔内标准容器内液面上升量，或者读出液面上升一定高度所需的时间。停止校验法是控制停止阀或切换机构让一定体积的液体进入标准容器，测定开始流入到停止流入的时间间隔。

用容积法进行校验时，要注意温度的影响。因为热膨胀会引起标准容器容积的变化影响测定精度。

标准容积法有较高精度，但在标定大流量时制造精密的大型标准容器比较困难。

2. 标准质量法

这种方式是以秤代替标准容器作为标准器，用秤量一定时间内流入容器内的流体总量的方法来求出被测液体的流量。秤的精度较高，这种方法可以达到±0.1%的精度。其实验方法也有停止法和动态法两种。

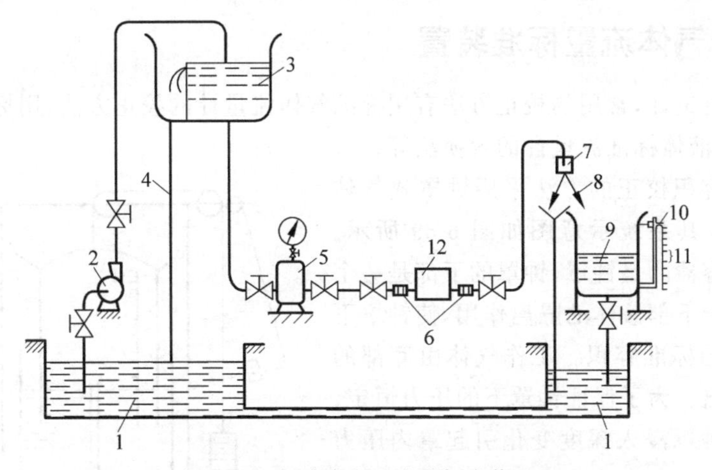

图 6-37 标准容积法流量标准装置

1—水池；2—水泵；3—高位水槽；4—溢流管；5—稳压容器；
6—活动管接头；7—切换机构；8—切换挡板；9—标准容积计量槽；
10—液位标尺；11—游标；12—被校流量计

3. 标准流量计法

这种方式是采用高精度流量计作为标准仪表对其他工作用流量计进行校正。用作高精度流量计的有容积式、涡轮式、电磁式和差压式等形式，可以达到±0.1%左右的测量精确度。这种校验方法简单，但是介质性质及流量大小要受到标准仪表的限制。

4. 标准体积管校正法

采用标准体积管流量装置可以对较大流量进行实流标定，并且有较高精度，广泛用于石油工业标定液体总量仪表。

标准体积管流量装置在结构上有多种类型。图 6-38 为单球式标准体积管的原理示意图。合成橡胶球经交换器进入体积管，在流过被校验仪表的液流推动下，按箭头所示方向前进。橡胶球经过入口探头时发出信号启动计数器，橡胶球经过出口探头时停止计数器工作。橡胶球受导向杆阻挡，落入交换器，再为下一次实验做准备。被校表的体积流量总量与标准体积段的容积相等，脉冲计数器的累计数对应于被校表给出的体积流量总量。这样，根据检测球走完标准体积段的时间求出的体积流量作为标准，把它与被校表指示值进行比较，即可得知被校表的精度。

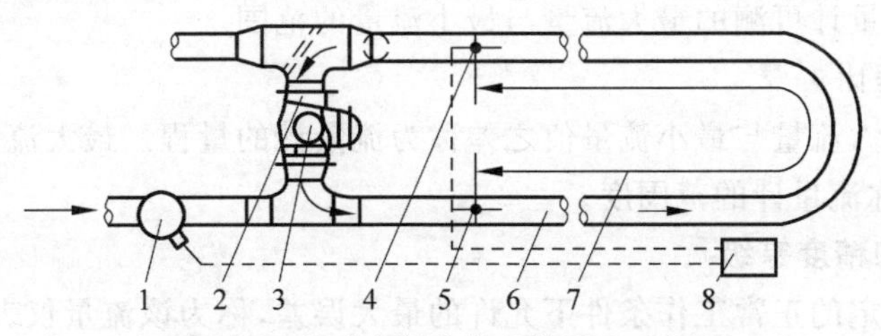

图 6-38 单球式标准体积管原理示意图

1—被校流量计；2—交换器；3—球；4—终止检测器；
5—起始检测器；6—体积管；7—校验容积；8—计数器

应该注意，在标定中要对标准体积管的温度、压力及流过被校表的液体的温度、压力进行修正。

6.5.2 气体流量标准装置

对于气体流量计，常用的校正方法有用标准气体流量计的校正方法、用标准气体容积的校正方法、使用液体标准流量计的置换法等。

标准气体容积校正的方法采用钟罩式气体流量校正装置，其系统示意图如图 6-39 所示。作为气体标准容器的是钟罩，钟罩的下部是一个水封容器。由于下部液体的隔离作用，使钟罩下形成储存气体的标准容积。工作气体由底部的管道送入或引出。为了保证钟罩下的压力恒定，以及消除由于钟罩浸入深度变化引起罩内压力的变化，钟罩上部经过滑轮悬以相应的平衡重物。钟罩侧面有经过分度的标尺，以计量钟罩内气体体积。在对流量计进行校正时，由送风机把气体送入系统，使钟罩浮起，当流过的气体量达到预定要求时，把三通阀转向放空位置停止进气。放气使罩内气体经被校表流出，由钟罩的刻度值变化换算为气体体积，被校表的累积流过总量应与此相符。采用该方法也要对温度、压力进行修正。这种方法比较常用，可达到较高精度。目前常用钟罩容积有 50L、500L、2000L 的几种。

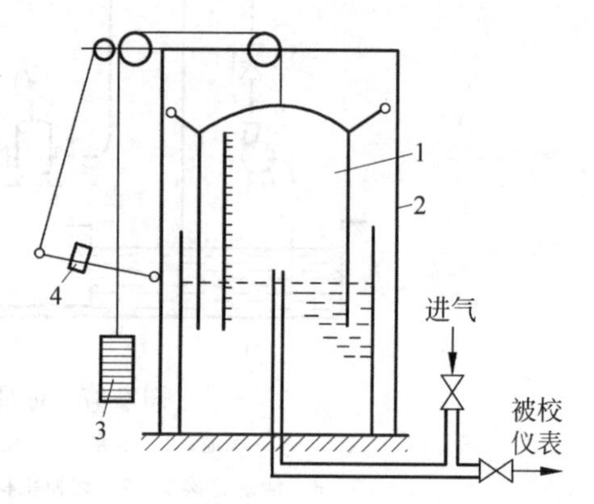

图 6-39 钟罩式气体流量校正装置

1—钟罩；2—导轨和支架；3—平衡锤；4—补偿锤

此外，还有用音速喷嘴产生恒定流量值对气体流量计进行校正的方法。

由以上简要介绍可见，流量校验装置是多样的，而且一般比较复杂。应该指出的是，在流量计校验过程中应保持流量值的稳定。因此，产生恒定流量的装置应是流量校验装置的一个部分。

6.6 流量检测仪表的选型

流量仪表的主要技术参数如下：

1. 流量范围

流量范围指流量计可测的最大流量与最小流量的范围。

2. 量程和量程比

流量范围内最大流量与最小流量值之差称为流量计的量程。最大流量与最小流量的比值称为量程比，也称流量计的范围度。

3. 允许误差和精度等级

流量仪表在规定的正常工作条件下允许的最大误差，称为该流量仪表的允许误差，一般用最大相对误差和引用误差来表示。流量仪表的精度等级是根据允许误差的大小来划分的，其精度等级有 0.02、0.1、0.2、0.5、1.0、1.5、2.5 等。

4. 压力损失

除无阻碍流量传感器（电磁式、超声式等）外，大部分流量传感器或要改变流动方向，或在流通管道中设置静止的或活动的检测元件，从而产生随流量而变的不能回复的压力损失，其值有时高达10kPa。泵送能耗和压损与流体密度、流量成正比,因选择不当而产生过大的压力损失往往影响流程效率。压力损失的大小是流量仪表选型的一个重要技术指标。压力损失小,流体能消耗小,输运流体的动力要求小,测量成本低;反之则能耗大,经济效益相应降低。故希望流量计的压力损失愈小愈好。

5. 线性度

流量仪表输出主要有线性和平方根非线性两种。大部分流量仪表的非线性误差不列单独指标,而包含在基本误差内。然而对于宽流量范围脉冲输出用作总量计算的仪表,线性度是一个重要指标,在流量范围内使用同一个仪表常数,线性度差可能就要降低仪表精确度。随着微处理技术的发展,可采用信号适配技术修正仪表系统非线性,从而提高仪表精确度和扩展流量范围。

思考题与习题

6-1 试述工业生产中流量测量的意义。

6-2 什么是流量和总量?有哪几种表示方法?相互之间的关系是什么?

6-3 简述流量检测仪表的分类。

6-4 椭圆齿轮流量计的基本工作原理及特点是什么?

6-5 什么叫节流现象?流体经节流装置时为什么会产生静压差?

6-6 节流式流量计的工作原理及特点是什么?

6-7 节流式流量计的流量系数与哪些因素有关?

6-8 标准节流装置有哪些,它们分别有哪些取压方式?

6-9 简述标准节流式流量计的组成环节及其作用。对流量测量系统的安装有哪些要求?

6-10 靶式流量计的工作原理及特点是什么?

6-11 浮子流量计的工作原理及特点是什么?

6-12 浮子流量计与节流式流量计测量原理有何异同?

6-13 玻璃浮子流量计在使用时出现下列情况时,则流量的指示值会发生什么变化?

① 浮子上沉淀一定量的杂质;

② 流量计安装时不垂直;

③ 被测介质密度小于标定值。

6-14 现用一只水标定的浮子流量计来测定苯的流量,已知浮子材料为不锈钢,$\rho_t=7.9g/cm^3$,苯的密度为$\rho_f=0.83g/cm^3$,试问流量计读数为3.6L/s时,苯的实际流量是多少?

6-15 某厂用浮子流量计来测量温度为27℃,表压为0.16MPa的空气流量,问浮子流量计读数为$38m^3/h$时,空气的实际流量是多少?

6-16 简述涡轮流量计组成及测量原理。

6-17 某一涡轮流量计的仪表常数为$K=150.4$次/升,当它在测量流量时的输出频率$f=400Hz$,其相应的瞬时流量是多少?

6-18 超声流量计的工作原理及特点是什么?其测速方法有几种?

6-19　在你学习到的各种流量检测方法中，请指出哪些测量结果受被测流体的密度影响？为什么？

6-20　电磁流量计的工作原理是什么？在使用时需要注意哪些问题？

6-21　简述涡街流量计的工作原理及特点。常见的旋涡发生体有哪几种？

6-22　质量流量测量有哪些方法？

6-23　科氏流量计的工作原理及特点是什么？

6-24　说明流量标准装置的作用。有哪几种主要类型？

6-25　已知工作状态下体积流量为 $293m^3/h$，被测介质在工作状态下的密度为 $19.7kg/m^3$，求流体的质量流量。

6-26　已知某流量计的最大可测流量(标尺上限)为 $40m^3/h$，流量计的量程比为 10：1，则该流量计的最小可测流量是多少？

第7章 物位检测及仪表

CHAPTER 7

在工业生产中，常需要对一些设备和容器中的物位进行检测和控制。人们对物位检测的目的有两个：一个是通过物位检测来确定容器内物料的数量，以保证能够连续供应生产中各环节所需的物料或进行经济核算；另一个是通过物位检测，了解物位是否在规定的范围内，以便正常生产，从而保证产品的质量、产量和安全生产。例如，蒸汽锅炉中汽包的液位高度的稳定是保证生产和设备安全的重要参数。如果水位过低，则由于汽包内的水量较少，而负荷却很大，水的汽化速度又快，因而汽包内的水量变化速度很快，如不及时控制，就会使汽包内的水全部汽化，导致锅炉烧坏和爆炸；水位过高会影响汽包的汽水分离，产生蒸汽带液现象，会使过热气管壁结垢导致破坏，同时过热蒸汽温度急剧下降，若该蒸汽作为汽轮机动力的话，还会损坏汽轮机叶片，影响运行的安全与经济性。汽包水位过高过低的后果极为严重，所以必须严格加以控制。由此可见，物位的测量在生产中具有十分重要的意义。

7.1 物位的定义及物位检测仪表的分类

视频讲解

物位的定义及物位检测仪表的分类如下：

7.1.1 物位的定义

物位通指设备和容器中液体或固体物料的表面位置。

对应不同性质的物料又有以下定义。

(1) 液位：指设备和容器中液体介质表面的高低。

(2) 料位：指设备和容器中所储存的块状、颗粒或粉末状固体物料的堆积高度。

(3) 界位：指相界面位置。容器中两种互不相容的液体，因其重度不同而形成分界面，为液-液相界面；容器中互不相溶的液体和固体之间的分界面，为液-固相界面；液-液、液-固相界面的位置简称界位。

物位是液位、料位、界位的总称。对物位进行测量、指示和控制的仪表，称物位检测仪表。

7.1.2 物位检测仪表的分类

由于被测对象种类繁多，检测的条件和环境也有很大差别，所以物位检测的方法多种多样，以满足不同生产过程的测量要求。

物位检测仪表按测量方式可分为连续测量和定点测量两大类。连续测量方式能持续测量物位的变化。定点测量方式则只检测物位是否达到上限、下限或某个特定位置，定点测量仪表一般称为物位开关。

按工作原理分类，物位检测仪表有直读式、静压式、浮力式、机械接触式、电气式等。

(1) 直读式物位检测仪表。采用侧壁开窗口或旁通管方式，直接显示容器中物位的高度。方法可靠、准确，但是只能就地指示。主要用于液位检测和压力较低的场合。

(2) 静压式物位检测仪表。基于流体静力学原理，适用于液位检测。容器内的液面高度与液柱重量所形成的静压力成比例关系，当被测介质密度不变时，通过测量参考点的压力可测知液位。这类仪表有压力式、吹气式和差压式等。

(3) 浮力式物位检测仪表。其工作原理基于阿基米德定律，适用于液位检测。漂浮于液面上的浮子或浸没在液体中的浮筒，在液面变动时其浮力会产生相应的变化，从而可以检测液位。这类仪表有各种浮子式液位计、浮筒式液位计等。

(4) 机械接触式物位检测仪表。通过测量物位探头与物料面接触时的机械力实现物位的测量。这类仪表有重锤式、旋翼式和音叉式等。

(5) 电气式物位检测仪表。将电气式物位敏感元件置于被测介质中，当物位变化时其电气参数如电阻、电容等也将改变，通过检测这些电量的变化可知物位。

(6) 其他物位检测方法如声学式、射线式、光纤式仪表等。

各类物位检测仪表的主要特性见表 7-1。

表 7-1 物位检测仪表的分类和主要特性

类别		适用对象	测量范围/m	允许温度/℃	允许压力/MPa	测量方式	安装方式
直读式	玻璃管式	液位	＜1.5	100～150	常压	连续	侧面、旁通管
	玻璃板式	液位	＜3	100～150	6、4	连续	侧面
静压式	压力式	液位	50	200	常压	连续	侧面
	吹气式	液位	16	200	常压	连续	顶置
	差压式	液位、界位	25	200	40	连续	侧面
浮力式	浮子式	液位	2.5	＜150	6、4	连续、定点	侧面、顶置
	浮筒式	液位、界位	2.5	＜200	32	连续	侧面、顶置
	翻板式	液位	＜2.4	－20～120	6、4	连续	侧面、旁通管
机械接触式	重锤式	料位、界位	50	＜500	常压	连续、断续	顶置
	旋翼式	液位	由安装位置定	80	常压	定点	顶置
	音叉式	液位、料位	由安装位置定	150	4	定点	侧面、顶置
电气式	电阻式	液位、料位	由安装位置定	200	1	连续、定点	侧面、顶置
	电容式	液位、料位、界位	50	400	32	连续、定点	顶置
其他	超声式	液位、料位	60	150	0.8	连续、定点	顶置
	微波式	液位、料位	60	150	1	连续	顶置
	称重式	液位、料位	20	常温	常压	连续	在容器钢支架上安装传感器
	核辐射式	液位、料位	20	无要求	随容器定	连续、定点	侧面

7.2 常用物位检测仪表

下面介绍几种常用的物位检测仪表。

7.2.1 静压式物位检测仪表

静压式检测方法的测量原理如图 7-1 所示，将液位的检测转换为静压力测量。设容器上部空间的气体压力为 p_a，选定的零液位处压力为 p_b，则自零液位至液面的液柱高 H 所产生的静压差 Δp 可表示为：

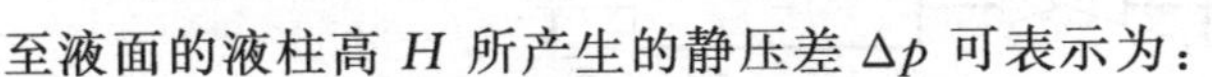

$$\Delta p = p_b - p_a = H\rho g \tag{7-1}$$

式中，ρ——被测介质密度；

g——重力加速度。

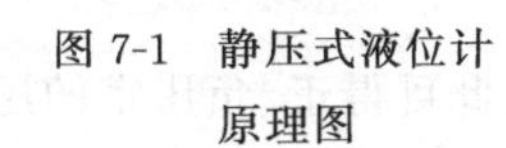

图 7-1 静压式液位计原理图

当被测介质密度不变时，测量差压值 Δp 或液位零点位置的压力 p_b，即可以得知液位。

静压式检测仪表有多种形式，应用较普遍。

1. 压力和差压式液位计

凡是可以测压力和差压的仪表，选择合适的量程，均可用于检测液位。这种仪表的特点是测量范围大，无可动部件，安装方便，工作可靠。

对于敞口容器，式(7-1)中的 p_a 为大气压力，只需将差压变送器的负压室通大气即可。若不需要远传信号，也可以在容器底部或侧面液位零点处引出压力信号，仪表指示的表压力即反映相应的液柱静压，如图 7-2 所示。对于密闭容器，可用差压计测量液位。其设置见图 7-3，差压计的正压侧与容器底部相通，负压侧连接容器上部的气空间。由式(7-1)可求出液位高度。

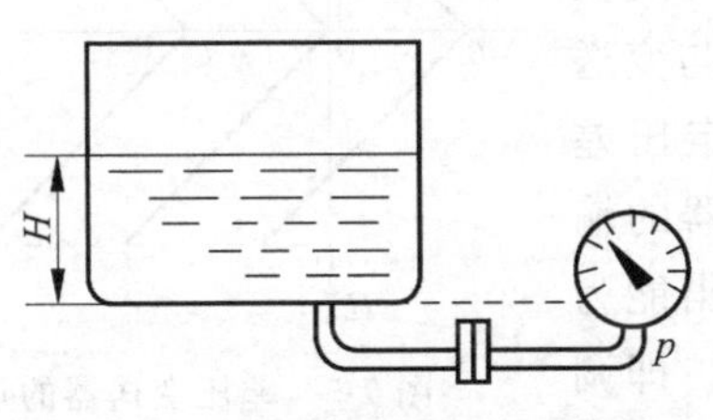

图 7-2 压力计式液位计示意图

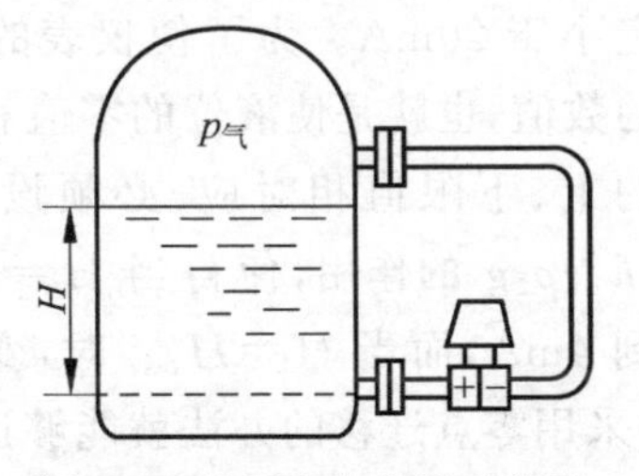

图 7-3 差压式液位计示意图

1) 零点迁移问题

在使用差压变送器测液位时，一般来说，其压差 Δp 与液位高度 H 之间有式(7-1)的关系。这就属于一般的零点“无迁移”情况，当 $H=0$ 时，作用在正、负压室的压力相等。

(1) 负迁移。

在实际液位测量时，液位 H 与压差 Δp 的关系不那么简单。如图 7-4 所示，为防止容器内液体或气体进入变送器而造成管线堵塞或腐蚀，并保持负压室的液柱高度恒定，在差压变送器正、负压室与取压点之间安装有隔离灌，并充有隔离液。若被测介质密度为 ρ_1，隔离液密度为ρ_2（通常$\rho_2>\rho_1$），由图7-4可知：

$$p_+=\rho_2 g h_1+\rho_1 g H+p_0 \tag{7-2}$$

$$p_-=\rho_2 g h_2+p_0 \tag{7-3}$$

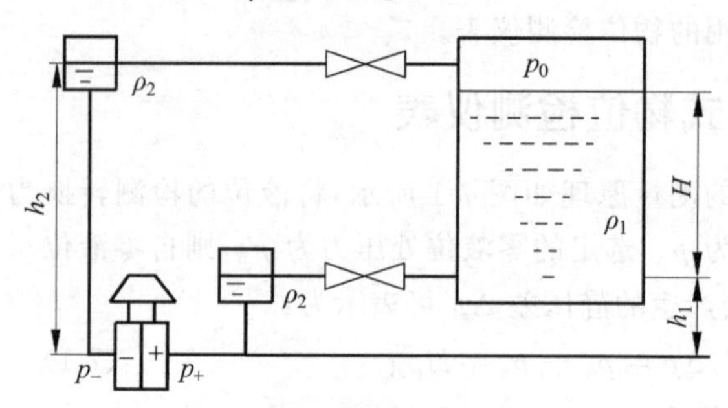

图7-4 负迁移测量液位原理图

由此可得正、负压室的压差为：

$$\Delta p=p_+-p_-=\rho_1 g H-(h_2-h_1)\rho_2 g=\rho_1 g H-B \tag{7-4}$$

当$H=0$时，$\Delta p=-(h_2-h_1)\rho_2 g\neq 0$，有零点迁移，且属于"负迁移"。

将式(7-4)与式(7-1)相比较，就知道这时压差减少了$-(h_2-h_1)\rho_2 g$。也就是说，当$H=0$时，$\Delta p=-(h_2-h_1)\rho_2 g$，对比无迁移情况，相当于在负压室多了一项压力，其固定数值为$-(h_2-h_1)\rho_2 g$。假定采用的是DDZ-Ⅲ差压变送器，其输出范围为4～20mA的电流信号，在无迁移时，$H=0$，$\Delta p=0$，这时变送器的输出$I_0=4$mA；$H=H_{max}$，$\Delta p=\Delta p_{max}$，这时变送器的输出$I_0=20$mA。差压变送器的输出电流I与液位H成线性关系，如图7-5表示了液位H与差压Δp以及差压Δp与输出电流I之间的关系。

但是有迁移时，由式(7-4)可知，由于有固定差压的存在，当$H=0$时，变送器的输入小于0，其输出必定小于4mA；当$H=H_{max}$时，变送器的输入小于Δp_{max}，其输出必定小于20mA。为了使仪表的输出能正确反映出液位的数值，也就是使液位的零值和满量程能与变送器输出的上、下限值相对应，必须设法抵消固定压差$-(h_2-h_1)\rho_2 g$的作用，使得当$H=0$时，变送器的输出仍回到4mA，而当$H=H_{max}$时，变送器的输出能为20mA。采用零点迁移的办法就能够达到此目的。即调节仪表上的迁移弹簧，以抵消固定压差$-(h_2-h_1)\rho_2 g$的作用。因为要迁移的量为负值，因此称为负迁移，迁移量为$-B$。从而实现了差变输出与液位之间的线性关系，如图7-5的曲线b所示。

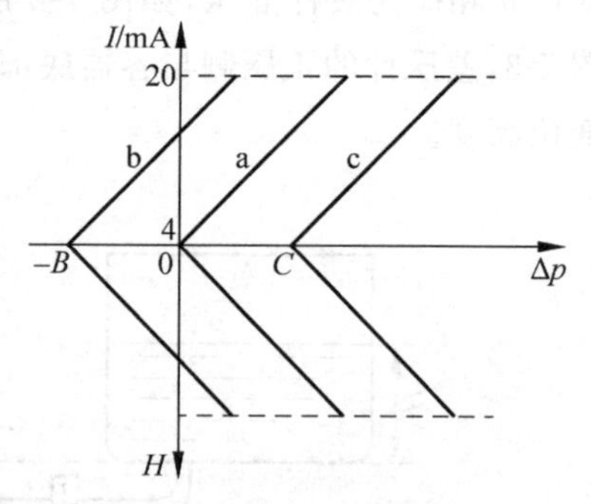

图7-5 差压变送器的正负迁移示意图

这里迁移弹簧的作用，其实质就是改变变送器的零点，迁移和调零都是使变送器输出的起始值与被测量起始点相对应，只不过零点调整量通常较小，而零点迁移量则比较大。

迁移同时改变了量程范围的上、下限，相当于测量范围的平移，它不改变量程的大小。

(2) 正迁移。

由于工作条件不同，有时会出现正迁移的情况，如图7-6所示。由图可知：

$$p_+=\rho g h+\rho g H+p_0 \tag{7-5}$$

$$p_{-}=p_0 \tag{7-6}$$

由此可得正、负压室的压差为：

$$\Delta p = p_{+} - p_{-} = \rho g H + \rho g h = \rho g H + C \tag{7-7}$$

当 $H=0$ 时，$\Delta p=+C$，即正压室多了一项附加压力 C，这时变送器输出应为 4mA。画出此时变送器输出和输入压差之间的关系，就如同图 7-5 的曲线 c 所示。

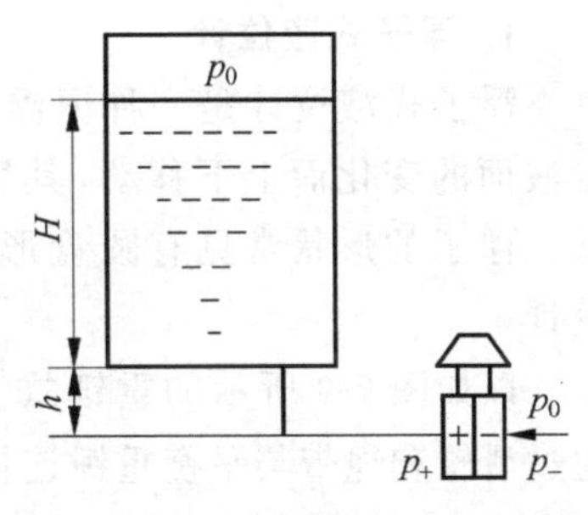

图 7-6　正迁移测量液位原理图

2) 用法兰取压式差压变送器测量液位

为了解决测量具有腐蚀性或含有结晶颗粒以及黏度大、易凝固等液体液位时引压管线被腐蚀、被堵塞的问题，应使用在导压管入口处加隔离膜盒的法兰式差压变送器，如图 7-7 所示。作为敏感元件的测压头 1(金属膜盒)，经毛细管 2 与变送器 3 的测量室相通。在膜盒、毛细管和测量室所组成的封闭系统内充有硅油，作为传压介质，并使被测介质不进入毛细管与变送器，以免堵塞。

法兰式差压变送器按其结构形式的不同又分为单法兰式及双法兰式两种。容器与变送器间只需一个法兰将管路接通的称为单法兰差压变送器，而对于上端和大气隔绝的闭口容器，因上部空间与大气压力多半不等，必须采用两个法兰分别将液相和气相压力导致差压变送器，如图 7-7 所示，这就是双法兰差压变送器。

2. 吹气式液位计

吹气式液位计原理如图 7-8 所示。将一根吹气管插入至被测液体的最低位(液面零位)，使吹气管通入一定量的气体(空气或惰性气体)，使吹气管中的压力与管口处液柱静压力相等。用压力计测量吹气管上端压力，就可测得液位。

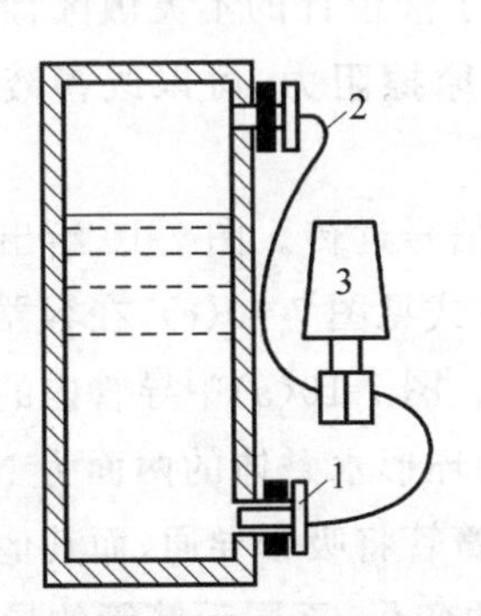

图 7-7　法兰式液位计示意图

1—法兰测压头；2—毛细管；3—变送器

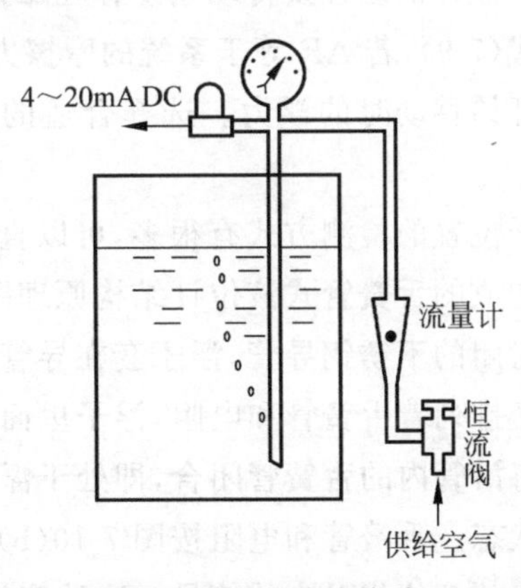

图 7-8　吹气式液位计

由于吹气式液位计将压力检测点移至顶部，其使用维修均很方便。很适合于地下储罐、深井等场合。

用压力计或差压计检测液位时，液位的测量精度取决于测压仪表的精度，以及液体的温度对其密度的影响。

视频讲解

7.2.2 浮力式物位检测仪表

浮力式物位检测仪表主要有如下几种。

1. 浮子式液位计

浮子式液位计是一种恒浮力式液位计。作为检测元件的浮子漂浮在液面上,浮子随着液面的变化而上下移动,其所受浮力的大小保持一定,检测浮子所在位置可知液面高低。浮子的形状常见有圆盘形、圆柱形和球形等,其结构要根据使用条件和使用要求来设计。

以如图 7-9 所示的重锤式直读浮子液位计为例。浮子通过滑轮和绳带与平衡重锤连接,绳带的拉力与浮子的重量及浮力相平衡,以维持浮子处于平衡状态而漂在液面上,平衡重锤位置即反映浮子的位置,从而测知液位。若圆柱形浮子的外直径为 D、浮子浸入液体的高度为 h、液体密度为 ρ。则其所受浮力 F 为:

$$F=\frac{\pi D^2}{4}h\rho g \tag{7-8}$$

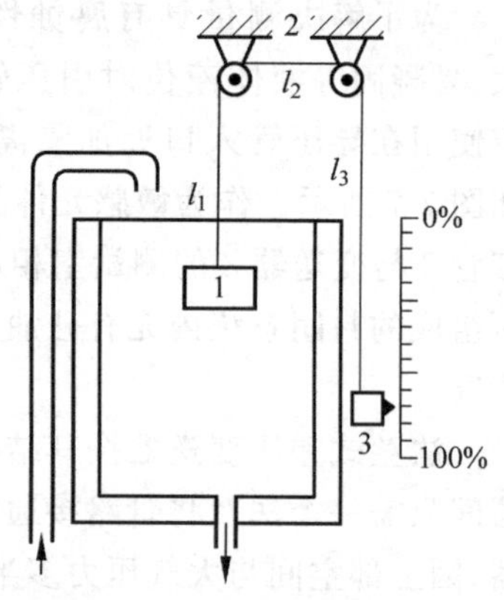

图 7-9 浮子重锤液位计

1—浮子; 2—滑轮; 3—平衡重锤

此浮力与浮子的重量减去绳带向上的拉力相平衡。当液位发生变化时,浮子浸入液体的深度将改变,所受浮力亦变化。浮力变化 ΔF 与液位变化 ΔH 的关系可表示为:

$$\frac{\Delta F}{\Delta H}=\rho g\ \frac{\pi D^2}{4} \tag{7-9}$$

由于液体的黏性及传动系统存在摩擦等阻力,液位变化只有达到一定值时浮子才能动作。按式(7-9),若 ΔF 等于系统的摩擦力,则式(7-9)给出了液位计的不灵敏区,此时的 ΔF 为浮子开始移动时的浮力。选择合适的浮子直径及减少摩擦阻力,可以改善液位计的灵敏度。

浮子位置的检测方式有很多,可以直接指示也可以将信号远传。图 7-10 给出用磁性转换方式构成的舌簧管式液位计结构原理图。仪表的安装方式见图 7-10(c),在容器内垂直插入下端封闭的不锈钢导管,浮子套在导管外可以上下浮动。图 7-10(a)中导管内的条形绝缘板上紧密排列着舌簧管和电阻,浮子里面装有环形永磁体,环形永磁体的两面为 N、S 极,其磁力线将沿管内的舌簧管闭合,即处于浮子中央位置的舌簧管将吸合导通,而其他舌簧管则为断开状态。舌簧管和电阻按图 7-10(b)接线,随着液位的变化,不同舌簧管的导通使电路可以输出与液位相对应的信号。这种液位计结构简单,通常采用两个舌簧管同时吸合以提高其可靠性。但是由于舌簧管尺寸及排列的限制,液位信号的连续性较差,且量程不能很大。

图 7-11 为一种磁致伸缩式液位计。磁致伸缩式液位计属于浮子式液位计。适合于高精度要求的清洁液体的液位测量。双浮子型磁致伸缩式液位计可以测量两种不同液体之间的界面。

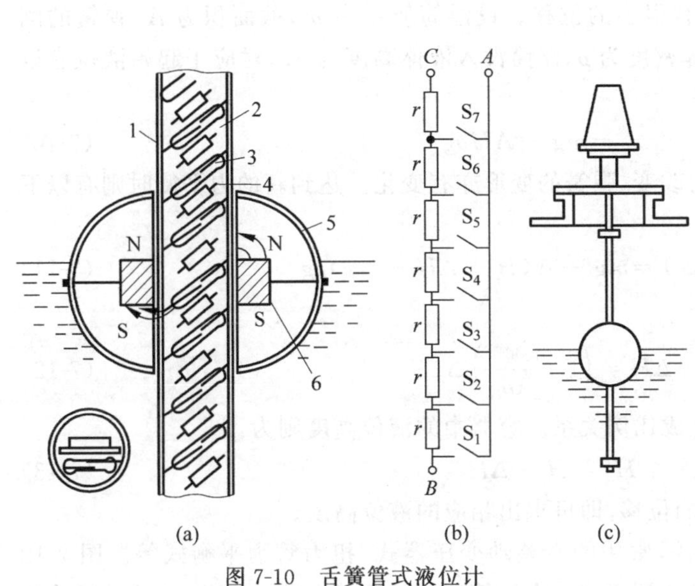

图 7-10　舌簧管式液位计

1—导管；2—条形绝缘板；3—舌簧管；4—电阻；5—浮子；6—磁环

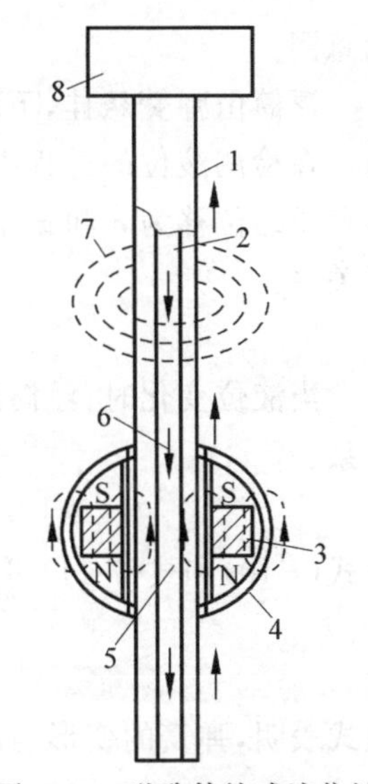

图 7-11　磁致伸缩式液位计

1—外管；2—波导管；3、5—永久磁铁及磁场；4—浮子；6、7—电脉冲及磁场；8—感应装置

磁致伸缩式液位计是采用磁致伸缩原理（某些磁性材料，在周围磁场作用下内部磁畴的取向改变，因而引起尺寸的伸缩，被称为“磁致伸缩现象”）而设计的。其工作原理是：在一根非磁性传感管内装有一根磁致伸缩线，在磁致伸缩线一端装有一个压磁传感器，该压磁传感器每秒发出 10 个电流脉冲信号给磁致伸缩线，并开始计时，该电流脉冲同磁性浮子的磁场产生相互作用，在磁致伸缩线上产生一个扭应力波，这个扭应力波以已知的速度从浮子的位置沿磁致伸缩线向两端传送，直到压磁传感器收到这个扭应力信号为止。压磁传感器可测量出起始脉冲和返回扭应力波间的时间间隔，根据时间间隔大小来判断浮子的位置，由于浮子总是悬浮在液面上，且磁浮子位置（即时间间隔大小也就是液面的高低）随液面的变化而变化，然后通过智能化电子装置将时间间隔大小信号转换成与被测液位成比例的 4～20mA 信号输出。

磁致伸缩式液位计比磁浮子舌簧管液位计技术上要先进，没有电触点，可靠性好；结构简单，小巧，连续反映液位的变化。但由于磁致伸缩信号微弱，需用特种材料及工艺灵敏的电路，所以制造难度较大，价格昂贵。

目前国内市场商品化磁致伸缩式液位计测量范围大（最大可达 20 余米），分辨力可达 0.5mm，精度等级 0.2～1.0 级左右，价格相对低廉；是非黏稠、非高温液体液位测量的一种较好和较为先进的测量方法。

2. 浮筒式液位计

这是一种变浮力式液位计。作为检测元件的浮筒为圆柱形，部分沉浸于液体中，利用浮筒被液体浸没高度不同引起的浮力变化而检测液位。图 7-12 为浮筒式液位计的原理

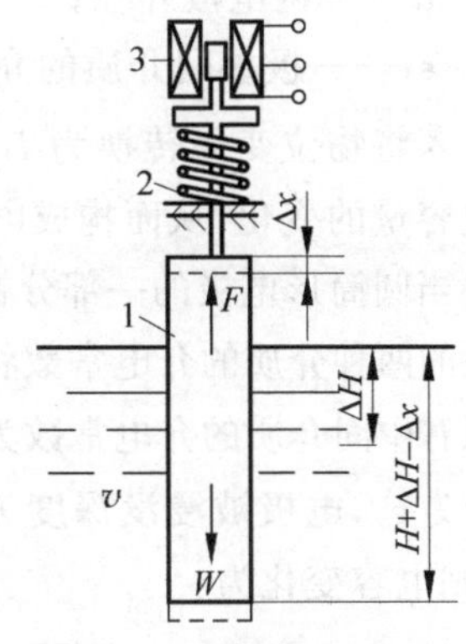

图 7-12　浮筒式液位计

1—浮筒；2—弹簧；3—差动变压器

示意图。

浮筒由弹簧悬挂，下端固定的弹簧受浮筒重力而被压缩，由弹簧的弹性力平衡浮筒的重力。在检测液位的过程中浮筒只有很小的位移。设浮筒质量为 m，截面积为 A，弹簧的刚度和压缩位移为 c 和 x_0，被测液体密度为 ρ，浮筒没入液体高度为 H，对应于起始液位有以下关系：

$$cx_0 = mg - AH\rho g \tag{7-10}$$

当液位变化时，浮筒所受浮力改变，弹簧的变形亦有变化。达到新的力平衡时则有以下关系：

$$c(x_0 - \Delta x) = mg - A(H + \Delta H - \Delta x)\rho g \tag{7-11}$$

由式(7-10)和式(7-11)可求得：

$$\Delta H = \left(1 + \frac{c}{A\rho g}\right)\Delta x \tag{7-12}$$

上式表明，弹簧的变形与液位变化成比例关系。容器中的液位高度则为：

$$H' = H + \Delta H \tag{7-13}$$

通过检测弹簧的变形即浮筒的位移，即可求出相应的液位高度。

检测弹簧变形有各种转换方法，常用的有差动变压器式、扭力管力平衡式等。图 7-12 中的位移转换部分就是一种差动变压器方式。在浮筒顶部的连杆上装一铁芯，铁芯随浮筒而上下移动，其位移经差动变压器转换为与位移成比例的电压输出，从而给出相应的液位指示。

视频讲解

7.2.3 其他物位检测仪表

本节介绍基于其他特性的物位检测仪表。

1. 电容式物位计

电容式物位计的工作原理基于圆筒形电容器的电容值随物位而变化。这种物位计的检测元件是两个同轴圆筒电极组成的电容器，见图 7-13(a)，其电容量为：

$$C_0 = \frac{2\pi\varepsilon_1 L}{\ln(D/d)} \tag{7-14}$$

式中，L——极板长度；

D——外电极内径；

d——内电极外径；

ε_1——极板间介质的介电常数。

若将物位变化转换为 L 或 ε_1 的变化均可引起电容量的变化，从而构成电容式物位计。

当圆筒形电极的一部分被物料浸没时，极板间存在的两种介质的介电常数将引起电容量的变化。设原有中间介质的介电常数为 ε_1，被测物料的介电常数为 ε_2，电极被浸没深度为 H，如图 7-13(b)所示，则电容变化为：

$$C = \frac{2\pi\varepsilon_2 H}{\ln(D/d)} + \frac{2\pi\varepsilon_1 (L - H)}{\ln(D/d)} \tag{7-15}$$

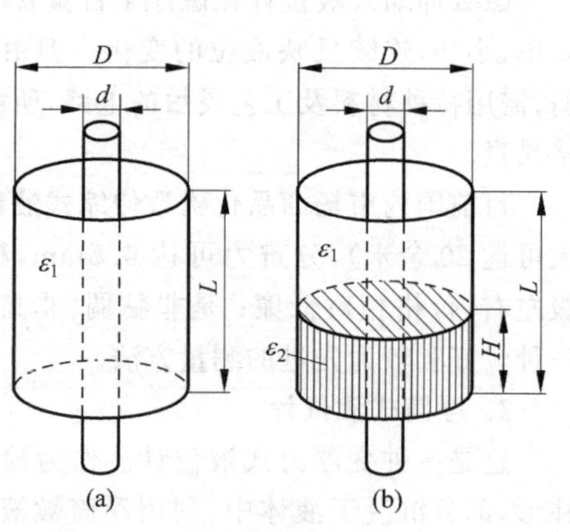

图 7-13 电容式物位计的测量原理图

则电容量的变化 ΔC 为：

$$\Delta C = C - C_0 = \frac{2\pi(\varepsilon_2 - \varepsilon_1)}{\ln(D/d)} H = KH \tag{7-16}$$

在一定条件下，$\frac{2\pi(\varepsilon_2 - \varepsilon_1)}{\ln(D/d)}$为常数，则 ΔC 与 H 成正比，测量电容变化量即可得知物位。

电容式物位计可以测量液位、料位和界位，主要由测量电极和测量电路组成。根据被测介质情况，电容测量电极的形式可以有多种。当测量不导电介质的液位时，可用同心套筒电极，如图 7-14 所示；当测量料位时，由于固体间磨损较大，容易"滞留"，所以一般不用双电极式电极。可以在容器中心设内电极而由金属容器壁作为外电极，构成同心电容器来测量非导电固体料位，如图 7-15 所示。

$$C_x = \frac{2\pi(\varepsilon - \varepsilon_0)}{\ln(D/d)} H = KH \tag{7-17}$$

式中，ε_0——空气介电常数；

ε——物料介电常数。

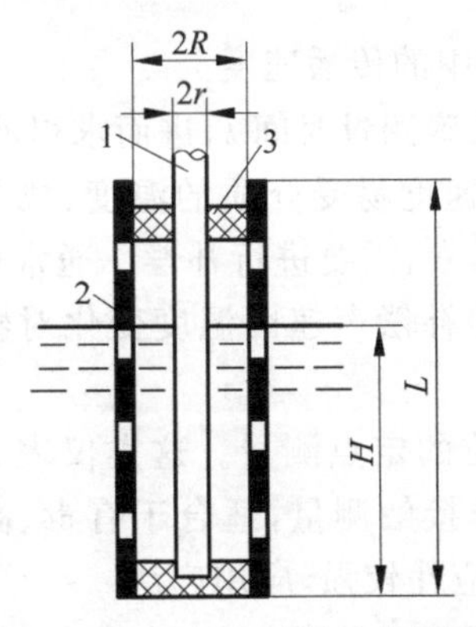

图 7-14　非导电液体液位测量

1—内电极；2—外电极；3—绝缘套

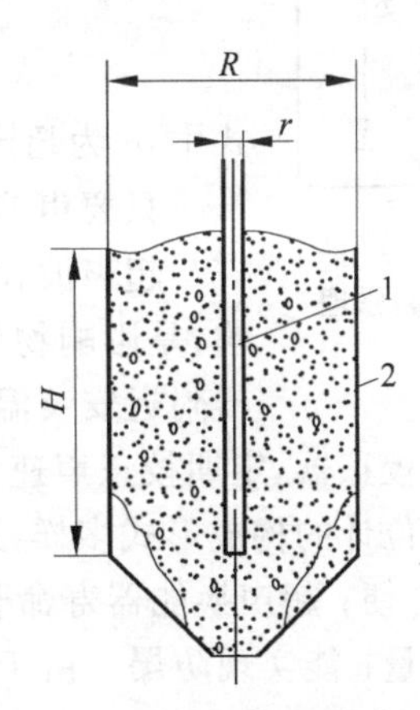

图 7-15　非导电固体料位测量

1—金属棒内电极；2—金属容器外电极

当测量导电液体时，可以用包有一定厚度绝缘外套的金属棒作内电极，而外电极即液体介质本身，这时液位的变化引起极板长度的改变，如图 7-16 所示。

常见的电容检测方法有交流电桥法、充放电法、谐振电路法等。可以输出标准电流信号，实现远距离传送。

电容式物位计一般不受真空、压力、温度等环境条件的影响；安装方便，结构牢固，易维修；价格较低。但是不适合于以下情况：如介质的介电常数随温度等影响而变化、介质在电极上有沉积或附着、介质中有气泡产生等。

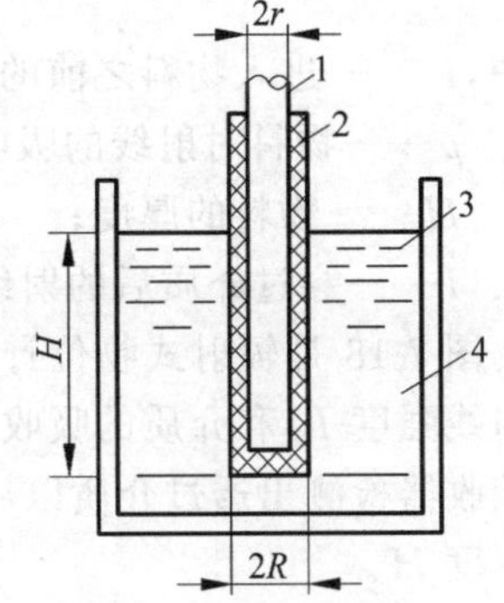

图 7-16　导电液体液位测量

1—内电极；2—绝缘套管；3—外电极；4—导电液体

2. 超声式物位计

超声波在气体、液体及固体中传播，具有一定的传播速度。超声波在介质中传播时会被吸收而衰减，在气体中传播的衰减最大，在固体中传播的衰减最小。超声波在穿过两种不同介质的分界面时会产生反射和折射，对于声阻抗（声速与介质密度的乘积）差别较大的相界面，几乎为全反射。从发射超声波至收到反射回波的时间间隔与分界面位置有关，利用这一比例关系可以进行物位测量。

回波反射式超声波物位计的工作原理，就是利用发射的超声波脉冲将由被测物料的表面反射，测量从发射超声波到接收回波所需的时间，可以求出从探头到分界面的距离，进而测得物位。根据超声波传播介质的不同，超声式物位计可以分为固介式、液介式和气介式。它的组成主要有超声换能器和电子装置，超声换能器由压电材料制成，它完成电能和超声能的可逆转换，超声换能器可以采用接、收分开的双探头方式，也可以只用一个自发自收的单探头。电子装置用于产生电信号激励超声换能器发射超声波，并接收和处理经超声换能器转换的电信号。

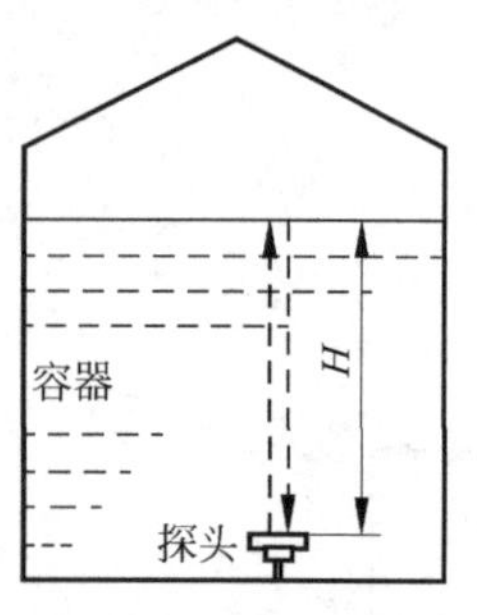

图 7-17　超声液位检测原理

如图 7-17 所示为一种液介式超声波物位计的测量原理。置于容器底部的超声波换能器向液面发射短促的超声波脉冲，经时间 t 后，液面处产生的反射回波又被超声波换能器接收。则由超声波换能器到液面的距离 H 可用下式求出：

$$H = \frac{1}{2}ct \tag{7-18}$$

式中，c 为超声波在被测介质中的传播速度。

只要声速已知，就可以精确测量时间 t，进而求得液位。

超声波在介质中的传播速度易受介质的温度、成分等变化的影响，是影响物位测量的主要因素，需要进行补偿。通常可在超声换能器附近安装温度传感器，自动补偿声速因温度变化对物位测量的影响。还可使用校正器，定期校正声速。

超声式物位计的构成形式多样，还可以实现物位的定点测量。这类仪表无机械可动部件，安装维修方便；超声换能器寿命长；可以实现非接触测量，适合于有毒、高黏度及密封容器的物位测量；能实现防爆。由于其对环境的适应性较强，应用广泛。

3. 核辐射式物位计

核辐射式物位计是利用放射源产生的核辐射线（通常为 γ 射线）穿过一定厚度的被测介质时，射线的投射强度将随介质厚度的增加而呈指数规律衰减的原理来测量物位的。射线强度的变化规律为：

$$I = I_0 e^{-\mu H} \tag{7-19}$$

式中，I_0——进入物料之前的射线强度；

μ——物料对射线的吸收系数；

H——物料的厚度；

I——穿过介质后的射线强度。

图 7-18 是辐射式物位计的测量原理示意图，在辐射源射出的射线强度 I_0 和介质的吸收系数 μ 已知的情况下，只要通过射线接收器检测出透过介质以后的射线强度 I，就可以检测出物位的厚度 H。

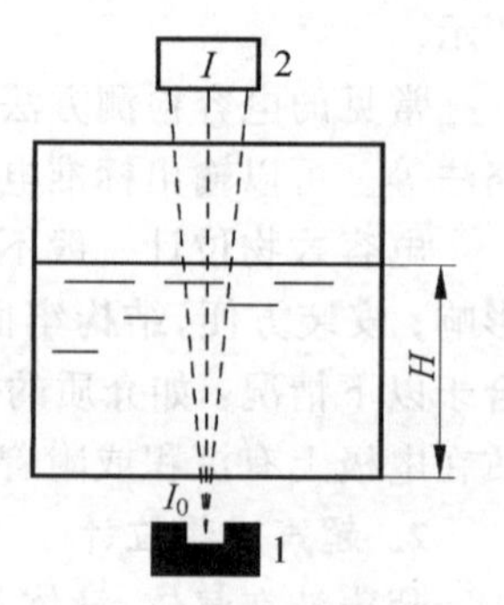

图 7-18　核辐射物位计测量示意图

1—射线源；2—接收器

核辐射式物位计属于非接触式物位测量仪表，适用于高温、高压、强腐蚀、剧毒等条件苛刻的场合。核射线还能够直接穿透钢板等介质，可用于高温熔融金属的液位测量，使用时几乎不受温度、压力、电磁场的影响。但由于射线对人体有害,因此对射线的剂量应严加控制,且须切实加强安全防护措施。

4. 称重式液罐计量仪

石油、化工行业大型贮罐很多,如油田的原油计量罐,由于高度与直径都很大,液位变化1～2mm,就会有几百千克到几吨的差别,所以液位的测量要求很准确。同时,液体(如油品)的密度会随温度发生较大的变化,而大型容器由于体积很大,各处温度很不均匀,因此即使液位(即体积)测得很准确,也反映不了储罐中真实的质量储量。利用称重式液罐计量仪基本上就能解决上述问题。

称重仪根据天平原理设计,如图7-19所示。罐顶压力 p_1 与罐底压力 p_2 分别引至下波纹管1和上波纹管2。两波纹管的有效面积 A_1 相等,差压引入两波纹管,产生总的作用力,作用于杠杆系统,使杠杆失去平衡,于是通过发讯器、控制器、接通电机线路,使可逆电机旋转,并通过丝杠6带动砝码5移动,直至由砝码作用于杠杆的力矩与测量力(由压差引起)作用于杠杆的力矩平衡时,电机才停止转动。下面推导在杠杆系统平衡时砝码离支点的距离 L_2 与液灌中总的质量储量之间的关系。

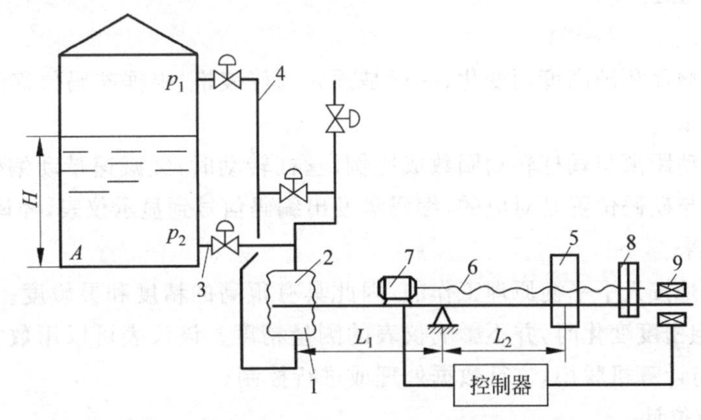

图7-19 称重式液灌计量仪

1—下波纹管;2—上波纹管;3—液相引压管;4—气相引压管;
5—砝码;6—丝杠;7—可逆电机;8—编码盘;9—发讯器

杠杆平衡时,有

$$(p_2 - p_1)A_1L_1 = MgL_2 \tag{7-20}$$

式中,M——砝码质量;

g——重力加速度;

L_1、L_2——杠杆臂长;

A_1——两波纹管有效面积。

由于

$$p_2 - p_1 = H\rho g \tag{7-21}$$

代入式(7-20)得:

$$L_2 = \frac{A_1L_1}{M}\rho H = K\rho H \tag{7-22}$$

式中,K——仪表常数;

ρ——被测介质密度；

H——被测介质高度。

如果液罐截面均匀，设截面积为 A，于是储液罐内总的液体储量 M_0 为：

$$M_0 = \rho HA \tag{7-23}$$

即

$$\rho H = \frac{M_0}{A} \tag{7-24}$$

将式(7-24)代入式(7-22)得：

$$L_2 = \frac{K}{A} M_0 \tag{7-25}$$

因此，砝码离支点的距离 L_2 与液罐单位面积储量成正比。如果液灌的横截面积 A 为常数，则可得：

$$L_2 = K_i M_0 \tag{7-26}$$

式中，$K_i = \frac{K}{A} = \frac{A_1 L_1}{AM}$为仪表常数。可见 L_2 与储液罐内介质的总质量储量 M_0 成正比，而与介质密度无关。

如果储罐横截面积随高度而变化，一般是预先制好表格，根据砝码位移量 L_2 就可以查得存储液体的重量。

由于砝码移动距离与丝杠转动圈数成比例，丝杠转动时，经减速带动编码盘 8 转动，因此编码盘的位置与砝码位置是对应的，编码盘发出编码信号到显示仪表，经译码和逻辑运算后用数字显示出来。

由于称重仪是按天平平衡原理工作的，因此具有很高的精度和灵敏度。当罐内液体受组分、温度等影响密度变化时，并不影响仪表的测量精度。该仪表可以用数字直接显示，非常醒目，并便于与计算机联用，进行数据处理或进行控制。

5. 光纤式液位计

随着光纤传感技术的不断发展，其应用范围日益广泛。在液位测量中，光纤传感技术的有效应用，一方面缘于其高灵敏度，另一方面是由于它具有优异的电磁绝缘性能和防爆性能，从而为易燃易爆介质的液位测量提供了安全的检测手段。

1) 全反射型光纤液位计

全反射型光纤液位计由液位敏感元件、传输光信号的光纤、光源和光检测元件等组成。如图 7-20 所示为光纤液位传感器部分的结构原理图。棱镜作为液位的敏感元件，它被烧结或粘接在两根大芯径石英光纤的端部。这两根光纤中的一根光纤与光源耦合，称为发射光纤；另一根光纤与光电元件耦合，称为接收光纤。棱镜的角度设计必须满足以下条件：当棱镜位于气体(如空气)中时，由光源经发射光纤传到棱镜与气体介面上的光线满足全反射条件，即入射光线被全部反射到接收光

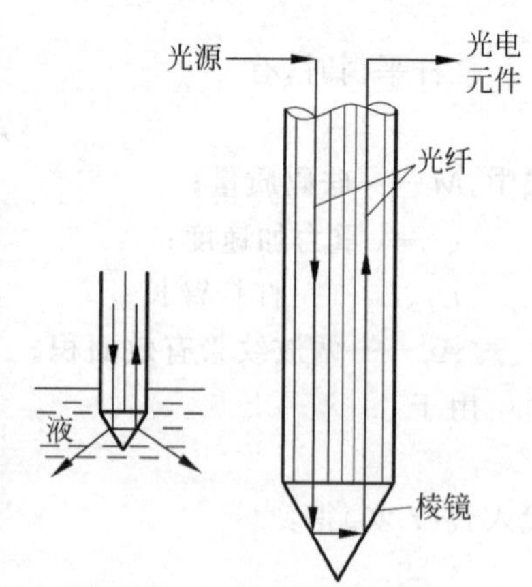

图 7-20 全反射型光纤液位传感器结构图

纤上，并经接收光纤传送到光电检测单元中；而当棱镜位于液体中时，由于液体折射率比空气大，入射光线在棱镜中全反射条件被破坏，其中一部分光线将透过界面而泄漏到液体中去，致使光电检测单元收到的光强减弱。

设光纤折射率为 n_1，空气折射率为 n_2，液体折射率为 n_3，光入射角为 ϕ_1，入射光功率为 P_i，则单根光纤对端面分别裸露在空气中时和淹没在液体中时的输出光功率 P_{o1} 和 P_{o2} 分别为

$$P_{o1}=P_i\frac{(n_1\cos\phi_1-\sqrt{n_2^2-n_1^2\sin^2\phi_1})^2}{(n_1\cos\phi_1+\sqrt{n_2^2-n_1^2\sin^2\phi_1})^2}=P_iE_{o1} \tag{7-27}$$

$$P_{o2}=P_i\frac{(n_1\cos\phi_1-\sqrt{n_3^2-n_1^2\sin^2\phi_1})^2}{(n_1\cos\phi_1+\sqrt{n_3^2-n_1^2\sin^2\phi_1})^2}=P_iE_{o2} \tag{7-28}$$

二者差值为

$$\Delta P_o=P_{o1}-P_{o2}=P_i(E_{o1}-E_{o2}) \tag{7-29}$$

由式(7-29)可知，只要检测出有差值 ΔP_o，便可确定光纤是否接触液面。

由上述工作原理可以看出，这是一种定点式的光纤液位传感器，适用于液位的测量与报警，也可用于不同折射率介质(如水和油)的分界面的测定。另外，根据溶液折射率随浓度变化的性质，还可以用来测量溶液的浓度和液体中小气泡含量等。若采用多头光纤液面传感器结构，便可实现液位的多点测量，如图 7-21 所示。

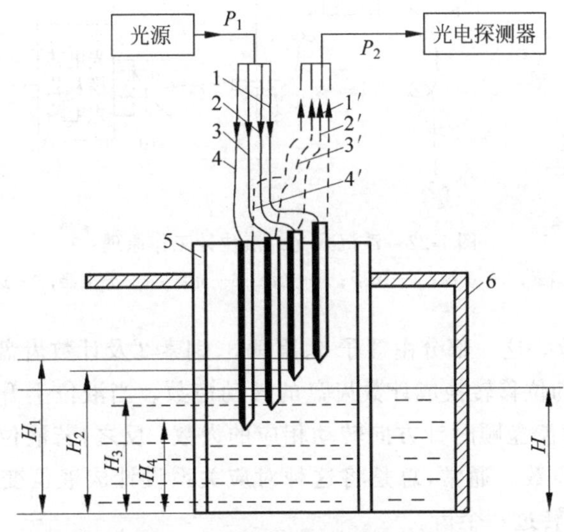

图 7-21　光纤对多头传感器结构图

P_1—入射光线；P_2—出射光线；1,2,3,4—入射光纤；1′,2′,3′,4′—出射光纤；5—管状支撑部件；6—大储水槽

由图 7-21 可见，在大储水槽 6 中，储水深度为 H，5 为垂直放置的管状支撑部件，其直径很细，侧面穿很多孔，图中所示是采用了多头结构 1-1′、2-2′、3-3′和 4-4′。如图 7-20 所示的同样光纤对，分别固定在支撑件 5 内，距底部高度分别为 H_1、H_2、H_3、H_4 各位置。入射光纤 1、2、3 和 4 均接到发射光源上，虚线 1′、2′、3′和 4′表示出射光纤，分别接到各自光电探测器上，将光信号转变成电信号，显示其液位高度。

光源发出的光分别向入射光纤 1、2、3 和 4 送光，因为结合部 3 和 4 位于水中，而结合部

1 和 2 位于空气中，所以光电探测器的检测装置从出射光纤 1′和 2′所检测到的光强大，而对出射光纤 3′和 4′所检测的光强就小。由此可以测得水位 H 位于 H_2 和 H_3 之间。

为了提高测量精度，可以多安装一些光纤对，由于光纤很细，故其结构体积可做得很小，安装也容易，并可以远距离观测。

由于这种传感器还具有绝缘性能好，抗电磁干扰和耐腐蚀等优点，故可用于易燃易爆或具有腐蚀性介质的测量。但应注意，如果被测液体对敏感元件（玻璃）材料具有黏附性，则不宜采用这类光纤传感器，否则当敏感元件露出液面后，由于液体黏附层的存在，将出现虚假液位，造成明显的测量误差。

2）浮沉式光纤液位计

浮沉式光纤液位计是一种复合型液位测量仪表，它由普通的浮沉式液位传感器和光信号检测系统组成，主要包括机械转换部分、光纤光路部分和电子电路部分，其工作原理及检测系统如图 7-22 所示。

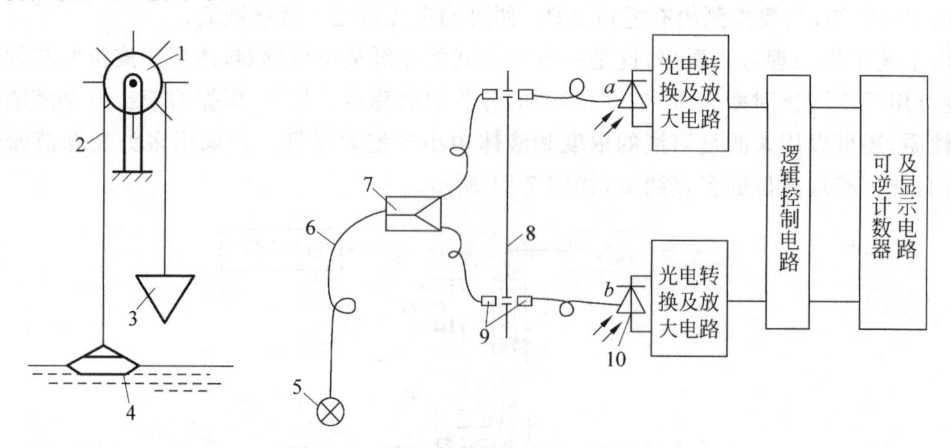

图 7-22 浮沉式光纤液位计工作原理

1，8—计数齿盘；2—钢索；3—重锤；4—浮子；5—光源；6—光纤；7—分束器；9—透镜；10—光电元件

（1）机械转换部分。这一部分由浮子 4、重锤 3、钢索 2 及计数齿盘 1 组成，其作用是将浮子随液位上下变动的位移转换成计数齿盘的转动齿数。当液位上升时，浮子上升而重锤下降，经钢索带动计数齿盘顺时针方向转动相应的齿数；反之，若液位下降，则计数齿盘逆时针方向转动相应的齿数。通常，总是将这种对应关系设计成液位变化一个单位高度（如 1cm 和 1mm）时，齿盘转过一个齿。

（2）光纤光路部分。这一部分由光源 5（激光器或发光二极管）、等强度分束器 7、两组光纤光路和两个相应的光电元件 10（光电二极管）等组成。两组光纤分别安装在齿盘上下两边，每当齿盘转过一个齿，上下光纤光路就被切断一次，各自产生一个相应的光脉冲信号。由于对两组光纤的相对位置做了特别的安排，从而使得两组光纤光路产生的光脉冲信号在时间上有一个很小的相位差。通常，导先的脉冲信号用作可逆计数器的加、减指令信号，而另一光纤光路的脉冲信号用作计数信号。

如图 7-22 所示，当液位上升时，齿盘顺时针转动，假设是上面一组光纤光路先导通，即该光路上的光电元件先接收到一个光脉冲信号，那么该信号经放大和逻辑电路判断后，就提供给可逆计数器作为加法指令（高电位）。紧接着导通的下一组光纤光路也输出一个脉冲信号，该信号同样经放大和逻辑电路判断后提供给可逆计数器作为计数运算，使计数器加1。相反，当液位下降时，齿盘逆时针转动，这时先导通的是下面一组光纤光路，该光路输出的脉冲信号经放大和逻辑电路判断后提供给可逆计数器作减法指令（低电位），而另一光路的脉冲信号作为计数信号，使计数器减1。这样，每当计数齿盘顺时针转动一个齿，计数器就加1；计数齿盘逆时针转动一个齿，计教器就减1，从而实现了计数齿盘转动齿数与光电脉冲信号之间的转换。

(3) 电子电路部分该部分。由光电转换及放大电路、逻辑控制电路、可逆计数器及显示电路等组成。光电转换及放大电路主要是将光脉冲信号转换为电脉冲信号，再对信号加以放大。逻辑控制电路的功能是对两路脉冲信号进行判别，将先输入一路脉冲信号转换成相应的"高电位"或"低电位"，并输出送至可逆计数器的加减法控制端，同时将另一路脉冲信号转换成计数器的计数脉冲。每当可逆计数器加1（或减1），显示电路则显示液位升高（或降低）1个单位（1cm或1m）高度。

浮沉式光纤液位计可用于液位的连续测量，而且能做到液体储存现场无电源、无电信号传送，因而特别适用于易燃易爆介质的液位测量，属本质安全型测量仪表。

6. 物位开关

进行定点测量的物位开关是用于检测物位是否达到预定高度，并发出相应的开关量信号。针对不同的被测对象，物位开关有多种型式，可以测量液位、料位、固-液分界面、液-液分界面，以及判断物料的有无等。物位开关的特点是简单、可靠、使用方便，适用范围广。

物位开关的工作原理与相应的连续测量仪表相同，表7-2列出几种物位开关的特点及示意图。

表7-2　物位开关

分　类	示意图	与被测介质接触部	分类	示意图	与被测介质接触部
浮球式		浮球	微波穿透式		非接触
电导式		电极	核辐射式		非接触
振动叉式		振动叉或杆	运动阻尼式		运动板

利用全反射原理亦可以制成开关式光纤液位探测器。光纤液位探头由LED光源、光电二极管和多模光纤等组成。一般在光纤探头的顶端装有圆锥体反射器，当探头未接触液面时，光线在圆锥体内发生全反射而返回光电二极管；在探头接触液面后，将有部分光线透入液体内，而使返回光电二极管的光强变弱。因此，当返回光强发生突变时，表明测头已接触液面，从而给出液位信号。图7-23给出光纤液位探测器的几种结构型式。图7-23(a)所示为Y形光纤结构，由Y形光纤和全反射锥体以及光源和光电二极管等组成。图7-23(b)所

示为U形结构，在探头端部除去光纤的包层，当探头浸入液体时，液体起到包层的作用，由于包层折射率的变化使接收光强改变，其强度变化与液体的折射率和测头弯曲形状有关。图7-23(c)所示探头端部是两根多模光纤用棱镜耦合在一起，这种结构的光调制深度最强，而且对光源和光探测器件要求不高。

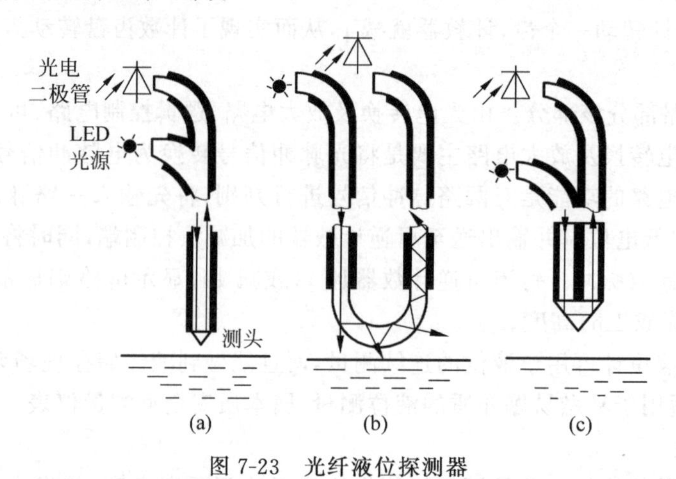

图7-23 光纤液位探测器

7.3 影响物位测量的因素

在实际生产过程中，被测对象很少有静止不动的情况，因此会影响物位测量的准确性。各种影响物位测量的因素对于不同介质各有不同。由于液位、料位和界位测量特点的不同，这些影响因素表现在如下方面。

7.3.1 液位测量的特点

液位测量的特点如下：

(1) 稳定的液面是一个规则的表面，但是当物料有流进流出时，会有波浪使液面波动。在生产过程中还可能出现沸腾或起泡沫的现象，使液面变得模糊。

(2) 大型容器中常会有各处液体的温度、密度和黏度等物理量不均匀的现象。

(3) 容器中的液体呈高温、高压或高黏度，或含有大量杂质、悬浮物等。

7.3.2 料位测量的特点

料位测量的特点如下：

(1) 料面不规则，存在自然堆积的角度。

(2) 物料排出后存在滞留区。

(3) 物料间的空隙不稳定，会影响对容器中实际储料量的计量。

7.3.3 界位测量的特点

界位测量的特点则是在界面处可能存在浑浊段。

以上这些问题，在物位计的选择和使用时应予以考虑，并要采取相应的措施。

7.4　物位检测仪表的选型

物位测量仪表的选型原则如下：

(1) 液面和界面测量应选用差压式仪表、浮筒式仪表和浮子式仪表。当不满足要求时，可选用电容式、射频导纳式、电阻式(电接触式)、声波式、磁致伸缩式等仪表。

料面测量应根据物料的粒度、物料的安息角、物料的导电性能、料仓的结构形式及测量要求进行选择。

(2) 仪表的结构形式及材质，应根据被测介质的特性来选择。主要的考虑因素为压力、温度、腐蚀性、导电性；是否存在聚合、黏稠、沉淀、结晶、结膜、汽化、起泡等现象；密度和密度变化；液体中含悬浮物的多少；液面扰动的程度；固体物料的粒度。

(3) 仪表的显示方式和功能，应根据工艺操作及系统组成的要求确定。当要求信号传输时，可选择具有模拟信号输出功能或数字信号输出功能的仪表。

(4) 仪表量程应根据工艺对象实际需要显示的范围或实际变化范围确定。除供容积计量用的物位仪表外，一般应使正常物位处于仪表量程的50%左右。

(5) 仪表精确度应根据工艺要求选择。但供容积计量用的物位仪表的精确度应不劣于±1mm。

(6) 用于可燃性气体、蒸气及可燃性粉尘等爆炸危险场所的电子式物位仪表，应根据所确定的危险场所类别以及被测介质的危险程度，选择合适的防爆结构形式或采取其他的防爆措施。

思考题与习题

7-1　试述物位测量的意义及目的。

7-2　根据工作原理不同，物位测量仪表有哪些主要类型？它们的工作原理各是什么？

7-3　对于开口容器和密封压力容器用差压式液位计测量时有何不同？影响液位计测量精度的因素有哪些？

7-4　当测量有压容器的液位时，差压变送器的负压室为什么一定要与容器的气相相连接？

7-5　什么是液位测量时的零点迁移问题？如何实现迁移？其实质是什么？

7-6　在液位测量中，如何判断"正迁移"和"负迁移"？

7-7　如图7-24所示，用差压变送器测量液位，是否考虑零点迁移？迁移量是多少？如果液位在$0\sim H_{max}$变化，求变送器的量程。

7-8　如图7-25所示，测量高温液体(指它的蒸气在常温下要冷凝的情况)时，经常在负压管上装有冷凝罐，问这时用差压变送器来测量液位时，要不要零点迁移？迁移量是多少？如果液位在$0\sim H_{max}$变化，求变送器的量程。

7-9　如图7-4所示，用差压变送器测量液位，$\rho_1=1200kg/m^3$，$\rho_2=950kg/m^3$，$h_1=1.0m$，$h_2=5.0m$。是否考虑零点迁移？迁移量是多少？如果液位在0～3m变化，当地重力加速度$g=9.8m/s^2$，求变送器的量程和迁移量。

7-10　为什么要用法兰式差压变送器？

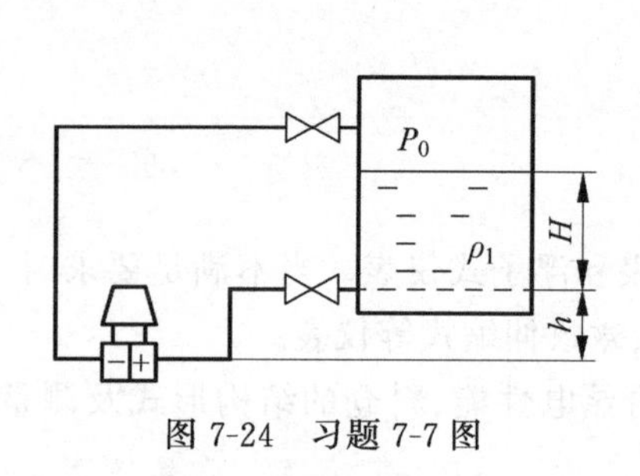

图 7-24 习题 7-7 图

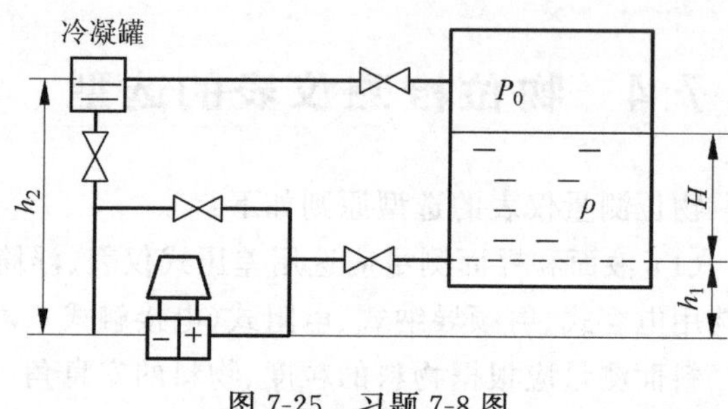

图 7-25 习题 7-8 图

7-11 有两种密度分别为 $\rho_1=0.8\mathrm{g/cm^3}$，$\rho_2=1.1\mathrm{g/cm^3}$ 的液体置于闭口容器中，它们的界面经常变化，试考虑能否利用差压变送器来连续测量其界面，若可以利用差压变送器来测量。试问：

① 仪表的量程如何选择？

② 迁移量是多少？

7-12 如图 7-26 所示是用法兰式差压变送器测量密闭容器中有结晶液体的液位，已知被测液体的密度 $\rho=1200\mathrm{kg/m^3}$，液位变化范围 H 为 0～950mm，变送器的正、负压法兰中心线距离 $H_0=1800\mathrm{mm}$，变送器毛细管硅油密度 $\rho_1=950\mathrm{kg/m^3}$，试确定变送器的量程和迁移量。

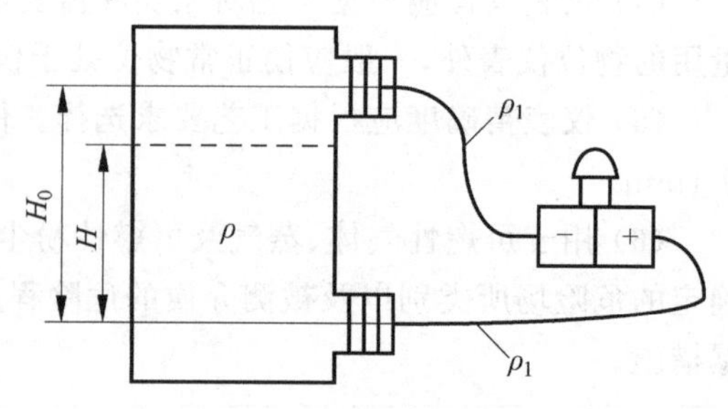

图 7-26 习题 7-12 图

7-13 用两个差压计测量液位高度时，测量结果易受介质密度变化的影响，解决的方案是用两个差压计如图 7-27 所示，其中差压计 1 测量固定液位高度 H_1 上的差压 Δp_1，差压计 2 测量容器上下的总差压 Δp_2，试求液位 H 与差压 Δp_1 和 Δp_2 之间的关系。

7-14 用法兰式液位计测量容器内的液位，如图 7-28 所示，开始时差压计安装在与容器下部引压口同一水平线上，并调整好差压变送器的零点和量程。后来因维护需要将变送器的安装位置上移了 h_1 的距离，则该差压变送器是否需要重新调整零点和量程，才能保证液位测量的正确性。

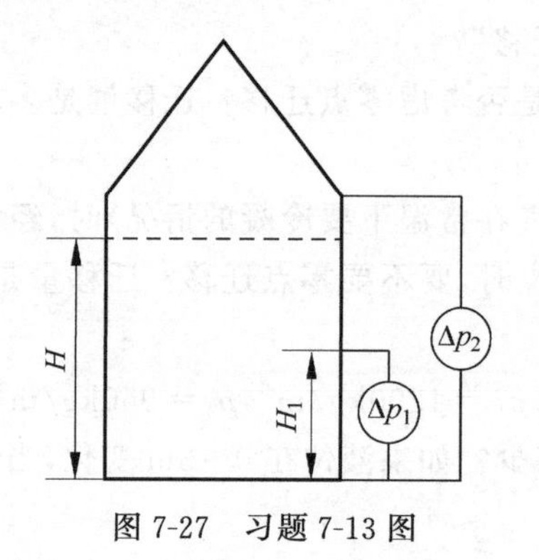

图 7-27 习题 7-13 图

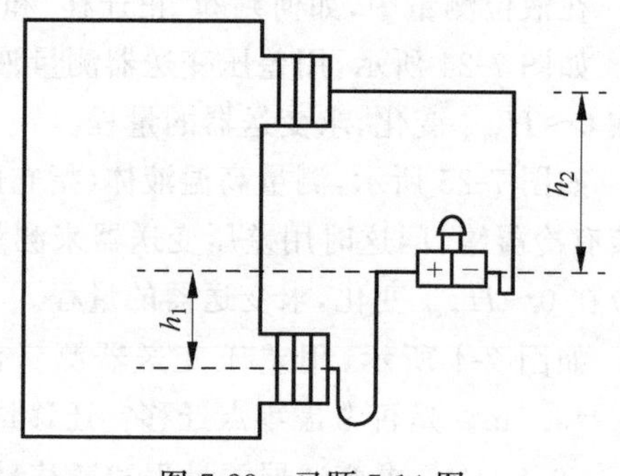

图 7-28 习题 7-14 图

7-15　恒浮力式液位计与变浮力式液位计的测量原理有什么异同点？

7-16　简述电容式物位计、超声式物位计、核辐射式物位计的工作原理及特点。

7-17　简述电容式物位计测导电及非导电介质物位时，其测量原理有何不同。

7-18　试述称重式液灌计量仪的工作原理及特点。

7-19　在下述检测液位的仪表中，受被测液体密度影响的有哪几种？并说明原因。

① 玻璃液位计　② 浮力液位计　③ 差压式液位计　④ 电容式液位计

⑤ 超声波液位计　⑥ 射线式液位计　⑦ 磁致伸缩式液位计　⑧ 雷达式液位计

7-20　物料的料位测量与液位测量有什么不同的特点？

第8章 机械量检测及仪表

CHAPTER 8

在工业生产过程和自动控制系统中，除了广泛地对温度、压力、流量、物位等过程参数进行测量外，机械量的测量，无论是测量对象，还是所采用的测量方法，都是极为广泛的。本章将介绍各种机械量的测量原理、方法和应用。

机械量包括长度、位移、速度、转角、转速、力、力矩、振动等参数。其中直线位移是机械量中最基本的参数；速度是位移的时间微分；力或力矩可以使弹性体变形而产生位移；由牛顿定律可知，加速度与作用力有关。因此，检测位移和力的大小是机械量检测的主要任务。

8.1 位移测量仪表

物体或质点的位置通常用其在选定参照物的坐标系上所处的坐标来描述。

位移就是位置的移动量。物体或质点做直线运动时的位移称为线位移，做旋转运动时的位移称为角位移。

8.1.1 电容传感器

以电容器作为敏感元件，将被测物理量的变化转换为电容量的变化的传感器称为电容传感器。

电容传感器在力学量的测量中占有重要地位，它可以对荷重、压力、位移、振动、加速度等进行测量。这种传感器具有结构简单、灵敏度高、动态特性好等许多优点。因此，在自动检测技术中得到普遍的应用。

1. 基本工作原理

两平行平板电极所构成的电容，若不考虑边缘效应，则其电容量为

$$C=\frac{\varepsilon S}{d}=\frac{\varepsilon_0\varepsilon_r S}{d} \tag{8-1}$$

式中，ε——极板间介质的介电常数；

ε_0——真空介电常数；

ε_r——介质的相对介电常数；

S——两极板相互遮盖的面积；

d——两极板间的距离。

当式(8-1)中 S、d、ε 任一参数发生变化时，电容量 C 也随之改变。因此，电容传感器

有三种形式：极距变化型、面积变化型和介电常数变化型。其中，极距变化型可以用来测量微小位移，面积变化型可以测量转角或位移，而介电常数变化型则常用来测量液位或料位。

2. 极距变化型电容传感器

极距变化型电容传感器如图 8-1 所示。其中图 8-1(a)为其结构示意图。图中定极板 1 固定不动，动极板 2 与被测物体相连，使该物体的位移 x 直接改变极间距 d。设初始极间距为 d_0，相应的初始电容量为 C_0，则当极距减小 Δd 时，电容的增量为

$$\Delta C=\frac{\varepsilon S}{d_0-\Delta d}-\frac{\varepsilon S}{d_0}=\frac{\varepsilon S}{d_0}\cdot\frac{\Delta d}{d_0-\Delta d}=C_0\frac{\Delta d}{d_0-\Delta d} \tag{8-2}$$

上式表明 $\Delta C/C_0$ 与 Δd 不是直线关系，而是如图 8-1(b)所示的曲线。

根据上式可将 ΔC 与 C_0 的比值展开成级数，即

$$\frac{\Delta C}{C_0}=\frac{\Delta d}{d_0}\left[1+\frac{\Delta d}{d_0}+\left(\frac{\Delta d}{d_0}\right)^2+\left(\frac{\Delta d}{d_0}\right)^3+\cdots\right] \tag{8-3}$$

在 $\Delta d \ll d_0$ 时，略去式中的高次项，可近似为

$$\frac{\Delta C}{C_0}\approx\frac{\Delta d}{d_0} \tag{8-4}$$

这种传感器的灵敏度为

$$K=-\frac{\Delta C/C_0}{\Delta d}\approx-\frac{1}{d_0} \tag{8-5}$$

式中，负号表示 d 减小时 C 增大。从式(8-5)及图 8-1(b)都可以看出，d_0 越小，灵敏度越高，一般 d_0 都在 1m 以下。

为了改善线性关系，常用差动电容方式，如图 8-2 所示。在两个定极板 1 和 2 之间设置动极板 3，被测位移 x 向上时，极距 d_1 减小而 d_2 增大，致使电容 C_1 增加而 C_2 减少。按式(8-3)分别写出其相对于初始值 C_0 的变化量，即

$$\frac{\Delta C_1}{C_0}=\frac{\Delta d}{d_0}\left[1+\frac{\Delta d}{d_0}+\left(\frac{\Delta d}{d_0}\right)^2+\left(\frac{\Delta d}{d_0}\right)^3+\cdots\right]$$

差动电容的变化量 ΔC 是指 C_1-C_2，也就是 ΔC_1 和 ΔC_2 的代数差，所以有

$$\frac{\Delta C}{C_0}=2\frac{\Delta d}{d_0}\left[1+\left(\frac{\Delta d}{d_0}\right)^2+\cdots\right] \tag{8-6}$$

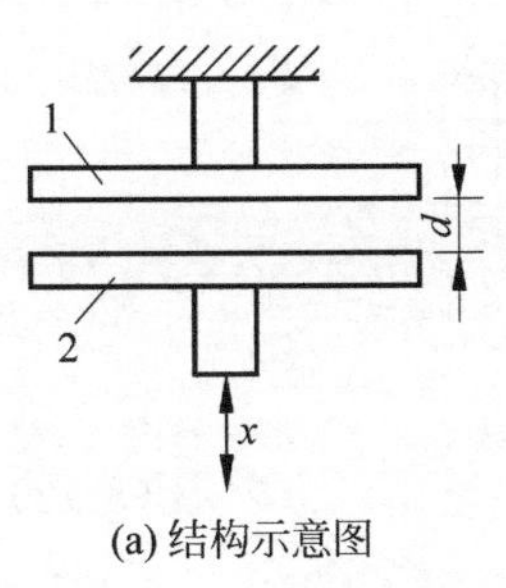

(a) 结构示意图

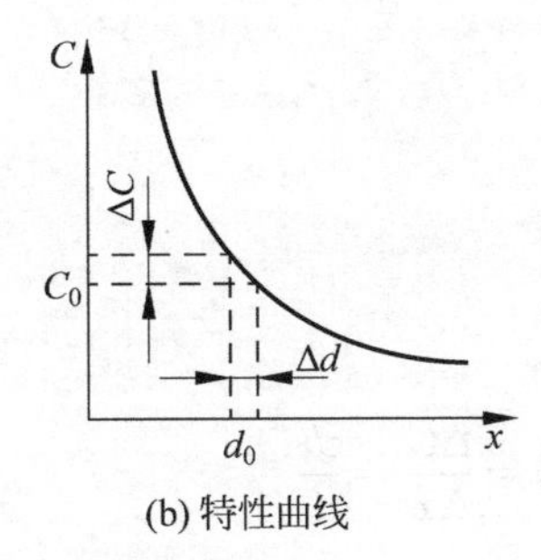

(b) 特性曲线

图 8-1 极距变化型电容传感器

1—定极板；2—动极板

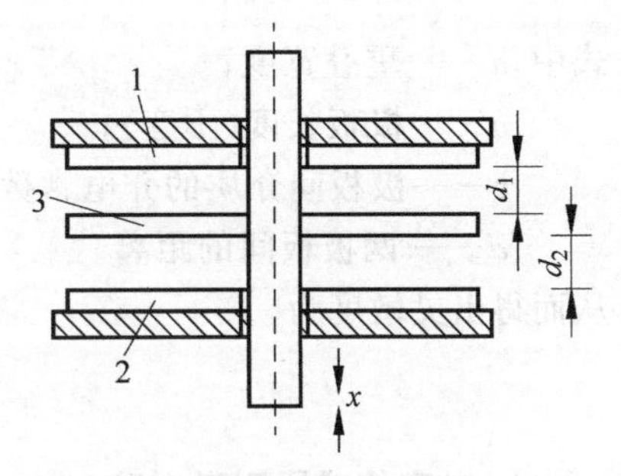

图 8-2 差动变极距型电容传感器

1,2—定极板；3—动极板

当 $\Delta d \ll d_0$ 时，略去高次项，则有

$$\frac{\Delta C}{C_0} \approx 2\frac{\Delta d}{d_0} \tag{8-7}$$

显然，这时灵敏度将提高一倍，即有

$$K' = \frac{\Delta C/C_0}{\Delta d} \approx \frac{2}{d_0} \tag{8-8}$$

差动电容不仅提高了灵敏度，而且线性关系得到明显改善。

3. 面积变化型电容传感器

面积变化型电容传感器如图 8-3 所示。其中图 8-3(a)为角位移式，图 8-3(b)为直线位移式。这两种形式的电容传感器在工作时均保持极间距 d 恒定，而两极板间的遮盖面积 S 随着转角 θ(角位移式)或位移 x(直线位移式)的变化而变化，从而引起电容量的变化。

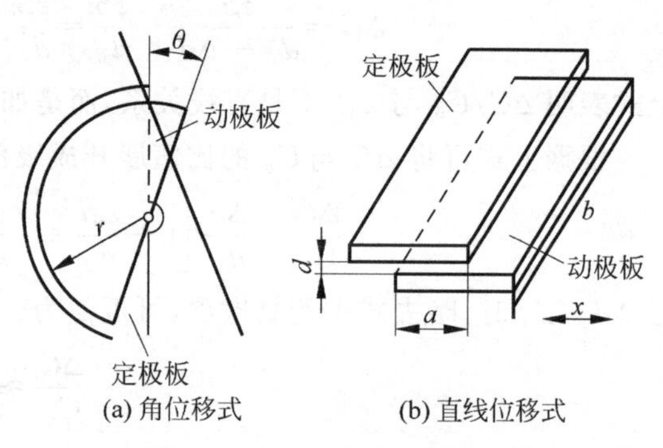

图 8-3 变面积型电容传感器

由式(8-1)可知，如图 8-3(a)所示的角位移式电容传感器的转角变化 $\Delta\theta$ 所导致电容量的改变值为

$$\Delta C = \frac{\varepsilon \Delta\theta r^2}{d} \tag{8-9}$$

式中，r——动极板半径；

$\Delta\theta$——转角变化，以弧度为单位；

ε——极板间介质的介电常数；

d——两极板间的距离。

根据上式可求出灵敏度为

$$K_1 = \frac{\Delta C}{\Delta\theta} = \frac{\varepsilon r^2}{d} \tag{8-10}$$

如图 8-3(b)所示的直线位移式电容传感器的直线位移变化 Δx 所导致的电容量的变化值为

$$\Delta C = \frac{\varepsilon \Delta ab}{d} \tag{8-11}$$

式中，a——重叠宽度；

b——极板长度(不变)；

ε——极板间介质的介电常数；

d——两极板间的距离。

从而得出灵敏度为

$$K_2 = \frac{\Delta C}{\Delta x} = \frac{\varepsilon b}{d} \tag{8-12}$$

4. 电容传感器测量电路

用于电容传感器的测量电路较多，这里仅介绍变压器电桥电路、二极管双 T 电桥、运算放大器电路和差动脉宽调制电路等。

1）变压器电桥电路

图 8-4 所示为电容传感器所用的变压器电桥。其左边两臂为电源变压器二次侧绕组，设感应电动势为 $\dot{E}$，另外两臂为传感器的差动电容 C_1 和 C_2。当电桥输出端开路(或后接负载阻抗为无穷大时)，电桥的输出电压为

$$\dot{U}=\frac{C_1-C_2}{C_1+C_2}\dot{E} \tag{8-13}$$

代入电容传感器的表达式后，即可得输出电压与输入非电量的关系。例如，变极距式差动电容，初始状态下两极距均为 d_0，移动 Δd 之后，电容量分别为

$$C_1=\frac{\varepsilon S}{d_0-\Delta d}$$

$$C_2=\frac{\varepsilon S}{d_0+\Delta d}$$

则有

$$\dot{U}=\frac{\Delta d}{d_0}\dot{E} \tag{8-14}$$

可见，只要是差动电容，不论变面积式或变极距式，当测量电路输出端所接负载 $R_1\to\infty$ 时，输出电压都与被测位移成线性关系。

2）二极管式双 T 电桥

二极管式双 T 电桥如图 8-5 所示。它是利用电容充放电原理组成的电路，用对称方波经二极管 VD_1、VD_2 给待测电容 C_x 和参比电容 C_0 充电。正半周时向 C_x 充电，负半周时向 C_0 充电，但两者的充电极性相反。在其余时间，两电容经电阻 R 及 R_L 放电，放电方向也相反。倘若两电容相等，R_L 上的电流为零，则无输出。不然，在 R_L 两端将有直流电压 U_0。

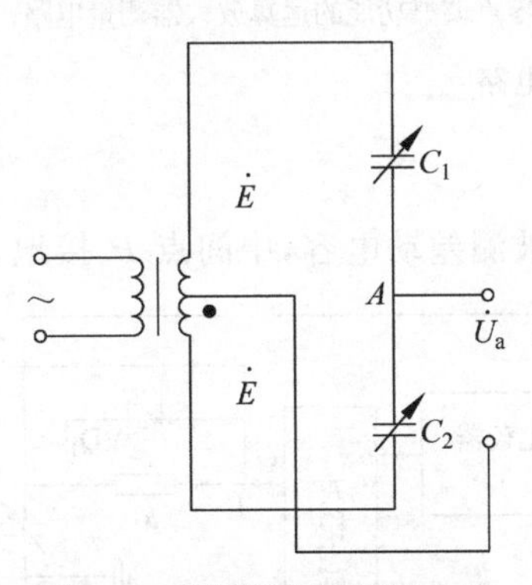

图 8-4　变压器电桥测量电路

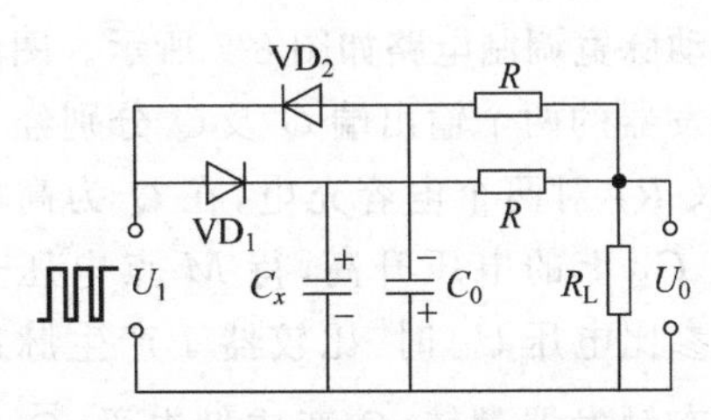

图 8-5　二极管式双 T 电桥

参比电容 C_0 可以是固定值，也可以是两差动电容之一，因此可与单个电容配或与差动电容配。双 T 电桥的输出阻抗取决于 R 的阻值，一般 R 为 1～100kΩ，所以能够接毫安表指示。输入方波信号电源应稳幅稳频。由于方波幅值可以较大，输出不必再经放大。例如，频率为 1.3MHz，电压为 46V 时，电容 C_x 在 −7～7pF 范围内变化，可在 1MΩ 的 R_L 上得到 −5～5V 的电压。

3）运算放大器电路

利用运算放大器电路可以测量单个电容传感器的电容变化，如图 8-6 所示。其中图 8-6(a)

是以参比电容 C_0 作为输入容抗，以被测电容 C_x 作为反馈容抗，构成反相比例运算电路的。在运算放大器的开环放大倍数和输入阻抗都足够大的情况下，输出 $\dot{U}_0$ 为

$$\dot{U}_0=-\frac{1/(\mathrm{j}\omega C_x)}{1/(\mathrm{j}\omega C_0)}\dot{E}=\frac{C_0}{C_x}\dot{E}$$

将 $C_x=\varepsilon S/d$ 代入，得

$$\dot{U}_0=-\frac{C_0\dot{E}}{\varepsilon S}d \tag{8-15}$$

式中，负号表示输出交流电压与输入交流电压的相位相反。

式(8-14)表明，该电路的输出电压 $\dot{U}_0$ 与被测位移 d 成线性关系，因此，变极距式电容传感器即使单边工作(非差动)也能得到线性输出电压。但如图 8-6(a)所示电路的输出不能从零开始，为了实现零点调整的功能，可在电路中附加调零电路，如图 8-6(b)所示。用电位器 RP 可以进行调零。

在这个电路中，参比电容 C_0 及输入电压 $\dot{E}$ 必须精确而稳定。此外，必须注意被测电容 C_x 的引线有寄生电容，寄生电容对 C_x 的测量会造成误差，必须采用等电位屏蔽。

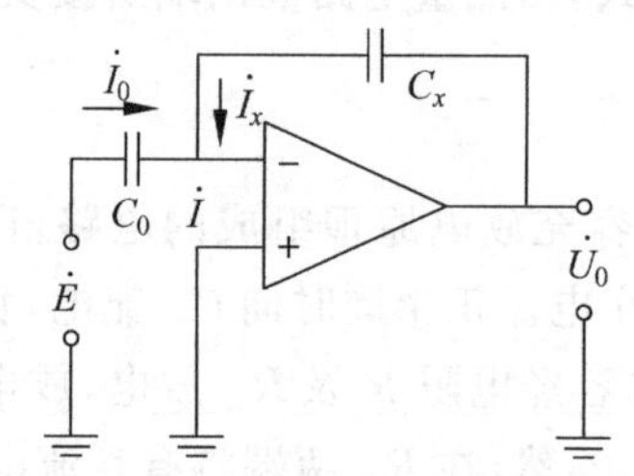

(a) 无零点调整功能的运算放大器测量电路

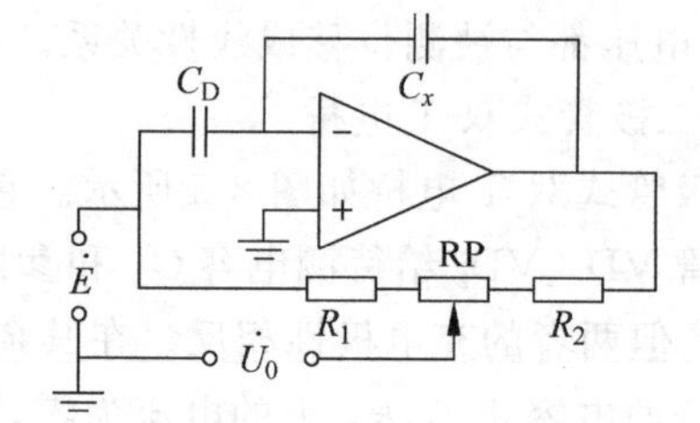

(b) 带零点调整功能的运算放大器测量电路

图 8-6 运算放大器测量电路

4) 差动脉宽调制电路

差动脉宽调制电路如图 8-7 所示。图中 C_1、C_2 为被测差动电容，中间点 P 接地。由双稳态触发器的两个输出端 Q 及 $\bar{Q}$ 分别经电阻 R_1 及 R_2 对两个电容充电，在 Q 为高电平期间，C_1 上的电压升高，待 M 点电压升至超过参比电压 U_0 时，比较器 1 产生脉冲使双稳态触发器翻转，Q 变成低电平，$\bar{Q}$ 变成高电平。这时 C_1 上的电压经 D 迅速放电至接近零，$\bar{Q}$ 端的高电平开始向 C_2 充电，直到 N 点电压超过 U_0 时，比较器 2 产生脉冲使双稳态触发器再次翻转。如此周而复始，Q 和 $\bar{Q}$ 端便可输出方波。

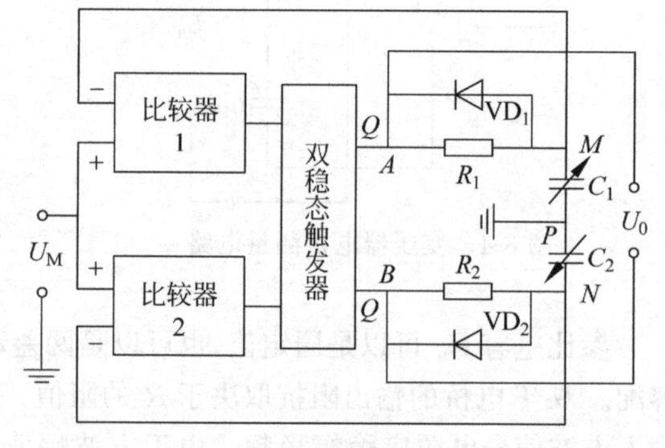

图 8-7 差动脉宽调制电路

若 $C_1=C_2$，各点波形如图 8-8(a)所示。输出电压 U_0 也就是 A、B 两点间的电压，是对称的方波，正负半周的宽度相等，$T_1=T_2$。这样的方波其直流分量为零。

若 $C_1>C_2$，则 C_1 的充电时间 T_1 就要延长，出现 $T_1>T_2$ 的波形，如图 8-8(b)所示 U_{AB}

的方波不对称，就会有直流分量，即图中 U_{DC}，其极性是 A 为正，B 为负。

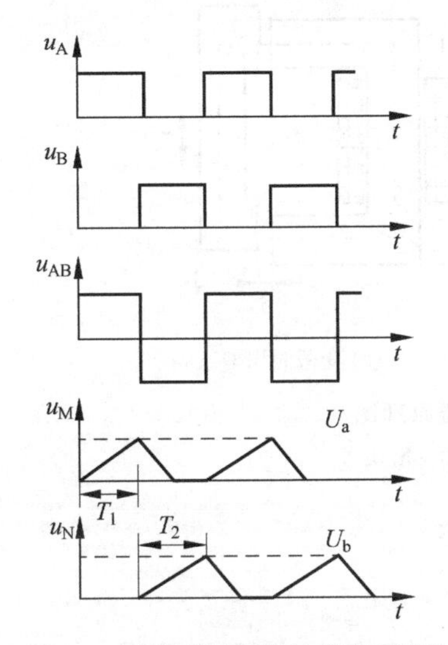

(a) $C_1=C_2$时差动脉宽调制电路输出波形

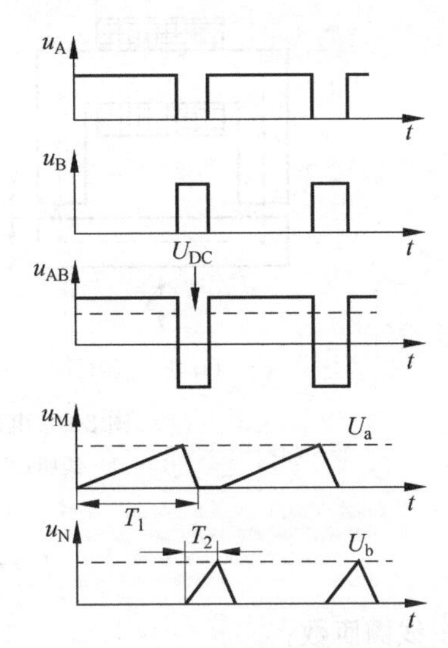

(b) $C_1>C_2$时差动脉宽调制电路输出波形

图 8-8 差动脉宽调制的波形

反之，若 $C_1<C_2$，也会出现直流分量，其极性是 A 为负，B 为正。

如果方波的频率较高(100kHz 以上)，很容易由普通低通滤波器得到直流输出。

除以上列举的各测量电路之外，采用 LC 谐振电路得到频率输出也是可行的。

总之，用电容传感器测量位移，特别是小位移，有引人注目的优越性。其主要特点是可动部分轻巧，不发热，灵敏且动态响应速度快。但测量大位移有困难，寄生电容影响不容忽视，存在抗干扰等问题。特别是由于电容传感器本身的电容量 C_0 都很小，一般几十皮法至几百皮法，其输出阻抗高，故必须用高输入阻抗的放大器或仪表与之相连(双 T 电桥法除外)，因而要注意抗干扰。

8.1.2 电感传感器

电感传感器是利用线圈自感或互感的变化来实现测量的一种装置，可以用来测量位移、振动、压力、流量、重量、力矩、应变等多种物理量。电感传感器种类很多，一般分为自感式和互感式两大类。习惯上讲的电感传感器通常是指自感式传感器，而互感式传感器由于是利用变压器原理，又往往做成差动形式，所以常称为差动变压器式传感器。

1. 电感传感器工作原理

电感传感器是把被测量转换成线圈的自感 L 变化，通过一定的电路转换成电压或电流输出来实现非电量电测的一种装置。

如图 8-9 所示为自感式电感传感器原理图。图中电感传感器由线圈(线圈接交流电源)、铁芯和衔铁组成。在铁芯和衔铁之间有一个空气隙，空气隙的厚度为 δ。传感器的运动部分与衔铁相连。当运动部分产生位移时，空气隙的厚度 δ 或空气隙的面积 S 发生变化，分别如图 8-9(a)和图 8-9(b)所示，从而使电感量 L 发生变化。

当忽略导磁铁的磁阻(与空气隙磁阻相比是很小的)，则电感传感器的电感量为

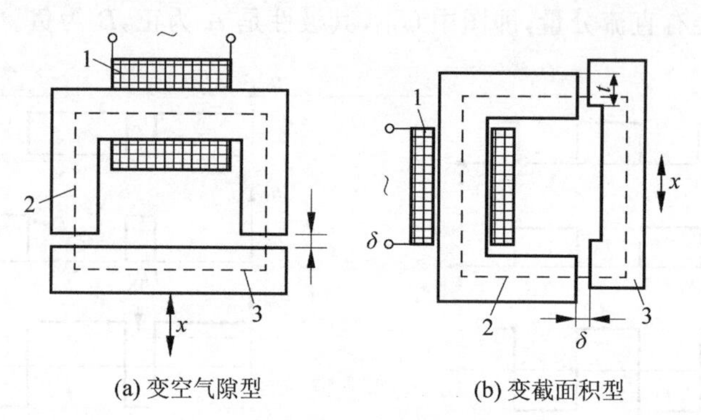

图 8-9 电感传感器原理图

1—线圈；2—铁芯；3—衔铁

$$L=\frac{W^2\mu_0 S}{2\delta} \tag{8-16}$$

式中，W——线圈匝数；

μ_0——空气隙导磁系数；

S——空气隙截面积；

δ——空气隙厚度。

从式(8-16)可以看出，电感量与空气隙厚度 δ 成反比，与空气隙截面积成正比。因此，改变空气隙厚度，如图 8-9(a)中使衔铁产生向 x 方向变化位移，或改变空气隙截面积，如图 8-9(b)中使衔铁产生向 x 方向变化的位移，都能使电感量发生变化。其特性曲线如图 8-10 所示。考虑到导磁体本身的磁阻，在变气隙的电感器中，当 $\delta=0$ 时，L 并不等于∞，而是有一定数值的，其曲线在 S 较小时如图 8-10 中虚线所示；同样，在变面积的传感器中，当 $S\to 0$ 或 $S\to\infty$时，实际曲线也如图 8-10 中的虚线所示。

除了变气隙厚度和变气隙截面积的电感传感器以外，还有螺管式传感器，如图 8-11 所示。它由一个螺管线圈和在线圈内套入的一个活动柱型衔铁构成。螺管型电感传感器的工作原理是基于线圈激励的磁通路径因活动的柱型衔铁的插入深度不同，其磁阻发生变化，从而使线路的电感量发生改变。在一定范围内，线圈电感量与衔铁位移量(即衔铁插入深度)有对应关系。假定螺管内磁场强度是均匀的，而且衔铁插入深度小于螺管长度，那么，螺管式电感传感器的电感量与输入位移成正比。但由于螺管内磁场强度沿轴向并且是非均匀的，因而实际上螺管式传感器的输出特性也并非是线性的。

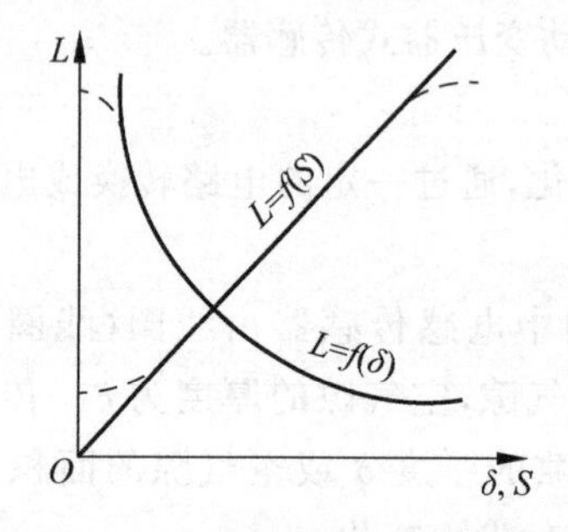

图 8-10 电感传感器的特性曲线

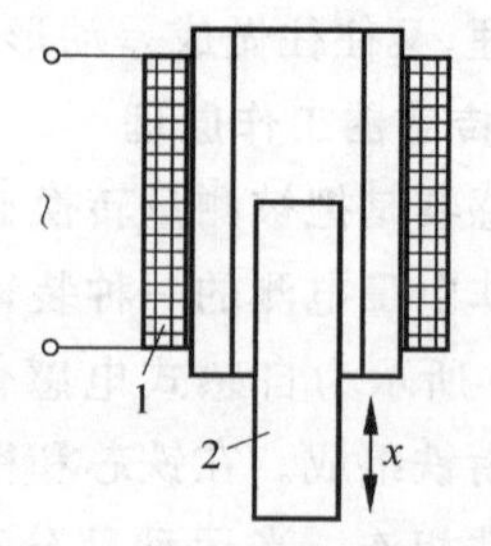

图 8-11 螺管式电感传感器

1—螺管线圈；2—衔铁

下面对以上所述的三种结构形式的电感传感器作一个简单的比较。

变空气隙厚度型电感传感器的灵敏度高(初始气隙 δ_0 一般取得很小,为 0.1～0.5mm),因而对电路的放大倍数要求不高,缺点是非线性误差大。为了减少非线性误差,量程必须限制在较小的范围内,最大示值范围 $\Delta\delta<\delta_0/5$。

变气隙截面积型电感传感器的优点是线性度好,且量程也较大,使用比较广泛。螺管式电感式传感器的灵敏度低,但量程范围大;还有一个优点是结构简单,便于制造。

2. 差动式电感传感器

上述三种类型的传感器都是单个线圈工作,在起始时均通以激励电流,电流将流过外接负载,因此在没有输入信号(如衔铁的位移)时,仍然有输出,因而不适宜于精密测量。

对于单个线圈工作,如变气隙式传感器的非线性误差就比较大。另外,外界的干扰,如电源电压频率的变化以及环境温度的变化,都会使输出产生误差。这些问题的存在限制了它们的应用,为此发展了差动电感传感器。差动电感传感器不仅可以解决零位输出信号的问题,同时还可以提高电感传感器的灵敏度,减少测量误差。

图 8-12 所示为变空气气隙型差动电感传感器原理图,它由两个相同的线圈和磁路组成。当衔铁处于中间位置时,$\delta_1=\delta_2=\delta_0$,所以 $L_1=L_2=L_0$,因而 $\Delta I=I_1-I_2=0$,负载 Z_L 上没有电流;而当衔铁有位移时,一个电感传感器的气隙增加,另一个减小,从而使一个电感传感器的电感量减小,而另一个增大。此时 $I_1\neq I_2$,负载 Z_L 上就产生电流 ΔI,ΔI 的大小表示衔铁的位移量,而它的方向代表衔铁移动的方向。

差动式电感传感器的灵敏度比单线圈电感传感器提高一倍。同时,由于两个磁路的特性曲线有互相补偿的作用,所以其非线性也较小。

除了变气隙型电感传感器可以设计成差动型式之外,变截面型和螺管型电感传感器也可以设计成差动形式。

3. 电感传感器的测量电路

电感传感器的基本测量电路通常都采用变压器交流电桥,如图 8-13 所示。

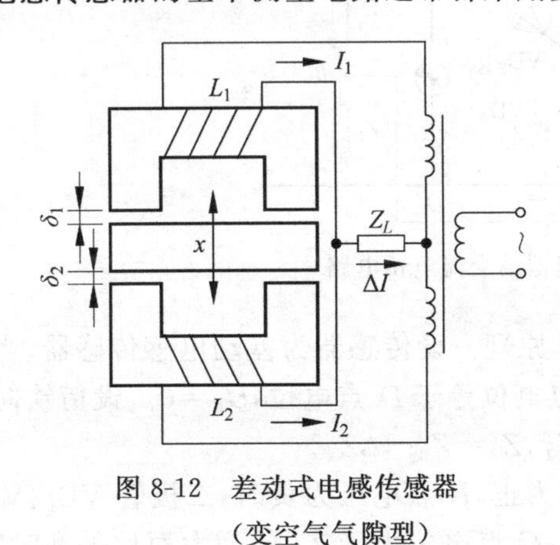

图 8-12 差动式电感传感器
(变空气气隙型)

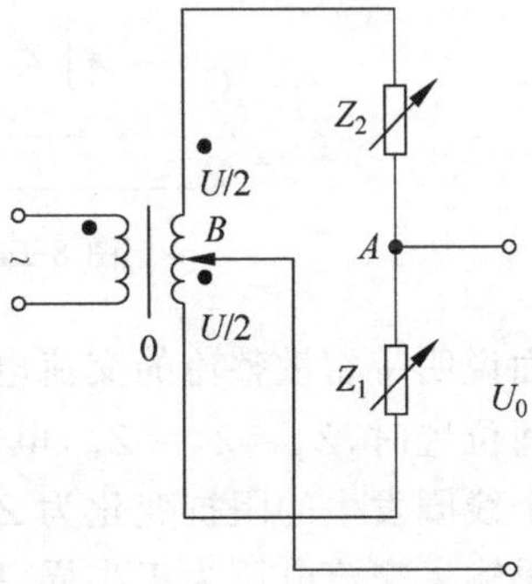

图 8-13 变压器交流电桥电路

电桥的两臂 Z_1 和 Z_2 为差动电感传感器的两个线圈的阻抗;另两个臂为变压器的二次级线圈的两个半部分(每半电压为 $U/2$),输出电压取自 A、B 两点的电位差。假设 0 点为零电位,且传感器的线电阻远远小于其感抗,那么 Z_1 与 Z_2 为纯电抗,由电桥电路可得

$$U_0=U_A-U_B=\frac{Z_1}{Z_1+Z_2}U-\frac{1}{2}U \tag{8-17}$$

当传感器的衔铁处于中间位置时，两线圈的电感相等。若两线圈绕制对称，则 $Z_1=Z_2=Z_0=j\omega L_0$，电桥处于平衡状态，$U_0=0$。

当传感器工作(衔铁偏离中间位置 $\Delta\delta$)时，两个线圈的电感量发生变化，设 $Z_1=Z_2+\Delta Z_1=j\omega(L_0+\Delta L_1)$，$Z_2=Z_0-\Delta Z_2=j\omega(L_0-\Delta L_2)$，且 $\Delta L_1=\Delta L_2=\Delta L$，可得

$$U_0=\frac{U}{2L_0}\Delta L \tag{8-18}$$

若假设衔铁向上移为正，此时输出电压如式(8-18)表示时，U_0 为正；衔铁向下移动为负，则此时 $Z_1=j\omega(L_0-\Delta L_1)$，$Z_2=j\omega(L_0+\Delta L_2)$，输出电压表示式为

$$U_0=-\frac{U}{2L_0}\Delta L \tag{8-19}$$

综合式(8-18)和式(8-19)，可得

$$U_0=\pm\frac{U}{2L_0}\Delta L \tag{8-20}$$

虽然变压器交流电桥的输出电压 U_0 可以反映位移量的正负，但是在输出端接上电压表时，不论是直流电压表还是交流电压表都无法判别输入位移量的极性(方向)。

为了正确判别衔铁的位移大小和方向，可以采用带相敏整流器的交流电桥，如图 8-14 所示。电路中，差动电感传感器的两个线圈 L_1 和 L_2 的阻抗分别为 Z_1 和 Z_2，它们作为交流电桥相邻的两个工作臂。两个阻抗相同的 Z_3 与 Z_4(也可为纯电阻)作为交流电桥的另外两个桥臂。二极管 VD_1、VD_2、VD_3、VD_4 构成相敏整流器。输入电压加在 A、B 两点，输出电压从 C、D 两点输出。指示仪表为零刻度居中的直流电压表或直流数字电压表。

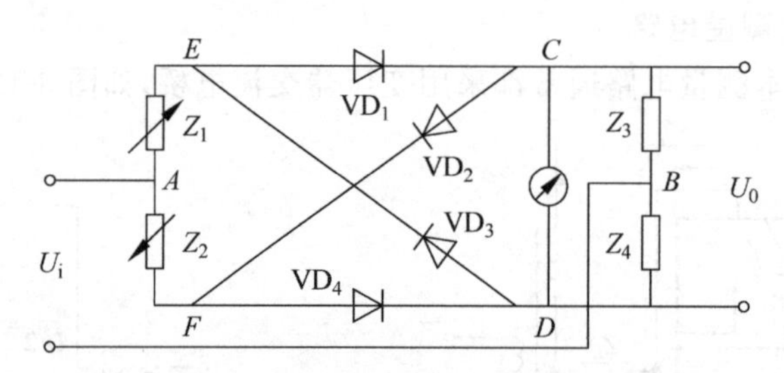

图 8-14　带相敏整流器的交流电桥电路

下面说明带相敏整流的交流电桥电路工作原理。设传感器为差动电感传感器，当衔铁处于中间位置时，$Z_1=Z_2=Z_0$，电桥平衡，C 点电位等于 D 点电位，$U_0=0$。设衔铁向上位移使两个线圈发生的阻抗变化为 $Z_1=Z_0+\Delta Z_1$，$Z_2=Z_0-\Delta Z_2$。

如果输入交流电压为正半周，即 A 点电压为正，B 点电压为负时，二极管 VD_1、VD_3 导通，VD_2、VD_4 截止。在 $A\to E\to C\to B$ 支路中，C 点电位由于 Z_1 的增大而比平衡时降低；而在 $A\to F\to D\to B$ 支路中，D 点的电位由于 Z_2 的减小而比平衡时增高，所以得到 D 点电位高于 C 点电位。设这时直流电压表指针向左(正向)偏转。

如果输入交流电压为负半周，即 A 点电压为负，B 点电压为正时，二极管 VD_2、VD_4 导通，VD_1、VD_3 截止。在 $B\to C\to F\to A$ 支路中，C 点电位由于 Z_2 的减小而比平衡时降低；

而在 $B \to D \to E \to A$ 支路中，D 点的相位由于 Z_1 的增加而比平衡时增高。所以仍然是 D 点电位高于 C 点的电位，直流电压表指针仍然向左（正向）偏转。

这就是说，只要是衔铁向上位移，不论输入交流电压为正半周还是负半周，直流电压表总是正向偏转，设此时输出电压为正。

同理可以分析得出，当衔铁向下位移时，不论输入电压是正半周还是负半周，直流电压表总是反向（向右）偏转，输出电压总是负的。

由此可见，采用带相敏整流器的交流电桥，所得到的输出信号既能反映位移大小（电压数值），又能反映位移的方向（电压的极性）。

4. 差动变压器位移传感器

前面讨论的电感传感器是把被测位移变换成传感器线圈自感系数的变化，而这里讨论的差动变压器是把被测位移变换成传感器线圈之间互感系数的变化。传感器本身又是一个变压器，在一次线圈接入电源后，二次线圈将感应产生电压输出。当互感系数变化时，输出电压也相应地变化。而这种传感器的二次线圈有两个，并接成差动式输出，故称为差动变压器。

图 8-15 为差动变压器原理图。变压器的一次侧由交流供电，将二次侧分成匝数相等的两部分Ⅰ和Ⅱ，采用可移动的铁芯，当铁芯在中央时，两个二次侧所产生的感应电动势 e_1 和 e_2 大小相等。若按同名端反向串联，则 e_1 与 e_2 互相抵消，输出 $e_0=0$；当铁芯离开中央位置越远时，e_1 与 e_2 之差越大。输出 e_0 与铁芯位移成比例，从而实现位移检测。

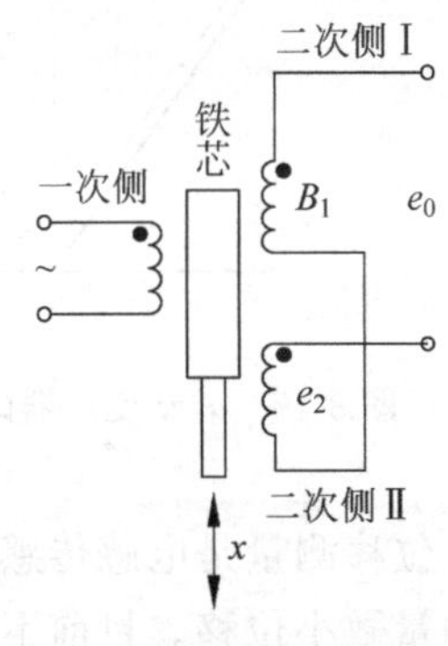

图 8-15　差动变压器原理

如图 8-16 所示为螺管式差动变压器。螺管式差动变压器的结构分为三段。一次侧绕在中段，二次侧分为匝数相等的两部分，各绕在两端。

铁芯的初始位置在线圈中央，对应于图 8-16(b)中的 0 点，此处两个二次侧线圈的感应电动势 e_1 和 e_2 大小相等而相位相反，所以输出信号 $e_0=|e_1-e_2|=0$。当铁芯向左移动时，$|e_1|$ 增大而 $|e_2|$ 减小，输出 e_0 增加。而铁芯向右移动时，$|e_1|$ 减小而 $|e_2|$ 增大，输出 e_0 也会增加，所以输出特性曲线成“V”形。

图 8-16(b)中纵坐标左右各有一条垂直的虚线，代表铁芯移动的范围，在此范围内，“V”形曲线有较好的线性特性。

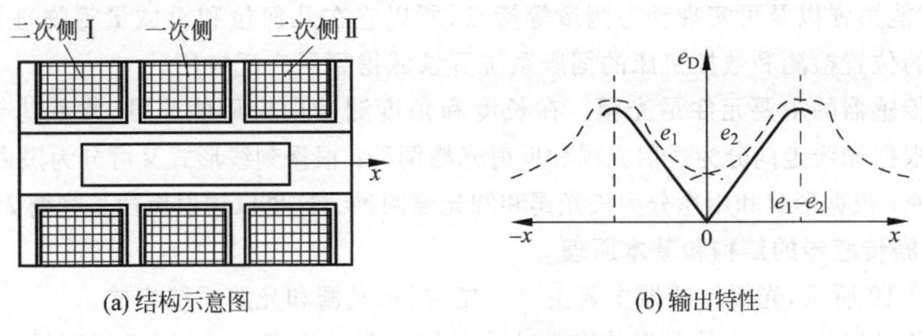

图 8-16　螺管式差动变压器

当铁芯处于中央位置时，输出信号 e_0 并不是零，而是一个很小的值 Δe，被称为“零点残余电压”，如图 8-17 所示。

产生残余电压的原因有以下几点。

(1) 由于两个二次线圈结构上的不对称，使两个二次侧电压的幅值平衡点与相位平衡点不平衡。

(2) 由于铁芯材料的 B-Ⅱ 曲线的弯曲部分使输出电压产生谐波。

(3) 由于励磁电压波形中存在谐波。

零点残余电压使测量带来误差，必须加以克服。除了提高差动变压器本身的品质因数外，采用适当的补偿电路可以使零点残余电压为最小(接近零值)。此外，如果在差动变压器输出端接相敏整流电路，则铁芯位移 x 与输出电压 U_0 之间将得到如图 8-18 所示的直线关系。利用 U_0 的极性可以判断铁芯位移方向，同时消除了零点残余电压。

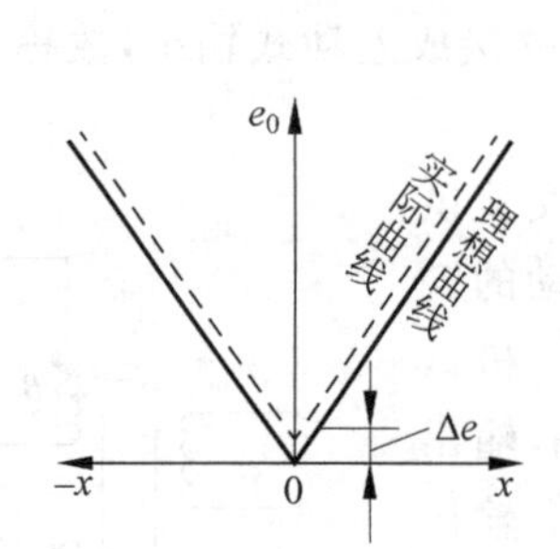

图 8-17　差动变压器的零点残余电压

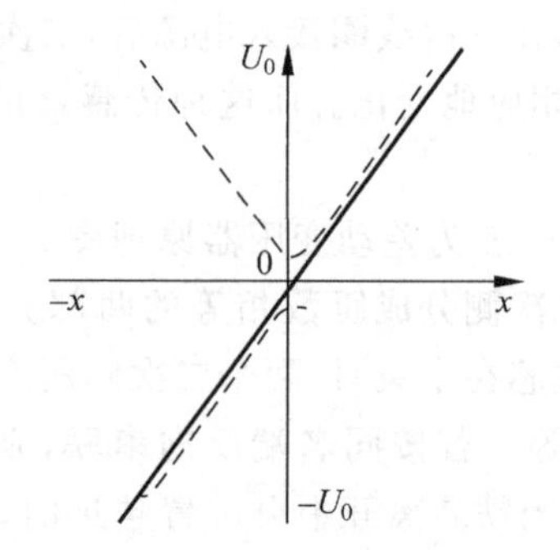

图 8-18　带相敏整流的输出特性

位移测量是电感传感器最主要的用途。如电感测微仪，它是由差动电感组成的，可以用来测量微小位移。目前不少位移传感器采用差动变压器形式。差动变压器位移传感器的测量范围比较大，可以测量 0～5mm 或者 0～100mm 的位移。

电感式位移测量仪表具有结构简单、灵敏度高、输出功率大以及准确度较高等优点，所以应用较广。

8.1.3 光栅传感器

光栅传感器是根据莫尔条纹原理制成的一种计量光栅，主要用于位移测量及与位移相关的物理量(如速度、加速度等方面)测量。由于光栅传感器具有准确度高、量程大、分辨率高、抗干扰能力强以及可实现动态测量等特点，所以它在几何量和机械量等物理量的测量、数控系统的位置检测和数控机床的伺服系统等领域得到了广泛应用。

光栅传感器的主要元件是光栅。在长度和角度测量中应用的光栅，常称为计量光栅。计量光栅根据光线走向分为透射光栅和反射光栅两种；根据刻线形式又可分为黑白光栅和相位光栅两种；根据形状和用途分为长光栅和圆光栅两种。这里以透射黑白长光栅为主讨论。

1. 光栅传感器的结构和基本原理

如图 8-19 所示，光栅传感器主要由主光栅、指示光栅和光路系统组成。

透射长光栅是在一块长条形的光学玻璃上均匀刻上许多线纹，形成规则排列的明暗线条。从栅线放大图中可以看到，a 为刻线宽度，b 为刻线间的缝隙宽度，$a+b=W$ 称为光栅

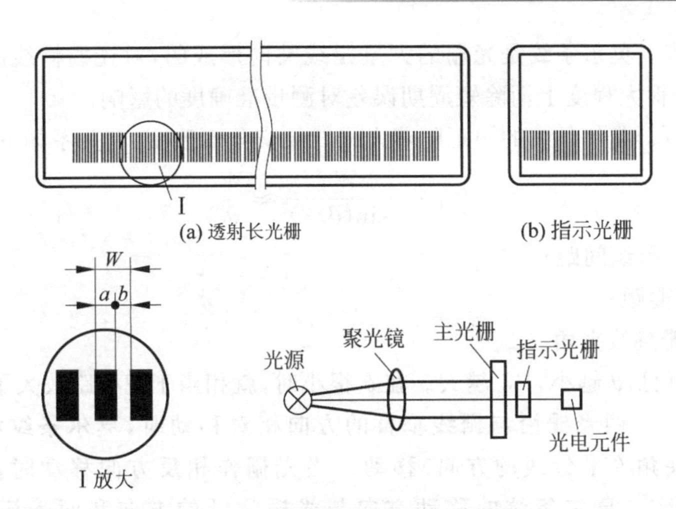

图 8-19 黑白透射长光栅示意图

的栅距(或光栅常数)。通常情况下 $a=b=W/2$,也可以做成 $a:b=1.1:0.9$。刻线密度一般为每毫米10、25、50、100线。

指示光比主光栅短得多,通常刻有与主光栅同样刻线密度的线纹。

整个光路系统包括光源、聚光镜、主光栅、指示光栅和光电元件。光源一般用钨丝灯泡,它有较大的输出功率,较宽的工作温度范围,即−40℃～+130℃。但是,它与光电元件相组合的转换效率低,在机械振动和冲击条件下工作时,使用寿命将降低。因此,必须定期更换灯泡以防止由于灯泡失效而造成的失误。近年来固态光源有了很大的发展,如砷化镓发光二极管可以在−66℃～+100℃的温度下工作,发出的光为近似红外光,接近硅光敏晶体管的敏感波长。虽然砷化镓二极管的输出功率比钨丝灯泡低,但是它与硅光敏晶体管相结合,有很高的转换效率,最高可高达30%左右。此外,砷化镓二极管的脉冲响应速度约为几十纳秒,与光敏晶体管组合起来可以得到2μs的可实用的响应速度,这种快速的响应特性,可以使光源只在应用时被触发,从而可以减少功率消耗和热耗散。

光电元件有光电池和光敏晶体管。在采用固态光源时,需要选用敏感波长与光源相接近的光敏元件。以获得大的转换效率。在光敏元件的输出端,常常接有放大器,通过放大器把光敏元件的输出放大以防止干扰的影响。

2. 莫尔条纹的形成及其特点

把栅距相等的主光栅和指示光栅的刻线面相对叠合在一起,如图8-20所示,中间留有很小的间隙,并使两者栅线之间保持很小的夹角 θ,于是在与光栅线纹大致垂直的方向上(确切地讲,应在两线纹交角平分线处)将出现明暗相间的条纹。在a-a线上,两光栅的栅线彼此重合,光线从缝隙中通过,形成明带;在b-b线上,两光栅的栅线彼此错开,形成暗带。这种明暗相间的条纹,称为莫尔条纹。

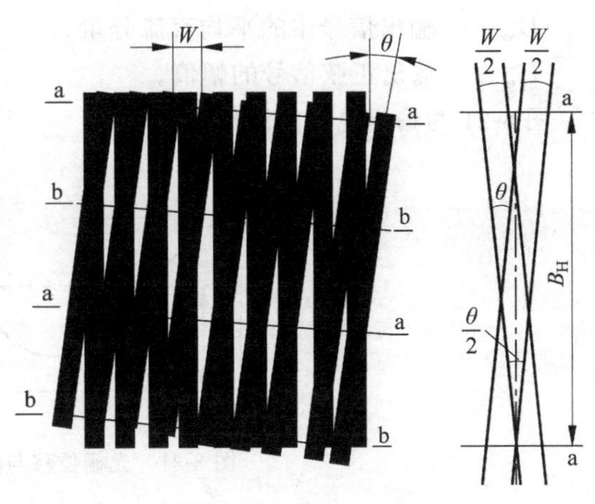

图 8-20 光栅及莫尔条纹

莫尔条纹有以下几个重要特征。

(1) 平均效应。莫尔条纹是光栅的大量栅线共同形成的,对光栅栅线的刻画误差有平均作用,从而能在很大程度上消除短周期误差对测量准确度的影响。

(2) 放大作用。莫尔条纹的间距随着光栅线纹交角而改变,其关系如下:

$$B_{\mathrm{H}}=\frac{W}{2\sin(\theta/2)}\approx\frac{W}{\theta} \tag{8-21}$$

式中,B_{H}——莫尔条纹间距;

W——光栅栅距;

θ——两光栅刻线夹角。

由式(8-21)可见,θ 越小,B_{H} 越大。在 θ 很小时,就相当于把栅距放大了 $1/\theta$ 倍。

(3) 对应关系。两光栅沿与栅线垂直的方向相对移动时,莫尔条纹沿栅线方向(确切地说,沿栅线夹角 θ 平分线的方向)移动。当光栅作相反方向移动时,莫尔条纹的移动方向也随之改变。莫尔条纹的移动方向与光栅运动的方向和两光栅夹角的关系见表 8-1。

表 8-1 对应关系表

主光栅相对指示光栅的转角方向	主光栅移动方向	莫尔条纹移动方向
顺时针方向	←向左	↑向上
	→向右	↓向下
逆时针方向	←向左	↓向下
	→向右	↑向上

两光栅相对移动一个栅距 W,莫尔条纹就移动一个条纹间距 B_{H}。光栅反方向移动时,莫尔条纹也反向移动。利用这种严格的一一对应关系,根据光电元件接收到的条纹数目,就可以知道主光栅所移过的位置值。

光电元件把接收到的光强变换转化为电信号(电压或电流)输出,它可以用光栅位移量 x 的正弦函数表示。以电压输出为例

$$U_{\mathrm{o}}=U_{\mathrm{av}}-U_{\mathrm{m}}\sin\left(\frac{\pi}{2}+\frac{2\pi x}{W}\right) \tag{8-22}$$

式中,U_{o}——光电元件输出的电压信号;

U_{av}——输出信号中的平均直流分量;

U_{m}——输出正弦信号的幅值。

图 8-21 为输出电压的波形图。

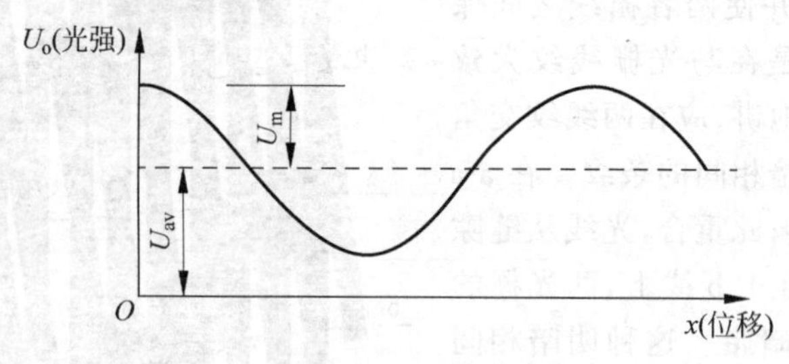

图 8-21 光栅位移与输出电压的关系

3. 辨向与细分

1）辨向原理

在实际应用中，被测物体移动方向往往不是固定的。无论主光栅向左或向右移动，在某一个固定点观察时，莫尔条纹都是做明暗交替变化。因此，只根据一个莫尔条纹信号，无法判别光栅移动的方向，也就不能正确测量往复移动时的位移。为了辨向，需要两个有一定相位差的莫尔条纹信号。

如图 8-22 所示为辨向的工作原理及逻辑电路。

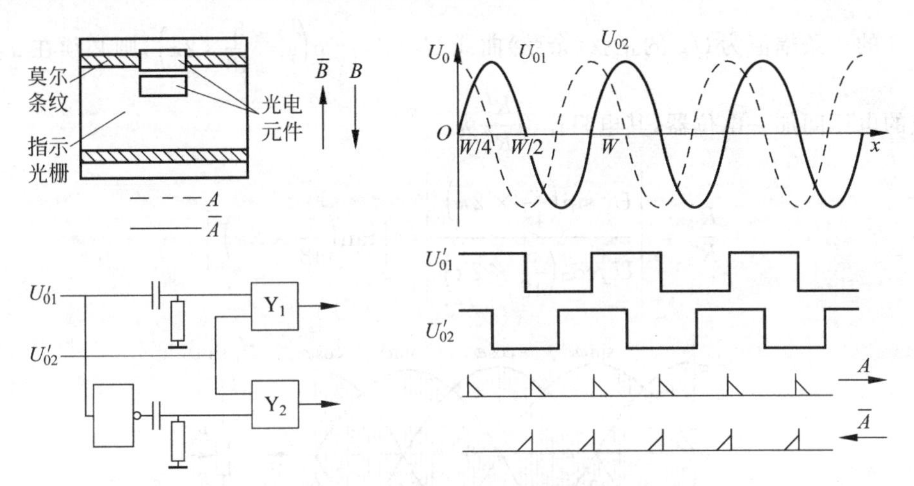

图 8-22　辨向逻辑工作原理

在相隔 $B_H/4$ 的位置上安放两个光电元件，从而得到两个相位差为 $\pi/2$ 的电信号 U_{01} 和 U_{02}，经过整形后得到两个方波信号 U'_{01} 和 U'_{02}。从图 8-22 中波形的对应关系可以看出，在光栅向 A 方向移动时，U'_{01} 经微分电路后产生的脉冲（如图中实线所示）正好发生在 U'_{02} 的 1 电平时，从而经与门 Y_1 输出一个计数脉冲。而 U'_{01} 经反相微分后产生的脉冲（如图 8-22 中虚线所示）则与 U'_{02} 的 0 电平相通，与门 Y_1 被阻塞，没有脉冲输出。在光栅向 $\overline{A}$ 方向移动时，U'_{01} 的微分脉冲发生在 U'_{02} 的 0 电平时，故与门 Y_1 无脉冲输出；而 U'_{01} 反相微分所产生的脉冲则发生在 U'_{02} 的 1 电平时，与门 Y_2 输出一个计数脉冲。因此，用 U'_{02} 的电平状态作为与门的控制信号，来控制 U'_{01} 所产生的脉冲输出，就可以根据运动的方向正确地给出加计数脉冲和减计数脉冲，从而实现辨向的目的。

2）细分计数

随着对测量准确度要求的提高，希望转换器有较小的分度值。因此采用内插法把莫尔条纹细分。所谓细分，就是在莫尔条纹信号变化的一个周期内，发出若干个脉冲，以减小脉冲当量。即把每个脉冲所相当的位移减少到原来的 $1/n$，从而使测量准确度提高 n 倍。由于细分后计数脉冲频率提高了 n 倍，因此又称 n 倍频。

这里介绍两种常用的细分方法。

一种细分方法为位置细分（直接细分）。在相差 $B_H/4$ 的位置上放置两个光电元件，可以获得两个相位差为 $\pi/2$ 的莫尔条纹信号：$U_{01}=U_{av1}+U_{1m}\sin\dfrac{2\pi x}{W}$ 和 $U_{02}=U_{av2}+U_{2m}\cos\dfrac{2\pi x}{W}$。用反相器反相后又获得 $U_{03}=-U_{01}$、$U_{04}=-U_{02}$，略去直流分量后，就得到了四个相差为 $\pi/2$

的正弦交流信号。

位置细分法的优点是对莫尔条纹信号波形无严格要求，电路简单，可用于静态和动态测量系统中。其缺点是由于光电元件安放困难，因而使细分数不高，经常用的细分数为4。

另一种细分方法为电位器桥（电阻链）细分。信号 $U_m\sin\varphi$、$U_m\cos\varphi$、$-U_m\sin\varphi$、$-U_m\cos\varphi$（这里 $\varphi=2\pi x/W$）绘于图8-23中。在 $\varphi=0\sim2\pi$ 之间细分成 n 等份，这里 n 应为4的整数倍，例如取 $n=48$。这样，在 $\varphi=0\sim\pi/2$、$\varphi=\pi/2\sim\pi$、$\varphi=\pi\sim3\pi/2$、$\varphi=3\pi/2\sim2\pi$ 皆可均分为12等份。通过任一点 i，例如点5作垂线，与曲线交于两点 a_5 及 b_5。这时欲得到通过点5的一条幅值为 U_m 的正弦（余弦）曲线 $U_5=U_m\sin\left(\varphi-\frac{5}{48}\times2\pi\right)$，则必须在 a_5 及 b_5 所对应的电压间加一电位器，其电阻比值 $\frac{R_5'}{R_5''}$ 为

$$\frac{R_5'}{R_5''}=\left|\frac{U_m\sin\left(\frac{5}{48}\times2\pi\right)}{U_m\cos\left(\frac{5}{48}\times2\pi\right)}\right|=\left|\tan\left(\frac{5}{48}\times2\pi\right)\right| \tag{8-23}$$

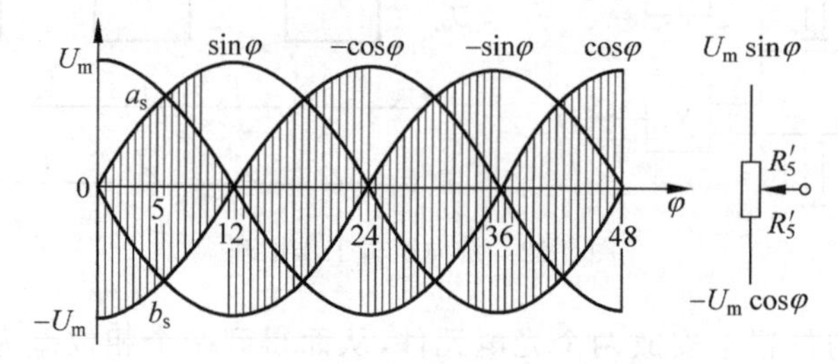

图8-23 电位器桥细分原理

按此原理将给出48点电位器细分电路如图8-24所示。第 i 个电位器电刷两边的电阻值比，按式(8-23)可写成

$$\frac{R_i'}{R_i''}=\left|\tan\left(\frac{i}{n}\times2\pi\right)\right| \tag{8-24}$$

式中，n——细分数；

i——电位器编号；

R_i'、R_i''——分别为第 i 个电位器动臂两边的电阻值。

当 $\varphi=2i\pi/n$ 时，$U_i=0$，使过零触发器翻转，发出细分信号。

这种细分电路细分数较大（一般为12～60），准确度较高。对莫尔条纹的波形、幅值、直流电平及原始信号 $U_m\sin\varphi$、$U_m\cos\varphi$ 的正交性均有严格要求，可用于动态、静态测量系统中。直流放大器的零点漂移等对细分准确度影响较大。此外，电路较为复杂，对电位器阻值稳定性、过零触发器的触发准确度均有较高要求。

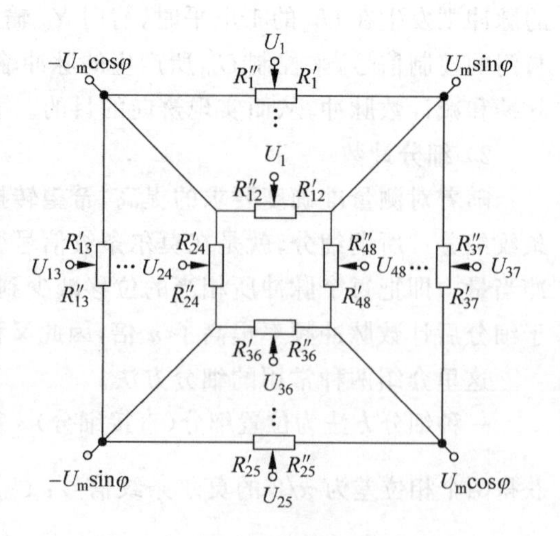

图8-24 48点电位器桥细分电路

8.2 转速测量仪表

旋转轴的转速测量在工程上经常遇到，以每分钟的转数来表达，即 r/min。测量转速的仪表统称为转速仪。转速仪的种类繁多，按测量原理可分为模拟法、计数法和同步法；按变换方式又分为机械式、电气式、光电式和频闪式等。转速的测量方法及其特点如表 8-2 所示。下面介绍几种常用的转速测量方法。

表 8-2 转速的测量方法及特点

型 式		转速表	测 量 方 法	应用范围/(r/min)	准确度(%)	特 点
模拟型	机械式	离心式	利用重块的离心力与转速的平方成正比；利用容器中的离心力产生的压力或液面变化	30～24000 中、低速	1～2 2	简单、价廉、应用较广，但准确度较低
		黏液式	利用旋转体黏液中旋转时传递的扭矩变化测速	中、低速	2	简单，但易受温度的影响
	电气式	发电机式	利用直流或交流发电机的电压与转速成正比关系	－10000	1～2	可远距离指示，应用广。易受温度的影响
		电容式	利用电容充放电回路产生与转速成正比例的电流	中、高速	2	简单、可远距离指示
		电涡流式	利用旋转盘在磁场内使电涡流产生变化测转速	中、高速	1	简单、价廉、多用于机动车
计数型	机械式	齿轮式 钟表式	通过齿轮转动数字轮；通过齿轮转动加入计时器	中、低速 －10000	1 0.5	简单、价低、与秒表并用
	光电式	光电式	利用来自旋转体上光线，使光电管产生电脉冲	中、高速 30～48000	1～2	简单、没有转矩损失
	电气式	电磁式	利用磁、电等转换器将转速变化转换成电脉冲	中、高速	0.5～2	简单、数字传输
同步型	机械式	目测式	转动带槽圆盘，目测与旋转体同步的转速	中、高速	1	简单、价廉
	频闪式	闪光式	利用频闪光测旋转体频率	中、高速	0.5～2	简单、可远距、数字测量

8.2.1 磁电式转速传感器

图 8-25 为磁电式转速传感器的结构图，它由永久磁铁、线圈、磁盘等组成。在永久磁铁组成的磁路中，若改变磁阻(如空气隙)的大小，则磁通量随之改变。磁路通过感应线圈，当磁通量发生突变时，感应出一定幅度的脉冲电动势，该脉冲电动势的频率等于磁阻变化的频率。为了使气隙变化，在待测轴上装一个由软磁材料做成的齿盘(通常采用 60 个齿)。当待测轴转动时，齿盘也跟随转动，齿盘中的齿和齿隙交替通过永久磁铁的磁场，从而不断改变磁路的磁阻，使铁芯中的磁通量发生突变，在线圈内产生一个脉冲电动势，其频率与待测转

轴的转速成正比。线圈所产生的感应电动势的频率为

$$f=\frac{nz}{60} \tag{8-25}$$

式中，n——转速(r/min)；

f——频率(Hz)；

z——齿轮的齿数。

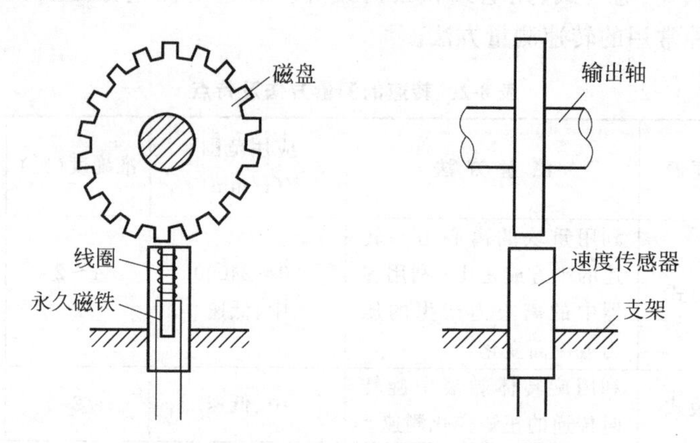

图 8-25 磁电式转速传感器的结构原理图

当齿轮的齿数 $z=60$ 时，有

$$f=n \tag{8-26}$$

只要测量出频率 f，即可得到被测转速。只要将线圈尽量靠近齿轮外缘安放，线圈产生的感应电动势就是正弦波形。

8.2.2 光电式转速传感器

光电式转速传感器有直射式光电转速传感器和反射式光电转速传感器。

1. 直射式光电转速传感器

图 8-26 为直射式光电转速传感器的结构图。它由开孔圆盘、光源、光敏元件及缝隙板等组成。开孔圆盘的输入轴与被测轴相连接，光源发出的光通过开孔圆盘和缝隙板照射到光敏元件上被光敏元件所接收，将光信号转换为电信号输出。开孔圆盘上有许多小孔，开孔圆盘旋转一周，光敏元件输出的电脉冲个数等于圆盘的开孔数。因此，可通过测量光敏元件输出的脉冲频率得知被测转速，即

$$n=\frac{f}{N} \tag{8-27}$$

式中，n——转速(r/min)；

f——脉冲频率(Hz)；

N——圆盘开孔数。

2. 反射式光电转速传感器

图 8-27 为反射式光电转速传感器的结构图。它由红外发射管、红外接收管、光学系统等组成。光学系统由透镜及半透镜构成，红外发射管由直流电源供电，工作电流为 20mA，

可发出红外光。半透镜既能使发射的红外光射向转动的物体，又能使从转动的物体反射回来的红外光穿过半透镜射向红外接收管。测量转速时需要在被测物体上粘贴一小块红外反射纸，这种纸具有定向反射作用。

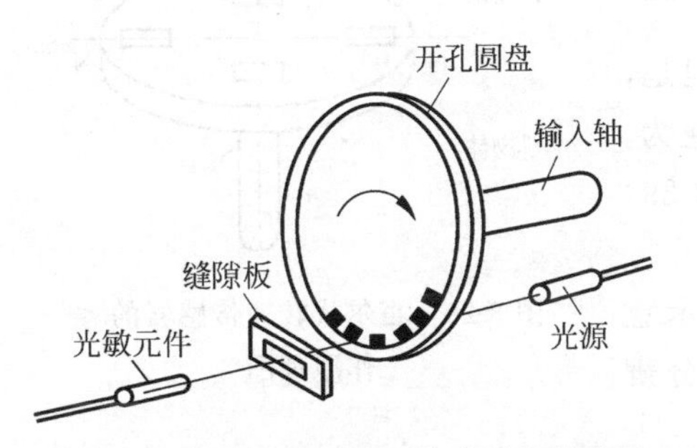

图 8-26　直射式光电转速传感器的结构图

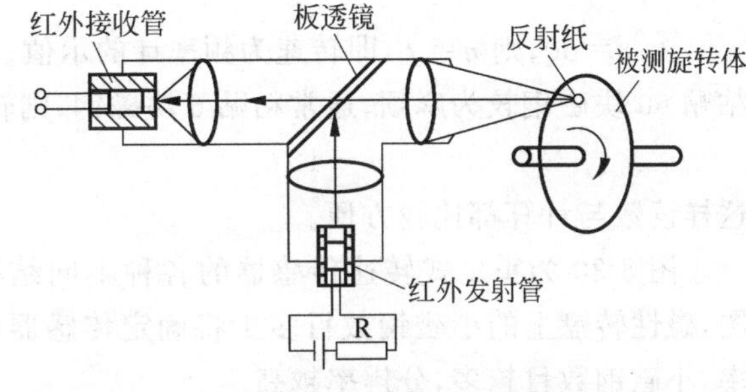

图 8-27　反射式光电转速传感器的结构图

当被测物体旋转时，粘贴在物体上的反射纸和物体一起旋转，红外接收管则随感受到反射光的强弱而产生相应变化的信号。该信号经电路处理后便可以由显示电路显示出被测对象转速的大小。

8.2.3　电涡流式转速传感器

图 8-28 为电涡流式转速传感器的工作原理图。

它由电涡流式传感器和输入轴等组成。在软磁性材料的输入轴上加工一个键槽，在距输入轴表面 d 处设置电涡流式转速传感器，输入轴与被测旋转轴相连。当被测旋转轴转动时，输入轴跟随转动，从而使传感器与输入轴的距离发生 Δd 的变化。由于电涡流效应，这种变化将导致振荡回路的品质因数变化，使传感器线圈电感随 Δd 的变化而变化，它们将直接影响振荡器的电压幅值和振荡频率。因此，随着输入轴的旋转，从振荡器输出的信号中包含与转速成正比的脉冲频率信号。这种传感器可实现非接触式测量，最高测量转速可达 6×10^7 r/min。

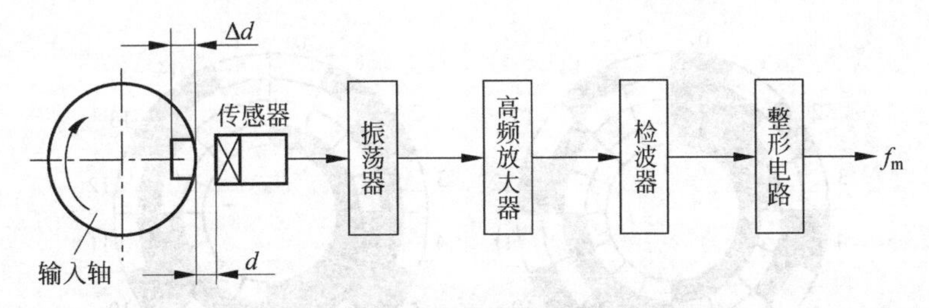

图 8-28　电涡流式转速传感器的工作原理图

8.2.4　霍尔式转速传感器

图 8-29 为霍尔式转速传感器的结构原理图。它是由霍尔开关集成传感器和磁性转盘组成。将磁性转盘的输入轴与被测转轴相连，当被测转轴以角速度 ω 旋转时，磁性转盘便随之转动，固定在磁性转盘附近的霍尔开关集成传感器便可在每一个小磁钢通过时产生一个相应的脉冲，检测出单位时间的脉冲数，从而知道被测对象的转速。

设频率计的频率为 f，粘贴的磁钢数为 z，则转轴转速 n(r/min)为

$$n=\frac{60f}{z} \tag{8-28}$$

若 $z=60$，则 $n=f$，即转速为频率计的示值。但是，粘贴 60 块磁钢较为麻烦，通常粘贴 6 块磁钢，则转速为

$$n=10f \tag{8-29}$$

这样读数与计算都比较方便。

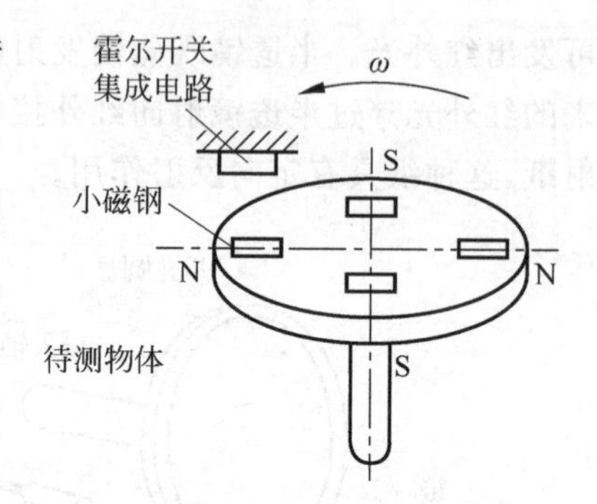

图 8-29　霍尔式转速传感器的工作原理图

图 8-30 为霍尔式转速传感器的各种不同结构示意图，磁性转盘上的小磁钢数目多少将确定传感器的分辨率，小磁钢数目越多，分辨率越高。

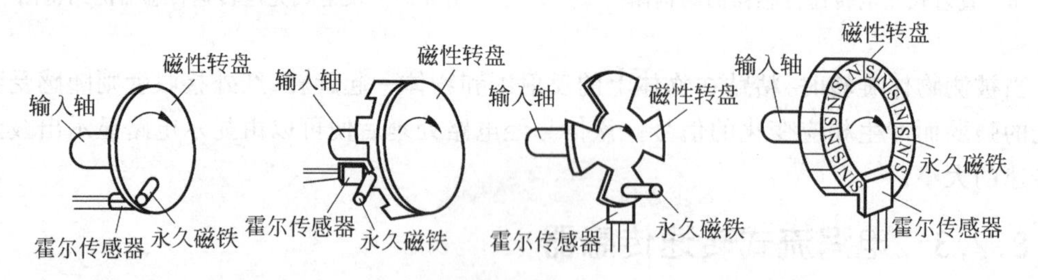

图 8-30　霍尔式转速传感器的各种不同结构示意图

8.2.5　光电码盘转速检测法

光电码盘有绝对光电码盘与增量光电码盘之分。

如图 8-31(a)所示的绝对光电码盘是把旋转轴的旋转角度用二进制编码输出，它可以测绝对角度，而且当有外部干扰或电源断电事故发生后恢复正常时，可以立即准确检测位置信息。其缺点是结构复杂、成本高，并需要用多个光电元件检测来自各位的脉冲信号。如图 8-31(b)所示也是绝对光电码盘，但它是可以减少误码率的循环码盘。

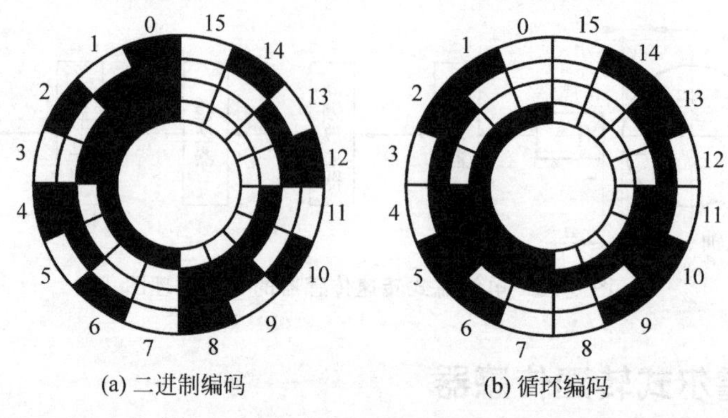

图 8-31　绝对光电码盘及其编码方式

增量光电码盘是随旋转角度输出一列连续脉冲波的码盘，通过累计脉冲个数测量旋转角，若只使用一个光耦合器则只能检测转速，而不能检测转轴的绝对转角和转向。

增量光电码盘在工业应用的数量上远比绝对码盘多。为了使增量光电码盘也能检测绝

对转角和转向。可以采用如图 8-32 所示的检测 A、B 和 Z 三个增量脉冲信号的办法，使其中相邻的两个输出信号 A、B 成 90°的相位差；而使信号 Z 对每转一周只输出一个脉冲，作为决定转角的原点。根据需要，当只需检测转速时，选择带一个光耦合器的单相输出增量码盘即可；若还要判别正负转向并控制转角位置，则需要选择内部含三个光耦合器的有三相输出的增量码盘。

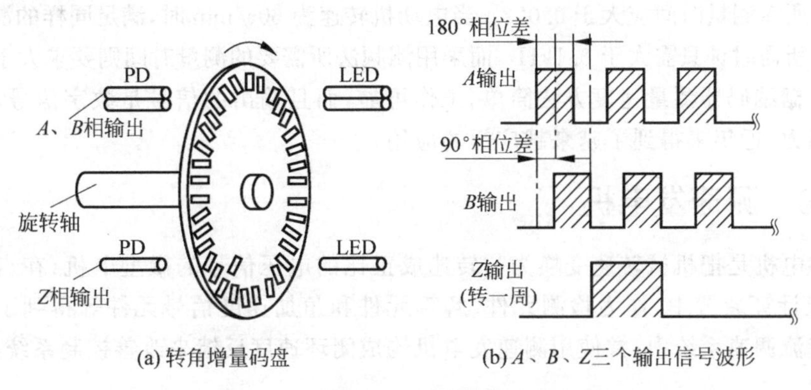

(a) 转角增量码盘　　(b) A、B、Z三个输出信号波形

图 8-32　增量光电码盘及其改进方法

光栅编码器一般用来测量角位移，如果在单位时间内测量角位移则为被测物体的转速。光栅编码器在被测物体每转过一个单位角位移时就产生一个脉冲。在测量角位移的同时，将所经过的时间也测量出来，即可求得角速度。采用增量码盘测速原理如图 8-33 所示。

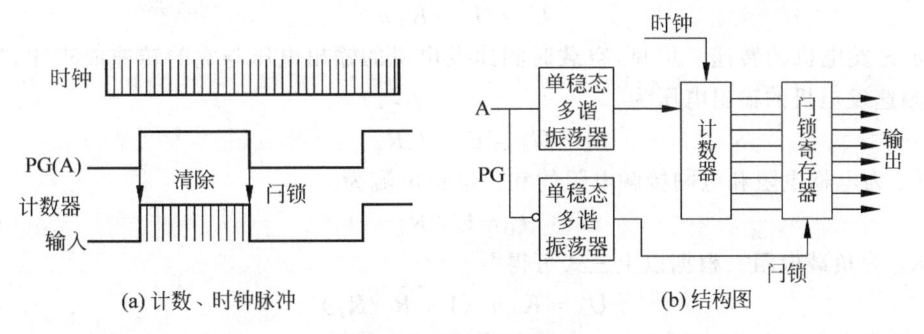

(a) 计数、时钟脉冲　　(b) 结构图

图 8-33　增量码盘测速

从图 8-33 中可见，用光栅编码器输出信号的上升沿打开计数器，对高频时钟信号进行计数；用其下降沿打开锁存器，将计数器内的数值进行锁存，这样锁存器的内容就是角位移所经过的时间，求其倒数即可得到转速。

上述方法可以称为测周法，利用上述方法测量速度时，需要根据电动机的转速范围和要求准确度来决定时钟频率和计算机的位数。一般来说，上述方法比较适合于电动机转速较慢的情况。若电动机转速过快，则计数器计数时间过短，此时如果时钟频率不够高，则可能产生较大的误差。对于转速较高的电动机一般可以采用测频法，其原理是在单位时间内对光栅编码器输出脉冲计数，从而直接测得转速。

在测量时是采用测周法还是测频法应该根据实际情况决定，而采用测周法所需高频时钟的频率和采用测频法所需的测量时间与所要求的测量准确度和具体应用场合(如所测转速范围)有关。一般在转速低时采用测周法，转速高时采用测频法。为了提高准确度，在采用测周法时尽可能采用高频时钟和较高位数的计数器，而在采用测频法时应使用尽可能长的测量时间。在实际应用中，由于时钟频率和计数器容量受到限制，不可能无限高，所以量化误差总是存在的。

计算误差时一般认为量化误差即为最大误差，也就是计数器所计得的一个数。例如，电动机转速为3000r/min，光册传感器为100脉冲/min，则其脉冲周期为0.2ms。如果要求测量误差小于1%，则采用测周法时所需时钟在500kHz以上才能够满足要求。而采用测频法满足同样的准确度所需测量时间应大于0.02s。当电动机转速为60r/min时，满足同样的测量准确度采用测周法所需时钟只需大于0.1kHz，而采用测频法所需要的测量时间则要求大于1s。

使用光栅编码器测量速度方法简单、工作可靠，而且输出的信号是数字信号，具有较强的抗干扰能力，近年来得到了越来越广泛的应用。

8.2.6 测速发电机

测速发电机是把机械转速变换为与转速成正比的电压信号的微型电机，在自动控制系统中和模拟计算装置中，作为检测元件、解算元件和角加速度信号元件等得到了广泛的应用。在交直流调速系统中，常使用测速发电机构成闭环速度反馈来改善控制系统的性能，提高系统精度。

目前常用的测速发电机主要有直流测速发电机、交流测速发电机和霍尔效应测速发电机等。其中使用最多的是直流测速发电机。

直流测速发电机的工作原理与普通的发电机基本相同，如图8-34所示。空载时，电枢两端的输出电压为

$$U_0 = E = K_E n \tag{8-30}$$

式中，n为发电机的转速。可见，空载时测速发电机的输出电压与它的转速成正比，当有负载时，测速发电机的输出电压为

$$U_0 = E - I_a R_a \tag{8-31}$$

式中，R_a为电枢电阻和电刷接触电阻的和。电枢电流为

$$I_a = U_0 / R_L \tag{8-32}$$

式中，R_L为负载电阻。根据以上三式可得

$$U_0 = K_E n / (1 + R_a / R_L) \tag{8-33}$$

上式即为有负载时的直流测速发电机输出特性方程，如图8-35所示。

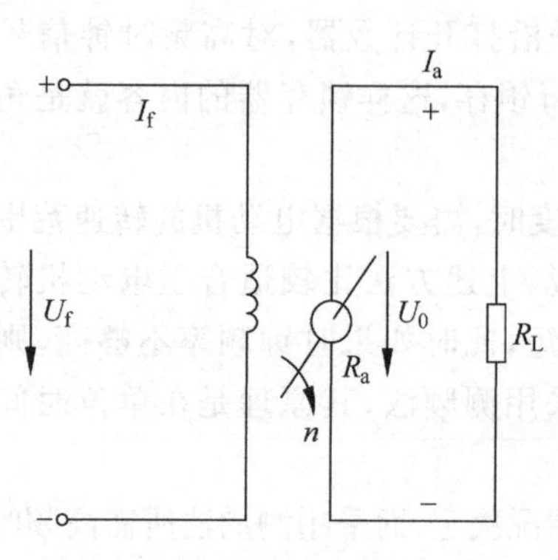

图8-34 直流测速发电机工作原理

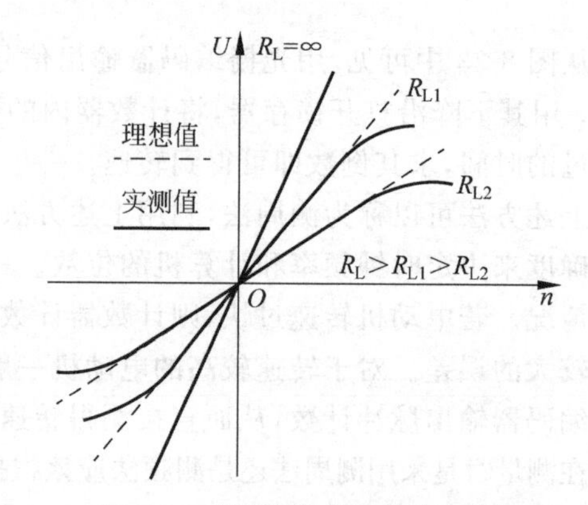

图8-35 直流测速发电机输出特性

在理想状态下，K_E、R_a、R_L 都能够保持为常数，则直流测速发电机在有负载时输出电压和转速仍为线性关系。但实际上，由于电枢反应及温度变化的影响，输出特性曲线不完全是线性的。同时还可以看出，负载电阻越小，转速越快，输出特性曲线弯曲的越厉害。

交流测速发电机的结构与伺服电动机类似。在定子安装两套相差为90°的绕组，其中一套接单相交流电源；另一套作为输出绕组，接测量仪器作为负载，其输出为幅值与转速成正比，频率与电源频率相同的感应电动势。在励磁电压一定的情况下，当输出绕组的负载很小时，交流测速发电机的输出电压与转速成正比。

直流测速发电机没有相位波动，没有残余电压，灵敏度高。但由于有电刷和换向器，所以可靠性比较差，维护也不方便，而且会产生比较大的电磁干扰，输出特性不稳定。

交流测速发电机结构简单，维护容易，输出稳定，准确度高，电磁干扰小，工作可靠。但灵敏度一般要比直流测速发电机低，而且存在残余电压与相位误差，负载的大小和性质对输出特性的影响比较大。

在自动控制系统中，测速发电机常用来做调速系统、位置伺服系统等的校正元件，检测和控制电动机的转速，产生反馈电压以提高控制系统的稳定性和精确度。然而在实际使用时，有些影响测量结果的因素应该注意。

对于交流测速发电机来说，在使用时必须维持励磁电压与频率的恒定，同时需要注意负载阻抗的影响。温度的变化也会使材料性能和绕组的电阻值发生变化，使得输出性能不稳定，所以在实际使用时需要外加温度补偿装置。如在电路中串入NTC型热敏电阻来补偿温度变化的影响。

对于直流测速发电机来说，需要注意的首先是最大线性工作转速和最小负载电阻这两个指标。在准确度要求高的场合，负载电阻必须选得大一些，转速范围也不应该超过最大线性工作转速，以保证测量机构具有较小的非线性误差。另外，温度变化也会影响励磁绕组的阻值，从而也会影响输出的线性，所以在实际使用时一般在直流测速发电机的励磁绕组回路中串联一个较大的铜电阻作为附加电阻，以补偿温度变化对励磁绕组阻值的影响，稳定励磁电流，从而使输出特性不受温度变化的影响。但采用附加电阻会增加励磁电压，导致励磁功率增大。

此外，当测速发电机转速较低时，电刷接触电阻较大，此时输出电压的灵敏度较低；而转速较高时基本能够保持线性，灵敏度也比较高。所以直流测速发电机在转速较低时存在一个不灵敏区，所以测量范围的低限也不宜过小。

8.3 力测量仪表

力体现了物质之间的相互作用，凡是能使物体的运动状态或物体所具有的动量发生改变而获得加速度或者使物体发生变形的作用都称为力。按照力产生的原因不同，可以把力分为重力、弹性力、惯性力、膨胀力、摩擦力、浮力、电磁力等。按力对时间的变化性质可分为静态力和动态力两大类。静态力是指不变的力或变化很缓慢的力，动态力是指随时间变化显著的力，如冲击力、交变力或随机变化的力等。

对力本身是无法进行测量的，因而对力的测量总是通过观测物体受力作用后，形状、运动状态或所具有的能量的变化来实现的。力值测量所依据的原理是力的静力效应和动力效应。力的静力效应是指弹性物体受力后产生相应变形的物理现象，可见，只需通过一定手段测出物体的弹性变形量,就可间接确定物体所受力的大小。力的动力效应是指具有一定质量的物体受到力的作用时,其动量将发生变化,从而产生相应加速度的物理现象,因此只需测出物体的加速度,就可间接测得力的值。测力传感器可以是位移型、加速度型或物性型。按其工作原理则可以分为弹性式、电阻应变式、电感式、电容式、压电式、压磁式等。

8.3.1 力的检测方法

力的测量方法可归纳为力平衡法、测位移法和利用某些物理效应的传感器法。

1. 力平衡法

力平衡法是基于比较测量的原理,用一个已知力来平衡待测的未知力,从而得出待测力的值。平衡力可以是已知质量的重力、电磁力或气动力等。

磁电式力平衡测力系统如图 8-36 所示。它由光源、放大器和一个力矩线圈组成一个伺服式测力系统。

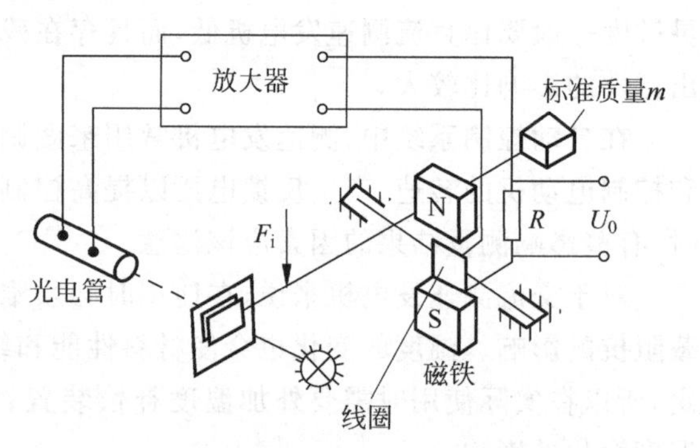

图 8-36 磁电式力平衡测力系统

在图 8-36 中,在无外力作用时,系统处于初始平衡位置,光线全部被遮住,光敏元件无电流输出,力矩线圈不产生力矩。当被测力 F_i 作用在杠杆上时,杠杆发生偏转,光线通过窗口打开的相应缝隙,照射到光敏元件上,光敏元件输出与光照成比例的电信号,经放大后加到力矩线圈上与磁场相互作用而产生电磁力矩,用来平衡被测力 F_i 与标准质量 m 的重力力矩之差,使杠杆重新处于平衡。此时杠杆转角与被测力 F_i 成正比,而放大器输出电信号在采样电阻 R 上的电压降 U_0 与被测力 F_i 成比例,从而可测出力 F_i。

2. 测位移法

在力的作用下,弹性元件会产生变形。测位移法就是通过测量未知力所引起的位移,从而间接地测得未知力的值。

电容传感器与弹性元件组成的测力装置如图 8-37 所示。图中,扁环形弹性元件内腔上下平面上分别固连电容传感器的两个极板。在力作用下,弹性元件受力变形,使极板间距改变,导致传感器电容量变化。用测量电路将此电容量变化转换成电信号,即可得到被测力值。通常采用调频或调相电路来测量电容。这种测力装置可用于大型电子吊秤。

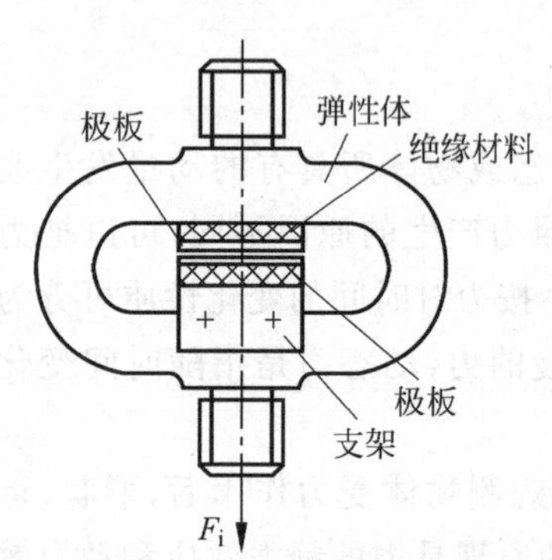

图 8-37 电容式测力装置

图 8-38 所示为两种常用的由差动变压器与弹性元件构成的测力装置。弹性元件受力产生位移,带动差动变压器的铁芯运动,使两线圈互感发生变化,最后使差动变压器的输出电压产生和弹性元件受力大小成比例的变化。图 8-38(a)是差动变压器与弹簧组合构成的测力装置;图 8-38(b)为差动变压器与筒形弹性元件组成的测力装置。

3. 物理效应测力

物体在力的作用下会产生某些物理效应,如应变效应、

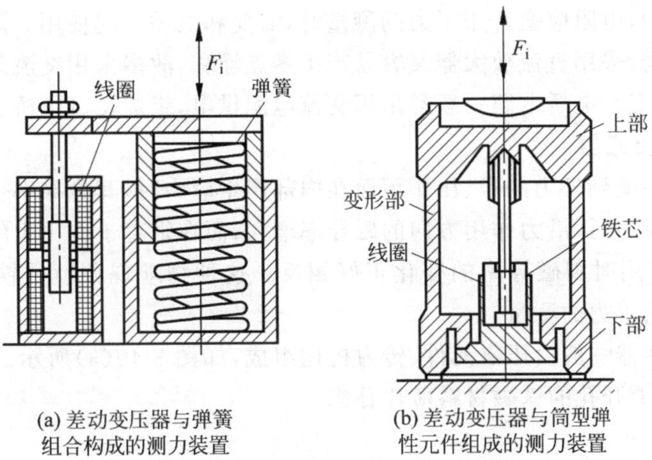

(a) 差动变压器与弹簧组合构成的测力装置　(b) 差动变压器与筒型弹性元件组成的测力装置

图 8-38　差动变压器式测力装置

压磁效应、压电效应等，可以利用这些效应间接检测力值。各种类型的测力传感器就是基于这些效应。

8.3.2　常用测力传感器

测力传感器通常将力转换为正比于作用力大小的电信号，使用十分方便，因而在工程领域得到广泛应用。测力传感器种类繁多，依据不同的物理效应和检测原理可分为电阻应变式、压磁式、压电式、振弦式力传感器等。

1. 应变式力传感器

在所有力传感器中，应变式力传感器应用最为广泛。它能应用于从极小到很大的动、静态力的测量，且测量准确度高，其使用量约占力传感器总量的 90%左右。

应变式力传感器的工作原理与应变式压力传感器基本相同。应变式力传感器首先把被测力转变成弹性元件的应变，再利用电阻应变效应测出应变，从而间接地测出力的大小。

应变片的布置和接桥方式，对于提高传感器的灵敏度和消除有害因素的影响有很大关系。根据电桥的加减特性和弹性元件的受力性质，在贴片位置许可的情况下，可贴 4 或 8 片应变片，其位置应是弹性元件应变最大的地方。图 8-39 给出了常见的柱形、筒形、梁形弹性元件及应变片的贴片方式。

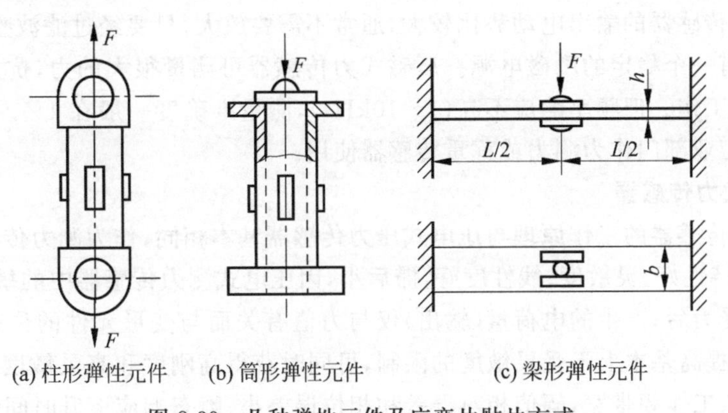

(a) 柱形弹性元件　(b) 筒形弹性元件　(c) 梁形弹性元件

图 8-39　几种弹性元件及应变片贴片方式

在实际应用中,电阻应变片用于力的测量时,需要和电桥一起使用。因为应变片电桥电路的输出信号微弱,采用直流放大器又容易产生零点漂移,故多采用交流放大器对信号进行放大处理,所以应变片电桥电路一般都采用交流电源供电,组成交流电桥。

2. 压磁式力传感器

当铁磁材料在受到外力的拉、压作用而在内部产生应力时,其磁导率会随应力的大小和方向而变化。受拉力时,沿力作用方向的磁导率增大,而在垂直于作用力的方向上磁导率略有减小;受压力作用时则磁导率的变化正好相反。这种物理现象就是铁磁材料的压磁效应。这种效应可用于力的测量。

压磁式力传感器一般由压磁元件、传力机构组成,如图 8-40(a)所示。其中主要部分是压磁元件,它由其上开孔的铁磁材料薄片叠成。

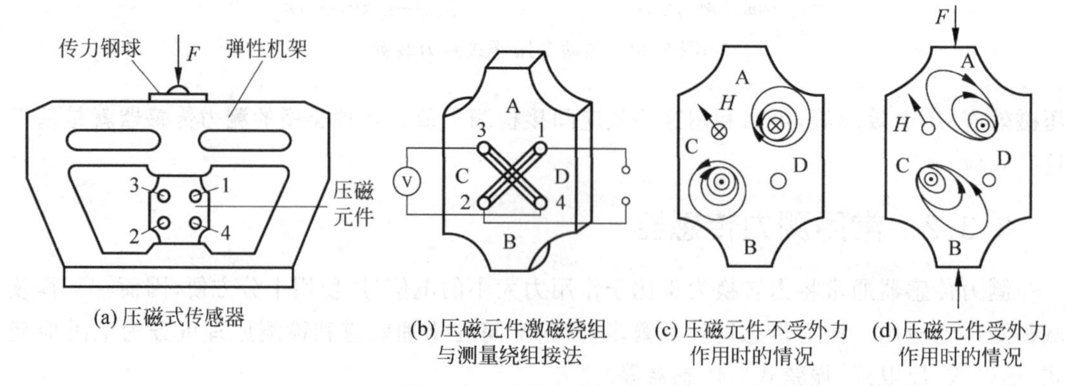

图 8-40 压磁式力传感器

在图 8-40 中,压磁元件上冲有四个对称分布的孔,孔 1 和 2 之间绕有励磁绕组 W_{12}(初级绕组),孔 3 和 4 间绕有测量绕组 W_{34}(次级绕组),如图 8-40(b)所示。当励磁绕组 W_{12} 通有交变电流时,铁磁体中产生一定大小的磁场。若无外力作用,则磁感应线相对于测量绕组平面对称分布,合成磁场强度 H 平行于测量绕组 W_{34} 的平面,磁感应线不与测量绕组 W_{34} 交链,故绕组 W_{34} 不产生感应电动势,如图 8-40(c)所示。当有压缩力 F 作用于压磁元件上时,磁感应线的分布图发生变形,不再对称于测量绕组 W_{34} 的平面,如图 8-40(d)所示。合成磁场强度 H 不再与测量绕组平面平行,因而就有部分磁感应线与测量绕组相交链,而在其上感应出电动势。作用力越大,交链的磁通越多,感应电动势越大。

压磁式力传感器的输出电动势比较大,通常不需要放大,只要经过滤波整流后就可直接输出,但要求有一个稳定的励磁电源。压磁式力传感器可测量很大的力,抗过载能力强,能在恶劣条件下工作。但频率响应不高(1~10kHz),测量准确度一般在 1%左右。常用于冶金、采矿等重工业部门作为测力或称重传感器使用。

3. 压电式力传感器

压电式力传感器的工作原理与压电式压力传感器基本相同,作为测力传感器,它具有以下特点:静态特性好,灵敏度、线性度好,滞后小,因压电式测力传感器中的敏感元件自身的刚度很高,而受力后,产生的电荷量(输出)仅与力值有关而与变形元件的位移无直接关系,因而其刚度的提高基本上不受灵敏度的限制,可同时获得高刚度和高灵敏度;动态特性好,即固有频率高、工作频带宽,幅值相对误差和相位误差小、瞬态响应上升时间短,故特别适用于测量动态力和瞬态冲击力；稳定性好、抗干扰能力强；当采用时间常数大的电荷放大器时，可以测量静态力和准静态力，但长时间连续测量静态力将产生较大的误差。因此压电式测力传感器已成为动态力测量中的十分重要的部件。选择不同切型的压电晶片，按照一定的规律组合，则可构成各种类型的测力传感器。

1）拉、压型单向测力传感器

根据垂直于电轴的 X_0 型切片便可制成拉(压)型单向测力传感器，其结构如图 8-41 所示。

该传感器中使用了两片压电石英晶片反向叠在一起，这样可使灵敏度提高一倍。对于小力值传感器，还可采用多只压电晶片重叠在一起的方式来进一步提高其灵敏度。

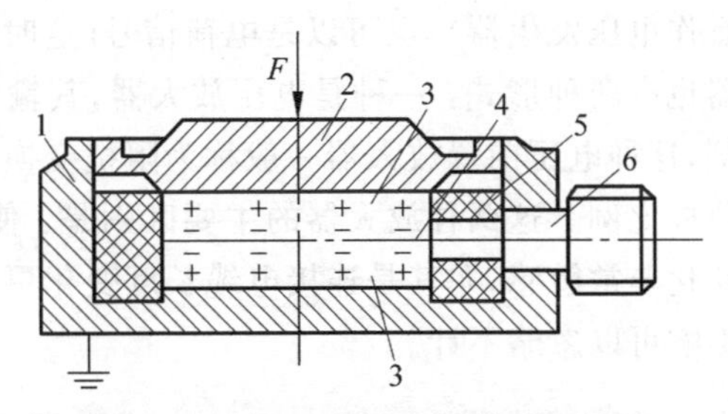

图 8-41 单向压电式测力传感器结构
1—壳体；2—弹性垫；3—压电晶体；4—电极；5—绝缘套；6—引出导线

2）双向测力传感器

如采用两对不同切型（X_0 型和 Y_0 型）的石英晶片组成传感元件，即可构成双向测力传感器。其结构如图 8-42 所示。两对压电晶片分别感受两个方向（x 方向和 y 方向）的作用力，并由各自的引线分别输出。

3）三向测力传感器

图 8-43 所示为压电式三向测力传感器元件组合方式的示意图，其结构与双向式类同。它的传感元件由三对不同切型的压电石英晶片组成。其中一对为 X_0 型切片，具有纵向压电效应，用它测量 z 向力 F_z。另外两对为 Y_0 型切片，具有横向压电效应，两者互成 90°安装，分别测 y 向力 F_y 和 x 向力 F_x。这种传感器可以同时测出空间任意方向的作用力在 x、y、z 三个方向上的分力。多向测力传感器的优点是简化了测力仪的结构，同时又提高了测力系统的刚度。

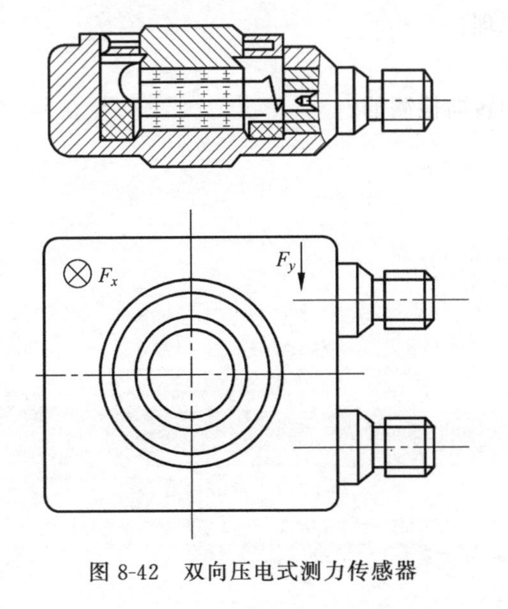

图 8-42 双向压电式测力传感器

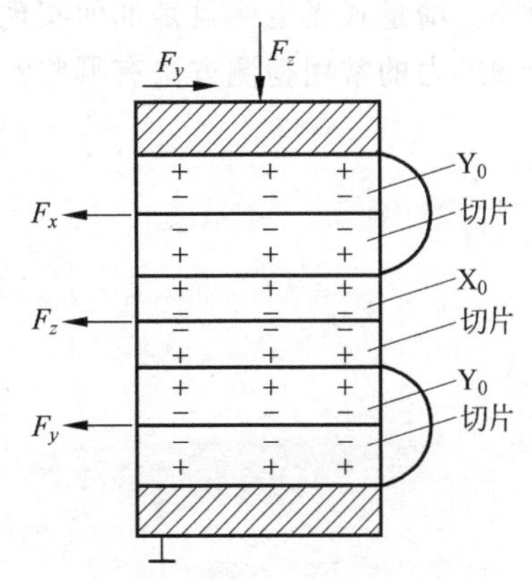

图 8-43 用于三向测力的传感器元件组合方式

由于压电式传感器的输出电信号非常微弱，一般需进行放大。但因压电传感器的内阻抗相当高，除阻抗匹配的问题外，连接电缆的长度、噪声都是突出的问题。为解决这些问题，通常传感器的输出信号先由低噪声电缆输入高输入阻抗的前置放大器。前置放大器的主要作用首先是将压电传感器的高阻抗输出变换成低阻抗输出，其次是将微弱信号加以放大。压电传感器的输出信号经过前置放大器的阻抗变换后，就可以采用一般的放大、检波、指示或通过功率放大至记录和数据处理设备。

按照压电传感器的工作原理及等效电路，传感器的输出可以是电压信号（这时把传感器看作电压发生器），也可以是电荷信号（这时把传感器看作是电荷发生器）。因此，前置放大器也有两种形式：一种是电压放大器，其输出电压与输入电压（即传感器的输出电压）成比例，这种电压前置放大器一般称为阻抗变换器；另一种是电荷放大器，其输出电压与输入电荷成比例。这两种放大器的主要区别是：使用电压放大器时，整个测量系统对电缆电容的变化非常敏感，尤其是连接电缆长度变化更为明显；而使用电荷放大器时，电缆长度变化的影响可以忽略不计。

思考题与习题

8-1 试分析变面积式电容传感器和变间隙式电容传感器的灵敏度。为了提高传感器的灵敏度可采取什么措施？应注意什么问题？

8-2 为什么说变间隙型电容传感器特性是非线性的？采取什么措施可改善其非线性特性？

8-3 影响差动变压器输出线性度和灵敏度的主要因素是什么？

8-4 比较三种电感传感器（变气隙厚度型、变气隙截面积型和螺管型）的灵敏度、线性度和量程范围。

8-5 简述莫尔条纹的形成及特点。

8-6 分析光栅传感器辨向电路的工作原理。

8-7 转速测量常用的方法有哪些？

8-8 增量式光电码盘是如何实现转角和转向检测的？

8-9 力的常用检测方法有哪些？

第 9 章

CHAPTER 9

成分分析仪表

成分分析仪表是对物质的成分及性质进行分析的仪表。使用成分分析仪表可以了解生产过程中的原料、中间产品及最终产品的性质及其含量，配合其他有关参数的测量，更易于使生产过程达到提高产品质量、降低材料和能源消耗的目的。成分分析仪表在保证安全生产和防止环境污染方面更有其重要的作用。

9.1 成分分析方法及分类

视频讲解

在工业化生产过程中，产品的质量和数量都直接或间接地受温度、压力、流量、物位四大参数的影响。所以，这四个参数的提取、检测就成了自动化生产的关键。但是，这些参数并不能直接给出生产过程中原料、中间产品及最终产品的质量情况，用人工分析又会需要一定的时间，分析结果不够及时。自动分析仪表就可以对物质的性质及成分连续地、自动地进行在线测量，分析速度快，可以直接地反映各个环节的产品质量情况，给出控制指标，从而使生产处于最优状态。本节主要针对自动分析仪表进行讨论。

9.1.1 成分分析方法

成分分析方法分为两种类型：一种是定期取样，通过实验室测定的实验室人工分析方法；另一种是利用可以连续测定被测物质的含量或性质的自动分析仪表进行自动分析的方法。

自动分析仪表又称为在线分析仪表或过程分析仪表。这种类型更适合于生产过程的监测与控制，是工业生产过程中不可缺少的工业自动化仪表之一。

9.1.2 成分分析仪表分类

成分分析所用的仪器和仪表基于多种测量原理，在进行分析测量时，需要根据被测物质的物理和化学性质，来选择适当的手段和仪表。

目前，按测量原理分类，成分分析仪表有以下几种类型：

(1) 电化学式，如电导式、电量式、电位式、电解式、氧化锆、酸度计、离子浓度计等；

(2) 热学式，如热导式、热谱式、热化学式等；

(3) 磁学式，如磁式氧分析器、核磁共振分析仪等；

(4) 射线式，如 X 射线分析仪、γ 射线分析仪、同位素分析仪、微波分析仪等；

(5) 光学式,如红外、紫外等吸收式光学分析仪,光散射、光干涉式光学分析仪等;
(6) 电子光学式和离子光学式,如电子探针、离子探针、质谱仪等;
(7) 色谱式,如气相色谱仪、液相色谱仪等;
(8) 物性测量仪表,如水分计、黏度计、密度计、湿度计、尘量计等;
(9) 其他,如晶体振荡式分析仪、半导体气敏传感器等。
本章将介绍几种常用的自动分析仪表。

视频讲解

9.2 自动分析仪表的基本组成

工业自动分析仪表的基本组成如图 9-1 所示。其主要组成环节及作用如下所述。

自动取样装置的作用是从生产设备中自动、连续、快速地提取待分析样品。

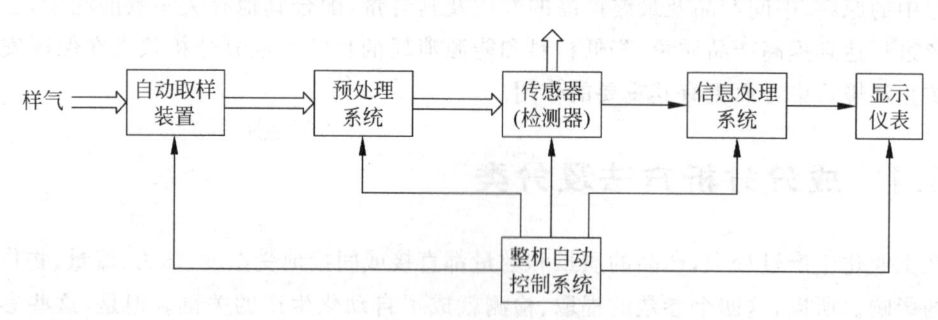

图 9-1 工业自动分析仪表的基本组成

预处理系统可以采用诸如冷却、加热、气化、减压、过滤等方式对所采集的分析样品进行适当的处理,为分析仪器提供符合技术要求的试样。取样和试样的制备必须注意避免液体试样的分馏作用和气体试样中某些组分被吸附的情况,以保证测量的可靠性。

检测器(又称传感器)是分析仪表的核心,不同原理的检测器可以把被分析物质的组分或性质转换成电信号输出。分析仪表的技术性能主要取决于检测器。

信息处理系统的作用是对检测器输出的微弱电信号做进一步处理,如放大、转换、线性化、运算、补偿等,最终变换为统一的标准信号,将其输出到显示仪表。

显示仪表可以用模拟、数字或屏幕图文显示方式给出测量分析结果。

整机自动控制系统用于控制各个部分的协调工作,使取样、处理和分析的全过程可以自动连续地进行。如每个分析周期进行自动调零、校准、采样分析、显示等循环过程。

有些分析仪表不需要采样和预处理环节,而是将探头直接放入被测试样中,如氧化锆氧分析器。

9.3 工业常用自动分析仪表

工业用自动分析仪表种类很多,我们仅介绍其中较常用的热导式气体分析器、红外线气体分析器、氧化锆氧分析器、气相色谱分析仪、酸度检测仪表、湿度检测仪表和密度检测仪表。

9.3.1　热导式气体分析器

热导式气体分析器是一种使用最早的、应用较广的物理式气体分析器，它是利用不同气体导热特性不同的原理进行分析的。常用于分析混合气体中某个组分(又称待测组分)的含量，如 H_2、CO_2、NH_3、SO_2 等组分的百分含量。这类仪表具有结构简单、工作稳定、体积小等优点，是生产过程中使用较多的仪表之一。

热导式气体分析器的原理简单，既可作为单纯分析器，又可根据需要构成一个组分分析的变送器，实现生产过程的自动调节，对提高产品质量，安全生产和节能等起了一定的作用。热导式检测器也被广泛应用于色谱分析仪中。

1. 热导分析的基本原理

由传热学可知，同一物体或不同物体相接触存在温度差时，会产生热量的传递，热量由高温物体向低温物体传导。不同物体(固体、液体、气体)都有导热能力，但导热能力有差异，一般而言，固体导热能力最强，液体次之，气体最弱。在气体中，氢和氦的导热能力最强，而二氧化碳和二氧化硫的导热能力较弱。物体的导热能力即反映其热传导速率大小，通常用导热系数或热导率 λ 来表示。气体的热导率还与气体的温度有关。导热系数 λ 愈大，表示物质在单位时间内传递热量愈多，即它的导热性能愈好。其值大小与物质的组成、结构、密度、温度、压力等有关。表 9-1 列出了在 0℃时以空气热导率为基准的几种气体的相对热导率。

表 9-1　气体在 0℃时的相导对热系数

气体名称	相对导热系数	气体名称	相对导热系数
空气	1.000	一氧化碳	0.964
氢	7.130	二氧化碳	0.614
氧	1.015	二氧化硫	0.344
氮	0.998	氨	0.897
氦	5.91	甲烷	1.318
氧化氢	0.538	乙烷	0.807

对于彼此之间无相互作用的多种组分的混合气体，它的导热系数可以近似地认为是各组分导热系数的加权平均值，即

$$\lambda = \lambda_1 C_1 + \lambda_2 C_2 + \cdots + \lambda_n C_n = \sum_{i=1}^{n} \lambda_n C_n \tag{9-1}$$

式中，λ——混合气体的导热系数；

λ_i——混合气体中第 i 种组分的导热系数；

C_i——混合气体中第 i 种组分的体积百分含量。

式(9-1)说明混合气体的导热系数与各组分的体积百分含量和相应的导热系数有关，若某一组分的含量发生变化，必然会引起混合气体的导热系数的变化，热导式分析仪器就是基于这种物理特性进行分析的。

如果被测组分的导热系数为λ_1，其余组分为背景组分，并假定它们的导热系数近似等于λ_2。又由于$C_1+C_2+\cdots+C_n=1$，将它们代入式(9-1)后可得

$$\lambda \approx \lambda_1 C_1 + \lambda_2 (C_2 + C_3 + \cdots + C_n) = \lambda_1 C_1 + \lambda_2 (1 - C_1)$$

即有

$$\lambda = \lambda_2 + (\lambda_1 - \lambda_2) C_1 \tag{9-2}$$

或

$$C_1 = \frac{\lambda - \lambda_2}{\lambda_1 - \lambda_2} \tag{9-3}$$

在λ_1、λ_2已知的情况下，测定混合气体的总导热系数λ，就可以确定被测组分的体积百分含量。

从上面的讨论中可以看出，用热导法进行测量时，应满足以下两个条件：

(1) 混合气体中除待测组分C_1外，其余各组分(背景组分)的导热系数必须相同或十分接近。

(2) 待测组分的导热系数与其余组分的导热系数要有明显差异，差异愈大，愈有利于测量。

在实际测量中，若不能满足上述两个条件时，应采取相应措施对气样进行预处理(又称净化)，使其满足上述两个条件，再进入分析仪器分析。如分析烟道气体中的CO_2含量，已知烟道气体的组分有CO_2、N_2、CO、SO_2、H_2、O_2及水蒸气等。其中SO_2、H_2的导热系数相差太大，应在预处理时除去。剩余的背景气体导热系数相近，并与被测气体CO_2的导热系数有显著差别，所以可用热导法进行测量。

利用热导原理工作的分析仪器，除应尽量满足上述两个条件外，还要求取样气体的温度变化要小，或者对取样气体采取恒温措施，以提高测量结果的可靠性。

2. 热导式气体分析器的检测器

从上述分析可知，热导式气体分析器是通过对混合气体的导热系数的测量来分析待测气体组分含量的。由于导热系数值很小，并且直接测量气体的导热系数比较困难，所以热导式气体分析器将导热系数测量转换为电阻的测量，即利用热导式气体分析器内检测器的转换作用，将混合气体中待测组分含量C变化所引起混合气体总的导热系数λ的变化转换为电阻R的变化。检测器通称为热导池。

热导式气体分析器的核心是热导池，如图9-2所示。热导池是用导热良好的金属制成的长圆柱形小室，室内装有一根细的铂或钨电阻丝，电阻丝与腔体有良好的绝缘。电源供给热丝恒定电流，使之维持一定的温度t_n，t_n高于室壁温度t_c。被测气体由小室下部引入，从小室上部排出，热丝的热量通过混合气体向室壁传递。热导池一般放在恒温装置中，故室壁温度恒定，热丝的热平衡温度将随被测气体的导热系数变化而改变。热丝温度的变化使其电阻值亦发生变化，通过电阻的变化可得知气体组分的变化。

热导池有不同的结构形式，有对流式、直通式、扩散式和对流扩散式等。如图9-3所示为目前常用的对流扩散式结构形式。气样是由主气路扩散到气室中，然后由支气路排出，这种结构可以使气流具有一定速度，减少滞后，并且气体不产生倒流。

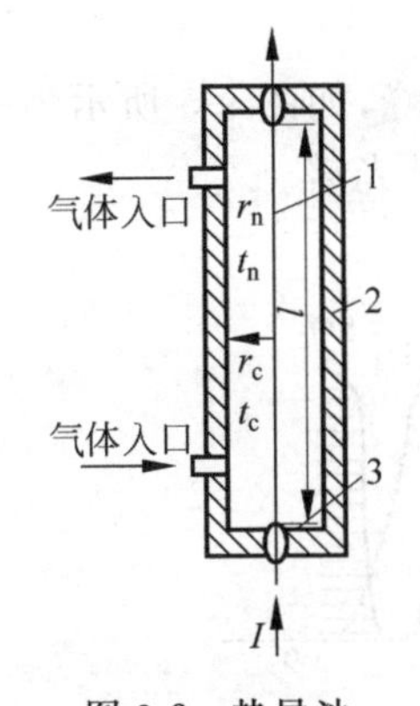

图 9-2　热导池

1—热敏电阻；2—热导池腔体；3—绝缘物

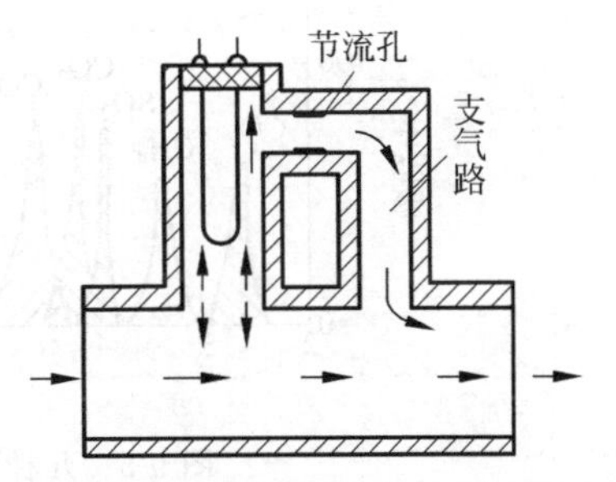

图 9-3　对流扩散式结构热导池

3. 热导式气体分析器的测量桥路

热导池已将混合气体导热系数转换为电阻信号，电阻测量可用平衡电桥或不平衡电桥。由于热导池热丝的电阻变化除了受混合气体中待测组分含量变化影响外，还与其温度、电流及热丝温度等干扰因素有关，所以在分析器中设有温度控制装置，以便尽量减少干扰，而且在电桥中采用补偿式电桥测量系统。即热导池中热丝作为电桥的一个臂，并有气样流过工作气室，称为工作桥臂或测量桥臂。在与其相邻的一个桥臂也是一个热导池，其结构、形状、尺寸及流过电流与工作桥臂的热导池完全相同，只是无气样流过时，在热导池中密封充有某种气体，称为参比气室，又称为参比桥臂。

热导式分析仪表的桥式测量电路有单臂电桥、双臂电桥和双电桥结构。图 9-4 所示为双臂电桥结构。桥路四臂接入四个气室的热丝电阻，测量室桥臂为 R_m，参比室桥臂为 R_a。四个气室的结构参数相同，并安装在同一块金属体上，以保证各气室的壁温一致，参比室封有被测气体下限浓度的气样。当从测量室通过的被测气体组分百分含量与参比室中的气样浓度相等时，电桥处于平衡状态。当被测组分发生变化时，R_m 将发生变化，使电桥失去平衡，其输出信号的变化值就代表了被测组分含量的变化。

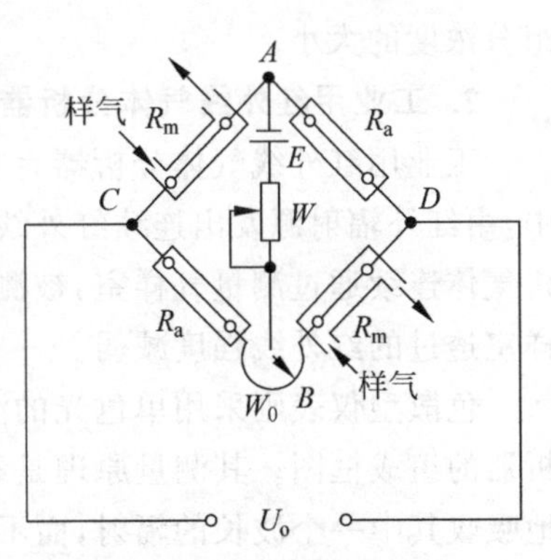

图 9-4　双臂测量桥路

热导式分析仪表最常用于锅炉烟气分析和氢纯度分析，也常用作色谱分析仪的检测器，在线使用这种仪表时，要有采样及预处理装置。

9.3.2　红外线气体分析器

红外线气体分析器属于光学分析仪表中的一种。它是利用不同气体对不同波长的红外线具有选择性吸收的特性来进行分析的。这类仪表的特点是测量范围宽；灵敏度高，能分析的气体体积分数可到 10^{-6}(ppm 级)；反应速度快、选择性好。红外线气体分析器常用于连续分析混合气体中 CO、CO_2、CH_4、NH_3 等气体的浓度。

1. 红外线气体分析器测量原理

大部分有机和无机气体在红外波段内有其特征的吸收峰，如图 9-5 所示为一些气体的吸收光谱，红外线气体分析器主要利用 2～25μm 的一段红外光谱。

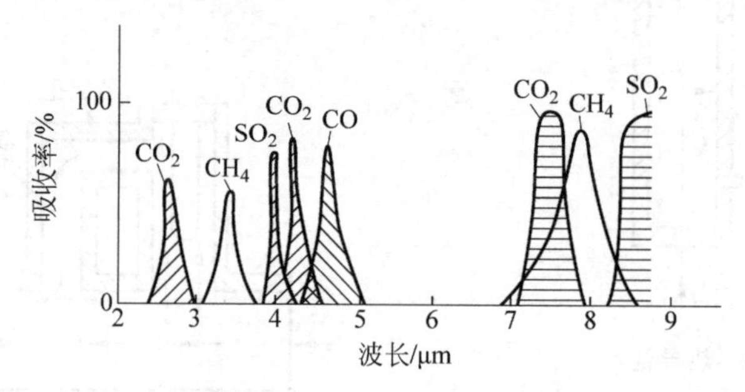

图 9-5 几种气体的吸收光谱

红外线气体分析器一般由红外辐射源、测量气样室、红外探测装置等组成。从红外光源发出强度为 I_0 的平行红外线，被测组分选择吸收其特征波长的辐射能，红外线强度将减弱为 I。红外线通过吸收物质前后强度的变化与被测组分浓度的关系服从朗伯-贝尔定律：

$$I = I_0 e^{-KCL} \tag{9-4}$$

式中，K——被测组分吸收系数；

C——被测组分浓度；

L——光线通过被测组分的吸收层厚度。

当入射红外线强度和气室结构等参数确定后，测量红外线的透过强度就可以确定被测组分浓度的大小。

2. 工业用红外线气体分析器

工业用红外线气体分析器有非色散(非分光)型和色散(分光)型两种。在非色散型仪表中，由红外辐射源发出连续红外线光谱，包括被测气体特征吸收峰波长的红外线在内。被分析气体连续通过测量气样室，被测组分将选择性地吸收其特征波长红外线的辐射能，使从气样室透过的红外线强度减弱。

色散型仪表则采用单色光的测量方式。如图 9-6 所示为一种时间双光路红外线气体分析器的组成框图。其测量原理是利用两个固定波长的红外线通过气样室，被测组分选择性地吸收其中一个波长的辐射，而不吸收另一波长的辐射。对两个波长辐射能的透过比进行连续测量，就可以得知被测组分的浓度。这类仪表使用的波长可在规定的范围内选择，可以定量地测量具有红外吸收作用的各种气体。

图 9-6 中的分析器组成有预处理器、分析箱和电器箱三个部分。分析箱内有光源、切光盘、气室、光检测器及前置放大电路等。在切光盘上装有四组干涉滤光片，两组为测量滤光片，其透射波长与被分析气体的特征吸收峰波长相同；交叉安装的另两组为参比滤光片，其透射波长则是不被任何被分析气体吸收的波长。切光盘上还有与参比滤光片位置相对应的同步窗口，同步灯通过同步窗口使光敏管接收信号，以区别是哪一个窗口对准气室。气室有两个：红外光先射入一个参比气室，它是作为滤波气室，室内密封着与被测气体有重叠吸收峰的干扰成分；工作气室即测量气室则有被测气体连续地流过。由光源发出的红外辐射光

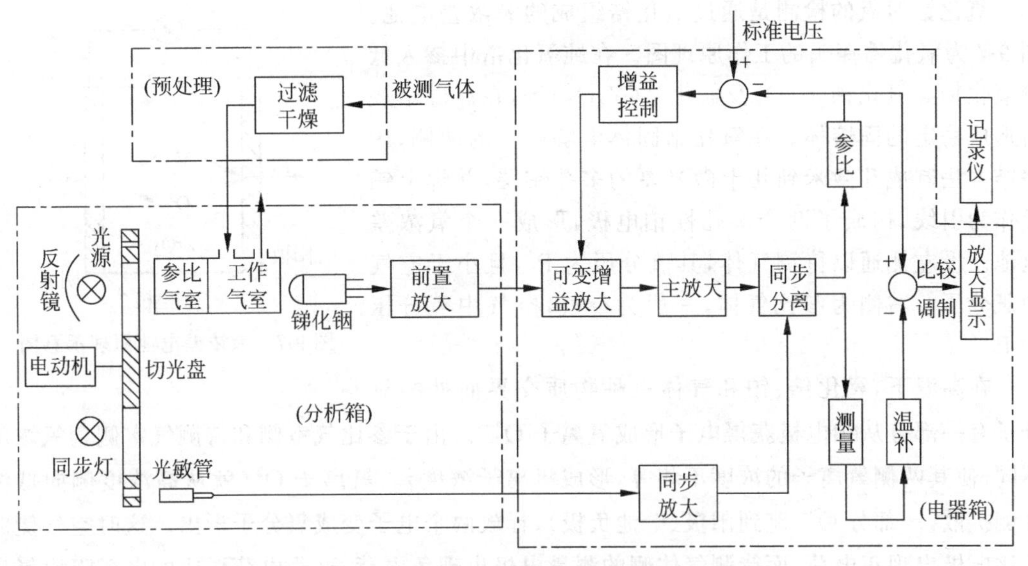

图 9-6　时间双光路红外线气体分析器原理框图

在切光盘转动时被调制，形成了交替变化的双光路，使两种波长的红外光线轮流通过参比气室和测量气室，半导体锑化铟光检测器接收红外辐射并转换出与两种红外光强度相对应的参比信号与测量信号。当测量气室中不存在被测组分时，光检测器接收到的是未被吸收的红外线。

9.3.3　氧化锆氧分析器

视频讲解

氧化锆氧分析器是 20 世纪 60 年代初期出现的一种新型分析仪器。这种分析器能插入烟道中，直接与烟气接触，连续地分析烟气中的氧含量。这样就不需要复杂的采样和处理系统，减少了仪表的维护工作量。与磁式氧分析器相比较，具有结构简单、稳定性好、灵敏度高、响应速度快、测量范围宽等特点，广泛用于燃烧过程热效率控制系统。

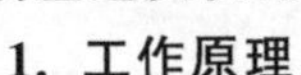
1. 工作原理

氧化锆氧分析器基于电化学分析方法，利用氧化锆固体电解质原理工作。由氧化锆固体电解质做成氧化锆探测器(简称探头)，直接安装在烟道中，其输出为电压信号，便于信号传输与处理。

电解质溶液导电是靠离子导电，某些固体也具有离子导电的性质，具有某种离子导电性质的固体物质称为固体电解质。凡能传导氧离子的固体电解质称为氧离子固体电解质。固体电解质是离子晶体结构，也是靠离子导电。现以氧化锆(ZrO_2)固体电解质为例来说明其导电机理。纯氧化锆基本上是不导电的，但掺杂一些氧化钙或氧化钇等稀土氧化物后，它就具有高温导电性。如在氧化锆中掺杂一些氧化钙(CaO)，Ca 置换了 Zr 原子的位置，由于 Ca^{2+} 和 Zr^{4+} 离子价不同，因此在晶体中形成许多氧空穴。在高温(750℃以上)下，如有外加电场，就会形成氧离子(O^{2-})占据空穴的定向运动而导电。带负电荷的氧离子占据空穴的运动，也就相当于带正电荷的空穴做反向运动，因此，也可以说固体电解质是靠空穴导电，这和 P 型半导体靠空穴导电机理相似。

固体电解质的导电性能与温度有关，温度愈高，其导电性能愈强。

氧化锆对氧的检测是通过氧化锆组成的氧浓差电池。图 9-7 为氧化锆探头的工作原理图。在纯氧化锆中掺入低价氧化物如氧化钙(CaO)及氧化钇(Y_2O_3)等,在高温焙烧后形成稳定的固熔体。在氧化锆固体电解质片的两侧,用烧结方法制成几微米到几十微米厚的多孔铂层,并焊上铂丝作为引线,构成了两个多孔性铂电极,形成一个氧浓差电池。设左侧通以待测气体,其氧分压为 P_1,且小于空气中氧分压。右侧为参比气体,一般为空气,空气中氧分压为 P_2。

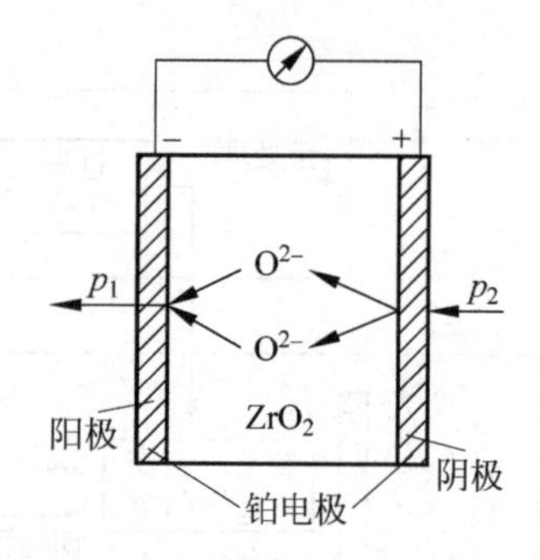

图 9-7 氧浓差电池原理示意图

在高温下,氧化锆、铂和气体三种物质交界面处的氧分子有一部分从铂电极获得电子形成氧离子 O^{2-}。由于参比气室侧和待测气室侧含氧浓度不同,使其两侧氧离子的浓度不相等,形成氧离子浓度差,氧离子 O^{2-} 就从高浓度侧向低浓度侧扩散,一部分 O^{2-} 跑到阳极(电池负极),释放两个电子变成氧分子析出。这时空气侧的参比电极出现正电荷,而待测气体侧的测量电极出现负电荷,这些电荷形成的电场阻碍氧离子进一步扩散。最终,扩散作用与电场作用达到平衡,两个电极间出现电位差。此电位差在数值上等于浓度电势 E,称为氧浓差电势,可由能斯特公式确定

$$E=\frac{RT}{nF}\ln\frac{p_2}{p_1} \tag{9-5}$$

式中,E——氧浓差电势,V;

R——理想气体常数,$R=8.3143\text{J}/(\text{mol}\cdot\text{K})$;

F——法拉第常数,$F=9.6487\times10^4\text{C/mol}$;

T——热力学温度学,K;

n——参加反应的每一个氧分子从正极带到负极的电子数,$n=4$;

p_1——待测气体中的氧分压,Pa;

p_2——参比空气中的氧分压,$p_2=21227.6\text{Pa}$(在标准大气压下)。

由输出电势 E 值,可以算出待测氧分压。

假定参比侧与被测气体的总压力均为 p(实际上被测气体压力略低于大气压力),可以用体积百分比代替氧分压。按气体状态方程式,容积成分表示为:

被测气体氧浓度 $\phi_1=p_1/p=V_1/V$

空气中氧含量 $\phi_2=p_2/p=V_2/V$

则有:

$$E=\frac{RT}{nF}\ln\frac{p_2/p}{p_1/p}=\frac{RT}{nF}\ln\frac{\phi_2}{\phi_1} \tag{9-6}$$

空气中氧含量一般为 20.8%,在总压力为一个大气压情况下,可以得到 E 与 ϕ_1 的关系式

$$E=4.9615\times10^{-5}T\lg\frac{20.8}{\phi_1} \tag{9-7}$$

按上式计算,仪表的输出显示就可以按氧浓度来刻度。从式(9-7)可以看出,E 与 ϕ_1 的

关系是非线性的。E 的大小除了受 ϕ_1 影响外，还会受温度的影响，所以氧化锆氧分析器一般需要带有温度补偿环节。

2. 工作条件

根据以上对氧化锆氧分析器工作原理的分析，可以归纳出保证仪器正常工作的三个必要条件：

(1) 工作温度要恒定，分析器要有温度调节控制的环节，一般工作温度保持在 $t=850$℃，此时仪表灵敏度最高。工作温度 t 的变化直接影响氧浓差电势 E 的大小，传感器还应有温度补偿环节。

(2) 必须要有参比气体，参比气体的氧含量要稳定不变。二者氧含量差别越大，仪表灵敏度越高。例如，用氧化锆分析器分析烟气的氧含量时，以空气为参比气体时，被测气体氧含量为3%～4%，传感器可以有几十毫伏的输出。

(3) 参比气体与被测气体压力应该相等，这样可以用氧气的体积百分数代替分压，仪表可以直接以氧浓度刻度。

3. 分析器的结构及安装

氧化锆氧分析器主要由氧化锆管组成。氧化锆管的结构有两种：一种是一端封闭，一端放开；另一种是两端放开。一般外径为11mm，长度80～90mm，内、外电极及其引线采用金属铂，要求铂电极具有多孔性，并牢固地烧结在氧化锆管的内外侧，内电极的引线是通过在氧化锆管上打一个0.8mm小孔引出的。氧化锆管的结构如图9-8所示，其中，(a)为一端封闭的氧化锆管，(b)是两端放开的氧化锆管。

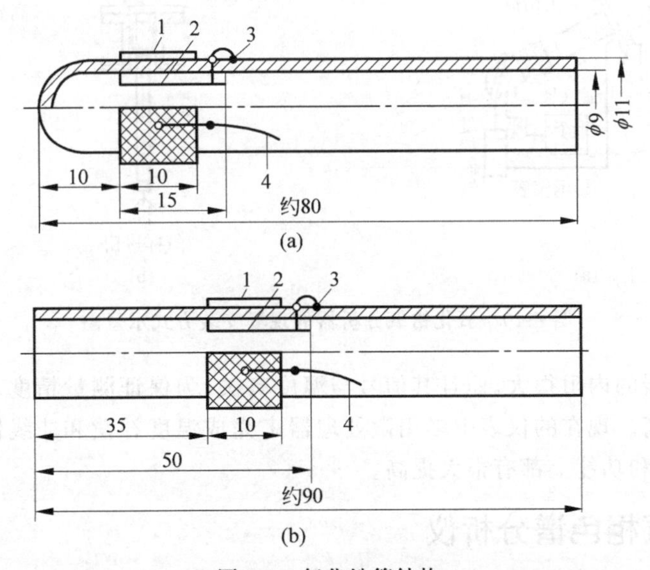

图9-8　氧化锆管结构

1—外电极；2—内电机；3—内电极引线；4—外电极引线

如图9-9所示为带有温控的管状结构氧化锆氧分析器。在氧化锆管的内外侧烧结铂电极，空气进入一侧封闭的氧化锆管的内部(参比侧)作为参比气体。被测气体通过陶瓷过滤装置流入氧化锆管的外部(测量侧)。为了稳定氧化锆管的温度，在氧化锆管的外围装有加热电阻丝，并由热电偶来监测管子的温度，通过控制器控制加热丝的电流大小，使氧化锆管的工作温度恒定，保持在850℃左右。

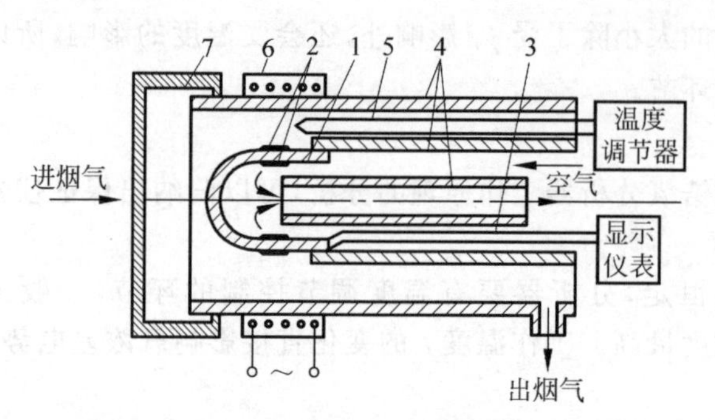

图 9-9　管状结构的氧化锆氧分析器原理结构图

1—氧化锆管；2—内外铂电极；3—铂电极引线；4—Al_2O_3 管；

5—热电偶；6—加热丝；7—陶瓷过滤装置

氧化锆氧分析器的现场安装方式有直插式和抽吸式两种结构，如图 9-10 所示。图 9-10(a)为直插式结构，多用于锅炉、窑炉烟气的含氧量测量，它的使用温度在 600℃～850℃。图 9-10(b)为抽吸式结构，多用于石油化工生产中，最高可测 1400℃气体的含氧量。

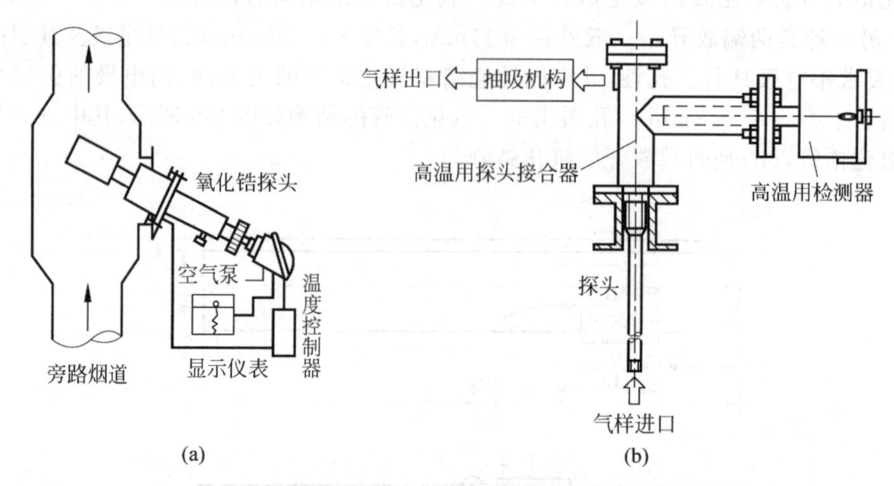

图 9-10　氧化锆氧分析器的现场安装方式示意图

氧化锆分析器的内阻很大，而且其信号与温度有关，为保证测量精度，其前置放大器的输入阻抗要足够高。现在的仪表中多用微处理器来完成温度补偿和非线性变换等运算，在测量精度、可靠性和功能上都有很大提高。

9.3.4　气相色谱分析仪

气相色谱分析仪属于色谱分析仪器中的一种，是重要的现代分析工具之一，是一种高效、快速、灵敏的物理式分析仪表。它对被分析的多组分混合物采取先分离，后检测的方法进行定性、定量分析，可以一次完成对混合试样中几十种组分的定性或定量的分析。具有取样量少、效能高、分析速度快、定量结果准确等特点，广泛应用于石油、化工、冶金、环境科学等各个领域。

1. 色谱法简介

色谱分析法是 20 世纪初俄国植物学家茨维特(M. Tswett)创立的。那时，他在研究植物叶绿素组成的时候，用一只玻璃试管，里面装满碳酸钙颗粒，如图 9-11 所示。他把植物叶绿素的浸取液加到试管的顶端，此时浸取液中的叶绿素就被吸附在试管顶端的碳酸钙颗粒上。然后用纯净的石油醚倒入试管内加以冲洗，试管内叶绿素慢慢地被分离成几个具有不同颜色的谱带，按谱带的颜色对混合物进行鉴定，发现果然是叶绿素所含的不同的成分。当时茨维特即把这种分离的方法称为色谱法，这种方法是根据谱带的不同颜色来分析物质成分的。

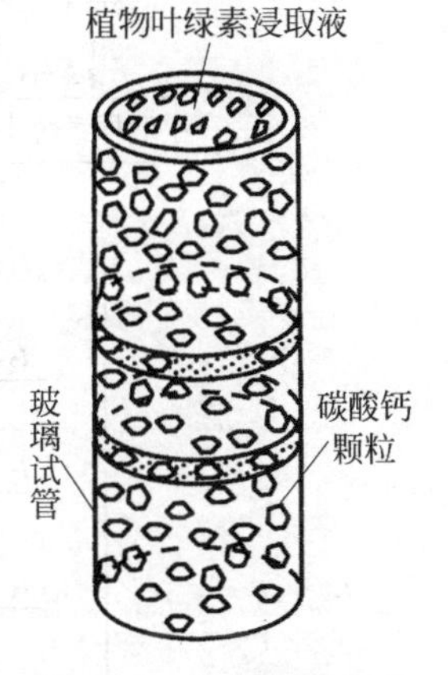

图 9-11 早期色谱分离

这种最早的分析方法就是现代色谱分析技术的雏形。当时使用的试管，现在称为色谱柱，有管状和毛细管状两种，还发展了平面纸色谱和薄层色谱技术。碳酸钙颗粒称为固定相(吸附剂)，即为色谱柱的填料，最初只有少数几种，现在已经发展到几千种。石油醚称为流动相(冲洗剂)，它与固定相配合，可组成气固、气液、液固和液液色谱技术。而植物叶绿素称为分析样品。一百年多年来，色谱分析技术有了很大发展，色谱的分析已经远远不限于有色物质了，但色谱这个名称却一直沿用下来。

色谱分析法是分离和分析的技术，可以定性、定量地一次分析多种物质，但它不能发现新的物质。

2. 色谱分析原理

色谱分析法是物理分析方法，它包括两个核心技术：第一是分离技术，它要把复杂的多组分混合物分离开来，这取决于现代色谱柱技术；第二是检测技术，经过色谱柱分离开的组分要进行定性和定量分析，这取决于现代检测器的技术。

色谱分析的基本原理是根据不同物质在固定相和流动相所构成的体系，即色谱柱中具有不同的分配系数而进行分离的。色谱柱有两大类：一类是填充色谱柱，是将固体吸附剂或带有固定液的固体柱体，装在玻璃管或金属管内构成；另一类是空心色谱柱或空心毛细管色谱柱，都是将固定液附着在管壁上形成。毛细管色谱柱的内径只有 0.1～0.5mm。被分析的试样由载气带入色谱柱，载气在固定相上的吸附或溶解能力要比样品组分弱得多，由于样品中各组分在固定相上吸附或溶解能力的不同，被载气带出的先后次序也就不同，从而实现了各组分的分离。如图 9-12 所示为两种组分的混合物在色谱柱中的分离过程。

两个组分 A 和 B 的混合物经过一定长度的色谱柱后，被逐渐分离，A、B 组分在不同的时间流出色谱柱，并先后进入检测器，检测器输出测量结果，由记录仪绘出色谱图，在色谱图中两组分各对应一个色谱峰。图中随时间变化的曲线表示各个组分及其浓度，称为色谱流出曲线。

各组分从色谱柱流出的顺序与色谱柱固定相成分有关。从进样到某组分流出的时间与色谱柱长度、温度、载气流速等有关。在保持相同条件的情况下，对各组分流出时间标定以后，可以根据色谱峰出现的不同时间进行定性分析。色谱峰的高度或面积可以代表相应组分在样品中的含量，用已知浓度试样进行标定后，可以做定量分析。

3. 气相色谱仪结构和流程

气相色谱仪结构及流程如图 9-13 所示，经预处理后的载气(流动相)由高压气瓶供给，经减压阀、流量计提供恒定的载气流量，载气流经气化室将已进入气化室的被分析组分样品带入色谱柱进行分离。色谱柱是一根金属或玻璃管子，管内装有 60～80 目多孔性颗粒，它具有较大的表面积，作为固定相，在固定相的表面积上涂以固定液，起到分离各组分的作用，

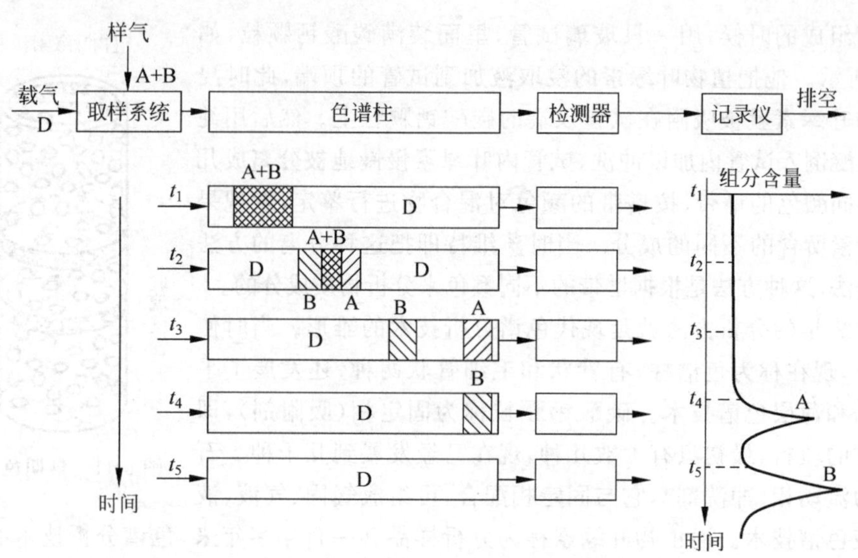

图 9-12 混合物在色谱柱中的分离过程

构成气-液色谱。经预处理后的待分析气样在载气带动下流进色谱柱，与固定液多次接触，交换，最终将待分析混合气中的各组分按时间顺序分别流经检测器而排放大气，检测器将分离出的组分转换为电信号，由记录仪记录峰形(色谱峰)，每个峰形的面积大小即反映相应组分的含量多少。图 9-14 为流程框图。

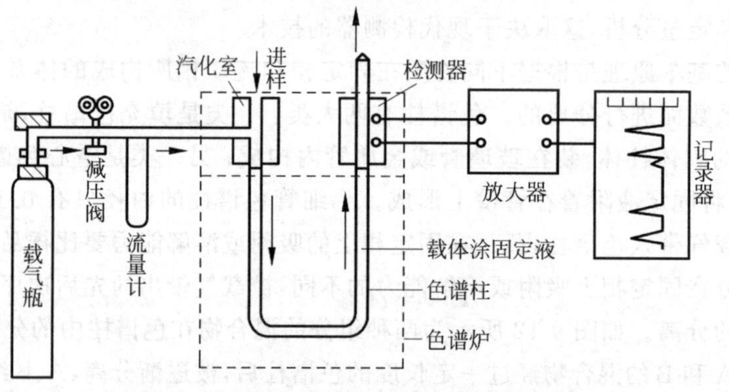

图 9-13 气相色谱仪基本结构及流程示意图

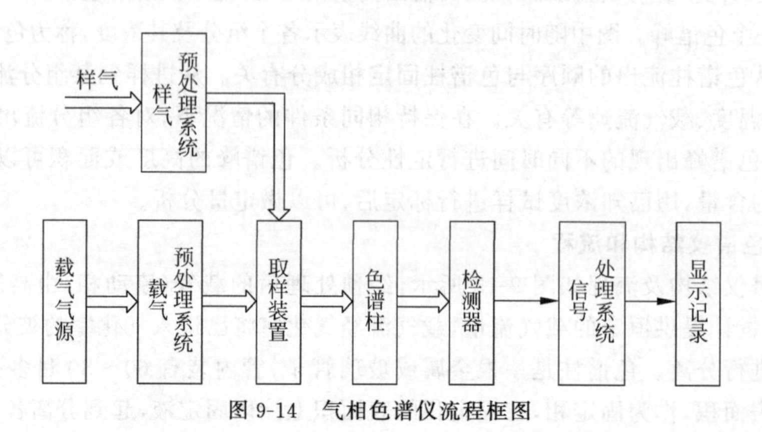

图 9-14 气相色谱仪流程框图

气相色谱仪常用的检测器有三种，即热导式检测器、氢焰离子化检测器以及电子捕获式检测器。热导式检测器的检测极限约为几个 10^{-6} 的样品浓度，使用较广。氢焰离子化检测器是基于物质的电离特性，只能检测有机碳氢化合物等在火焰中可电离的组分，其检测极限对碳原子可达 10^{-12} 的量级。热导式检测器和电子捕获式检测器属于浓度型检测器，其响应值正比于组分浓度。氢焰电离检测器属于质量型检测器，其响应值正比于单位时间内进入检测器组分的质量。

图 9-15 为一种工业气相色谱仪系统框图。分析器部分由取样阀、色谱柱、检测器、加热器和温度控制器等组成，均装在隔爆、通风充气型的箱体中。程序控制器部分的作用是控制分析器部件的自动进样、流路切换、组分识别等时序动作；接收从分析器来的各组分色谱信号加以处理，并输出标准信号；通过记录仪或打印机给出色谱图及有关数据。控制器和二次仪表采用密封防尘型嵌装式结构。

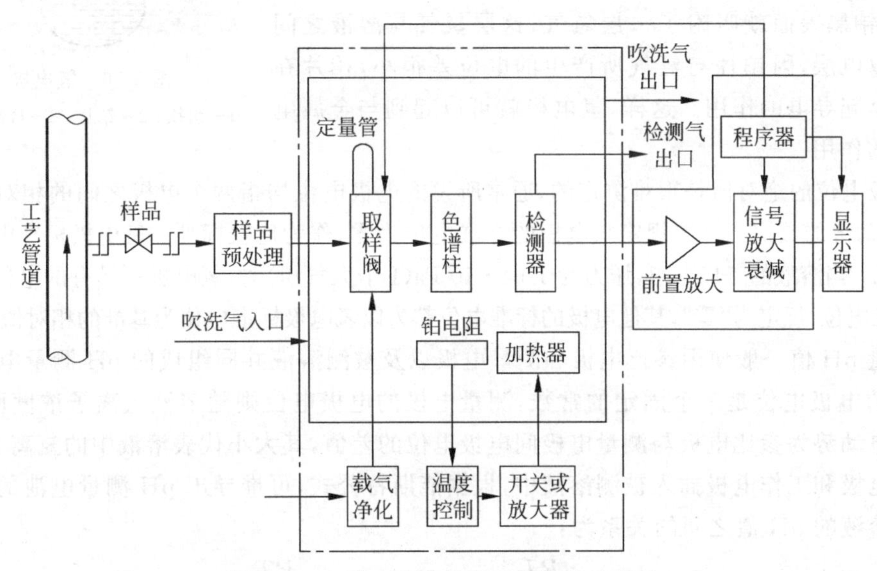

图 9-15 工业气相色谱仪系统结构示意图

9.3.5 酸度的检测

许多工业生产都涉及酸碱度的测定，酸碱度对氧化、还原、结晶、生化等过程都有重要的影响。在化工、纺织、冶金、食品、制药等工业，以及水产养殖、水质监测过程中要求能连续、自动地测出酸碱度，以便监督、控制生产过程的正常进行。

1. 酸度及其检测方法

溶液的酸碱性可以用氢离子浓度$[H^+]$的大小来表示。由于溶液中氢离子浓度的绝对值很小，一般采用 pH 值来表示溶液的酸碱度，定义为

$$pH = -\lg[H^+] \tag{9-8}$$

当溶液的 pH＝7 时，为中性溶液；pH＞7 时，为碱性溶液；pH＜7 时为酸性溶液。所以对溶液酸度的检测，即为对其 pH 值的检测。

氢离子浓度的测定通常采用两种方法。一种是酸碱指示剂法，它利用某些指示剂颜色随离子浓度而改变的特性，以颜色来确定离子浓度范围。颜色可以用比色或分光比色法确

定。另一种是电位测定法，它利用测定某种对氢离子浓度有敏感性的离子选择性电极所产生的电极电位来测定 pH 值。这种方法的优点是使用简便、迅速，并能取得较高的精度。在工业过程和实验室对 pH 值的检测中多采用此法，这种方法属于电化学分析方法。

2. 电位测定法原理

根据电化学原理，任何一种金属插入导电溶液中，在金属与溶液之间将产生电极电位，此电极电位与金属和溶液的性质，以及溶液的浓度和温度有关。除了金属能产生电极电位外，气体和非金属也能在水溶液中产生电极电位，例如，作为基准用的氢电极就是非金属电极，其结构如图 9-16 所示。它是将铂片的表面处理成多孔的铂黑，然后浸入含有氢离子的溶液中，在铂片的表面连续不断地吹入一个大气压的氢气，这时铂黑表面就吸附了一层氢气，这层氢气与溶液之间构成了双电层，因铂片与氢气所产生的电位差很小，铂片在这里只是起导电的作用。这样，氢电极就可以起到与金属电极类似的作用。

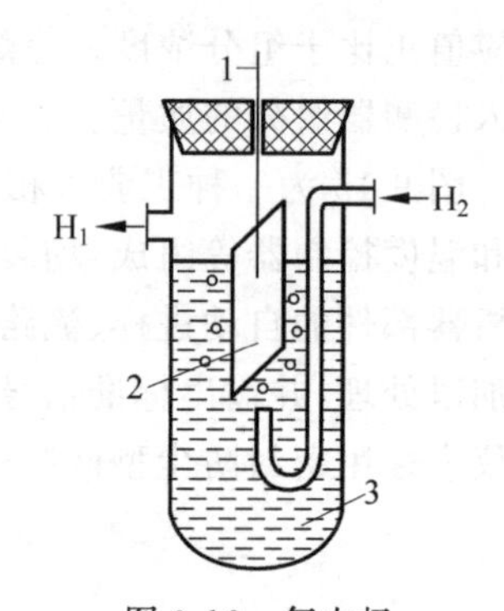

图 9-16　氢电极

1—引线；2—铂片；3—盐酸溶液

电极电位的绝对值是很难测定的，通常所说的电极电位均指两个电极之间的相对电位差值，即电动势的数值。一般规定氢电极的标准电位为零，作为比较标准。氢电极标准电位是这样定义的：当溶液的$[H^+]=1$，压力为 1.01×10^5Pa(1 个大气压)时，氢电极所具有的电位称氢电极的标准电位，规定为"零"，其他电极的标准电位都为以氢电极标准电位为基准的相对值。

测量 pH 值一般使用参比电极和测量电极以及被测溶液共同组成的 pH 测量电池。参比电极的电极电位是一个固定的常数，测量电极的电极电位则随溶液氢离子浓度而变化。电池的电动势为参比电极与测量电极间电极电位的差值，其大小代表溶液中的氢离子浓度。将参比电极和工作电极插入被测溶液中，根据能斯特公式，可推导出 pH 测量电池的电势 E 与被测溶液的 pH 值之间的关系为：

$$E=2.303\frac{RT}{F}\lg[H^+]=-2.303\frac{RT}{F}pH_x \tag{9-9}$$

式中，E——电极电势，V；

R——理想气体常数，$R=8.3143$J/(mol·K)；

F——法拉第常数，$F=9.6487\times10^4$C/mol；

T——热力学温度，K；

pH_x——被测溶液的 pH 值。

3. 工业酸度计

工业酸度计是以电位法为原理的 pH 测量仪。

1）参比电极

工业用参比电极一般为甘汞电极或银-氯化银电极，其电极电位要求恒定不变。甘汞电极的结构如图 9-17 所示，它分为内管和外管两部分。内管中分层装有汞即水银，糊状的甘汞即氯化亚汞，内管下端的棉花起支撑作用。这样就使金属汞插入到具有相同离子的糊状电解质溶液中，于是存在电极电位

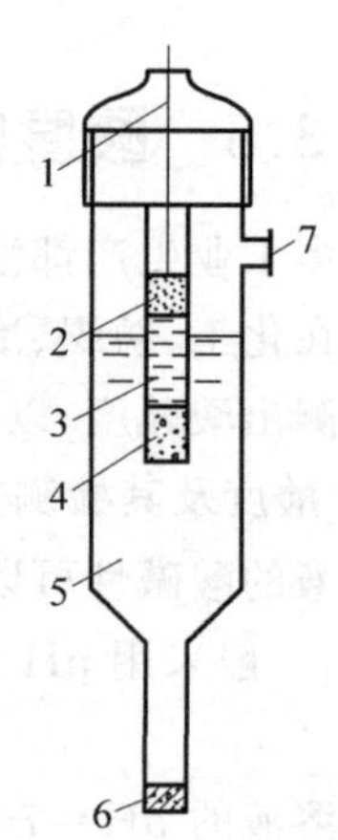

图 9-17　甘汞电极结构

1—电极引线；2—汞；3—甘汞；4—棉花；5—饱和 KCl 溶液；6—多孔陶瓷；7—注入口

E_0。在外管中充以饱和氯化钾溶液，外管下端为多孔陶瓷。将内管插入氯化钾溶液中，内外管形成一个整体。当整个甘汞电极插入被测溶液中时，电极外管中的氯化钾溶液将通过多孔陶瓷渗透到被测溶液中，起到离子连通的作用。一般氯化钾溶液处于饱和状态，在温度为20℃时，甘汞电极的电极电位为 $E_0=+0.2458\text{V}$。在甘汞电极工作时，由于氯化钾溶液不断渗漏，必须由注入口定时加入饱和氯化钾溶液。甘汞电极的电位比较稳定，结构简单，被大量应用。但是其电极电位会受到温度的影响。

银-氯化银(Ag/AgCl)电极结构如图9-18所示。在铂丝上镀银，然后放在稀盐酸中通电，形成氯化银薄膜沉积在银电极上。将电极插入饱和KCl或HCl溶液中，就成为银-氯化银电极。当使用饱和KCl溶液，温度为25℃时，银-氯化银电极电位 $E_0=+0.197\text{V}$。这种电极结构简单，稳定性和复现性均好于甘汞电极，其工作温度可达250℃，但是价格较贵。

2）测量电极

测量电极也称工作电极，它的电极电位随被测溶液的氢离子浓度变化而改变。可与参比电极组成原电池将pH值转换为毫伏信号。常用的测量电极有氢醌电极、锑电极和玻璃电极。玻璃电极是工业上使用最为广泛的测量电极，由于上述测量指示电极在含有氧化性或还原性较强的溶液中使用时，电极特性要发生变化，使其工作不稳定。玻璃电极却不然，它能在相当宽的范围(pH=2～10)内有良好的线性关系，并能在较强的酸碱溶液中稳定工作。

玻璃电极的结构如图9-19所示。玻璃电极的下端为一个球泡，是由pH敏感玻璃膜制成，膜厚约0.2mm，且可以导电。球内充以pH值恒定的缓冲溶液，作为内参比溶液。还装有银-氯化银电极或甘汞电极作为内参比电极。内参比溶液使玻璃膜与内参比电极间有稳定的接触，从而把膜电位引出。当然也可以使用甘汞电极作为内参比电极。玻璃电极插入被测溶液后，pH敏感玻璃膜的两侧与不同氢离子浓度的溶液接触，通过玻璃膜可以进行氢离子交换反应，从而产生膜电位，此膜电位与被测溶液的氢离子浓度有特定的关系。

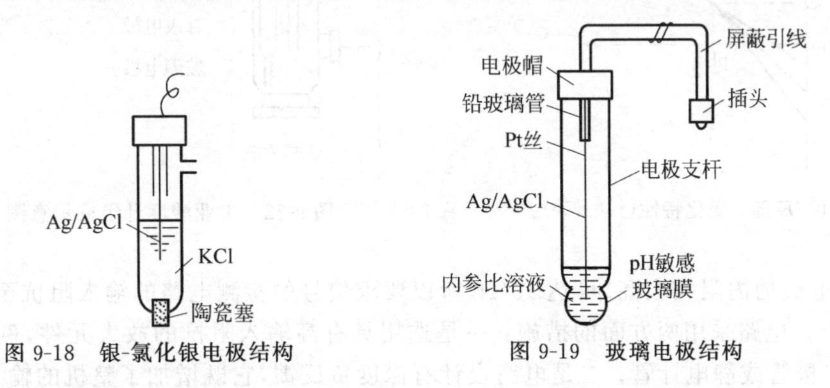

图9-18 银-氯化银电极结构　　图9-19 玻璃电极结构

3）工业酸度计原理及结构

工业pH值测量中，以玻璃电极作为测量电极，以甘汞电极作为参比电极的测量系统应用最多。此类测量系统的总电动势 E 为

$$E=E_0+2.303\frac{RT}{F}(\text{pH-pH}_0)$$

$$=E_0'+2.303\frac{RT}{F}\text{pH} \tag{9-10}$$

上式可写成

$$E = E'_0 + \xi \text{pH} \tag{9-11}$$

式中，ξ 为 pH 测量仪的灵敏度。

如图 9-20 所示为总电势 E 与溶液 pH 值的关系。曲线表明在 pH＝1～10 的范围内，二者为线性关系，ξ 值可由曲线的斜率求出，E'_0 可由纵轴上的截距求得。在 pH＝2 处，电势为零的点称为玻璃电极的零点，在零点两侧，总电势的极性相反。

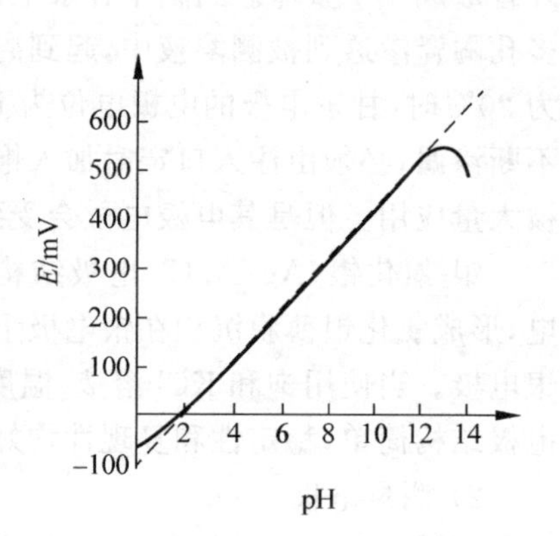

图 9-20 电势 E 与 pH 值的关系

pH 测量电池的总电势还受温度的影响，ξ 和 E'_0 值均是温度的函数，图 9-21 给出 E 随温度变化的特性，当温度上升时，曲线斜率会增大。由图看出，在不同温度下的特性曲线交于 A 点，A 点称为等电位点，对应为 pH_A 值。一般地说测量值距 A 越远，电势值随温度的变化越大。

工业酸度计由电极组成的变换器和电子部件组成的检测器所构成，如图 9-22 所示。变换器又由参比电极、工作电极和外面的壳体所组成，当被测溶液流经变换器时，电极和被测溶液就形成一个化学原电池，两电极间产生一个原电势，该电势的大小与被测溶液的 pH 值成对数关系，它将被测溶液的 pH 值转换为电信号，这种转换工作完全由电极完成。常用的参比电极有甘汞电极、银-氯化银电极等。常用的测量电极是玻璃电极。

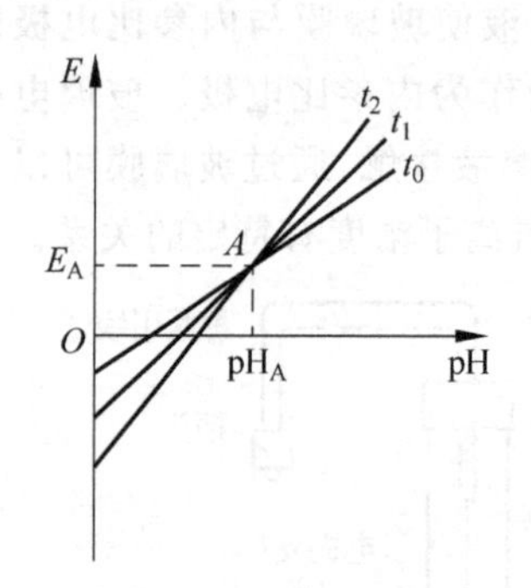

图 9-21 E 随 t 变化特性($t>t_1>t_0$)

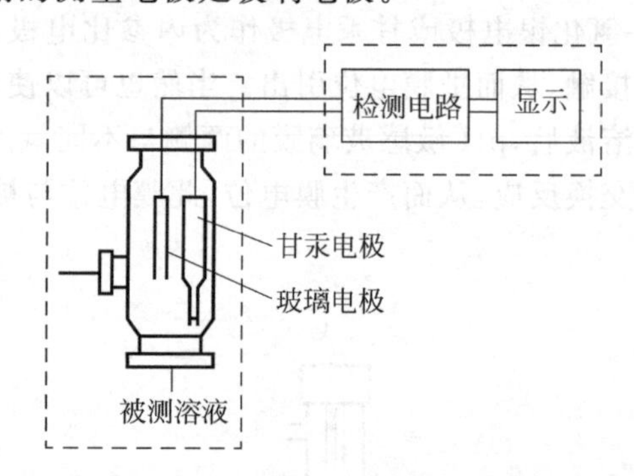

图 9-22 工业酸度计组成示意图

由于电极的内阻相当高，可达 $10^9\,\Omega$，所以要求信号的检测电路的输入阻抗至少要达到 $10^{11}\,\Omega$ 以上。电路采用两方面的措施：一是选用具有高输入阻抗的放大元件，例如场效应管、变容二极管或静电计管；二是电路设计有深度负反馈，它既增加了整机的输入阻抗，又增加了整机的稳定性能。测量结果的显示可以用电流，也可将电流信号转换成电压信号。

应用于工业过程的酸度计，其变换器与检测器分成两个独立的部件，变换器安装于分析现场，而检测器则安装于就地仪表盘或中央控制室内。输出信号可以远距离传送，其传输线为特殊的高阻高频电缆，如用普通电缆，则会造成灵敏度下降，误差增加。

由于仪表的高阻特性，要求接线端子保持严格地清洁，一旦污染后绝缘性能可能下降几个数量级，降低了整机的灵敏度和精度。实际使用中出现灵敏度和精度下降的一个主要原因是传输线两端的绝缘性能下降所致，所以保持接线端子清洁是仪器能正常工作的一个不可忽略的因素。

9.3.6 湿度的检测

物质的湿度就是物质中水分的含量,这种水分可能是液体状态,也可能是蒸气状态。一般习惯上称空气或气体中的水分含量为湿度,而液体及固体中的水分含量称为水分或含水量,但在气体中有时也称为水分,所以并不太严格。一般情况下,在大气中总含有水蒸气,当空气或其他气体与水汽混合时,可认为它们是潮湿的,水汽含量越高,气体越潮湿,其湿度越大。

湿度与科研、生产、生活、生态环境都有着密切的关系,近年来,湿度检测已成为电子器件、精密仪表、食品工业等工程监测和控制及各种环境监测中广泛使用的重要手段之一。

这里仅重点叙述用在专门自动测量气体中的湿度或水分的一些基本测量方法。

1. 湿度的表示方法

空气或其他气体中湿度的表示方法如下。

1) 绝对湿度

在一定温度及压力条件下,每单位体积的混合气体中所含的水汽质量,单位以 g/m^3 表示。

2) 相对湿度

指单位体积湿气体中所含的水汽质量与在相同条件(同温度同压力)下饱和水汽质量之比。相对湿度还可以用湿气体中水汽分压与同温度下饱和水汽分压之比来表示。单位是以%表示。

3) 露点温度

在一定压力下,气体中的水汽含量达到饱和结露时的温度,以℃为单位。露点温度与空气中的饱和水汽量有固定关系,所以亦可以用露点来表示绝对湿度。

4) 百分含量

水蒸气在混合气体中所占的体积百分数,以%表示。在微量情况下用百万分之几表示,符号用 $\mu L/L$ 表示。

5) 水汽分压

指在湿气体的压力一定时,湿气体中水蒸气的分压力,单位以毫米汞柱表示。

各种湿度的表示方法之间有一定关系,知道某种表示方法的湿度数值后,就可以换算成用其他表示方法的数值。

2. 常用湿度检测仪表

工业过程的监测和控制对湿敏传感器提出如下要求:工作可靠,使用寿命长;满足要求的湿度测量范围,有较快的响应速度;在各种气体环境中特性稳定,不受尘埃、油污附着的影响;能在−30～100℃的环境温度下使用,受温度影响小;互换性好、制造简单、价格便宜。

湿度的检测方法很多,传统的方法是露点法、毛发膨胀法和干湿球温度测量法。随着科学技术的发展,利用潮解性盐类、高分子材料、多孔陶瓷等材料的吸湿特性可以制成湿敏元件,构成各种类型的湿敏传感器,目前已有多种湿敏传感器得到开发和应用。传统的干湿球湿度计和露点计采用了新技术,也可以实现自动检测。下面介绍几种湿度检测仪表。

1) 毛发湿度计

从 18 世纪开始,人们就利用脱脂处理后的毛发构成湿度计,空气相对湿度增大时毛发伸长，带动指针得到读数。现已改用竹膜、蛋壳膜、乌鱼皮膜、尼龙带等材料。这种原理本身只能构成就地指示仪表，而且精度不高，滞后时间长，但在室内湿度测量、无人气象站和探空气球上仍有用它构成自动记录仪表的实例。

2）干湿球湿度计

干湿球湿度计的使用十分广泛，常用于测量空气的相对湿度。这种湿度计由两支温度计组成：一只温度计用来直接测量空气的温度，称为干球温度计；另一只温度计在感温部位包有被水浸湿的棉纱吸水套，并经常保持湿润，称为湿球温度计，如图 9-23 所示。

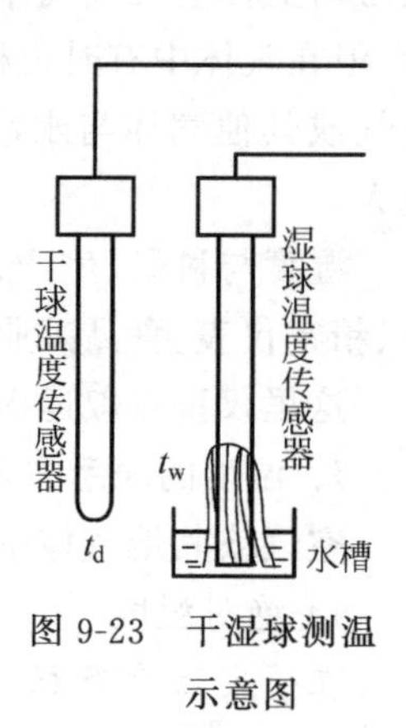

图 9-23 干湿球测温示意图

当液体挥发时需要吸收一部分热量，若没有外界热源供给，这些热量就从周围介质中吸取，于是使周围介质的温度降低。液体挥发越快，则温度降低得越厉害。对水来说，挥发的速度与环境气体的水蒸气量有关；水蒸气量越大，则水分挥发越少；在饱和水蒸气情况下，水分不再挥发。显然，当不饱和的空气或其他气体流经一定量的水的表面时，水就要汽化。当水汽从水面汽化时，势必使水的温度降低，此时，空气或其他气体又会以对流方式把热量传到水中，最后，当空气或其他气体传到水中的热量恰好等于水分汽化时所需要的热量时，两者达到平衡，于是水的温度就维持不变，这个温度就称湿球温度。同时，可以看出，水温的降低程度，即湿球温度的高低，是与空气或其他气体的湿度有定量的关系。这就是干湿球湿度计的物理基础。

对于干湿球湿度计，当湿球棉套上的水分蒸发时，会吸收湿球温度计感温部位的热量，使湿球温度计的温度下降。水的蒸发速度与空气的湿度有关，相对湿度越高，蒸发越慢；反之，相对湿度越低，蒸发越快。所以，在一定的环境温度下，干球温度计和湿球温度计之间的温度差与空气湿度有关。当空气为静止的或具有一定流速时，这种关系是单值的。测得干球温度（空气或其他气体的温度）t_d 和湿球温度（被吸热而降低了的温度）t_w 后，就可计算求出相对湿度 φ。

一般情况下空气中的水蒸气不饱和，所以 $t_w < t_d$。根据热平衡原理，可以推导出干、湿球温度与空气或其他气体中水蒸气的分压 p_w 之间的关系，即

$$p_w = p_{ws} - A(t_d - t_w) \tag{9-12}$$

相对湿度为：

$$\varphi = \frac{p_w}{p_{ds}} = \frac{p_{ws} - A(t_d - t_w)}{p_{ds}} \tag{9-13}$$

式中，p_{ds}——干球温度下的饱和水汽压；

p_{ws}——湿球温度下的饱和水汽压；

p——湿空气或其他湿气体的总压；

A——仪表常数，它与风速和温度传感器的结构因素有关。

在自动连续测量中，温度计一般就采用两个电阻温度计，分别测量“干球”和“湿球”温度 t_d 和 t_w。两个热电阻 R_d 和 R_w 分别接在两个电桥的桥臂中，并将其输出对角线上的电压串联反接取得差压 Δu，用伺服放大器 A 根据 Δu 的极性和大小控制可逆电机 D 正转或是反转寻找平衡点，达到平衡后电机停转，所带动的指针或记录笔可进行指示和记录。因在刻

度处考虑到运算关系,故读数直接反映相对湿度 φ。此外,还可带动滑线电阻的触点,做成具有标准电流信号输出的相对湿度变送器。自动平衡干湿球湿度计原理如图 9-24 所示。

现代干湿球湿度计运用计算机技术,把与干球温度对应的饱和水汽压力值制表存储于仪表内存中,根据测得的干球和湿球的温度即可计算求得相对湿度值,绝对湿度也可计算求得。仪表可以显示被测气体的温度、相对湿度和绝对湿度。

3) 露点式湿度计

空气的相对湿度越高越容易结露,其露点温度就越高,所以测出空气开始结露的温度(即露点温度),就能反映空气的相对湿度。

实验室测量露点温度的办法是,利用光亮的金属盒,内装乙醚并插入温度计,强迫空气吹入使之形成气泡,乙醚迅速气化时吸收热量而降温,待光亮的盒面出现凝露层时读出温度即可。

将此原理改进成自动检测仪表,如图 9-25 所示。图中,1 为半导体制冷器,在其端部有带热电偶 2 的金属膜 3,其外表面镀铬抛光形成镜面。光源 4 被镜面反射至光敏元件 5,未结露时反射强烈,结露后反射急剧减小。放大电路 6 在反光减小后使控制电路 7 所接的电加热丝 8 升温。露滴蒸发之后反光增强,又会引起降温,于是重新结露。如此循环反复,在热电偶 2 所接的仪表上便可观察到膜片结露的平均温度,这就是露点温度。

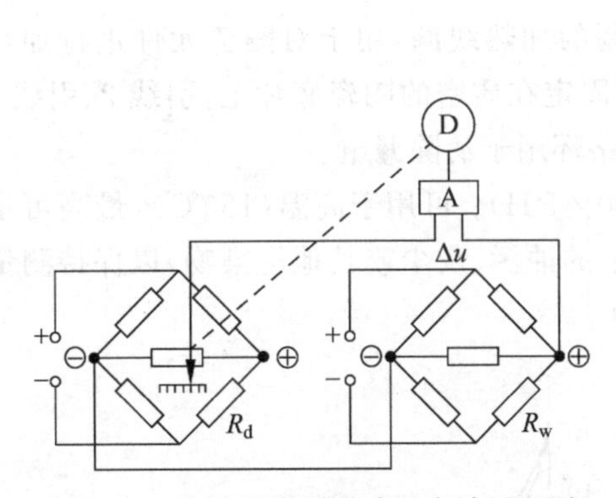

图 9-24 自动平衡干湿球湿度计原理图

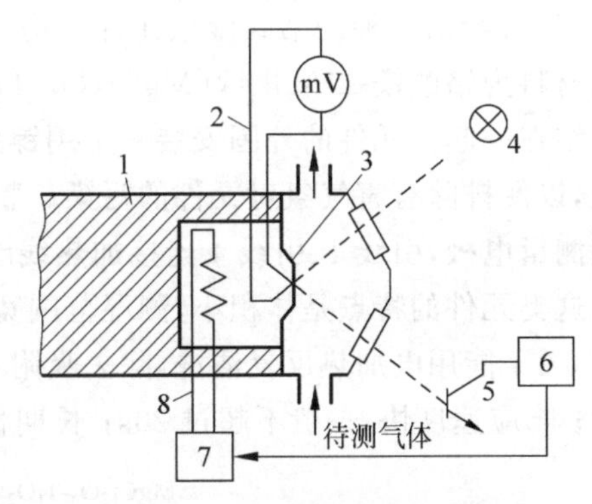

图 9-25 自动露点仪原理图

1—半导体制冷器;2—热电偶;3—金属膜;4—光源;5—光敏元件;6—放大电路;7—控制电路;8—电加热丝

如已知当时的空气温度,可根据露点温度查湿空气曲线或表格得知相对湿度。对于自动测量,只需再引入空气温度信号,经过计算后可使指示值直接反映相对湿度。

在测量过程中,若被测气体中有露点与水蒸气露点接近的组分(大多是碳氢化合物),则它的露点可能会被误认是水汽的露点,给测量带来干扰。被测气体应该完全除去机械杂质及油气等。常用的露点测量范围为−80℃～+50℃,误差约±0.25℃,反应时间为 1～10s。

4) 氯化锂湿敏传感器

氯化锂湿敏元件是电解质系湿敏传感器的代表。氯化锂是潮解性盐类,吸潮后电阻变小,在干燥环境中又会脱潮而电阻增大,如图 9-26(a)所示为一种氯化锂湿敏传感器。玻璃带浸渍氯化锂溶液构成湿敏元件,铂箔片在基片两侧形成电极。元件的电阻值随湿气的吸附与脱附过程而变化。通过测定电阻,即可知相对湿度。图 9-26(b)是传感器的感湿特性曲线。

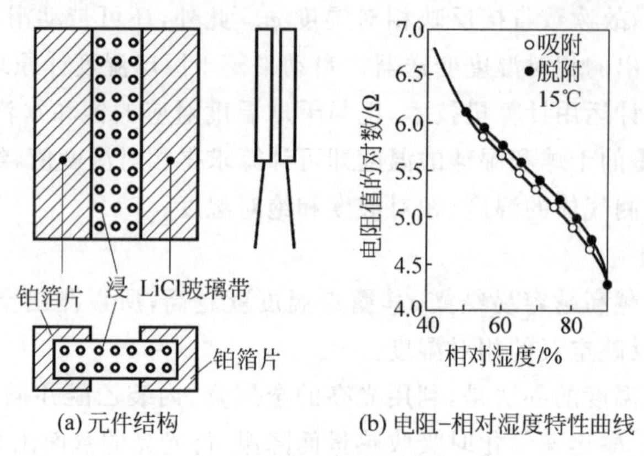

图 9-26 氯化锂湿敏传感器

5）陶瓷湿敏传感器

陶瓷湿敏传感器感湿原理是利用陶瓷烧结体微结晶表面对水分子吸湿或脱湿，使电极间的电阻值随相对湿度而变化。

陶瓷材料化学稳定性好，耐高温，便于用加热法去除油污。多孔陶瓷表面积大，易于吸湿和去湿，可以缩短响应时间。这类传感器的制作型式可以为烧结式、膜式及 MOS 型等。图 9-27(a)给出一种烧结式湿敏元件结构示意，图 9-27(b)为该元件的湿敏电阻特性。所用陶瓷材料为铬酸镁-二氧化钛（$MgCr_2O_4$-TiO_2），在陶瓷片两面，设置多孔金电极，引线与电极烧结在一起。元件的外围安装一个用镍铬丝绕制的加热线圈，用于对陶瓷元件进行加热清洗，以便排除有害气氛对元件的污染。整个元件固定在质密的陶瓷底片上，引线 2、引线 3 连接测量电极，引线 1、引线 4 连接加热线圈，金短路环用于消除漏电。

这类元件的特点是体积小，测湿范围宽（0～100%RH）；可用于高温（150℃），最高可承受 600℃；能用电加热反复清洗，除去吸附在陶瓷上的油污、灰尘或其他污染物，以保持测量精度；响应速度快，一般不超过 20s；长期稳定性好。

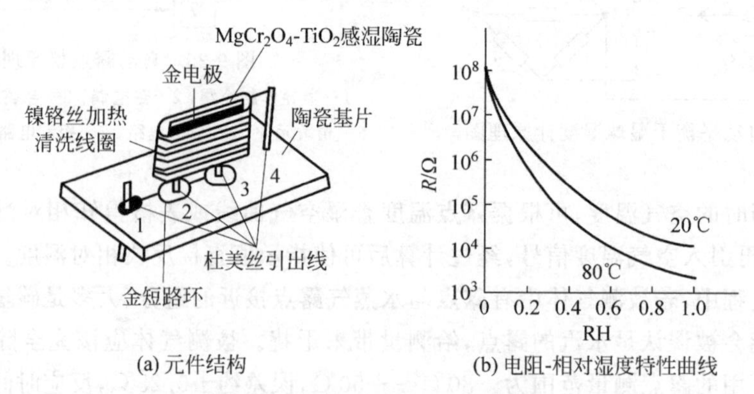

图 9-27 烧结式陶瓷湿敏传感器

6）高分子聚合物湿敏传感器

作为感湿材料的高分子聚合物能随所在环境的性对湿度的大小成比例地吸附和释放水分子。这类高分子聚合物多是具有较小介电常数的电介质（$\varepsilon_r=2\sim7$），由于水分子的存在，可以很大地提高聚合物的介电常数（$\varepsilon_r=83$），用这种材料可制成电容式湿敏传感器，测定其电容量的变化，即可得知对应的环境相对湿度。

图 9-28(a)为高分子聚合膜电容式湿敏元件的结构。在玻璃基片上蒸镀叉指状金电极作为下电极；在其上面均匀涂以高分子聚合物材料(如醋酸纤维)薄膜，膜厚约 0.5μm；在感湿膜表面再蒸镀一层多孔金薄膜作为上电极。由上、下电极和夹在其间的感湿膜构成一个对湿度敏感的平板电容器。当环境气氛中的水分子沿上电极的毛细微孔进入感湿膜而被吸附时，湿敏元件的介电系数变化，电容值将发生变化。图 9-28(b)给出高分子膜的湿敏电容特性。

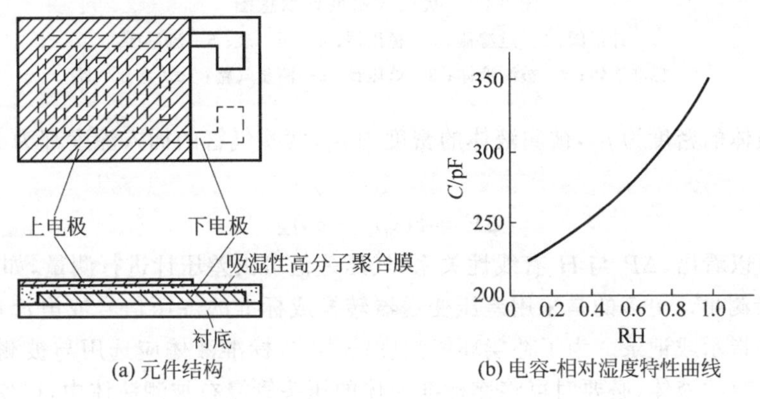

(a) 元件结构　　(b) 电容-相对湿度特性曲线

图 9-28　高分子聚合物湿敏传感器

这种湿敏传感器由于感湿膜极薄，所以响应速度快；特性稳定，重复性好；但是它的使用环境温度不能高于 80℃。

9.3.7 密度的检测

在生产过程中有很多场合需要对介质的密度进行测量，以确认生产过程的正常进行或对产品质量进行检查。例如在蒸发、吸收和蒸馏操作中常常都需要通过密度的检查以确定产品的质量。另外，现在生产上常常要求测量生产过程中的物料或产品的质量流量，即由所测得体积流量信号及物料的密度信号，通过运算得到质量流量。这时也涉及密度的测量问题。

介质的密度是指单位体积内介质的质量，它与地区的重力加速度大小无关，其常用单位为 kg/m^3、g/cm^3 等。

测量密度常用的仪表有浮力式密度计、压力式密度计、重力式密度计和振动式密度计等，下面仅介绍压力式密度计和振动式密度计这两种自动测量密度的仪表。

1. 压力式密度计

压力式密度计所依据的原理是：在液体的不同深度，静压大小的差别仅决定于深度差及液体的密度值。吹气式密度计就是这种类型中的一种，它在石油、化工生产过程中应用较广。

如图 9-29 所示是这种吹气式密度计的原理结构图。使用的压缩空气流经过滤器及稳压器后，分成两路，通过调节针形阀，使两路流量相等。其中参比气路流经标准液体，然后放空，而测量气路则流经被测液体。此时，两气路中的气体压力分别近似于标准液体及被测液体相应深度(吹气管在液体中的插入深度)处的静压值。

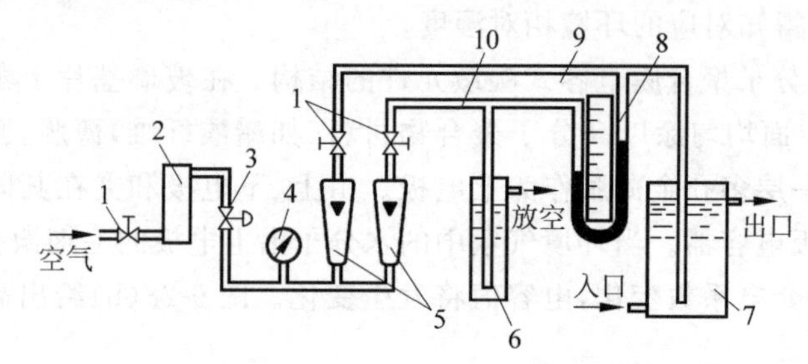

图 9-29 吹气式密度计示意图

1—针形阀；2—过滤器；3—稳压器；4—压力表；5—流量计；
6—标准液体；7—被测液体；8—差压计；9—测量气路；10—参比气路

当标准液体的密度为 ρ_1，被测液体的密度为 ρ_2，两吹气管的插入深度都为 H，则两路的气压差为

$$\Delta P = H(\rho_2 - \rho_1)g \tag{9-14}$$

从上式可以看出，ΔP 与 H 有线性关系，气压差值可由差压计进行测量，如图 9-29 中用 U 形管差压计测量。更多的是采用差压变送器转换成标准的气压信号或电流信号，再由相应的显示仪表指示或记录。为了补偿环境温度的影响，标准液体应选用与被测液体具有相同温度膨胀系数的液体，必要时可将盛标准液体的压头管浸在被测液体中，以使两者温度一致。盛标准液体的压头管必须用导热性能良好的金属做成。

2. 振动式密度计

1) 工作原理

当被测液体流过振动着的管子中时，此振动管的横向自由振动频率将随着被测液体密度的变化而改变。当液体密度增大时，振动频率将减小；反之，当液体的密度减小时，则振动频率增加。因此，利用测定振动管频率的变化，就可以间接地测定被测液体的密度。

充满液体的管的横向自由振动如图 9-30 所示。设管的材质密度为 ρ_0，液体的密度为 ρ_x，当管振动时，管内液体将同管子一起振动。由于液体内部相对变化很小，所以黏度的影响也很小。因而充满液体的管的横向自由振动可以看作是具有总质量的弹性体的自由振动。这里所说的总质量是指管子自由振动部分的质量加上充满该部分管子的液体的质量，自由振动部分的总质量 M 应为

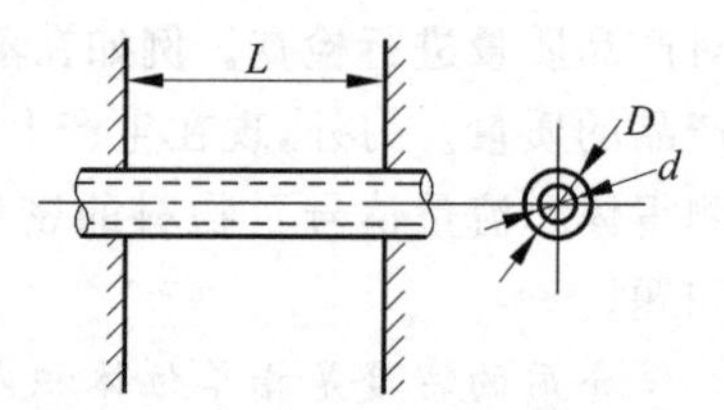

图 9-30 两端固定的振动管

$$M = \rho AL = \frac{1}{4}\pi[(D^2 - d^2)\rho_0 + d^2\rho_x]L \tag{9-15}$$

化简后可写成

$$\rho A = \frac{1}{4}\pi[(D^2 - d^2)\rho_0 + d^2\rho_x] \tag{9-16}$$

由工程力学原理可知，圆管的截面惯性矩 J 为

$$J = \frac{\pi}{64}(D^4 - d^4) \tag{9-17}$$

由此可得，充满液体的横向自由振动频率 f_x 为

$$f_x=\frac{C}{4L^2}\sqrt{\frac{E}{\rho_0}}\sqrt{\frac{D^2+d^2}{1+\frac{\rho_x}{\rho_0}\frac{d^2}{(D^2-d^2)}}} \tag{9-18}$$

式中，D——管的外径；

d——管的内径；

C——仪表常数，可以通过实验测得或理论计算得出。

当管子的几何尺寸及材质确定后，则 L、E、D、d 及 ρ_0 均为常数，上式可以简化为

$$f_x=\frac{K_1}{\sqrt{1+K_2\rho_x}} \tag{9-19}$$

式中，K_1、K_2 均为常数。

因此管内充有液体的管的自由振动频率 f_x 仅与管内的液体密度 ρ_x 有关。同时也可看到，当液体密度 ρ_x 大时，振动频率低；ρ_x 小时，振动频率高。振动频率与液体密度间的关系曲线如图 9-31 所示。因此测定振动频率 f_x 就可以求得 ρ_x 的大小，这就是振动式密度计的基本工作原理。

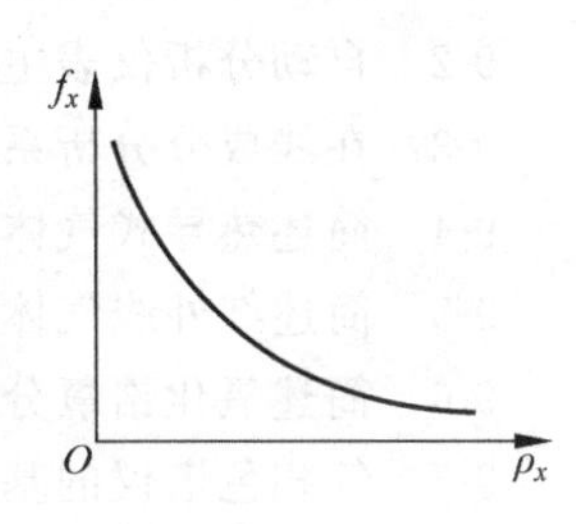

图 9-31 振动频率与密度关系曲线

2) 结构及特点

振动式密度计有单管振动式与双管振动式两种。检测的方法也有多种形式。现仅以单管振动式密度计为例说明其构成及工作过程。

单管振动式密度计也称为振筒式密度计，该仪表整体组成如图 9-32 所示。仪表的传感器包括一个外管，其材质为不锈钢，可以导磁。上部和下部有法兰孔，这样就可直接垂直地安装在流体管道上，流向应由下而上，以保证管内充满液体。外管绕有激振线圈及检测线圈。在外管中装有振动管，它是用镍的合金材料制作的，所以不仅弹性模数的温度系数很小(可以减小温度的影响)，而且是磁性体。在振动管的内部和外部都有被测液体流过。由于电磁感应，充满液体的管子的自由振动频率 f_x，就随着被测液体的密度 ρ_x 而变化。例如有的仪表设计成当被测液体的密度 $\rho_x=1\text{g/cm}^3$ 时，振动频率 f_x 约为 3kHz 左右。

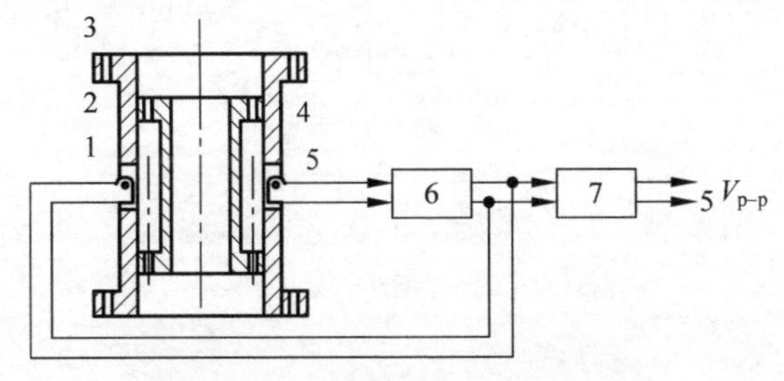

图 9-32 单管振动式密度计示意图

1—激振线圈；2—外管；3—法兰孔；4—振动管；5—检测线圈；6—放大器；7—输出放大器

当振动管振动时，通过电磁感应，检测线圈将管的振动变为电信号输送给驱动放大器，通过激振放大器放大后的交流输出正反馈到激振线圈，使磁性振动管在交变磁场中产生振动，这样就使振动管维持持续的自由振动。激振放大器的输出同时又输入到输出放大器中，

经过输出放大器把信号放大到 $5V_{p-p}$(即交变信号的峰-峰值为 5V)值。此信号可直接数字显示,也可将频率数值转换成电压,然后转换成 4～20mA 标准电流信号传送出去。

振动式密度计能连续、高精度、极为灵敏地检测液体的密度。由于其传感器直接垂直地安装在管道上,所以压力损失小,响应速度快(1ms),而且振动管便于清洗。它能广泛地应用于石油、化工及其他工业部门。振动式密度计不仅可以用来测量液体的密度,也可测量气体的密度。

思考题与习题

9-1 成分分析的方法有哪些?

9-2 自动分析仪表主要由哪些环节组成?

9-3 在线成分分析系统中采样和试样预处理装置的作用是什么?

9-4 简述热导式气体分析器的工作原理。对测量条件有什么要求?

9-5 简述红外线气体分析器的测量机理。红外线气体分析器的基本组成环节有哪些?

9-6 简述氧化锆氧分析器的工作原理。对工作条件有什么要求?

9-7 气相色谱仪的基本环节有哪些? 各环节的作用是什么?

9-8 酸度的表示方法是什么?说明用电位法测量溶液酸度的基本原理。

9-9 什么是湿度? 湿度的表示方法主要有哪些? 各有什么意义?

9-10 常用的湿度测量方法有哪些?

9-11 什么是密度? 常用的密度测量方法有哪些?

第10章 现代检测技术简介

CHAPTER 10

随着现代工业过程对控制、计量、节能增效和运行可靠性等要求的不断提高，单纯依据流量、温度、压力和液位等常规过程参数的测量信息往往不能完全满足工艺操作和控制的要求，很多控制系统需要获取诸如成分、物性，甚至多维时空分布信息等，才能实现更为有效的过程控制、优化控制、故障诊断、状态监测等功能。

10.1 现代传感器技术的发展

现代传感器技术发展的显著特征是：研究新材料，开发利用新功能，使传感器多功能化、微型化、集成化、数字化、智能化。

1. 新材料、新功能的开发，新加工技术的使用

传感器材料是传感技术的重要基础。因此，开发新型功能材料是发展传感技术的关键。半导体材料和半导体技术使传感器技术跃上了一个新台阶。半导体材料与工艺不仅使经典传感器焕然一新，而且发展了许多基于半导体材料的热电、光电特性及种类众多的化学传感器等新型传感器。如各种红外、光电器件(探测器)、热电器件(如热电偶)、热释电器件、气体传感器、离子传感器、生物传感器等。半导体光、热探测器具有高灵敏度、高精度、非接触的特点，由此发展了红外传感器、激光传感器、光纤传感器等现代传感器。以硅为基体的许多半导体材料易于实现传感器的微型化、集成化、多功能化和智能化，工艺技术成熟，因此应用最广，也最具开拓性，是今后一个相当长的时间内研究和开发的重要材料之一。

被称为“最有希望的敏感材料”的是陶瓷材料和有机材料。近年来，功能陶瓷材料发展很快，在气敏、热敏、光敏传感器中得到广泛的应用。目前已经能够按照人为设计的配方，制造出满足性能要求的功能材料。陶瓷敏感材料种类繁多，应用广泛，极有发展潜力，常用的有半导体陶瓷、压电陶瓷、热释电陶瓷、离子导电陶瓷、超导陶瓷和铁氧体等。半导体陶瓷是传感器应用的主要材料，其中尤以热敏、湿敏和气敏最为突出。高分子有机敏感材料是近几年人们极为关注的具有应用潜力的新型敏感材料，可制成热敏、光敏、气敏、湿敏、力敏、离子敏和生物敏等元件。高分子有机敏感材料及其复合材料将以其独特的性能在各类敏感材料中占有重要的地位。生物活性物质(如酶、抗体、激素)和生物敏感材料(如微生物、组织切片)对生物体内化学成分具有敏感性，且噪声低、选择性好，灵敏度高。

检测元件的性能除由其材料决定外，还与其加工技术有关，采用新的加工技术，如集成技术、薄膜技术、硅微机械加工技术、离子注入技术、静电封接技术等，能制作出质地均匀、性能稳定、可靠性高、体积小、重量轻、成本低、易集成化的检测元件。

2. 多维、多功能化的传感器

目前的传感器主要是用来测量一个点的参数，但应用时往往需要测量一条线上或一个面上的参数，因此需要相应地研究二维乃至三维的传感器。将检测元件和放大电路、运算电路等利用IC技术制作在同一芯片或制成混合式的传感器，实现从点到一维、二维、三维空间图像的检出。在某些场合，希望能在某一点同时测得两个参数，甚至更多的参数，因此要求能有测量多参数的传感器。气体传感器在多功能方面的进步最具有代表性。例如，一种能够同时测量四种气体的多功能传感器，共有由六个不同材料制成的敏感部分，它们对被测的四种气体虽均有响应，但其响应的灵敏度却有很大差别，根据其从不同敏感部分的输出差异即可测出被测气体的浓度。

3. 微型化、集成化、数字化和智能化

微电子技术的迅速发展使得传感器的微型化和集成化成为可能，而与微处理器的结合，形成新一代的智能传感器，是传感器发展的一种新的趋势。智能传感器是一种带有微处理器兼有检测信息和信息处理功能的传感器。智能传感器通常具有自校零、自标定、自校正、自补偿功能；能够自动采集数据，并对数据进行预处理；能够自动进行检验、自选量程、自寻故障；具有数据存储、记忆与信息处理功能；具有双向通信、标准化数字输出或者符号输出功能；具有判断、决策处理功能。其主要特点是：高精度、高可靠性和高稳定性，高信噪比与高分辨力，强自适应性以及高的性能价格比。可见，智能化是现代化新型传感器的一个必然发展趋势。

4. 新型网络传感器的发展

作为现代信息技术三大核心技术之一的传感器技术，从诞生到现在，已经经历了从“聋哑传感器”“智能传感器”到“网络传感器”的历程。传统的传感器是模拟仪器仪表时代的产物。它的设计指导思想是把被测物理量变化成模拟电压或电流信号，它的输出幅值小，灵敏度低，而且功能单一，因而被称为是“聋哑传感器”。随着时代的进步，传统的传感器已经不能满足现代工农业生产的需求。20世纪70年代以来，计算机技术、微电子技术、光电子技术获得迅猛发展，加工工艺逐步成熟，新型的敏感材料不断被开发，特别是单片机的广泛使用使得传感器的性能越来越好，功能越来越强，智能化程度也越来越高，实现了数字化的通信，具有数字存储和处理、自检、自校准以及一定的通信功能。工业控制系统中的某些功能已逐渐被集成入传感器中，形成了所谓“智能传感器”。

近几年来，工业控制系统继模拟仪表控制系统、集中数字控制系统、分布式控制系统之后，基于各种现场总线标准的分布式测量和控制系统(Distributed Measurement and Control System，DMCS)得到了广泛的应用。目前，在DMCS中所采用的控制总线网络多种多样，千差万别，内部结构、通信接口、通信协议各不相同。许多新型传感器已经具有符合上述总线的接口，不再需要数据采集和变送系统的转换，可以直接连接在工业控制系统的总线上使用，这样就极大地提高了整个系统的性能、简化了系统的结构、降低了成本。可以说这类传感器已经具有相当强的网络通信功能，可以将其称为“具有网络功能的智能传感器”。但由于每种总线都有自己规定的协议格式，只适合各自的领域应用，相互之间不兼容，因此给系统的扩展及维护带来不利的影响。对于传感器生产商而言，由于市场上存在大量的控制网络和通信协议，要开发出所有控制网络都支持的传感器是不现实的。

图10-1是一种网络传感器的连接图。它是采用RCM2200模块，配合Dynamic C集成

开发环境，利用其内嵌的 TCP/IP 协议栈开发出的一种简单实用的网络传感器。

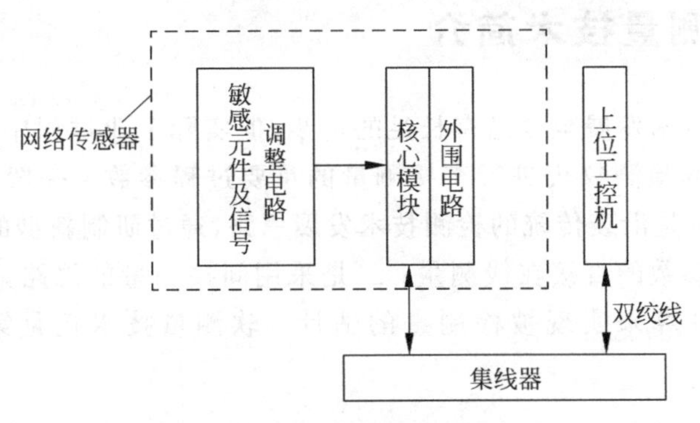

图 10-1 网络传感器连接示意图

测量所用的敏感元件通过信号调整电路将所测数据输送到 RCM2200 的 I/O 口，模块在读取数据并经过一定的判断和处理后，一方面可以通过外围电路直接输出报警和控制信号，另一方面也可以通过以太网口将数据发布到网络中。该传感器可以直接与集线器相连接，并通过集线器与上位工控机连接构成一个完整的测控以太网络。

网络化传感器具有以下特点：

(1) 网络化智能传感器使传感器由单一功能、单一检测向多功能和多点检测发展；从“被动”检测向“主动”进行信息处理方向发展；从就地测量向远距离实时在线测控发展。

(2) 网络化使得传感器可以就近接入网络，传感器与测控设备间再无须点对点连接，传感器可通过总线串在一起，几十个传感器只用一根 3 芯线，大大减少了现场线缆，方便现场布线。节省投资，易于系统维护，也使系统更易于扩充。

(3) 网络化可以实现资源共享，使一台仪器为更多的用户所使用，降低了测量系统的成本。对于有危险的恶劣环境的数据，可以实行远程采集，并将采集的数据放在服务器中供用户使用。重要的数据实行多机备份，提高了系统的可靠性。

(4) 由于传感器输出的就是数字信号，传输过程中没有精度的损失，因此可以保证系统精度。从传感器直接进入采集器，系统可能发生故障的环节少，便于维护。

(5) 任何一个智能传感器可以就近接入网络，而信息可以在整个网络覆盖的范围内传输。由于采用统一的网络协议，不同厂家的产品可以互换，互相兼容。网络化可以使测量人员不受时空限制随时随地地获取所需要的信息，因此可以说“网络就是仪表”。

网络化传感器已应用在对江河的水文监测中，从源头到入海口，在关键测控点用传感器对水位、流量、雨量进行实时在线监测。网络化传感器就近登录网络，组成分布式流域网络化水文监控系统，对全流域及其动向进行在线监控。随着计算机网络技术的推广与普及，网络化传感器必将得到更广泛的应用。

除了上述几个方面之外，新测量技术还体现在光导与光纤传感器、超声传感器的新应用、微波传感器、射线传感器、生物组织传感器、超导传感器以及纳米技术等方面，测量新技术应用可谓日新月异。

可以断定传感器的研制和检测技术的发展会向着集成化、微型化、智能化、网络化、微机化和复合多功能化方向不断发展。我们有理由相信检测新技术一定会在我国工农业生产、航空航天、遥感遥测、深海开发和基因工程等领域发挥更大的作用。

10.2 软测量技术简介

虽然过程检测技术发展至今已有长足的进步，但实际工业过程中仍存在许多无法或难以用传感器或过程检测仪表进行直接测量的重要过程参数。一般解决工业过程测量要求有两条途径：一是沿袭传统的检测技术发展思路，通过研制新型的过程测量仪表，以硬件形式实现过程参数的直接在线测量；二是采用间接测量的思路，利用易于获取的其他测量信息，通过计算来实现被检测量的估计。软测量技术正是第二种思路的集中体现。

10.2.1 软测量技术概念

软测量技术指的是依据某种最优化准则，利用由辅助变量构成的可测信息，通过软件计算，实现对主导变量的测量方法。

软测量技术也称为软仪表技术。简单地说，就是利用易测得的过程变量(常称为辅助变量或二次变量，例如工业过程中容易获取的压力、温度等过程参数)与难以直接测量的待测过程变量(常称为主导变量，例如精馏塔中的各种组分浓度等)之间的数学关系(称为软测量模型)，通过各种数学计算和估计方法，实现对待测过程变量的测量。

软测量技术以信息技术作为基础，涉及计算机软件、数据库理论、机器学习、数据挖掘和信号处理等多门学科，是一门有着广阔发展前景的新兴工业技术。随着现代控制理论和信息技术的发展，该技术经历了从线性到非线性、从静态到动态、从无校正功能到有校正功能的过程。

软测量技术的核心是表征辅助变量和主导变量之间关系的软测量模型，因此构造软测量的本质就是如何建立软测量模型。由于软测量模型注重的是通过辅助变量来获得对主导变量的最佳估计，而不是强调过程各输入输出变量彼此间的关系，因此它不同于一般意义下的数学模型。软测量模型的结构框图如图 10-2 所示，其中，y 为主导变量，y^* 为主导变量离线分析值或大采样间隔测量值。

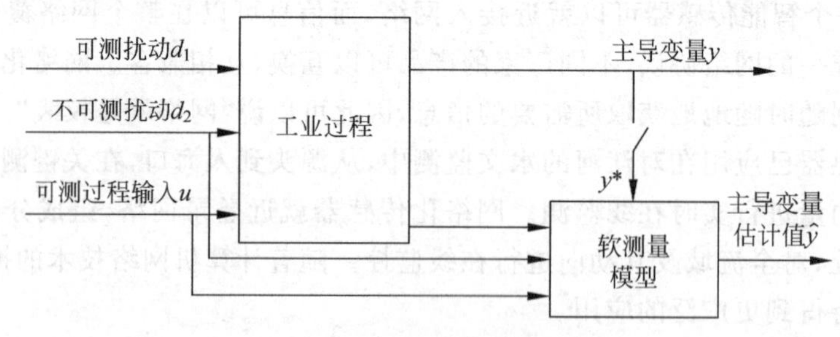

图 10-2 软测量模型结构框图

10.2.2 软测量技术分类

软测量技术主要依据采用的软测量建模方法进行分类。根据模型建立方法的不同，可将软测量建模方法大致分成如下几类。

1. 基于传统方法的软测量模型

基于传统方法的软测量模型可分为基于工艺机理的软测量模型和基于状态估计的软测量模型两种。

1）基于工艺机理的软测量模型

机理建模方法建立在对工艺机理深刻认识的基础上，通过列写宏观或微观的质量平衡方程、能量平衡方程、动量平衡方程、相平衡方程以及反应动力学方程等，来确定难测的主导变量和易测的辅助变量之间的数学关系。机理模型的可解释性强、工程背景清晰、便于实际应用，是最理想的软测量模型。但是，建立机理模型必须对工业过程的工艺机理认识得非常清楚，由于工业过程中普遍存在的非线性、复杂性和不确定性的影响，很多过程难以进行完全的机理建模。此外由于机理模型一般是由代数方程组、微分方程组甚至偏微分方程组所组成，当模型复杂时，其求解过程计算量很大，收敛速度慢，难以满足在线实时估计的要求。

2）基于状态估计的软测量模型

基于状态估计的软测量模型以状态空间模型为基础，如果系统的主导变量关于辅助变量是完全可观的，那么软测量问题就可以转化为典型的状态观测和状态估计问题。这种方法的优点在于可以反映主导变量和辅助变量之间的动态关系，有利于处理各变量间动态特性的差异和系统滞后等问题；其缺点是对于复杂的过程对象，往往难以建立系统的状态空间模型。另外，当过程中出现持续缓慢变化的不可测扰动时，利用该方法建立的软测量模型可能导致严重的误差。

2. 基于回归分析的软测量模型

回归分析方法是一种经典的建模方法，不需要建立复杂的数学模型，只要收集大量过程参数和质量分析数据，运用统计方法将这些数据中隐含的对象信息进行浓缩和提取，从而建立主导变量和辅助变量之间的数学模型。基于回归分析的软测量包括以下几种方法。

1）多元线性回归

多元线性回归以拟合值与真实值的累计误差最小化为原则，适合解决操作变量变化范围小并且非线性不严重的问题。这种方法要求自变量之间不可存在严重的相关性，对于非线性或者干扰严重的系统，可能导致模型失真，甚至无法正确建立模型。另外，模型的计算复杂程度也将随着输入变量的增加而相应增加。

2）主元回归

主元回归根据数据变化的方差大小来确定变化方向的主次地位，按主次顺序得到各主元变量。这种方法能够有效地解决自变量之间的多重共线性问题，对减少变量个数、简化模型提供了很大的方便。然而，由于在提取主成分时没有考虑自变量与因变量之间的联系，所提取的成分对因变量的解释能力不强。

3）偏最小二乘回归

偏最小二乘回归是一种数据压缩和提取方法。它既能消除原变量复共线问题以达到降维目的，又充分考虑了输入变量与输出变量之间的相关性。而且它在样本点较少的场合有着明显的优势，对含噪声样本可进行回归处理，能用于较复杂的场合。

3. 基于智能方法的软测量模型

基于智能方法的软测量模型包括以下几种。

1）基于模糊数学的软测量模型

基于模糊数学的软测量模型模仿人脑逻辑思维的特点，建立起一种知识性模型。这种方法特别适合应用于复杂工业过程中被测对象具有很强的不确定性，难以用常规数学定量描述的场合。实际应用中常将模糊技术和其他人工智能技术相结合，例如，将模糊数学和人工神经网络相结合构成模糊神经网络，将模糊数学和模式识别相结合构成模糊模式识别，这样可互相取长补短以提高软测量的性能。

2）基于模式识别的软测量模型

基于模式识别的软测量模型是采用模式识别的方法对工业过程的操作数据进行处理，从中提取系统的特征，构成以模式描述分类为基础的模式识别模型。该方法的优势在于它适用于缺乏系统先验知识的场合，可利用日常操作数据来实现软测量建模。在实际应用中，该种软测量方法常常和人工神经网络以及模糊技术结合在一起。

3）基于人工神经网络的软测量模型

人工神经网络是利用计算机模拟人脑的结构和功能的一门新学科，是目前软测量研究中最活跃的领域。它具有并行计算、学习记忆能力及自组织、自适应和容错能力优良等性质，且无须具备对象的先验知识，而是根据对象的输入输出数据直接建模，即将辅助变量作为人工神经网络的输入，将主导变量作为输出，通过网络的学习来解决不可测变量的软测量问题，因此在解决高度非线性和严重不确定性系统控制方面具有巨大的潜力。

4）基于统计学习的软测量模型

统计学习理论是一种专门研究有限样本下机器学习规律的理论，是一种基于统计学习理论的新的通用学习方法。与神经网络的启发式学习方式和实现过程中的经验风险最小化相比，它具有更严格的理论和数学基础，其求解基于结构风险最小化，因此泛化性能更好，且不存在局部极小问题，具有可以进行小样本学习等优点。但它也存在一些问题，比如对于大数据集合训练速度慢；参数选择得好会得到很好的性能，选择不好则会使模型性能变得很差。目前参数的选择主要依靠经验，理论上如何确定还在探索之中。此外如何集成先验知识也是一个值得研究的问题。

10.2.3 软测量技术应用

软测量技术是对传统测量手段的补充，在解决与产品质量、生产效益等相关的关键性生产参数无法直接测量的问题方面有着很大优势，为提高生产效益、保证产品质量提供了强有力的手段。近年来，软测量技术已在炼油、化工、冶金、生化、造纸、锅炉、污水处理等过程控制中得到了广泛的应用。国外的 Inferential Control 公司、Setpoint 公司、DMC 公司、Profimatics 公司、Applied Automation 公司等以商品化软件形式推出的各自的软测量仪表，已经广泛应用于常减压塔、催化裂化主分馏塔、焦化主分馏塔、加氢裂化分馏塔、汽油稳定塔、脱乙烷塔等的先进控制和优化控制中。国内引进和自行开发的软测量技术在石油化工工业过程中应用比较多，如催化裂化分馏塔轻柴油凝固点的软测量等。随着现代化工业过程监测和控制的精细化要求和信息技术的发展，这一技术必将会在工业过程中发挥越来越重要的作用。

10.3 多传感器融合技术简介

传感器是智能机器与系统的重要组成部分，其作用类似于人的感知器官，可以感知周围环境的状态，为系统提供必要的信息。例如，一个机器人可以通过位置传感器获得自身当前的位置信息，为下一步的运动任务提供服务。随着工作环境与任务的日益复杂，人们对智能系统的性能提出了更高的要求，单个传感器已无法满足某些系统对鲁棒性的要求，多传感器及其数据融合技术应运而生。

根据JDL(Joint Directors of Laboratories data fusion working group，于1986年建立)的定义，多传感器数据融合是一种针对单一传感器或多传感器数据或信息的处理技术。它通过数据关联、相关和组合等方式以获得对被测环境或对象的更加精确的定位、身份识别及对当前态势和威胁的全面而及时的评估。简单地说，多传感器数据融合技术通过将来自多个传感器的数据和相关信息进行组合从而获得比使用单一传感器更明确的推论。多传感器融合就像人脑综合处理信息一样，充分利用不同时间与空间的多传感器数据资源，采用计算机技术对按时间序列获得的多传感器观测数据，在一定准则下进行分析、综合、支配和使用，获得对被测对象的一致性解释与描述，进而实现相应的决策和估计，使系统获得比它的各组成部分更充分的信息。

和传统的单传感器技术相比，多传感器数据融合技术有许多优点，下面列举的是一些有代表性的方面。

(1) 采用多传感器数据融合可以增加检测的可信度。例如，采用多个雷达系统可以使得对同一目标的检测更可信。

(2) 降低不确定度。例如，采用雷达和红外传感器对目标进行定位，雷达通常对距离比较敏感，但方向性不好，而红外传感器则正好相反，其具备较好的方向性，但对距离测量的不确定度较大，将二者相结合可以使得对目标的定位更精确。

(3) 改善信噪比，增加测量精度。例如，我们通常用到的对同一被测量进行多次测量然后取平均的方法。

(4) 增加系统的鲁棒性。采用多传感器技术，某个传感器不工作，失效的时候，其他的传感器还能提供相应的信息，例如，用于汽车定位的GPS系统，由于受地形、高楼、隧道、桥梁等的影响，可能得不到需要的定位信息，如果和汽车其他常规惯性导航仪表如里程表、加速度计等联合起来，就可以解决此类问题。

(5) 增加对被检测量的时间和空间覆盖程度。

(6) 降低成本。例如，采用多个普通传感器可以取得和单个高可靠性传感器相同的效果，但成本却可以大大降低。

多传感器数据融合技术在两个比较大的领域中得到了广泛应用，即军事领域和民用领域。

1. 在军事领域中的应用

在军事领域中，多传感器数据融合技术的应用主要包括以下几个方面。

1) 目标自动识别

例如现代空战中用到的目标识别系统就是一个典型的多传感器系统，其包括地面雷达系统、空中预警雷达系统、机载雷达系统、卫星系统等，相互之间通过数据链传递信息。地面雷达系统功率可以很大，探测距离远，但容易受云层等的影响。空中预警雷达可以做到移动探测，大大地延伸了防御和攻击距离。而机载雷达则是战机最终发起攻击的眼睛，现代空战都普遍采用超视距武器进行视距外攻击，好的机载雷达都采用相控阵雷达，可以同时跟踪近20个目标，并对当前最具威胁的多个目标提出示警，引导战机同时对4或5个目标进行攻击。

2）自动导航

例如各种战术导弹的制导，往往也采用多传感器技术。目前使用较多的有激光制导、电视制导、红外制导等，又可以分为主动制导和被动制导。又如远程战略轰炸机和战斗机用到的自动导航和巡航技术等。在最近发生的几次局部战争如海湾战争和伊拉克战争中，第一波攻击都是在夜间由各种战机发起对地攻击，没有良好的导航系统是不可想象的。

3）战场监视

监测战场打击效果以期做出战果评估。

4）遥感遥测、无人侦察、卫星侦察及自动威胁识别系统。

2. 在民用领域中的应用

在民用领域中，多传感器数据融合技术的应用主要包括以下几个方面。

1）工业过程监测和维护

在工业过程领域，多传感器数据融合技术已被广泛应用于系统故障识别和定位以及以此为依据的报警、维护等。例如，在核反应堆中就用到了这类技术。

2）机器人

为了能使机器人充分了解自己所处环境，机器人上安装有多种传感器（如CCD摄像头、超声传感器、红外传感器等），多传感器数据融合技术使得机器人能够作为一个整体自由、灵活、协调地运动，同时识别目标，区分障碍物并完成相应的任务。

3）医疗诊断

多传感器数据融合技术在医学领域也得到了广泛应用。例如，将采用CT、核磁共振成像、PET和光学成像等不同技术获得的图像进行融合，可以对肿瘤等病症进行识别和定位。

4）环境监测

例如我们每天都接触到的天气预报，实际上是对卫星云图、气流、温度、压力以及历史数据等多种传感器信息进行融合后做出的决策推理。

10.4 虚拟仪器简介

虚拟仪器是计算机技术在仪器仪表技术领域发展的产物。虚拟仪器是继模拟仪表、数字仪表以及智能仪表之后的又一个新的仪器概念。它是指将计算机与功能硬件模块（信号获取、调制和转换的专用硬件电路等）结合起来，通过开发计算机应用程序，使之成为一套多功能、可灵活组合并带有通信功能的测试技术平台，它可以替代传统的示波器、万用表、动态频谱分析仪器、数据记录仪等常规仪器，也可以替代信号发生器、调节器、手操器等自动化装置。使用虚拟仪器时，用户可以通过操作显示屏上的“虚拟”按钮或面板，完成对被测量的采集、分析、判断、调节和存储等功能。

目前,基于PC的A/D及D/A转换、开关量输入/输出、定时计数的硬件模块,在技术指标及可靠性等方面已相当成熟,而且价格上也有优势。常用传感器及相应的调理模块也趋向模块化、标准化,这使得用户可以根据自己的需要定义仪器的功能,选配适当的基本硬件功能模块并开发相应的软件,不需要重复采购计算机和某些硬件模块。

虚拟仪器提高了仪器的使用效率,降低了仪器的价格,可以更方便地进行仪器硬件维护、功能扩展和软件升级。它已经广泛地应用于工程测量、物矿勘探、生物医学、振动分析、故障诊断等科研和工程领域。

虚拟仪器概念起源于1986年美国NI公司(Nation Instrument)提出的"软件即仪器"的理念,LabVIEW就是该公司设计的一种基于图形开发、调试和运行的软件平台。

虚拟仪器的发展主要经历了如下几个代表性阶段:

(1) GPIB标准的确立;

(2) 计算机总线插槽上的数据采集卡的出现;

(3) VXI仪器总线标准的确立;

(4) 虚拟仪器的软件开发工具的出现。

随着计算机总线的变迁和发展,虚拟仪器技术也在发生变化,目前PXI仪器总线正逐渐成为主流。

10.5 网络化仪表简介

由于计算机、微电子等技术的发展,测量技术与仪器仪表的研制也在不断取得进步和发展,相继诞生了智能仪器、PC仪器、虚拟仪器及互换性虚拟仪器等计算机自动测量系统。由于测量领域和范围在不断地拓宽,计算机与现代仪器设备间的界限也日渐模糊,现今更有计算机就是仪表的说法。而近年来随着Internet的出现并异常迅速地渗透到人们工作、生活的各个方面,为测量与仪表技术带来了新的发展空间和机遇,网络化测量技术与具备网络功能的新型仪表应运而生。网络化仪表可以把信息系统与测量系统通过Internet连接起来实现资源共享,高效地完成各种复杂艰巨的测量控制任务,从而促进了现代测量技术向网络化仪表测量的方向发展。

在网络化仪表环境条件下,可以通过测试现场的普通仪表设备,将测得的数据(信息)通过网络传输给异地的精密测量设备或高档次的微机化仪器去分析、处理;能实现测量信息的共享;可掌握网络结点处信息的实时变化趋势。此外,也可通过具有网络传输功能的仪表将处理过的数据传回至源端,即现场。

网络化仪表在智能交通、楼宇信息化、工业自动化、环境监测、远程医疗、石油化工以及电站等众多领域得到越来越广泛的应用。

10.5.1 网络化仪表的软、硬件

网络化仪表包括基于总线技术的分布式测控仪表、虚拟仪表、网络化智能传感系统等。网络化仪表适合于各个行业,这也是虚拟仪表和网络化智能传感器被越来越广泛应用的原因之一。

目前企业内部信息网的主流是基于Web的信息网络Internet。其开放性的互联通信

标准使 Internet 成为基于 TCP/IP 协议的开放系统,能方便地与外界连接,尤其是与 Internet 连接,借助 Internet 的相关技术,给企业的经营和管理带来极大便利。反过来, Internet 技术的应用开发也主动面向工业的测控系统,并开始对传统的测控系统产生越来越大的影响。

软件是网络化仪表开发的关键。UNIX、Windows NT、Netware 等网络化计算机操作系统、现场总线、标准的计算机网络协议等,在开放性、稳定性、可靠性等方面均有很大优势,采用它们可以很容易地实现测控网络的体系结构。在开发软件方面,NI 公司的 LabVIEW 和 Lab Windows/CVI、HP 公司的 VEE、微软公司的 VB 和 VC 等,都有开发网络应用项目的工具包。

10.5.2 基于现场总线技术的网络化仪表测控系统

现场总线控制系统(Fieldbus Control System,FCS)是当前世界上最新型的控制系统,是由 PLC (Programmable Logical Controller)以及 DCS(Distributed Control Sygtem)发展而来的第五代过程控制系统,是近年来控制系统发展的方向。它是应用在工业生产现场的,用于实现在智能测量仪表、控制单元、执行机构和其他现场设备之间进行数字信息交换的通信网络。

1. 网络化仪表的网络结构

现场总线使数字通信总线一直延伸到现场仪表,使许多现场仪表可通过一条总线进行双向多信息数字通信,从而取代传统使用的 4~20mA 模拟传输方式。这种通过现场总线组成的网络化仪表测控系统如图 10-3 所示。

现场总线种类繁多,如图 10-3 所示的结构具有一定的代表性。

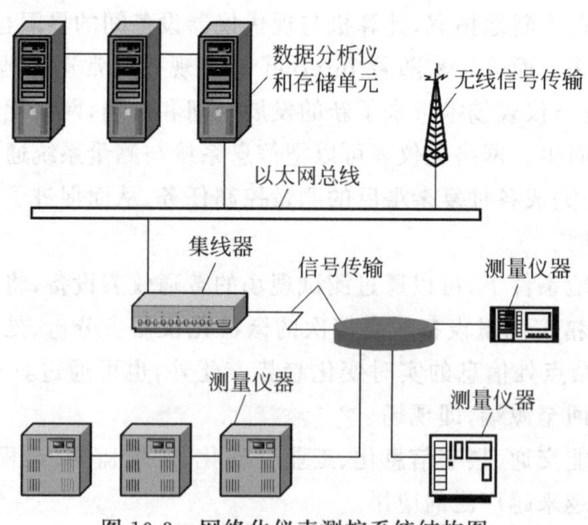

图 10-3 网络化仪表测控系统结构图

2. 现场总线控制系统

现场总线控制系统(FCS)具有开放性、互操作性和互换性、全数字化等特点,最关键的有三点。

(1) FCS 系统的核心是总线协议,即总线标准。采用双绞线、光缆或无线电方式传输数字信号,减少了大量导线,提高了可靠性和抗干扰能力。FCS 从传感器、变送器到调节控制器、智能阀门等各种类型的二次仪表都用数字信号，这就使我们很容易准确地处理复杂的信号。同时数字通信的查错功能可检出传输中的误码，大大保证并提高信号的传输质量。

FCS可以将PID控制彻底分散到现场设备中。基于现场总线的FCS又是全分散、全数字化、全开放和可互操作的新一代生产过程自动化系统，它将取代现场一对一的4～20mA模拟信号线，给传统的工业自动化控制系统体系结构带来了革命性的变化。

(2) FCS系统的基础是数字智能现场装置，控制功能下放到现场仪表中，控制室内的仪表装置主要完成数据处理、监督控制、优化控制、协同控制和管理自动化等功能。数字智能现场装置是FCS系统的硬件支撑，是基础。从传感器、变送器到阀门执行机构等都是微机化的、智能的。道理很简单，FCS系统执行的是自动控制装置与现场装置之间的双向数字通信现场总线信号制。现场装置必须遵循统一的总线协议，即相关的通信规定，具备数字通信功能，能实现双向数字通信。另外，现场总线的一大特点就是要增加现场一级的控制功能。

(3) FCS系统的本质是信息处理现场化。对于一个控制系统，无论是采用DCS还是采用基于现场总线技术的网络化仪表测控系统，系统需要处理的信息量至少是一样多的。实际上，采用现场总线后，可以从现场得到更多的信息。现场总线系统的信息量没有减少，甚至增加了，而传输信息的线缆却大大减少了。这就要求一方面要大大提高线缆传输信息的能力，另一方面要让大量信息在现场就地完成处理，减少现场与控制机房之间的信息往返。可以说现场总线的本质就是信息处理的现场化。由现场智能仪表完成数据采集、数据处理、控制运算和数据输出等功能。现场仪表的数据(包括采集的数据和诊断数据)通过现场总线传送到控制室的控制设备上，控制室的控制设备用来监视各个现场仪表的运行状态，保存智能仪表上的数据，同时完成少量现场仪表无法完成的高级控制功能。

3. 网络化仪表的主要特点

与传统测控仪表相比，基于现场总线的仪表单元具有如下特点。

(1) 彻底网络化。从最底层的传感器和执行器到上层的监控/管理系统，均通过现场总线网络实现互联，同时还可进一步通过上层监控/管理系统连接到企业内部网甚至Internet。

(2) 一对多结构。一对传输线，多台仪表单元，双向传输多个信号，接线简单，工程周期短，安装费用低，维护容易。彻底抛弃了传统仪表一台仪器、一对传输线只能单向传输一个信号的缺陷。

(3) 可靠性高。现场总线采用数字信号传输测控数据，抗干扰能力强，精度高。而传统仪表由于采用模拟信号传输，往往需要提供辅助的抗干扰和提高精度的措施。

(4) 操作性好。操作员在控制室即可了解仪表单元的运行情况，且可以实现对仪表单元的远程参数调整、故障诊断和控制过程监控。

(5) 综合功能强。现场总线仪表单元是以微处理器为核心构成的智能仪表单元，可同时提供检测、变换和补偿功能，实现一表多用。

(6) 组态灵活。不同厂商的设备既可互联也可互换，现场设备间可实现互操作，通过进行结构重组，可实现系统任务的灵活调整。

在现场总线网络测控系统中，现场设备、各种仪器仪表都嵌入在相互联系的现场数字通信网络中，可靠性高，稳定性好，抗干扰能力强，通信速度快，造价相对低廉且维护成本低。

现场总线网络测控系统目前已在实际生产环境中得到成功的应用。由于其内在的开放式特性和互操作能力，基于现场总线的 FCS 系统已有逐步取代 DCS 的趋势。

10.5.3 面向 Internet 的网络化仪表测控系统

当今时代，以 Internet 为代表的计算机网络的迅速发展及相关技术的日益完善，突破了传统通信方式的时空限制，使更大范围内的通信变得十分容易。Internet 拥有的硬件和软件资源正在越来越多的领域中得到应用，比如电子商务、网上教学、远程医疗、远程数据采集与控制、高档测量仪器设备资源的远程实时调用、远程设备故障诊断等。与此同时，高性能、高可靠性、低成本的网关、路由器、中继器及网络接口芯片等网络互联设备的不断进步，又方便了 Internet 与不同类型测控网络、企业网络间的互联，这就是面向 Internet 的网络化仪表测控系统。

10.6 生物传感器简介

生物传感器(Biosensor)技术是重要的医学检验技术之一，是现代生物技术与微电子学、化学、光学、热学等多学科交叉结合的产物。其研究始于 20 世纪 60 年代，最先出现了利用酶的催化过程和催化的专一性构成具有灵敏度高、选择性强的酶传感器。随后又出现了免疫传感器、微生物传感器、细胞传感器和组织切片传感器。20 世纪 70 年代末至 80 年代又出现了酶热敏电阻型和生物化学发光式生物传感器。这些传感器改变了消耗试剂、破坏试样的传统生化检验方法，可直接分析并能反复使用，操作简单，可得到电信号输出，便于自动测量。这些优势有力地促进了医学基础研究、临床诊断和环境医学的发展。

生物传感器对生物物质敏感并可将浓度转换为电信号进行检测，它由固定化的生物敏感材料作识别元件(包括酶、抗体、抗原、微生物、细胞、组织切片、核酸、细胞膜、生物膜等生物活性物质)，可与适当的理化换能器及信号放大装置构成分析工具或系统。

1. 生物传感器的构成

生物传感器具有接收器与转换器的功能。

生物传感器的基本结构包括两个主要部分：一是生物分子识别元件(感受器)，是具有分子识别能力的固定化生物活性物质，为生物传感器信号接收或产生部分；二是信号转换器(换能器)，属于仪器组件的硬件部分，为物理信号转换组件，主要有电化学电极、光学检测元件、热敏电阻、场效应晶体管、压电石英晶体、表面等离子共振器等。当待测物与分子识别元件特异性结合后，所产生的复合物通过信号转换器转变为可以输出的电信号、光信号等。

传统传感器中的信号感受器完全是由非生命物质组成的，而生物传感器与传统的各种物理传感器和化学传感器的最大区别在于生物传感器的感受器中含有生命物质。例如，将一定的植物细胞或动物细胞作为感受器，可以制成各种细胞传感器；用生物组织作感受器可制成组织传感器(或称为组织电极)；将一些特定的细胞器从细胞里分离出来作为感受器，可制成细胞器或传感器；将微生物作为感受器可制成微生物传感器。将生物分子如蛋白质、核酸等作为感受器已成为现代生物传感器发展的主流。

2. 生物传感器的分类

生物传感器常用的分类方法有以下几种。

(1) 根据传感器输出信号的产生方式,可分为亲和型生物传感器、代谢型生物传感器和催化型生物传感器。

(2) 根据生物传感器中信号检测器(分子识别元件)上的敏感物质的不同,生物传感器可分为酶传感器、微生物传感器、组织传感器、细胞及细胞器传感器、基因传感器、免疫传感器等。生物学工作者习惯于采用这种分类方法。

(3) 根据生物传感器的信号转换器分类。生物传感器中可以利用电化学电极、场效应晶体管、热敏电阻、光电器件、声学装置等作为生物传感器中的信号转换器,因此可将传感器分为电化学生物传感器、半导体生物传感器、热学型生物传感器、光学型生物传感器、声学型生物传感器等。电子工程学工作者习惯于采用这种分类方法。

(4) 根据检测对象的多少,可分为以单一化学物质作为检测对象的单功能型生物传感器和检测多种微量化学物质的多功能型生物传感器。

(5) 根据生物传感器的用途可分为免疫传感器、药物传感器等。

3. 生物传感器的特点

与传统的传感器技术相比,生物传感器具有如下特点。

(1) 测定范围广泛。根据生物反应的特异性和多样性,理论上可制成测定所有生物物质的传感器。

(2) 生物传感器是由选择性好的生物材料构成的分子识别元件,因此一般不需要对样品进行预处理,样品中的被测组分的分离和检测同时完成,且测定时一般不需要加入其他试剂。

(3) 采用固定化生物活性物质作敏感基元(催化剂),价格昂贵的试剂可以重复多次使用,克服了过去酶分析试剂费用高和化学分析烦琐复杂的缺点。

(4) 测定过程简单迅速。这类传感器主要是在无试剂条件下操作(缓冲液除外),因此,较传统的生物学或化学分析法操作简单、准确、响应速度快、样品用量少。

(5) 准确度和灵敏度高。一般相对误差不超过1%。由于生物敏感膜分子的高度特异性和灵敏性,对一些含量极低的检测对象也能检测出来。

(6) 生物传感器体积小,检测方法简便、准确、快速,可以实现连续在线检测,容易实现自动分析。

(7) 专一性强,只对特定的待测物起反应,而且不受颜色、浊度的影响。

(8) 可进入生物体内。如安放于静脉或动脉中的葡萄糖传感器,能持续不断地检测血糖含量,并将指令传给植入人体的胰岛素泵,控制胰岛素的释放量,从而使糖尿病人病情得到控制。

(9) 生物传感器成本低,便于推广普及。

4. 生物传感器的应用

目前,生物传感器应用较多的领域有医疗检测、环境监测、发酵工业、食品工业、生物工程、农业、畜牧业等与生命科学关系密切的领域,如图10-4所示。例如,临床上用免疫传感器等生物传感器来检测体液中的各种化学成分,为医生的诊断提供了依据;发酵工业中使用生物传感器在线分析系统,为发酵的自动控制提供了新的基础平台;生物工程产业中用生物传感器检测生物反应器内各种物理、化学、生物的参数变化以便加以控制；环境监测中用生物传感器检测大气和水中各种污染物质的含量；食品行业中用生物传感器检测食品中营养成分和有害成分的含量、食品的新鲜程度等。随着社会的进一步信息化，生物传感器必将获得越来越广泛的应用。

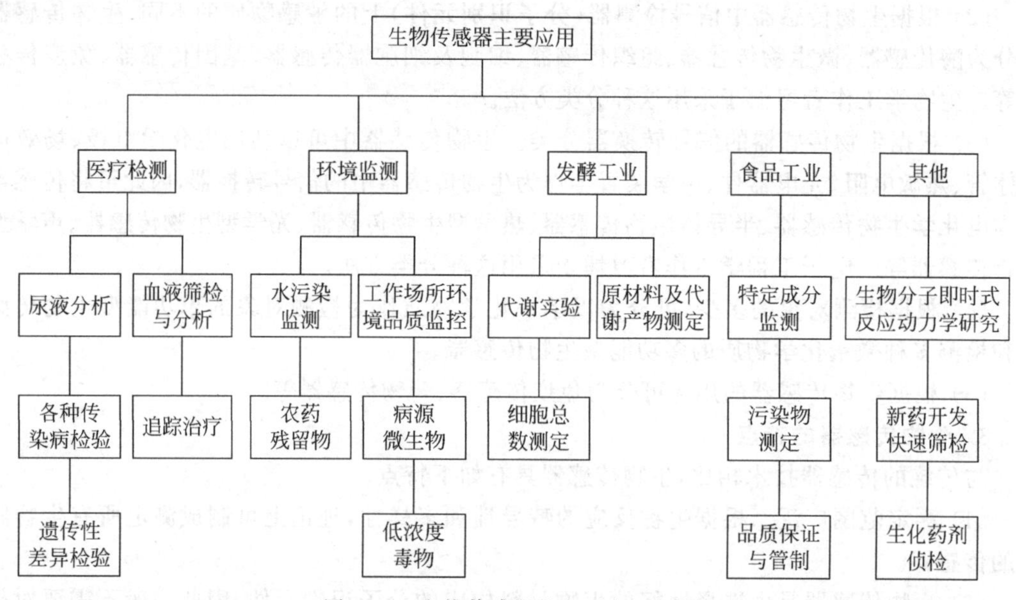

图 10-4 生物传感器的主要应用领域

10.7 仿生传感器简介

当前，仿生技术在国内外发展迅速，已成为一个相当热门的技术。仿生传感器是目前热门的研究领域。众所周知，人体就是一部相当复杂的机器，在身体内集成了各种各样既灵敏又精确的传感器。如何去仿造人类的(或其他生物的)这种高度发达的传感器成为了现今科学家研究的热点。仿生传感器又可细分成“触觉”“压觉”“接近觉”和“视觉”等多种仿生传感器。

人们对自身的各种感觉，如视觉、听觉、嗅觉和思维等行为进行模拟，研制出了能自动捕获和处理信息并能模仿人类行为的装置，这就是仿生传感器。当今世界各国对此类传感器的研制和开发都非常重视，机器人使用的传感器就是仿生传感器的典型应用。由国际人工智能协会策划的机器人足球世界杯每年组织一次，并且还要举行这一领域的学术研讨。机器人足球世界杯实际上就是以足球为载体的前沿高科技研究和对抗，它集中反映了自动控制、信息处理、仿生传感器、仿生材料、模糊神经网络、决策与对策等前沿研究技术的水平。

从目前的发展现状来看，最热门的研究领域也许是各种类型的仿生传感器，而且在触感、刺激以及视听辨别等方面已有最新研究成果问世。从实用的角度考虑，多功能传感器中应用较多的是各种类型的多功能触觉传感器，例如，人造皮肤触觉传感器就是其中之一。

一般来说,仿生传感器可分为外部传感器和内部传感器两大类。内部传感器的功能是检测运动学和力学参数,让机器人按规定进行工作。外部传感器(感觉传感器)的功能是识别外部环境,为机器人提供信息来应付环境的种种变化。所谓的感觉传感器其功能是尽可能再现人的视觉、触觉、听觉、冷热觉、味觉等感觉。

1. 视觉传感器

视觉传感器有位置觉传感器和人工视网膜。

1) 位置觉传感器

位置觉传感器又称为计算机视觉,主要检测被敏感对象的明暗度、位置、运动方向、形状特征等。通过明暗觉传感器判别对象物体的有无,检测其轮廓;通过形状觉传感器检测物体的面、棱、顶点,二维或三维形状,达到提取物体轮廓,识别物体及提取物体固有特征的目的。位置觉传感器可以检测物体的平面位置、角度、到达物体的距离,达到确定物体空间位置、识别物体方向和移动范围等目的。通过色觉传感器检测物体的色彩,从而能根据颜色的不同选择正确的工作地。这些视觉模仿多半是用电视摄像机和计算机技术来实现的。所以计算机视觉系统的工作过程可分为检测、分析、描绘和识别四个主要步骤。

计算机视觉系统是用计算机模拟人眼的视觉功能,从图像或图像序列中提取信息,对客观世界的三维景物和物体进行形态和运动的识别。计算机视觉的应用大致有如下几个方面。

(1) 大尺寸航天图像的图像解释。

(2) 精确制导。提供目标识别和跟踪算法,将图像理解应用于导弹制导系统。

(3) 视觉导航。支持陆地侦察车辆的导航、应用任务,包括道路跟踪、地形分析、障碍躲避和目标识别。

(4) 工业视觉。图像分割自动建模以及可视反馈会使先进的设计和制造技术变得很容易实现。

计算机视觉与人类视觉各有其自身的特点和优势,可以在不同情况或不同领域发挥各自的作用。如计算机视觉系统更适合于结构环境的定量测量,而人的视觉系统适合于复杂的、非结构化环境的定性解释。从性能角度看,计算机视觉系统的分辨能力和处理速度远不如人的视觉系统,但它的感光范围远远超过了人眼,不仅可以探测可见光,还可以探测紫外线和红外线。

2) 人工视网膜

人的视网膜分为几层,其中一层带有感光体,有两种感光细胞,即视杆细胞和视锥细胞。这些感光细胞把摄入的光转变成电信号,通过视网膜传递到神经节细胞。信息经视神经进入大脑,信号在大脑内经过"翻译",就有了视力。目前,世界上有很多科研机构在研究人工视网膜,他们所采用的方法各有不同,侧重点和使用范围也不相同。如"人造硅片视网膜"是一块轻巧的微型硅晶片,将其放在视网膜底层,可把摄像产生的光能转化成电流脉冲并传递给植在大脑视觉皮层的电极,电极阵列刺激脑细胞,产生人工视觉。其目的是使除了脑皮质损伤外的所有盲人恢复视觉。

2. 听觉传感器

具有语音识别功能的传感器称为听觉传感器。听觉传感器是人工智能装置,包括声音检测转换和语音信息处理两部分。它能使机器人实现"人-机"通话,赋予机器人这些智慧的技术称为语音处理系统。实现这项技术的大规模集成电路在20世纪80年代末就商品化了，其芯片代表型号有TMS320C25FNL、TMS320C25GBL、TMS320C30GBL和TMS320C50PQ等。

“人工耳蜗”又称为电子耳蜗，是目前唯一使全聋患者恢复听觉的装置。人工耳蜗的研制也有了很大的进展，从开始只帮助失聪病人唇读的单通道装置，发展到能使病人打电话听电话的多通道装置。

3. 触觉传感器

触觉传感器是模仿人的皮肤触觉功能的传感器，用来感知被接触物体的特性以及传感器接触对象物体后自身的状况。例如，是否握牢对象物体和对象物体是否处于传感器停步位置等。触觉传感器还能感知物体表面特征和物理性能，如柔软性、弹性、硬度、粗糙度、材质等。传统的触觉传感器有机械或差动变压器式以及含碳海绵、导电橡胶等形式。后来又根据受压变形的介质引起两端电容变化的原理、可视弹性膜与物体接触引起的成像原理、各种压电材料受压后引起电荷发生变化的原理，如压电晶体等，把它们制成类似人的皮肤的薄膜，感知外界特性。另外在制作工艺上也有很大改进，如利用半导体集成工艺，以获得高输入阻抗和较高的抗干扰能力。

触觉传感器要解决“触觉”和“压觉”两方面内容。触觉是检测夹持器或执行器与对象物体之间“有无接触”的部位和形状，即有接触还是无接触，其传感器输出信号多数为开关信号。压觉是检测夹持器或执行器与对象物体之间力的感觉，即接触力的大小及分布。其传感器输出信号通常为模拟信号。

常用的触觉传感器有探针式触觉传感器、变面积式触觉传感器和硅电容式触觉传感器。

与视觉传感系统相比，触觉传感器在结构上要简单得多，价格也便宜得多。因此，给机器人安装上触觉传感器，使机器人具有一定的触觉感知能力，具有非常重要的意义。

4. 接近觉传感器

接近觉传感器的作用主要有以下几方面。

(1) 在接触对象物体前得到必要的信息，以便准备后继动作。如机械手离对象物体较远时，使之高速运动；而离对象物体较近时，则减速或离开。

(2) 发现前方障碍物时限制行程，避免碰撞。

(3) 获取对象物体表面各点的距离信息，从而测出对象物体的表面形状。

接近觉传感器分为非接触式和接触式两类。非接触式接近觉传感器又可分为气动式、电容式、电磁感应式、超声波式和光电式。接触式接近觉传感器同触觉传感器较为接近，常用的接触式接近觉传感器为触须传感器。

其他仿生传感器还有力觉、滑觉、嗅觉传感器等。

总之，向大自然学习、向人类自己学习是仿生学永恒的主题，也是仿生传感器发展的方向。我们现在研发的机器人的很多技术是靠仿生传感器实现的，比如电子眼、电子鼻、触觉传感器、接近觉传感器等。当今社会高科技工业日益发达，工业、医学、军事等领域越来越多地需要依靠机器人来完成人类很难完成的复杂任务。因此，仿生学是一个很有前途、很热门的专业，我们需要抓住机遇，使仿生技术上更上一层楼。

思考题与习题

10-1　现代传感器技术的发展包括哪些方面？

10-2　什么是软测量技术？

10-3　软测量技术分类方法主要依据是什么？根据该依据可分成哪几种方法？

10-4　什么是多传感器融合技术？主要应用在哪些方面？

10-5　请给出几个多传感器融合技术的应用实例。

10-6　什么是虚拟仪器？

10-7　什么是网络化仪表？与传统仪表相比有何优点？

10-8　什么是网络化传感器？

10-9　什么是生物传感器？其特点有哪些？

10-10　试分析视觉传感器和触觉传感器的差异。它们分别适合在哪些恶劣环境中工作？

附　　录

APPENDIX

附录 A　铂铑$_{10}$-铂热电偶(S 型)分度表(参考温度：0℃)

t/℃	0	−1	−2	−3	−4	−5	−6	−7	−8	−9
	E/mV									
−50	−0.236									
−40	−0.194	−0.199	−0.203	−0.207	−0.211	−0.215	−0.219	−0.224	−0.228	−0.232
−30	−0.150	−0.155	−0.159	−0.164	−0.168	−0.173	−0.177	−0.181	−0.186	−0.190
−20	−0.103	−0.108	−0.113	−0.117	−0.122	−0.127	−0.132	−0.136	−0.141	−0.146
−10	−0.053	−0.058	−0.063	−0.068	−0.073	−0.078	−0.083	−0.088	−0.093	−0.098
0	−0.000	−0.005	−0.011	−0.016	−0.021	−0.027	−0.032	−0.037	−0.042	−0.048
t/℃	0	1	2	3	4	5	6	7	8	9
	E/mV									
0	0.000	0.005	0.011	0.016	0.022	0.027	0.033	0.038	0.044	0.050
10	0.055	0.061	0.067	0.072	0.078	0.084	0.090	0.095	0.101	0.107
20	0.113	0.119	0.125	0.131	0.137	0.143	0.149	0.155	0.161	0.167
30	0.173	0.179	0.185	0.191	0.197	0.204	0.210	0.216	0.222	0.229
40	0.235	0.241	0.248	0.254	0.260	0.267	0.273	0.280	0.286	0.292
50	0.299	0.305	0.312	0.319	0.325	0.332	0.338	0.345	0.352	0.358
60	0.365	0.372	0.378	0.385	0.392	0.399	0.405	0.412	0.419	0.426
70	0.433	0.440	0.446	0.453	0.460	0.467	0.474	0.481	0.488	0.495
80	0.502	0.509	0.516	0.523	0.530	0.538	0.545	0.552	0.559	0.566
90	0.573	0.580	0.588	0.595	0.602	0.609	0.617	0.624	0.631	0.639
100	0.646	0.653	0.661	0.668	0.675	0.683	0.690	0.698	0.705	0.713
110	0.720	0.727	0.735	0.743	0.750	0.758	0.765	0.773	0.780	0.788
120	0.795	0.803	0.811	0.818	0.826	0.834	0.841	0.849	0.857	0.865
130	0.872	0.880	0.888	0.896	0.903	0.911	0.919	0.927	0.935	0.942
140	0.950	0.958	0.966	0.974	0.982	0.990	0.998	1.006	1.013	1.021
150	1.029	1.037	1.045	1.053	1.061	1.069	1.077	1.085	1.094	1.102
160	1.110	1.118	1.126	1.134	1.142	1.150	1.158	1.167	1.175	1.183
170	1.191	1.199	1.207	1.216	1.224	1.232	1.240	1.249	1.257	1.265
180	1.273	1.282	1.290	1.298	1.307	1.315	1.323	1.332	1.340	1.348

续表

t/℃	0	1	2	3	4	5	6	7	8	9
					E/mV					
190	1.357	1.365	1.373	1.382	1.390	1.399	1.407	1.415	1.424	1.432
200	1.441	1.449	1.458	1.466	1.475	1.483	1.492	1.500	1.509	1.517
210	1.526	1.534	1.543	1.551	1.560	1.569	1.577	1.586	1.594	1.603
220	1.612	1.620	1.629	1.638	1.646	1.655	1.663	1.672	1.681	1.690
230	1.698	1.707	1.716	1.724	1.733	1.742	1.751	1.759	1.768	1.777
240	1.786	1.794	1.803	1.812	1.821	1.829	1.838	1.847	1.856	1.865
250	1.874	1.882	1.891	1.900	1.909	1.918	1.927	1.936	1.944	1.953
260	1.962	1.971	1.980	1.989	1.998	2.007	2.016	2.025	2.034	2.043
270	2.052	2.061	2.070	2.078	2.087	2.096	2.105	2.114	2.123	2.132
280	2.141	2.151	2.160	2.169	2.178	2.187	2.196	2.205	2.214	2.223
290	2.232	2.241	2.250	2.259	2.268	2.277	2.287	2.296	2.305	2.314
300	2.323	2.332	2.341	2.350	2.360	2.369	2.378	2.387	2.396	2.405
310	2.415	2.424	2.433	2.442	2.451	2.461	2.470	2.479	2.488	2.497
320	2.507	2.516	2.525	2.534	2.544	2.553	2.562	2.571	2.581	2.590
330	2.599	2.609	2.618	2.627	2.636	2.646	2.655	2.664	2.674	2.683
340	2.692	2.702	2.711	2.720	2.730	2.739	2.748	2.758	2.767	2.776
350	2.786	2.795	2.805	2.814	2.823	2.833	2.842	2.851	2.861	2.870
360	2.880	2.889	2.899	2.908	2.917	2.927	2.936	2.946	2.955	2.965
370	2.974	2.983	2.993	3.002	3.012	3.021	3.031	3.040	3.050	3.059
380	3.069	3.078	3.088	3.097	3.107	3.116	3.126	3.135	3.145	3.154
390	3.164	3.173	3.183	3.192	3.202	3.212	3.221	3.231	3.240	3.250
400	3.259	3.269	3.279	3.288	3.298	3.307	3.317	3.326	3.336	3.346
410	3.355	3.365	3.374	3.384	3.394	3.403	3.413	3.423	3.432	3.442
420	3.451	3.461	3.471	3.480	3.490	3.500	3.509	3.519	3.529	3.538
430	3.548	3.558	3.567	3.577	3.587	3.596	3.606	3.616	3.626	3.635
440	3.645	3.655	3.664	3.674	3.684	3.694	3.703	3.713	3.723	3.732
450	3.742	3.752	3.762	3.771	3.781	3.791	3.801	3.810	3.820	3.830
460	3.840	3.850	3.859	3.869	3.879	3.889	3.898	3.908	3.918	3.928
470	3.938	3.947	3.957	3.967	3.977	3.987	3.997	4.006	4.016	4.026
480	4.036	4.046	4.056	4.065	4.075	4.085	4.095	4.105	4.115	4.125
490	4.134	4.144	4.154	4.164	4.174	4.184	4.194	4.204	4.213	4.223
500	4.233	4.243	4.253	4.263	4.273	4.283	4.293	4.303	4.313	4.323
510	4.332	4.342	4.352	4.362	4.372	4.382	4.392	4.402	4.412	4.422
520	4.432	4.442	4.452	4.462	4.472	4.482	4.492	4.502	4.512	4.522
530	4.532	4.542	4.552	4.562	4.572	4.582	4.592	4.602	4.612	4.622
540	4.632	4.642	4.652	4.662	4.672	4.682	4.692	4.702	4.712	4.722
550	4.732	4.742	4.752	4.762	4.772	4.782	4.793	4.803	4.813	4.823
560	4.833	4.843	4.853	4.863	4.873	4.883	4.893	4.904	4.914	4.924
570	4.934	4.944	4.954	4.964	4.974	4.984	4.995	5.005	5.015	5.025

续表

t/℃	0	1	2	3	4	5	6	7	8	9
	E/mV									
580	5.035	5.045	5.055	5.066	5.076	5.086	5.096	5.106	5.116	5.127
590	5.137	5.147	5.157	5.167	5.178	5.188	5.198	5.208	5.218	5.228
600	5.239	5.249	5.259	5.269	5.280	5.290	5.300	5.310	5.320	5.331
610	5.341	5.351	5.361	5.372	5.382	5.392	5.402	5.413	5.423	5.433
620	5.443	5.454	5.464	5.474	5.485	5.495	5.505	5.515	5.526	5.536
630	5.546	5.557	5.567	5.577	5.588	5.598	5.608	5.618	5.629	5.639
640	5.649	5.660	5.670	5.680	5.691	5.701	5.712	5.722	5.732	5.743
650	5.753	5.763	5.774	5.784	5.794	5.805	5.815	5.826	5.836	5.846
660	5.857	5.867	5.878	5.888	5.898	5.909	5.919	5.930	5.940	5.950
670	5.961	5.971	5.982	5.992	6.003	6.013	6.024	6.034	6.044	6.055
680	6.065	6.076	6.086	6.097	6.107	6.118	6.128	6.139	6.149	6.160
690	6.170	6.181	6.191	6.202	6.212	6.223	5.233	6.244	6.254	6.265
700	6.275	6.286	6.296	6.307	6.317	6.328	6.338	6.349	6.360	6.370
710	6.381	6.391	6.402	6.412	6.423	6.434	6.444	6.455	6.465	6.476
720	6.486	6.497	6.508	6.518	6.529	6.539	6.550	6.561	6.571	6.582
730	6.593	6.603	6.614	6.624	6.635	6.646	6.656	6.667	6.678	6.688
740	6.699	6.710	6.720	6.731	6.742	5.752	6.763	6.774	6.784	6.795
750	6.806	6.817	6.827	6.838	6.849	6.859	6.870	6.881	6.892	6.902
760	6.913	6.924	6.934	6.945	6.956	6.967	6.977	6.988	6.999	7.010
770	7.020	7.031	7.042	7.053	7.064	7.074	7.085	7.096	7.107	7.117
780	7.128	7.139	7.150	7.161	7.172	7.182	7.193	7.204	7.215	7.226
790	7.236	7.247	7.258	7.269	7.280	7.291	7.302	7.312	7.323	7.334
800	7.345	7.356	7.367	7.378	7.388	7.399	7.410	7.421	7.432	7.443
810	7.454	7.465	7.476	7.487	7.497	7.508	7.519	7.530	7.541	7.552
820	7.563	7.574	7.585	7.596	7.607	7.618	7.629	7.640	7.651	7.662
830	7.673	7.684	7.695	7.706	7.717	7.728	7.739	7.750	7.761	7.772
840	7.783	7.794	7.805	7.816	7.827	7.838	7.849	7.860	7.871	7.882
850	7.893	7.904	7.915	7.926	7.973	7.948	7.959	7.970	7.981	7.992
860	8.003	8.014	8.026	8.037	8.048	8.059	8.070	8.081	8.092	8.103
870	8.114	8.125	8.137	8.148	8.159	8.170	8.181	8.192	8.203	8.214
880	8.226	8.237	8.248	8.259	8.270	8.281	8.293	8.304	8.315	8.326
890	8.337	8.348	8.360	8.371	8.382	8.393	8.404	8.416	8.427	8.438
900	8.449	8.460	8.472	8.483	8.494	8.505	8.517	8.528	8.539	8.550
910	8.562	8.573	8.584	8.595	8.607	8.618	8.629	8.640	8.652	8.663
920	8.674	8.685	8.697	8.708	8.719	8.731	8.742	8.753	8.765	8.776
930	8.787	8.798	8.810	8.821	8.832	8.844	8.855	8.866	8.878	8.889
940	8.900	8.912	8.923	8.935	8.946	8.957	8.969	8.980	8.991	9.003
950	9.014	9.025	9.037	9.048	9.060	9.071	9.082	9.094	9.105	9.117
960	9.128	9.139	9.151	9.162	9.174	9.185	9.197	9.208	9.219	9.231
970	9.242	9.254	9.265	9.277	9.288	9.300	9.311	9.323	9.334	9.345
980	9.357	9.368	9.380	9.391	9.403	9.414	9.426	9.437	9.449	9.460

续表

t/℃	0	1	2	3	4	5	6	7	8	9
	E/mV									
990	9.472	9.483	9.495	9.506	9.518	9.529	9.541	9.552	9.564	9.576
1000	9.587	9.599	9.610	9.622	9.633	9.645	9.656	9.668	9.680	9.691
1010	9.703	9.714	9.726	9.737	9.749	9.761	9.772	9.784	9.795	9.807
1020	9.819	9.830	9.842	9.853	9.865	9.877	9.888	9.900	9.911	9.923
1030	9.935	9.946	9.958	9.970	9.981	9.993	10.005	10.016	10.028	10.040
1040	10.051	10.063	10.075	10.086	10.098	10.110	10.121	10.133	10.145	10.156
1050	10.168	10.180	10.191	10.203	10.215	10.227	10.238	10.250	10.262	10.273
1060	10.285	10.297	10.309	10.320	10.332	10.344	10.356	10.367	10.379	10.391
1070	10.403	10.414	10.426	10.438	10.450	10.461	10.473	10.485	10.497	10.509
1080	10.520	10.532	10.544	10.556	10.567	10.579	10.591	10.603	10.615	10.626
1090	10.638	10.650	10.662	10.674	10.686	10.697	10.709	10.721	10.733	10.745
1100	10.757	10.768	10.780	10.792	10.804	10.816	10.828	10.839	10.851	10.863
1110	10.875	10.887	10.899	10.911	10.922	10.934	10.946	10.958	10.970	10.982
1120	10.994	11.006	11.017	11.029	11.041	11.053	11.065	11.077	11.089	11.101
1130	11.113	11.125	11.136	11.148	11.160	11.172	11.184	11.196	11.208	11.220
1140	11.232	11.244	11.256	11.268	11.280	11.291	11.303	11.315	11.327	11.339
1150	11.351	11.363	11.375	11.387	11.399	11.411	11.423	11.435	11.447	11.459
1160	11.471	11.483	11.495	11.507	11.519	11.531	11.542	11.554	11.566	11.578
1170	11.590	11.602	11.614	11.626	11.638	11.650	11.662	11.674	11.686	11.698
1180	11.710	11.722	11.734	11.746	11.758	11.770	11.782	11.794	11.806	11.818
1190	11.830	11.842	11.854	11.866	11.878	11.890	11.902	11.914	11.926	11.939
1200	11.951	11.963	11.975	11.987	11.999	12.011	12.023	12.035	12.047	12.059
1210	12.071	12.083	12.095	12.107	12.119	12.131	12.143	12.155	12.167	12.179
1220	12.191	12.203	12.216	12.228	12.240	12.252	12.264	12.276	12.288	12.300
1230	12.312	12.324	12.336	12.348	12.360	12.372	12.384	12.397	12.409	12.421
1240	12.433	12.445	12.457	12.469	12.481	12.493	12.505	12.517	12.529	12.542
1250	12.554	12.566	12.578	12.590	12.602	12.614	12.626	12.638	12.650	12.662
1260	12.675	12.687	12.699	12.711	12.723	12.735	12.747	12.759	12.771	12.783
1270	12.796	12.808	12.820	12.832	12.844	12.856	12.868	12.880	12.892	12.905
1280	12.917	12.929	12.941	12.953	12.965	12.977	12.989	13.001	13.014	13.026
1290	13.038	13.050	13.062	13.074	13.086	13.098	13.111	13.123	13.135	13.147
1300	13.159	13.171	13.183	13.195	13.208	13.220	13.232	13.244	13.256	13.268
1310	13.280	13.292	13.305	13.317	13.329	13.341	13.353	13.365	13.377	13.390
1320	13.402	13.414	13.426	13.438	13.450	13.462	13.474	13.487	13.499	13.511
1330	13.523	13.535	13.547	13.559	13.572	13.584	13.596	13.608	13.620	13.632
1340	13.644	13.657	13.669	13.681	13.693	13.705	13.717	13.729	13.742	13.754
1350	13.766	13.778	13.790	13.802	13.814	13.826	13.839	13.851	13.863	13.875
1360	13.887	13.899	13.911	13.924	13.936	13.948	13.960	13.972	13.984	13.996
1370	14.009	14.021	14.033	14.045	14.057	14.069	14.081	14.094	14.106	14.118
1380	14.130	14.142	14.154	14.166	14.178	14.191	14.203	14.215	14.227	14.239
1390	14.251	14.263	14.276	14.288	14.300	14.312	14.324	14.336	14.348	14.360

续表

t/℃	0	1	2	3	4	5	6	7	8	9
	E/mV									
1400	14.373	14.385	14.397	14.409	14.421	14.433	14.445	14.457	14.470	14.482
1410	14.494	14.506	14.518	14.530	14.542	14.554	14.567	14.579	14.591	14.603
1420	14.615	14.627	14.639	14.651	14.664	14.676	14.688	14.700	14.712	14.724
1430	14.736	14.748	14.760	14.773	14.785	14.797	14.809	14.821	14.833	14.845
1440	14.857	14.869	14.881	14.894	14.906	14.918	14.930	14.942	14.954	14.966
1450	14.978	14.990	15.002	15.016	15.027	15.039	15.051	15.063	15.075	15.087
1460	15.099	15.111	15.123	15.135	15.148	15.160	15.172	15.184	15.196	15.208
1470	15.220	15.232	15.244	15.256	15.268	15.280	15.292	15.304	15.317	15.329
1480	15.341	15.353	15.365	15.377	15.389	15.401	15.413	15.425	15.437	15.449
1490	15.461	15.473	15.485	15.497	15.509	15.521	15.534	15.546	15.558	15.570
1500	15.582	15.594	15.606	15.618	15.630	15.642	15.654	15.666	15.678	15.690
1510	15.702	15.714	15.726	15.738	15.750	15.762	15.774	15.786	15.798	15.810
1520	15.822	15.834	15.846	15.858	15.870	15.882	15.894	15.906	15.918	15.930
1530	15.942	15.954	15.966	15.978	15.990	16.002	16.014	16.026	16.038	16.050
1540	16.062	16.074	16.086	16.098	16.110	16.122	16.134	16.146	16.158	16.170
1550	16.182	16.194	16.205	16.217	16.229	16.241	16.253	16.265	16.277	16.289
1560	16.301	16.313	16.325	16.337	16.349	16.361	16.373	16.385	16.396	16.408
1570	16.420	16.432	16.444	16.456	16.468	16.480	16.492	16.504	16.516	16.527
1580	16.539	16.551	16.563	16.575	16.587	16.599	16.611	16.623	16.634	16.646
1590	16.658	16.670	16.682	16.694	16.706	16.718	16.729	16.741	16.753	16.765
1600	16.777	16.789	16.801	16.812	16.824	16.836	16.848	16.860	16.872	16.883
1610	16.895	16.907	16.919	16.931	16.943	16.954	16.966	16.978	16.990	17.002
1620	17.013	17.025	17.037	17.049	17.061	17.072	17.084	17.096	17.108	17.120
1630	17.131	17.143	17.155	17.167	17.178	17.190	17.202	17.214	17.225	17.237
1640	17.249	17.261	17.272	17.284	17.296	17.308	17.319	17.331	17.343	17.355
1650	17.366	17.378	17.390	17.401	17.413	17.425	17.437	17.448	17.460	17.472
1660	17.483	17.495	17.507	17.518	17.530	17.542	17.553	17.565	17.577	17.588
1670	17.600	17.612	17.623	17.635	17.647	17.658	17.670	17.682	17.693	17.705
1680	17.717	17.728	17.740	17.751	17.763	17.775	17.786	17.798	17.809	17.821
1690	17.832	17.844	17.855	17.867	17.878	17.890	17.901	17.913	17.924	17.936
1700	17.947	17.959	17.970	17.982	17.993	18.004	18.016	18.027	18.039	18.050
1710	18.061	18.073	18.084	18.095	18.107	18.118	18.129	18.140	18.152	18.163
1720	18.174	18.185	18.196	18.208	18.219	18.230	18.241	18.252	18.263	18.274
1730	18.285	18.297	18.308	18.319	18.330	18.341	18.352	18.362	18.373	18.384
1740	18.395	18.406	18.417	18.428	18.439	18.449	18.460	18.471	18.482	18.493
1750	18.503	18.514	18.525	18.535	18.546	18.557	18.567	18.578	18.588	18.599
1760	18.609	18.620	18.630	18.641	18.651	18.661	18.672	18.682	18.693	

附录B 铂铑$_{30}$-铂铑$_6$热电偶(B型)分度表(参考温度：0℃)

t/℃	0	1	2	3	4	5	6	7	8	9
					E/mV					
0	0.000	−0.000	−0.000	−0.001	−0.001	−0.001	−0.001	−0.001	−0.002	−0.002
10	−0.002	−0.002	−0.002	−0.002	−0.002	−0.002	−0.002	−0.002	−0.003	−0.003
20	−0.003	−0.003	−0.003	−0.003	−0.003	−0.002	−0.002	−0.002	−0.002	−0.002
30	−0.002	−0.002	−0.002	−0.002	−0.002	−0.001	−0.001	−0.001	−0.001	−0.001
40	−0.000	−0.000	−0.000	0.000	0.000	0.001	0.001	0.001	0.002	0.002
50	0.002	0.003	0.003	0.003	0.004	0.004	0.004	0.005	0.005	0.006
60	0.006	0.007	0.007	0.008	0.008	0.009	0.009	0.010	0.010	0.011
70	0.011	0.012	0.012	0.013	0.014	0.014	0.015	0.015	0.016	0.017
80	0.017	0.018	0.019	0.020	0.020	0.021	0.022	0.022	0.023	0.024
90	0.025	0.026	0.026	0.027	0.028	0.029	0.030	0.031	0.031	0.032
100	0.033	0.034	0.035	0.036	0.037	0.038	0.039	0.040	0.041	0.042
110	0.043	0.044	0.045	0.046	0.047	0.048	0.049	0.050	0.051	0.052
120	0.053	0.055	0.056	0.057	0.058	0.059	0.060	0.062	0.063	0.064
130	0.065	0.066	0.068	0.069	0.070	0.072	0.073	0.074	0.075	0.077
140	0.078	0.079	0.081	0.082	0.084	0.085	0.086	0.088	0.089	0.091
150	0.092	0.094	0.095	0.096	0.098	0.099	0.101	0.102	0.104	0.106
160	0.107	0.109	0.110	0.112	0.113	0.115	0.117	0.118	0.120	0.122
170	0.123	0.125	0.127	0.128	0.130	0.132	0.134	0.135	0.137	0.139
180	0.141	0.142	0.144	0.146	0.148	0.150	0.151	0.153	0.155	0.157
190	0.159	0.161	0.163	0.165	0.166	0.168	0.170	0.172	0.174	0.176
200	0.178	0.180	0.182	0.184	0.186	0.188	0.190	0.192	0.195	0.197
210	0.199	0.201	0.203	0.205	0.207	0.209	0.212	0.214	0.216	0.218
220	0.220	0.222	0.226	0.227	0.229	0.231	0.234	0.236	0.238	0.241
230	0.243	0.245	0.248	0.250	0.252	0.255	0.257	0.259	0.262	0.264
240	0.267	0.269	0.271	0.274	0.276	0.279	0.281	0.284	0.286	0.289
250	0.291	0.294	0.296	0.299	0.301	0.304	0.307	0.309	0.312	0.314
260	0.317	0.320	0.322	0.325	0.328	0.330	0.333	0.336	0.338	0.341
270	0.344	0.347	0.349	0.352	0.355	0.358	0.360	0.363	0.366	0.369
280	0.372	0.375	0.377	0.380	0.383	0.386	0.389	0.392	0.395	0.398
290	0.401	0.404	0.407	0.410	0.413	0.416	0.419	0.422	0.425	0.428
300	0.431	0.434	0.437	0.440	0.443	0.446	0.449	0.452	0.455	0.458
310	0.462	0.465	0.468	0.471	0.474	0.478	0.481	0.484	0.487	0.490
320	0.494	0.497	0.500	0.503	0.507	0.510	0.513	0.517	0.520	0.523
330	0.527	0.530	0.533	0.537	0.540	0.544	0.547	0.550	0.554	0.557
340	0.561	0.564	0.568	0.571	0.575	0.578	0.582	0.585	0.589	0.592
350	0.596	0.599	0.603	0.607	0.610	0.614	0.617	0.621	0.625	0.628
360	0.632	0.636	0.639	0.643	0.647	0.650	0.654	0.658	0.662	0.665

续表

t/℃	0	1	2	3	4	5	6	7	8	9
	E/mV									
370	0.669	0.673	0.677	0.680	0.684	0.688	0.692	0.696	0.700	0.703
380	0.707	0.711	0.715	0.719	0.723	0.727	0.731	0.735	0.738	0.742
390	0.146	0.750	0.754	0.758	0.762	0.766	0.770	0.744	0.778	0.782
400	0.787	0.791	0.795	0.799	0.803	0.807	0.811	0.815	0.819	0.824
410	0.828	0.832	0.836	0.840	0.844	0.849	0.853	0.857	0.861	0.866
420	0.870	0.874	0.878	0.883	0.887	0.891	0.896	0.900	0.904	0.909
430	0.913	0.917	0.922	0.926	0.930	0.935	0.939	0.944	0.948	0.953
440	0.957	0.961	0.966	0.970	0.975	0.979	0.984	0.988	0.993	0.997
450	1.002	1.007	1.011	1.016	1.020	1.025	1.030	1.034	1.039	1.043
460	1.048	1.053	1.057	1.062	1.067	1.071	1.076	1.081	1.086	1.090
470	1.095	1.100	1.105	1.109	1.114	1.119	1.124	1.129	1.133	1.138
480	1.143	1.148	1.153	1.158	1.163	1.167	1.172	1.177	1.182	1.187
490	1.192	1.197	1.202	1.207	1.212	1.217	1.222	1.227	1.232	1.237
500	1.242	1.247	1.252	1.257	1.262	1.267	1.272	1.277	1.282	1.288
510	1.293	1.298	1.303	1.308	1.313	1.318	1.324	1.329	1.334	1.339
520	1.344	1.350	1.355	1.360	1.365	1.371	1.376	1.381	1.387	1.392
530	1.397	1.402	1.408	1.413	1.418	1.424	1.429	1.435	1.440	1.445
540	1.451	1.456	1.462	1.467	1.472	1.478	1.483	1.489	1.494	1.500
550	1.505	1.511	1.516	1.522	1.527	1.533	1.539	1.544	1.550	1.555
560	1.561	1.566	1.572	1.578	1.583	1.589	1.595	1.600	1.606	1.612
570	1.617	1.623	1.629	1.634	1.640	1.646	1.652	1.657	1.663	1.669
580	1.675	1.680	1.686	1.692	1.698	1.704	1.709	1.715	1.721	1.727
590	1.733	1.739	1.745	1.750	1.756	1.762	1.768	1.774	1.780	1.786
600	1.792	1.798	1.804	1.810	1.816	1.822	1.828	1.834	1.840	1.846
610	1.852	1.858	1.864	1.870	1.876	1.882	1.888	1.894	1.901	1.907
620	1.913	1.919	1.925	1.931	1.937	1.944	1.950	1.956	1.962	1.968
630	1.975	1.981	1.987	1.993	1.999	2.006	2.021	2.018	2.025	2.031
640	2.037	2.043	2.050	2.056	2.062	2.069	2.075	2.082	2.088	2.094
650	2.101	2.107	2.113	2.120	2.126	2.133	2.139	2.146	2.152	2.158
660	2.165	2.171	2.178	2.184	2.191	2.197	2.204	2.210	2.217	2.224
670	2.230	2.237	2.243	2.250	2.256	2.263	2.270	2.276	2.283	2.289
680	2.296	2.303	2.309	2.316	2.323	2.329	2.336	2.343	2.350	2.356
690	2.363	2.370	2.376	2.383	2.390	2.397	2.403	2.410	2.417	2.424
700	2.431	2.437	2.444	2.451	2.458	2.465	2.472	2.479	2.485	2.492
710	2.499	2.506	2.513	2.520	2.527	2.534	2.541	2.548	2.555	2.562
720	2.569	2.576	2.583	2.590	2.597	2.604	2.611	2.618	2.625	2.632
730	2.639	2.646	2.653	2.660	2.667	2.674	2.681	2.688	2.696	2.703
740	2.710	2.717	2.724	2.731	2.738	2.746	2.753	2.760	2.767	2.775
750	2.782	2.789	2.796	2.803	2.811	2.818	2.825	2.833	2.840	2.847
760	2.854	2.862	2.869	2.876	2.884	2.891	2.898	2.906	2.913	2.921
770	2.928	2.935	2.943	2.950	2.958	2.965	2.973	2.980	2.987	2.995

续表

t/℃	0	1	2	3	4	5	6	7	8	9
	E/mV									
780	3.002	3.010	3.017	3.025	3.032	3.040	3.047	3.055	3.062	3.070
790	3.078	3.085	3.093	3.100	3.108	3.116	3.123	3.131	3.138	3.146
800	3.154	3.161	3.169	3.177	3.184	3.192	3.200	3.207	3.215	3.223
810	3.230	3.238	3.246	3.254	3.261	3.269	3.277	3.285	3.292	3.300
820	3.308	3.316	3.324	3.331	3.339	3.347	3.355	3.363	3.371	3.379
830	3.386	3.394	3.402	3.410	3.418	3.426	3.434	3.442	3.450	3.458
840	3.466	3.474	3.482	3.490	3.498	3.506	3.514	3.522	5.530	3.538
850	3.546	3.554	3.562	3.570	3.578	3.586	3.594	3.602	3.610	3.618
860	3.626	3.634	3.643	3.651	3.659	3.667	3.675	3.683	3.692	3.700
870	3.708	3.716	3.724	3.732	3.741	3.749	3.757	3.765	3.774	3.782
880	3.790	3.798	3.807	3.815	3.823	3.832	3.840	3.848	3.857	3.865
890	3.873	3.882	3.890	3.898	3.907	3.915	3.923	3.932	3.940	3.949
900	3.957	3.965	3.974	3.982	3.991	3.999	4.008	4.016	4.024	4.033
910	4.041	4.050	4.058	4.067	4.075	4.084	4.093	4.101	4.110	4.118
920	4.127	4.135	4.144	4.152	4.161	4.170	4.178	4.187	4.195	4.204
930	4.213	4.221	4.230	4.239	4.247	4.256	4.265	4.273	4.282	4.291
940	4.299	4.308	4.317	4.326	4.334	4.343	4.352	4.360	4.369	4.378
950	4.387	4.396	4.404	4.413	4.422	4.431	4.440	4.448	4.457	4.466
960	4.475	4.484	4.493	4.501	4.510	4.519	4.528	5.537	4.546	4.555
970	4.564	4.573	4.582	4.591	4.599	4.608	4.617	4.626	4.635	4.644
980	4.653	4.662	4.671	4.680	4.689	4.698	4.707	4.716	4.725	4.734
990	4.743	4.753	4.762	4.771	4.780	4.789	4.798	4.807	4.816	4.825
1000	4.834	4.843	4.853	4.862	4.871	4.880	4.889	4.898	4.908	4.917
1010	4.926	4.935	4.944	4.954	4.963	4.972	4.981	4.990	5.000	5.009
1020	5.018	5.027	5.037	5.046	5.055	5.065	5.074	5.083	5.092	5.102
1030	5.111	5.120	5.130	5.139	5.148	5.158	5.167	5.176	5.186	5.195
1040	5.205	5.214	5.223	5.233	5.242	5.252	5.261	5.270	5.280	5.289
1050	5.299	5.308	5.318	5.327	5.337	5.346	5.356	5.365	5.375	5.384
1060	5.394	5.403	5.413	5.422	5.432	5.441	5.451	5.460	5.470	5.480
1070	5.489	5.499	5.508	5.518	5.528	5.537	5.547	5.556	5.566	5.576
1080	5.585	5.595	5.605	5.614	5.624	5.634	5.643	5.653	5.663	5.672
1090	5.682	5.692	5.702	5.711	5.721	5.731	5.740	5.750	5.760	5.770
1100	5.780	5.789	5.799	5.809	5.819	5.828	5.838	5.848	5.858	5.868
1110	5.878	5.887	5.897	5.907	5.917	5.927	5.937	5.947	5.956	5.966
1120	5.976	5.986	5.996	6.006	6.016	6.026	6.036	6.046	6.055	6.065
1130	6.075	6.085	6.095	6.105	6.115	6.125	6.135	6.145	6.155	6.165
1140	6.175	6.185	6.195	6.205	6.215	6.225	6.235	6.245	6.256	6.266
1150	6.276	6.286	6.296	6.306	6.316	6.326	6.336	6.346	6.356	6.367
1160	6.377	6.387	6.397	6.407	6.417	6.427	6.438	6.448	6.458	6.468
1170	6.478	6.488	6.499	6.509	6.519	6.529	6.539	6.550	6.560	6.570
1180	6.580	6.591	6.601	6.611	6.621	6.632	6.642	6.652	6.663	6.673

续表

t/℃	0	1	2	3	4	5	6	7	8	9
	E/mV									
1190	6.683	6.693	6.704	6.714	6.724	6.735	6.745	6.755	6.766	6.776
1200	6.786	6.797	6.807	6.818	6.828	6.838	6.849	6.859	6.869	6.880
1210	6.890	6.901	6.911	6.922	6.932	6.942	6.953	6.963	6.974	6.984
1220	6.995	7.005	7.016	7.026	7.037	7.047	7.058	7.068	7.079	7.089
1230	7.100	7.110	7.121	7.131	7.142	7.152	7.163	7.173	7.184	7.194
1240	7.205	7.216	7.226	7.237	7.247	7.258	7.269	7.279	7.290	7.300
1250	7.311	7.322	7.332	7.343	7.353	7.364	7.375	7.385	7.396	7.407
1260	7.417	7.428	7.439	7.449	7.460	7.471	7.482	7.492	7.503	7.514
1270	7.524	7.535	7.546	7.557	7.567	7.578	7.589	7.600	7.610	7.621
1280	7.632	7.643	7.653	7.664	7.675	7.686	7.697	7.707	7.718	7.729
1290	7.740	7.751	7.761	7.772	7.783	7.794	7.805	7.816	7.827	7.837
1300	7.848	7.859	7.870	7.881	7.892	7.903	7.914	7.924	7.935	7.946
1310	7.957	7.968	7.979	7.990	8.001	8.012	8.023	8.034	8.045	8.056
1320	8.066	8.077	8.088	8.099	8.110	8.121	8.132	8.143	8.154	8.165
1330	8.176	8.187	8.198	8.209	8.220	8.231	8.242	8.253	8.264	8.275
1340	8.286	8.298	8.309	8.320	8.331	8.342	8.353	8.364	8.375	8.386
1350	8.397	8.408	8.419	8.430	8.441	8.453	8.464	8.475	8.486	8.497
1360	8.508	8.519	8.530	8.542	8.553	8.564	8.575	8.586	8.597	8.608
1370	8.620	8.631	8.642	8.653	8.664	8.675	8.687	8.698	8.709	8.720
1380	7.731	8.743	8.754	8.765	8.776	8.787	8.799	8.810	8.821	8.832
1390	8.844	8.855	8.866	8.877	8.889	8.900	8.911	8.922	8.934	8.945
1400	8.956	8.967	8.979	8.990	9.001	9.013	9.024	9.035	9.047	9.058
1410	9.069	9.080	9.092	9.103	9.114	9.126	9.137	9.148	9.160	9.171
1420	9.182	9.194	9.205	9.216	9.228	9.239	9.251	9.262	9.273	9.285
1430	9.296	9.307	9.319	9.330	9.342	9.353	9.364	9.376	9.387	9.398
1440	9.410	9.421	9.433	9.444	9.456	9.467	9.478	9.490	9.501	9.513
1450	9.524	9.536	9.547	9.558	9.570	9.581	9.593	9.604	9.616	9.627
1460	9.639	9.650	9.662	9.673	9.684	9.696	9.707	9.719	9.730	9.742
1470	9.753	9.765	9.776	9.788	9.799	9.811	9.822	9.834	9.845	9.857
1480	9.868	9.880	9.891	9.903	9.914	9.926	9.937	9.949	9.961	9.972
1490	9.984	9.995	10.007	10.018	10.030	10.041	10.053	10.064	10.076	10.088
1500	10.099	10.111	10.122	10.134	10.145	10.157	10.168	10.180	10.192	10.203
1510	10.215	10.226	10.238	10.249	10.261	10.273	10.284	10.296	10.307	10.319
1520	10.331	10.342	10.354	10.365	10.377	10.389	10.400	10.412	10.423	10.435
1530	10.447	10.458	10.470	10.482	10.493	10.505	10.516	10.528	10.540	10.551
1540	10.563	10.575	10.586	10.598	10.609	10.621	10.633	10.644	10.656	10.668
1550	10.679	10.691	10.703	10.714	10.726	10.738	10.749	10.761	10.773	10.784
1560	10.796	10.808	10.819	10.831	10.843	10.854	10.866	10.877	10.889	10.901
1570	10.913	10.924	10.936	10.948	10.959	10.971	10.983	10.994	11.006	11.018
1580	11.029	11.041	11.053	11.064	11.076	11.088	11.099	11.111	11.123	11.134
1590	11.146	11.158	11.169	11.181	11.193	11.205	11.216	11.228	11.240	11.251

续表

t/℃	0	1	2	3	4	5	6	7	8	9
	E/mV									
1600	11.263	11.275	11.286	11.298	11.310	11.321	11.333	11.345	11.357	11.368
1610	11.380	11.392	11.403	11.415	11.427	11.438	11.450	11.462	11.474	11.485
1620	11.497	11.509	11.520	11.532	11.544	11.555	11.567	11.579	11.591	11.602
1630	11.614	11.626	11.637	11.649	11.661	11.673	11.684	11.696	11.708	11.719
1640	11.731	11.743	11.754	11.766	11.778	11.790	11.801	11.813	11.825	11.836
1650	11.848	11.860	11.871	11.883	11.895	11.907	11.918	11.930	11.942	11.953
1660	11.965	11.977	11.988	12.000	12.012	12.024	12.035	12.047	12.059	12.070
1670	12.082	12.094	12.105	12.117	12.129	12.141	12.152	12.164	12.176	12.187
1680	12.199	12.211	12.222	12.234	12.246	12.257	12.269	12.281	12.292	12.304
1690	12.316	12.327	12.339	12.351	12.363	12.374	12.386	12.398	12.409	12.421
1700	12.433	12.444	12.456	12.468	12.479	12.491	12.503	12.514	12.526	12.538
1710	12.549	12.561	12.572	12.584	12.596	12.607	12.619	12.631	12.642	12.654
1720	12.666	12.677	12.689	12.701	12.712	12.724	12.736	12.747	12.759	12.770
1730	12.782	12.794	12.805	12.817	12.829	12.840	12.852	12.863	12.875	12.887
1740	12.898	12.910	12.921	12.933	12.945	12.956	12.968	12.980	12.991	13.003
1750	13.014	13.026	13.037	13.049	13.061	13.072	13.084	13.095	13.107	13.119
1760	13.130	13.142	13.153	13.165	13.176	13.188	13.200	13.211	13.223	13.234
1770	13.246	13.257	13.269	13.280	13.292	13.304	13.315	13.327	13.338	13.350
1780	13.361	13.373	13.384	13.396	13.407	13.419	13.430	13.442	13.453	13.465
1790	13.476	13.488	13.499	13.511	13.522	13.534	13.545	13.557	13.568	13.580
1800	13.591	13.603	13.614	13.626	13.637	13.649	13.660	13.672	13.683	13.694
1810	13.706	13.717	13.729	13.740	13.752	13.763	13.775	13.786	13.797	13.809
1820	13.820									

附录 C　镍铬-镍硅热电偶(K 型)分度表(参考温度：0℃)

t/℃	0	−1	−2	−3	−4	−5	−6	−7	−8	−9
	E/mV									
−270	−6.458									
−260	−6.441	−6.444	−6.446	−6.448	−6.450	−6.452	−6.453	−6.455	−6.456	−6.457
−250	−6.404	−6.408	−6.413	−6.417	−6.421	−6.425	−6.429	−6.432	−6.435	−6.438
−240	−6.344	−6.351	−6.358	−6.364	−6.370	−6.377	−6.382	−6.388	−6.393	−6.399
−230	−6.262	−6.271	−6.280	−6.289	−6.297	−6.306	−6.314	−6.322	−6.329	−6.337
−220	−6.158	−6.170	−6.181	−6.192	−6.202	−6.213	−6.223	−6.233	−6.243	−6.252
−210	−6.035	−6.048	−6.061	−6.074	−6.087	−6.099	−6.111	−6.123	−6.135	−6.147
−200	−5.891	−5.907	−5.922	−5.936	−5.951	−5.965	−5.980	−5.994	−6.007	−6.021
−190	−5.730	−5.747	−5.763	−5.780	−5.797	−5.813	−5.829	−5.845	−5.861	−5.876

续表

t/℃	0	−1	−2	−3	−4	−5	−6	−7	−8	−9
	E/mV									
−180	−5.550	−5.569	−5.588	−5.606	−5.624	−5.624	−5.660	−5.678	−5.695	−5.713
−170	−5.354	−5.374	−5.395	−5.415	−5.435	−5.454	−5.474	−5.493	−5.512	−5.531
−160	−5.141	−5.163	−5.185	−5.207	−5.228	−5.250	−5.271	−5.292	−5.313	−5.333
−150	−4.913	−4.936	−4.960	−4.983	−5.006	−5.029	−5.052	−5.074	−5.097	−5.119
−140	−4.669	−4.694	−4.719	−4.744	−4.768	−4.793	−4.817	−4.841	−4.865	−4.889
−130	−4.411	−4.437	−4.463	−4.490	−4.516	−4.542	−4.567	−4.593	−4.618	−4.644
−120	−4.138	−4.166	−4.194	−4.221	−4.249	−4.276	−4.303	−4.330	−4.357	−4.384
−110	−3.852	−3.882	−3.911	−3.939	−3.968	−3.997	−4.025	−4.054	−4.082	−4.110
−100	−3.554	−3.584	−3.614	−3.645	−3.675	−3.705	−3.734	−3.764	−3.794	−3.823
−90	−3.243	−3.274	−3.306	−3.337	−3.368	−3.400	−3.431	−3.462	−3.492	−3.523
−80	−2.920	−2.953	−2.986	−3.081	−3.050	−3.083	−3.115	−3.147	−3.179	−3.211
−70	−2.587	−2.620	−2.654	−2.688	−2.721	−2.755	−2.788	−2.821	−2.854	−2.887
−60	−2.243	−2.278	−2.312	−2.347	−2.382	−2.416	−2.450	−2.485	−2.519	−2.553
−50	−1.889	−1.925	−1.961	−1.996	−2.032	−2.067	−2.103	−2.138	−2.173	−2.208
−40	−1.527	−1.564	−1.600	−1.637	−1.673	−1.709	−1.745	−1.782	−1.818	−1.854
−30	−1.156	−1.194	−1.231	−1.268	−1.305	−1.343	−1.380	−1.417	−1.453	−1.490
−20	−0.778	−0.816	−0.854	−0.892	−0.930	−0.968	−1.006	−1.043	−1.081	−1.119
−10	−0.392	−0.431	−0.470	−0.508	−0.574	−0.586	−0.624	−0.663	−0.701	−0.739
0	0.000	−0.039	−0.079	−0.118	−0.157	−0.197	−0.236	−0.275	−0.314	−0.353

t/℃	0	1	2	3	4	5	6	7	8	9
	E/mV									
0	0.000	0.039	0.079	0.119	0.158	0.198	0.238	0.277	0.317	0.357
10	0.397	0.437	0.477	0.517	0.557	0.597	0.637	0.677	0.718	0.758
20	0.798	0.838	0.879	0.919	0.960	1.000	1.041	1.081	1.122	1.163
30	1.203	1.244	1.285	1.326	1.366	1.407	1.448	1.489	1.530	1.571
40	1.612	1.653	1.694	1.735	1.776	1.817	1.858	1.899	1.941	1.982
50	2.023	2.064	2.106	2.147	2.188	2.230	2.271	2.312	2.354	2.395
60	2.436	2.478	2.519	2.561	2.602	2.644	2.689	2.727	2.768	2.810
70	2.851	2.893	2.934	2.976	3.017	3.059	3.100	3.142	3.184	3.225
80	3.267	3.308	3.350	3.391	3.433	3.474	3.516	3.557	3.599	3.640
90	3.682	3.723	3.765	3.806	3.848	3.889	3.931	3.972	4.013	4.055
100	4.096	4.138	4.179	4.220	4.262	4.303	4.344	4.385	4.427	4.468
110	4.509	4.550	4.591	4.633	4.674	4.715	4.756	4.797	4.838	4.879
120	4.920	4.961	5.002	5.043	5.084	5.124	5.165	5.206	5.247	5.288
130	5.328	5.369	5.410	5.450	5.491	5.532	5.572	5.613	5.653	5.694
140	5.735	5.775	5.815	5.856	5.896	5.937	5.977	6.017	6.058	6.098
150	6.138	6.179	6.219	6.259	6.299	6.339	6.380	6.420	6.460	6.500
160	6.540	6.580	6.620	6.660	6.701	6.741	6.781	6.821	6.861	6.901
170	6.941	6.981	7.021	7.060	7.100	7.140	7.180	7.220	7.260	7.300

续表

t/℃	0	1	2	3	4	5	6	7	8	9
	E/mV									
180	7.340	7.380	7.420	7.460	7.500	7.540	7.579	7.619	7.659	7.699
190	7.739	7.779	7.819	7.859	7.899	7.939	7.979	8.019	8.059	8.099
200	8.138	8.178	8.218	8.258	8.298	8.338	8.378	8.418	8.458	8.499
210	8.539	8.579	8.619	8.659	8.699	8.739	8.779	8.819	8.860	8.900
220	8.940	8.980	9.020	9.061	9.101	9.141	9.181	9.222	9.262	9.302
230	9.343	9.383	9.423	9.464	9.504	9.545	9.585	9.626	9.666	9.707
240	9.747	9.788	9.828	9.869	9.909	9.950	9.991	10.031	10.072	10.113
250	10.153	10.194	10.235	10.276	10.316	10.357	10.398	10.439	10.480	10.520
260	10.561	10.602	10.643	10.684	10.725	10.766	10.807	10.848	10.889	10.930
270	10.971	11.021	11.053	11.094	11.135	11.176	11.217	11.259	11.300	11.341
280	11.382	11.423	11.465	11.506	11.547	11.588	11.630	11.671	11.712	11.753
290	11.795	11.836	11.877	11.919	11.960	12.001	12.043	12.084	12.126	12.167
300	12.209	12.250	12.291	12.333	12.374	12.416	12.457	12.499	12.540	12.582
310	12.624	12.665	12.707	12.748	12.790	12.831	12.873	12.915	12.956	12.998
320	13.040	13.081	13.123	13.165	13.206	13.248	13.290	13.331	13.373	13.415
330	13.457	13.498	13.540	13.582	13.624	13.665	13.707	13.749	13.791	13.833
340	13.874	13.916	13.958	14.000	14.042	14.084	14.126	14.167	14.209	14.251
350	14.293	14.335	14.377	14.419	14.461	14.503	14.545	14.587	14.629	14.671
360	14.713	14.755	14.797	14.839	14.881	14.923	14.965	15.007	15.049	15.091
370	15.133	15.175	15.217	15.259	15.301	15.343	15.385	15.427	15.469	15.511
380	15.554	15.596	15.638	15.680	15.722	15.764	15.806	15.849	15.891	15.933
390	15.975	16.017	16.059	16.102	16.144	16.186	16.228	16.270	16.313	16.335
400	16.397	16.439	16.482	16.524	16.566	16.608	16.651	16.693	16.735	16.778
410	16.820	16.862	16.904	16.947	16.989	17.031	17.074	17.116	17.158	17.201
420	17.243	17.285	17.328	17.370	17.413	17.455	17.497	17.540	17.582	17.624
430	17.667	17.709	17.752	17.794	17.837	17.879	17.921	17.964	18.006	18.049
440	18.091	18.134	18.176	18.218	18.261	18.303	18.346	18.388	18.431	18.473
450	18.516	18.558	18.601	18.643	18.686	18.728	18.771	18.813	18.856	18.898
460	18.941	18.983	19.026	19.068	19.111	19.154	19.196	19.239	19.281	19.324
470	19.366	19.409	19.451	19.494	19.537	19.579	19.622	19.664	19.707	19.705
480	19.792	19.835	19.877	19.920	19.962	20.005	20.048	20.090	20.133	20.175
490	20.218	20.261	20.303	20.346	20.389	20.431	20.474	20.516	20.559	20.602
500	20.644	20.687	20.730	20.772	20.815	20.857	20.900	20.943	20.985	21.028
510	21.071	21.113	21.156	21.199	21.241	21.284	21.326	21.369	21.412	21.454
520	21.497	21.540	21.582	21.625	21.668	21.710	21.753	21.796	21.838	21.881
530	21.924	21.966	22.009	22.052	22.094	22.137	22.179	22.222	22.265	22.307
540	22.350	22.393	22.435	22.478	22.521	22.563	22.606	22.649	22.691	22.734
550	22.776	22.819	22.862	22.904	22.947	22.990	23.032	23.075	23.117	23.160
560	23.203	23.245	23.288	23.331	23.373	23.416	23.458	23.501	23.544	23.586
570	23.629	23.671	23.714	23.757	23.799	23.842	23.884	23.927	23.970	24.012
580	24.055	24.097	24.140	24.182	24.225	24.267	24.310	24.353	24.395	24.438

续表

t/℃	0	1	2	3	4	5	6	7	8	9
	E/mV									
590	24.480	24.523	24.565	24.608	24.650	24.693	24.735	24.778	24.820	24.863
600	24.905	24.948	24.990	25.033	25.075	25.118	25.160	25.203	25.245	25.288
610	25.330	25.373	25.415	25.458	25.500	25.543	25.585	25.627	25.670	25.712
620	25.755	25.797	25.840	25.882	25.924	25.967	26.009	26.052	26.094	26.136
630	26.179	26.221	26.263	26.306	26.348	26.390	26.433	26.475	26.517	26.560
640	26.602	26.644	26.687	26.729	26.771	26.814	26.856	26.898	26.940	26.983
650	27.025	27.067	27.109	27.152	27.194	27.236	27.278	27.320	27.363	27.405
660	27.447	27.489	27.531	27.574	27.616	27.658	27.700	27.742	27.784	27.826
670	27.869	27.911	27.953	27.995	28.037	28.079	28.121	28.163	28.205	28.247
680	28.289	28.332	28.374	28.416	28.458	28.500	28.542	28.584	28.626	28.668
690	28.710	28.752	28.794	28.835	28.877	28.919	28.961	29.003	29.045	29.087
700	29.129	29.171	29.213	29.255	29.297	29.338	29.380	29.422	29.464	29.506
710	29.548	29.589	29.631	29.673	29.715	29.757	29.798	29.840	29.882	29.924
720	29.965	30.007	30.049	30.090	30.132	30.174	30.216	30.257	30.299	30.341
730	30.382	30.424	30.466	30.507	30.549	30.590	30.632	30.674	30.715	30.757
740	30.798	30.840	30.881	30.923	30.964	31.006	31.047	31.089	31.130	31.172
750	31.213	31.255	31.296	31.338	31.379	31.421	31.426	31.504	31.545	31.586
760	31.628	31.669	31.710	31.752	31.793	31.834	31.876	31.917	31.958	32.000
770	32.041	32.082	32.124	32.165	32.206	32.247	32.289	32.330	32.371	32.412
780	32.453	32.495	32.536	32.577	32.618	32.659	32.700	32.742	32.783	32.824
790	32.865	32.906	32.947	32.988	33.029	33.070	33.111	33.152	33.193	33.234
800	33.275	33.316	33.357	33.398	33.439	33.480	33.521	33.562	33.603	33.644
810	33.685	33.726	33.767	33.808	33.848	33.889	33.930	33.971	34.012	34.053
820	34.093	34.134	34.175	34.216	34.257	34.297	34.338	34.379	34.420	34.460
830	34.501	34.542	34.582	34.623	34.664	34.704	34.745	34.786	34.826	34.867
840	34.908	34.948	34.989	35.029	35.070	35.110	35.151	35.192	35.232	35.273
850	35.313	35.354	35.394	35.435	35.475	35.516	35.556	35.596	35.637	35.677
860	35.718	35.758	35.798	35.839	35.879	35.920	35.960	36.000	36.041	36.081
870	36.121	36.162	36.202	36.242	36.282	36.323	36.363	36.403	36.443	36.484
880	36.524	36.564	36.604	36.644	36.685	36.725	36.765	36.805	36.845	36.885
890	36.925	36.965	37.006	37.046	37.086	37.126	37.166	37.206	37.246	37.286
900	37.326	37.366	37.406	37.446	37.486	37.526	37.566	37.606	37.646	37.686
910	37.725	37.765	37.805	37.845	37.885	37.925	37.965	38.005	38.044	38.084
920	38.124	38.164	38.204	38.243	38.283	38.323	38.363	38.402	38.442	38.482
930	38.522	38.561	38.601	38.641	38.680	38.720	38.760	38.799	38.839	38.878
940	38.918	38.958	38.997	39.037	39.076	39.116	39.155	39.195	39.235	39.274
950	39.314	39.353	39.393	39.432	39.471	39.511	39.550	39.590	39.629	39.669
960	39.708	39.747	39.787	39.826	39.866	39.905	39.944	39.984	40.023	40.062
970	40.101	40.141	40.180	40.219	40.259	40.298	40.337	40.376	40.415	40.455
980	40.494	40.533	40.572	40.611	40.651	40.690	40.729	40.768	40.807	40.846
990	40.885	40.924	40.963	41.002	41.042	41.081	41.120	41.159	41.198	41.237

续表

t/℃	0	1	2	3	4	5	6	7	8	9
	E/mV									
1000	41.276	41.315	41.354	41.393	41.431	41.470	41.509	41.548	41.587	41.626
1010	41.665	41.704	41.743	41.781	41.820	41.859	41.898	41.937	41.976	42.014
1020	42.053	42.092	42.131	42.169	42.208	42.247	42.286	42.324	42.363	42.402
1030	42.440	42.479	42.518	42.556	42.595	42.633	42.672	42.711	42.749	42.788
1040	42.826	42.865	42.903	42.942	42.980	43.019	43.057	43.096	43.134	43.173
1050	43.211	43.250	43.288	43.327	43.365	43.403	43.442	43.480	43.518	43.557
1060	43.595	43.633	43.672	43.710	43.748	43.787	43.825	43.863	43.901	43.940
1070	43.978	44.016	44.054	44.092	44.130	44.169	44.207	44.245	44.283	44.321
1080	44.359	44.397	44.435	44.473	44.512	44.550	44.588	44.626	44.664	44.702
1090	44.740	44.778	44.816	44.853	44.891	44.929	44.967	45.005	45.043	45.081
1100	45.119	45.157	45.194	45.232	45.270	45.308	45.346	45.383	45.421	45.459
1110	45.497	45.534	45.572	45.610	45.647	45.685	45.723	45.760	45.798	45.836
1120	45.873	45.911	45.948	45.986	46.024	46.061	46.099	46.136	46.174	46.211
1130	46.249	46.286	46.324	46.361	46.398	46.436	46.473	46.511	46.548	46.585
1140	46.623	46.660	46.697	46.735	46.772	46.809	46.847	46.884	46.921	46.958
1150	46.995	47.033	47.070	47.107	47.144	47.181	47.218	47.256	47.293	47.330
1160	47.367	47.404	47.441	47.478	47.515	47.552	47.589	47.626	47.663	47.700
1170	47.737	47.774	47.811	47.848	47.884	47.921	47.958	47.995	48.032	48.069
1180	48.105	48.142	48.179	48.216	48.252	48.289	48.326	48.363	48.399	48.436
1190	48.473	48.509	48.546	48.582	48.619	48.656	48.692	48.729	48.765	48.802
1200	48.838	48.875	48.911	48.948	48.984	49.021	49.057	49.093	49.130	49.166
1210	49.202	49.239	49.275	49.311	49.348	49.384	49.420	49.456	49.493	49.529
1220	49.565	49.601	49.673	49.674	49.710	49.746	49.782	49.818	49.854	49.890
1230	49.926	49.962	49.998	50.034	50.070	50.106	50.142	50.178	50.214	50.250
1240	50.286	50.322	50.358	50.393	50.429	50.465	50.501	50.537	50.572	50.608
1250	50.644	50.680	50.715	50.751	50.787	50.822	50.858	50.894	50.929	50.965
1260	51.000	51.036	51.071	51.107	51.142	51.178	51.213	51.249	51.284	51.320
1270	51.355	51.391	51.426	51.461	51.497	51.532	51.567	51.603	51.638	51.673
1280	51.708	51.744	51.779	51.814	51.849	51.885	51.920	51.955	51.990	52.025
1290	52.060	52.095	52.130	52.165	52.200	52.235	52.270	52.305	52.340	52.375
1300	52.410	52.445	52.480	52.515	52.550	52.585	52.620	52.654	52.689	52.724
1310	52.759	52.794	52.828	52.863	52.898	52.932	52.967	53.002	53.037	53.071
1320	53.106	53.140	53.175	53.210	53.244	53.279	53.313	53.348	53.382	53.417
1330	53.451	53.486	53.520	53.555	53.589	53.623	53.658	53.692	53.727	53.761
1340	53.795	53.830	53.864	53.898	53.932	53.967	54.001	54.035	54.069	54.104
1350	54.138	54.172	54.206	54.240	54.274	54.308	54.343	54.377	54.411	54.445
1360	54.479	54.513	54.547	54.581	54.615	54.649	54.683	54.717	54.751	54.785
1370	54.819	54.852	54.886							

附录D 镍铬-铜镍热电偶(E型)分度表(参考温度：0℃)

t/℃	0	−1	−2	−3	−4	−5	−6	−7	−8	−9
	E/mV									
−270	−9.835									
−260	−9.797	−9.802	−9.808	−9.813	−9.817	−9.821	−9.825	−9.828	−9.831	−9.833
−250	−9.718	−9.728	−9.737	−9.746	−9.754	−9.762	−9.770	−9.777	−9.784	−9.790
−240	−9.604	−9.617	−9.630	−9.642	−9.654	−9.666	−9.677	−9.688	−9.698	−9.709
−230	−9.455	−9.471	−9.487	−9.503	−9.519	−9.534	−9.548	−9.563	−9.577	−9.591
−220	−9.274	−9.293	−9.313	−9.331	−9.350	−9.368	−9.386	−9.404	−9.421	−9.438
−210	−9.063	−9.085	−9.107	−9.129	−9.151	−9.172	−9.193	−9.214	−9.234	−9.254
−200	−8.825	−8.850	−8.874	−8.899	−8.923	−8.947	−8.971	−8.994	−9.017	−9.040
−190	−8.561	−8.588	−8.616	−8.643	−8.669	−8.696	−8.722	−8.748	−8.774	−8.799
−180	−8.273	−8.303	−8.333	−8.362	−8.391	−8.420	−8.449	−8.477	−8.505	−8.533
−170	−7.963	−7.995	−8.027	−8.059	−8.090	−8.121	−8.152	−8.183	−8.213	−8.243
−160	−7.632	−7.666	−7.700	−7.733	−7.767	−7.800	−7.833	−7.866	−7.899	−7.931
−150	−7.279	−7.315	−7.351	−7.387	−7.423	−7.458	−7.493	−7.528	−7.563	−7.597
−140	−6.907	−6.945	−6.983	−7.021	−7.058	−7.096	−7.133	−7.170	−7.206	−7.243
−130	−6.516	−6.556	−6.596	−6.636	−6.675	−6.714	−6.753	−6.792	−6.831	−6.869
−120	−6.107	−6.149	−6.191	−6.232	−6.273	−6.314	−6.355	−6.396	−6.436	−6.476
−110	−5.681	−5.724	−5.767	−5.810	−5.853	−5.896	−5.939	−5.981	−6.023	−6.065
−100	−5.237	−5.282	−5.327	−5.372	−5.417	−5.461	−5.505	−5.549	−5.593	−5.637
−90	−4.777	−4.824	−4.871	−4.917	−4.963	−5.009	−5.055	−5.101	−5.147	−5.192
−80	−4.302	−4.350	−4.398	−4.446	−4.494	−4.542	−4.589	−4.636	−4.684	−4.731
−70	−3.811	−3.861	−3.911	−3.960	−4.009	−4.058	−4.107	−4.156	−4.205	−4.254
−60	−3.306	−3.357	−3.408	−3.459	−3.510	−3.561	−3.611	−3.661	−3.711	−3.761
−50	−2.787	−2.840	−2.892	−2.944	−2.996	−3.048	−3.100	−3.152	−3.204	−3.255
−40	−2.255	−2.309	−2.362	−2.416	−2.469	−2.523	−2.576	−2.629	−2.682	−2.735
−30	−1.709	−1.765	−1.820	−1.874	−1.929	−1.984	−2.038	−2.093	−2.147	−2.201
−20	−1.152	−1.208	−1.264	−1.320	−1.376	−1.432	−1.488	−1.543	−1.599	−1.654
−10	−0.582	−0.639	−0.697	−0.754	−0.811	−0.868	−0.925	−0.982	−1.039	−1.095
0	0.000	−0.059	−0.117	−0.176	−0.234	−0.292	−0.350	−0.408	−0.466	−0.524

t/℃	0	1	2	3	4	5	6	7	8	9
	E/mV									
0	0.000	0.059	0.118	0.176	0.235	0.294	0.354	0.413	0.472	0.532
10	0.591	0.651	0.711	0.770	0.830	0.890	0.950	1.010	1.071	1.131
20	1.192	1.252	1.313	1.373	1.434	1.495	1.556	1.617	1.678	1.740
30	1.801	1.862	1.924	1.986	2.047	2.109	2.171	2.233	2.295	2.357
40	2.420	2.482	2.545	2.607	2.670	2.733	2.795	2.858	2.921	2.984
50	3.048	3.111	3.174	3.238	3.301	3.365	3.429	3.492	3.556	3.620

续表

t/℃	0	1	2	3	4	5	6	7	8	9
	E/mV									
60	3.685	3.749	3.813	3.877	3.942	4.006	4.071	4.136	4.200	4.265
70	4.330	4.395	4.460	4.526	4.591	4.656	4.722	4.788	4.853	4.919
80	4.985	5.051	5.117	5.183	5.249	5.315	5.382	5.448	5.514	5.581
90	5.648	5.714	5.781	5.848	5.915	5.982	6.049	6.117	6.184	6.251
100	6.319	6.386	6.454	6.522	6.590	6.658	6.725	6.794	6.862	6.930
110	6.998	7.066	7.135	7.203	7.272	7.341	7.409	7.478	7.547	7.616
120	7.685	7.754	7.823	7.892	7.962	8.031	8.101	8.170	8.240	8.309
130	8.379	8.449	8.519	8.589	8.659	8.729	8.799	8.869	8.940	9.010
140	9.081	9.151	9.222	9.292	9.363	9.434	9.505	9.576	9.647	9.718
150	9.789	9.860	9.931	10.003	10.074	10.145	10.217	10.288	10.360	10.432
160	10.503	10.575	10.647	10.719	10.791	10.863	10.935	11.007	11.080	11.152
170	11.224	11.297	11.369	11.442	11.514	11.587	11.660	11.733	11.805	11.878
180	11.951	12.024	12.097	12.170	12.243	12.317	12.390	12.463	12.537	12.610
190	12.684	12.757	12.831	12.904	12.978	13.052	13.126	13.199	12.273	12.347
200	13.421	13.495	13.569	13.644	13.718	13.792	13.866	13.941	14.015	14.090
210	14.164	14.239	14.313	14.388	14.463	14.537	14.612	14.687	14.762	14.837
220	14.912	14.987	15.062	15.137	15.212	15.287	15.362	15.438	15.513	15.588
230	15.664	15.739	15.815	15.890	15.966	16.041	16.117	16.193	16.269	16.344
240	16.420	16.496	16.572	16.648	16.724	16.800	16.876	16.952	17.028	17.104
250	17.181	17.257	17.333	17.409	17.486	17.562	17.639	17.715	17.792	17.868
260	17.945	18.021	18.098	18.175	18.252	18.328	18.405	18.482	18.559	18.636
270	18.713	18.790	18.867	18.944	19.021	19.098	19.175	19.252	19.330	19.407
280	19.484	19.561	19.639	19.716	19.794	19.871	19.948	20.026	20.103	20.181
290	20.259	20.336	20.414	20.492	20.569	20.647	20.725	20.803	20.880	20.958
300	21.036	21.114	21.192	21.270	21.348	21.426	21.504	21.582	21.660	21.739
310	21.817	21.895	21.973	22.051	22.130	22.208	22.286	22.365	22.443	22.522
320	22.600	22.678	22.757	22.835	22.914	22.993	23.071	23.150	23.228	23.307
330	23.386	23.464	23.543	23.622	23.701	23.780	23.858	23.937	24.016	24.095
340	24.174	24.253	24.332	24.411	24.490	24.569	24.648	24.727	24.806	24.885
350	24.964	25.044	25.123	25.202	25.281	25.360	25.440	25.519	25.598	25.678
360	26.757	25.836	25.916	25.995	26.075	26.154	26.233	26.313	26.392	26.472
370	26.552	26.631	26.711	26.790	26.870	26.950	27.029	27.109	27.189	27.268
380	27.348	27.428	27.507	27.587	27.667	27.747	27.827	27.907	27.986	28.066
390	28.146	28.226	28.306	28.386	28.466	28.546	28.626	28.706	28.786	28.866
400	28.946	29.026	29.106	29.186	29.266	29.346	29.427	29.507	29.587	29.667
410	29.747	29.827	29.908	29.988	30.068	30.148	30.229	30.309	30.389	30.470
420	30.550	30.630	30.711	30.791	30.871	30.952	31.032	31.112	31.193	31.273
430	31.354	31.434	31.515	31.595	31.676	31.756	31.837	31.917	31.998	32.078
440	32.159	32.239	32.320	32.400	32.481	32.562	32.642	32.723	32.803	32.884
450	32.965	33.045	33.126	33.207	33.287	33.368	33.449	33.529	33.610	33.691
460	33.772	33.852	33.933	34.014	34.095	34.175	34.256	34.337	34.418	34.498

续表

t/℃	0	1	2	3	4	5	6	7	8	9
	E/mV									
470	34.579	34.660	34.741	34.822	34.902	34.983	35.064	35.145	35.226	35.307
480	35.387	35.468	35.549	35.630	35.711	35.792	35.873	35.954	36.034	36.115
490	36.196	36.277	36.358	36.439	36.520	36.601	36.682	36.763	36.843	36.924
500	37.005	37.086	37.167	37.248	37.329	37.410	37.491	37.572	37.653	37.734
510	37.815	37.896	37.977	38.058	38.139	38.220	38.300	38.381	38.462	38.543
520	38.624	38.705	38.786	38.867	38.948	39.029	39.110	39.191	39.272	39.353
530	39.434	39.515	39.596	39.677	39.758	39.839	39.920	40.001	40.082	40.163
540	40.243	40.324	40.405	40.486	40.567	40.648	40.729	40.810	40.891	40.972
550	41.053	41.134	41.215	41.296	41.377	41.457	41.538	41.619	41.700	41.781
560	41.862	41.943	42.024	42.105	42.185	42.266	42.347	42.428	42.509	42.590
570	42.671	42.751	42.832	42.913	42.994	43.075	43.156	43.236	43.317	43.398
590	43.479	43.560	43.640	43.721	43.802	43.883	43.963	44.044	44.125	44.206
590	44.286	44.367	44.448	44.529	44.609	44.690	44.771	44.851	44.932	45.013
600	45.093	45.174	45.255	45.335	45.416	45.497	45.577	45.658	45.738	45.819
610	45.900	45.980	46.061	46.141	46.222	46.302	46.383	46.463	46.544	46.624
620	46.705	46.785	46.866	46.946	47.027	47.107	47.188	47.268	47.349	47.429
630	47.509	47.590	47.670	47.751	47.831	47.911	47.992	48.072	48.152	48.233
640	48.313	48.393	48.474	48.554	48.634	48.715	48.795	48.875	48.955	49.035
650	49.116	49.196	49.276	49.356	49.436	49.517	49.597	49.677	49.757	49.837
660	49.917	49.997	50.077	50.157	50.238	50.318	50.398	50.478	50.558	50.638
670	50.718	50.798	50.878	50.958	51.038	51.118	51.197	51.277	51.357	51.437
680	51.517	51.597	51.677	51.757	51.837	51.916	51.996	52.076	52.156	52.236
690	52.315	52.395	52.475	52.555	52.634	52.714	52.794	52.873	52.953	53.033
700	53.112	53.192	53.272	53.351	53.431	53.510	53.590	53.670	53.749	53.829
710	53.908	53.988	54.067	54.147	54.226	54.306	54.385	54.465	54.544	54.624
720	54.703	54.782	54.862	54.941	55.021	55.100	55.179	55.259	55.338	55.417
730	55.497	55.576	55.655	55.734	55.814	55.893	55.972	56.051	56.131	56.210
740	56.289	56.368	56.447	56.526	56.606	56.685	56.764	56.843	56.922	57.001
750	57.080	57.159	57.238	57.317	57.396	57.475	57.554	57.633	57.712	57.791
760	57.870	57.949	58.028	58.107	58.186	58.265	58.343	58.422	58.501	58.580
770	58.659	58.738	58.816	58.895	58.974	59.053	59.131	59.210	59.289	59.367
780	59.446	59.525	59.604	59.682	59.761	59.839	59.918	59.997	60.075	60.154
790	60.232	60.311	60.390	60.468	60.547	60.625	60.704	60.782	60.860	60.939
800	61.017	61.096	61.174	61.253	61.331	61.409	61.488	61.566	61.644	61.723
810	61.801	61.879	61.958	62.036	62.114	62.192	62.271	62.349	62.427	62.505
820	62.583	62.662	62.740	62.818	62.896	62.974	63.052	63.130	63.208	63.286
830	63.364	63.442	63.520	63.598	63.676	63.754	63.832	63.910	63.988	64.066
840	64.144	64.222	64.300	64.377	64.455	64.533	64.611	64.689	64.766	64.844
850	64.922	65.000	65.077	65.155	65.233	65.310	65.388	65.465	65.543	65.621
860	65.698	65.776	65.853	65.931	66.008	66.086	66.163	66.241	66.318	66.396
870	66.473	66.550	66.628	66.705	66.782	66.860	66.937	67.014	67.092	67.169

续表

t/℃	0	1	2	3	4	5	6	7	8	9
	E/mV									
880	67.246	67.323	67.400	67.478	67.555	67.632	67.709	67.786	67.863	67.940
890	68.017	68.094	68.171	68.248	68.325	68.402	68.479	68.556	68.633	68.710
900	68.787	68.863	68.940	69.017	69.094	69.171	69.247	69.324	69.401	69.477
910	69.554	69.631	69.707	69.784	69.860	69.937	70.013	70.090	70.166	70.243
920	70.319	70.396	70.472	70.548	70.625	70.701	70.777	70.854	70.930	71.006
930	71.082	71.159	71.235	71.311	71.387	71.463	71.539	71.615	71.692	71.768
940	71.844	71.920	71.996	72.072	72.147	72.223	72.299	72.375	72.451	72.527
950	72.603	72.678	72.754	72.830	72.906	72.981	73.057	73.133	73.208	73.284
960	73.360	73.435	73.511	73.586	73.662	73.738	73.813	73.889	73.964	74.040
970	74.115	74.190	74.266	74.341	74.417	74.492	74.567	74.643	74.718	74.793
980	74.869	74.944	75.019	75.095	75.170	75.245	75.320	75.395	75.471	75.546
990	75.621	75.696	75.771	75.847	75.922	75.997	76.072	76.147	76.223	76.298
1000	76.373									

附录 E 工业用铂电阻温度计(Pt100)分度表($R_0=100\Omega$)

t/℃	0	−1	−2	−3	−4	−5	−6	−7	−8	−9
	R/Ω									
−200	18.52									
−190	22.83	22.40	21.97	21.54	21.11	20.68	20.25	19.82	19.38	18.95
−180	27.10	26.67	26.24	25.82	25.39	24.97	24.54	24.11	23.68	23.25
−170	31.34	30.91	30.49	30.07	29.64	29.22	28.80	28.37	27.95	27.52
−160	35.54	35.12	34.70	34.28	33.86	33.44	33.02	32.60	32.18	31.76
−150	39.72	39.31	38.89	38.47	38.05	37.64	37.22	36.80	36.38	35.96
−140	43.88	43.46	43.05	42.63	42.22	41.80	41.39	40.97	40.56	40.14
−130	48.00	47.59	47.18	46.77	46.36	45.94	45.53	45.12	44.70	44.29
−120	52.11	51.70	51.29	50.88	50.47	50.06	49.65	49.24	48.83	48.42
−110	56.19	55.79	55.38	54.97	54.56	54.15	53.75	53.34	52.93	52.52
−100	60.26	59.85	59.44	59.04	58.63	58.23	57.82	57.41	57.01	56.60
−90	64.30	63.90	63.49	63.09	62.68	62.28	61.88	61.47	61.07	60.66
−80	68.33	67.92	67.52	67.12	66.72	66.31	65.91	65.51	65.11	64.70
−70	72.33	71.93	71.53	71.13	70.73	70.33	69.93	69.53	69.13	68.73
−60	76.33	75.93	75.53	75.13	74.73	74.33	73.93	73.53	73.13	72.73
−50	80.31	79.91	79.51	79.11	78.72	78.32	77.92	77.52	77.12	76.73
−40	84.27	83.87	83.48	83.08	82.69	82.29	81.89	81.50	81.10	80.70
−30	88.22	87.83	87.43	87.04	86.64	86.25	85.85	85.46	85.06	84.67
−20	92.16	91.77	91.37	90.98	90.59	90.19	89.80	89.40	89.01	88.62
−10	96.09	95.69	95.30	94.91	94.52	94.12	93.73	93.34	92.95	92.55
0	100.00	99.61	99.22	98.83	98.44	98.04	97.65	97.26	96.87	96.48

续表

t/℃	0	1	2	3	4	5	6	7	8	9
	R/Ω									
0	100.00	100.39	100.78	101.17	101.56	101.95	102.34	102.73	103.12	103.51
10	103.90	104.29	104.68	105.07	105.46	105.85	106.24	106.63	107.02	107.40
20	107.79	108.18	108.57	108.96	109.35	109.73	110.22	110.51	110.90	111.29
30	111.67	112.06	112.45	112.83	113.22	113.61	114.00	114.38	114.77	115.15
40	115.54	115.93	116.31	116.70	117.08	117.47	117.86	118.24	118.63	119.01
50	119.40	119.78	120.17	120.55	120.94	121.32	121.71	122.09	122.47	122.86
60	123.24	123.63	124.01	124.39	124.78	125.16	125.54	125.93	126.31	126.69
70	127.08	127.46	127.84	128.22	128.61	128.99	129.37	129.75	130.13	130.52
80	130.90	131.28	131.66	132.04	132.42	132.80	133.18	133.57	133.95	134.33
90	134.71	135.09	135.47	135.85	136.23	136.61	136.99	137.37	137.75	138.13
100	138.51	138.88	139.26	139.64	140.02	140.40	140.78	141.16	141.54	141.91
110	142.29	142.67	143.05	143.43	143.80	144.18	144.56	144.94	145.31	145.69
120	146.07	146.44	146.82	147.20	147.57	147.95	148.33	148.70	149.08	149.46
130	149.83	150.21	150.58	150.96	151.33	151.71	152.08	152.46	152.83	153.21
140	153.58	153.96	154.33	154.71	155.08	155.46	155.83	156.20	156.58	156.95
150	157.33	157.70	158.07	158.45	158.82	159.19	159.56	159.94	160.31	160.68
160	161.05	161.43	161.80	162.17	162.54	162.91	163.29	163.66	164.03	164.40
170	164.77	165.14	165.51	165.89	166.26	166.63	167.00	167.37	167.74	168.11
180	168.48	168.85	169.22	169.59	169.96	170.33	170.70	171.07	171.43	171.80
190	172.17	172.54	172.91	173.28	173.65	174.02	174.38	174.75	175.12	175.49
200	175.86	176.22	176.59	176.96	177.33	177.69	178.06	178.43	178.79	179.16
210	179.53	179.89	180.26	180.63	180.99	181.36	181.72	182.09	182.46	182.82
220	183.19	183.55	183.92	184.28	184.65	185.01	185.38	185.74	186.11	186.47
230	186.84	187.20	187.56	187.93	188.29	188.66	189.02	189.38	189.75	190.11
240	190.47	190.84	191.20	191.56	191.92	191.29	192.65	193.01	193.37	193.74
250	194.10	194.46	194.82	195.18	195.55	195.91	196.27	196.63	196.99	197.35
260	197.71	198.07	198.43	198.79	199.15	199.51	199.87	200.23	200.59	200.95
270	201.31	201.67	202.03	202.39	202.75	203.11	203.47	203.83	204.19	204.55
280	204.90	205.26	205.62	205.98	206.34	206.70	207.05	207.41	207.77	208.13
290	208.48	208.84	209.20	209.56	209.91	210.27	210.63	210.98	211.34	211.70
300	212.05	212.41	212.76	213.12	213.48	213.83	214.19	214.54	214.90	215.25
310	215.61	215.96	216.32	216.67	217.03	217.38	217.74	218.09	218.44	218.80
320	219.15	219.51	219.86	220.21	220.57	220.92	221.27	221.63	221.98	222.33
330	222.68	223.04	223.39	223.74	224.09	224.45	224.80	225.15	225.50	225.85
340	226.21	226.56	226.91	227.26	227.61	227.96	228.31	228.66	229.02	229.37
350	229.72	230.07	230.42	230.77	231.12	231.47	231.82	232.17	232.52	232.87
360	233.21	233.56	233.91	234.26	234.61	234.96	235.31	235.66	236.00	236.35
370	236.70	237.05	237.40	237.74	238.09	238.44	238.79	239.13	239.48	239.83
380	240.18	240.52	240.87	241.22	241.56	241.91	242.26	242.60	242.95	243.29
390	243.64	243.99	244.33	244.68	245.02	245.37	245.71	246.06	246.40	246.75
400	247.09	247.44	247.78	248.13	248.47	248.81	249.16	249.50	249.85	250.19

续表

t/℃	0	1	2	3	4	5	6	7	8	9
	R/Ω									
410	250.53	250.88	251.22	251.56	251.91	252.25	252.59	252.93	253.28	253.62
420	253.96	254.30	254.65	254.99	255.33	255.67	256.01	256.35	256.70	257.04
430	257.38	257.72	258.06	258.40	258.74	259.08	259.42	259.76	260.10	260.44
440	260.78	261.12	261.46	261.80	262.14	262.48	262.82	263.16	263.50	263.84
450	264.18	264.52	264.86	265.20	265.53	265.87	266.21	266.55	266.89	267.22
460	267.56	267.90	268.24	268.57	268.91	269.25	269.59	269.92	270.26	270.60
470	270.93	271.27	271.61	271.94	272.28	272.61	272.95	273.29	273.62	273.96
480	274.29	274.63	274.96	275.30	275.63	275.97	276.30	276.64	276.97	277.31
490	277.64	277.98	278.31	278.64	278.98	279.31	279.64	279.98	280.31	280.64
500	280.98	281.31	281.64	281.98	282.31	282.64	282.97	283.31	283.64	283.97
510	284.30	284.63	284.97	285.30	285.63	285.96	286.29	286.62	286.95	287.29
520	287.62	287.95	288.28	288.61	288.94	289.27	289.60	289.93	290.26	290.59
530	290.92	291.25	291.58	291.91	292.24	292.56	292.89	293.22	293.55	293.88
540	294.21	294.54	294.86	295.19	295.52	295.85	296.18	296.50	296.83	297.16
550	297.49	297.81	298.14	298.47	298.80	299.12	299.45	299.78	300.10	300.43
560	300.75	301.08	307.41	301.73	302.06	302.38	302.71	303.03	303.36	303.69
570	304.01	304.34	304.66	304.98	305.31	305.63	305.96	306.28	306.61	306.93
580	307.25	307.58	307.90	308.23	308.55	308.87	309.20	309.52	309.84	310.16
590	310.49	310.81	311.13	311.45	311.78	312.10	312.42	312.74	313.06	313.39
600	313.71	314.03	314.35	314.67	314.99	315.31	315.64	315.96	316.28	316.60
610	316.92	317.24	317.56	317.88	318.20	318.52	318.84	319.16	319.48	319.80
620	320.12	320.43	320.75	321.07	321.39	321.71	322.03	322.35	322.67	322.98
630	323.30	323.62	323.94	324.26	324.57	324.89	325.21	325.53	325.84	326.16
640	326.48	326.79	327.11	327.43	327.74	328.06	328.38	328.69	329.01	329.32
650	329.64	329.96	330.27	330.59	330.90	331.22	331.85	331.85	332.16	332.48
660	332.79	333.11	333.42	333.74	334.05	334.36	334.68	334.99	335.31	335.62
670	335.93	336.25	336.56	336.87	337.18	337.50	337.81	338.12	338.44	338.75
680	339.06	339.37	339.69	340.00	340.31	340.62	340.93	341.24	341.56	341.87
690	342.18	342.49	342.80	343.11	343.42	343.73	344.04	344.35	344.66	344.97
700	345.28	345.59	345.90	346.21	346.52	346.83	347.14	347.45	347.76	348.07
710	343.38	348.69	348.99	349.30	349.61	349.92	350.23	350.54	350.84	351.15
720	351.46	351.77	352.08	352.38	352.69	353.00	353.30	353.61	353.92	354.22
730	354.53	354.84	355.14	355.45	355.76	356.06	356.37	356.67	356.98	357.28
740	357.59	357.90	358.20	358.51	358.81	359.12	359.42	359.72	360.03	360.33
750	360.64	360.94	361.25	361.55	361.85	362.16	362.46	362.76	363.07	363.37
760	363.67	363.98	364.28	364.58	364.89	365.19	365.49	365.79	366.10	366.40
770	366.70	367.00	367.30	367.60	367.91	368.21	368.51	368.81	369.11	369.41
780	369.71	370.01	370.31	370.61	370.91	371.21	371.51	371.81	372.11	372.41
790	372.71	373.01	373.31	373.61	373.91	374.21	374.51	374.81	375.11	375.41
800	375.70	376.00	376.30	376.60	376.90	377.19	377.49	377.79	378.09	378.39
810	378.68	378.98	379.28	379.57	379.87	380.17	380.46	380.76	381.06	381.35
820	381.65	381.95	382.24	382.54	382.83	383.13	383.42	383.72	384.01	384.31
830	384.60	384.90	385.19	385.49	385.78	386.08	386.37	386.67	386.96	387.25
840	387.55	387.84	388.14	388.43	388.72	389.02	389.31	389.60	389.90	390.19
850	390.48									

附录 F　工业用铜电阻温度计(Cu100)分度表($R_0=100\Omega$)

t/℃	0	−1	−2	−3	−4	−5	−6	−7	−8	−9
	R/Ω									
−50	78.49									
−40	82.80	82.36	81.94	81.50	81.08	80.64	80.20	79.78	79.34	78.92
−30	87.10	86.68	86.24	85.38	85.38	84.95	84.54	84.10	83.66	83.22
−20	91.40	90.98	90.54	90.12	89.68	89.26	88.82	88.40	87.96	87.54
−10	95.70	95.28	94.84	94.42	93.98	93.56	93.12	92.70	92.26	91.84
0	100.00	99.56	99.14	98.70	98.28	97.84	97.42	97.00	96.56	96.14

t/℃	0	1	2	3	4	5	6	7	8	9
	R/Ω									
0	100.00	100.42	100.86	101.28	101.72	102.14	102.56	103.00	103.43	103.86
10	104.28	104.72	105.14	105.56	106.00	106.42	106.86	107.28	107.72	108.14
20	108.56	109.00	109.42	109.84	110.28	110.70	111.14	111.56	112.00	112.42
30	112.84	113.28	113.70	114.14	114.56	114.98	115.42	115.84	116.28	116.70
40	117.12	117.56	117.98	118.40	118.84	119.26	119.70	120.12	120.54	120.98
50	121.40	121.84	122.26	122.68	123.12	123.54	123.96	124.40	124.82	125.26
60	125.68	126.10	126.54	126.96	127.40	127.82	128.24	128.68	129.10	129.52
70	129.96	130.38	130.82	131.24	131.66	132.10	132.52	132.96	133.38	133.80
80	134.24	134.66	135.08	135.52	135.94	136.38	136.80	137.24	137.66	138.08
90	138.52	138.94	139.36	139.80	140.22	140.66	141.08	141.52	141.94	142.36
100	142.80	143.22	143.66	144.08	144.50	144.94	145.36	145.80	146.22	146.66
110	147.08	147.50	147.94	148.36	148.80	149.22	149.66	150.08	150.52	150.94
120	151.36	151.80	152.22	152.66	153.08	153.52	153.94	154.38	154.80	155.24
130	155.66	156.10	156.52	156.96	157.38	157.82	158.24	158.68	159.10	159.54
140	159.96	160.40	160.82	161.26	161.68	162.12	162.54	162.98	163.40	168.84
150	164.27									

参 考 文 献

[1] 庄富山,许治平,等.石油化工仪表及自动化[M].武汉:华中工学院出版社,1988.
[2] 厉玉鸣.化工仪表及自动化[M].5版.北京:化学工业出版社,2011.
[3] 厉玉鸣.化工仪表及自动化例题与习题集[M].北京:化学工业出版社,1999.
[4] 王俊杰,曹丽,等.传感器与检测技术[M].北京:清华大学出版社,2011.
[5] 刘笃仁,韩保君.传感器原理及应用技术[M].西安:西安电子工业大学出版社,2003.
[6] 杜维,张宏建,等.过程检测技术及仪表[M].北京:化学工业出版社,1999.
[7] 张宏建,蒙建波.自动检测技术与装置[M].北京:化学工业出版社,2004.
[8] 郁友文.传感器原理及工程应用[M].西安:西安电子科技大学出版社,2000.
[9] 梁森,欧阳三泰,等.自动检测技术及应用[M].北京:机械工业出版社,2006.
[10] 许秀.测控仪表及装置[M].北京:中国石化出版社,2012.
[11] 栾桂冬.传感器及其应用[M].西安:西安电子工业大学出版社,2002.
[12] 张毅,张宝芬,等.自动检测技术及仪表控制系统[M].3版.北京:化学工业出版社,2005.
[13] 张宏建,王化祥,等.检测控制仪表学习指导[M].北京:化学工业出版社,2006.
[14] 左国庆,明赐东.自动化仪表故障处理实例[M].北京:化学工业出版社,2003.
[15] 王化祥,张淑英.传感器原理及应用[M].天津:天津大学出版社,2005.
[16] 范玉久.化工测量及仪表[M].2版.北京:化学工业出版社,2008.
[17] 朱炳兴,王森.仪表工试题集:现场仪表分册[M].2版.北京:化学工业出版社,2002.
[18] 徐科军.传感器与检测技术[M].2版.北京:电子工业出版社,2008.
[19] 林德杰.过程控制仪表及控制系统[M].2版.北京:机械工业出版社,2009.
[20] 张根宝.工业自动化仪表与过程控制[M].西安:西北工业大学出版社,2008.
[21] 俞金寿.过程自动化及仪表[M].北京:化学工业出版社,2003.
[22] 施仁,刘文江,等.自动化仪表与过程控制[M].4版.北京:电子工业出版社,2009.
[23] 侯志林.过程控制与自动化仪表[M].北京:机械工业出版社,1999.
[24] 杨明丽,张光新.化工自动化及仪表[M].北京:化学工业出版社,2004.
[25] 河道清,谌海云,等.自动化与仪表[M].2版.北京:化学工业出版社,2011.
[26] 金伟,齐世清,等.现代检测技术[M].2版.北京:北京邮电大学出版社,2006.
[27] 周杏鹏.现代检测技术[M].2版.北京:高等教育出版社,2010.
[28] 孙传友,翁惠辉.现代检测技术及仪表[M].北京:高等教育出版社,2006.
[29] 蔡武昌,应启戛.新型流量检测仪表[M].北京:化学工业出版社,2007.
[30] 张一,肖军.测量与控制电路[M].北京:北京航空航天大学出版社,2009.
[31] 李现明.现代检测技术及应用[M].北京:高等教育出版社,2012.
[32] 李科杰.新编传感器技术手册[M].北京:国防工业出版社,2002.
[33] 沙占友.中外集成传感器实用手册[M].北京:电子工业出版社,2005.
[34] 刘君华.现代检测技术与测试系统设计[M].西安:西安交通大学出版社,1999.
[35] 宋文旭,杨帆.传感器与检测技术[M].北京:高等教育出版社,2004.
[36] 戴焯.传感与检测技术[M].武汉:武汉理工大学出版社,2003.
[37] 沙占友.智能传感器系统设计与应用[M].北京:电子工业出版社,2004.

[38] 王俊杰.检测技术与仪表[M].武汉：武汉理工大学出版社,2002.
[39] 刘常满.热工检测技术[M].北京：中国计量出版社,2005.
[40] 张慧荣.热工仪表及其维护[M].北京：冶金工业出版社,2005.
[41] 张华,赵文柱.热工测量仪表[M].3版.北京：冶金工业出版社,2006.
[42] 向德明,姚杰.现代化工检测及过程控制[M].哈尔滨：哈尔滨工业大学出版社,2002.
[43] 吴九辅.现代工程检测及仪表[M].北京：石油工业出版社,2004.
[44] 贺良华.现代检测技术[M].武汉：华中科技大学出版社,2008.
[45] 王永红.过程检测仪表[M].2版.北京：化学工业出版社,2010.
[46] 梁国伟,蔡武昌.流量测量技术及仪表[M].北京：机械工业出版社,2002.
[47] 席宏卓.产品质量检验技术[M].北京：中国计量出版社,1992.
[48] 陈晓竹,陈宏.物性分析技术及仪表[M].北京：机械工业出版社,2002.
[49] 李现明,吴皓.自动检测技术[M].北京：机械工业出版社,2008.
[50] 范峥,徐海刚.自动检测技术[M].北京：机械工业出版社,2013.
[51] 潘永湘,等.过程控制与自动化仪表[M].北京：机械工业出版社,2007.
[52] 王俊峰,孟会起.现代传感器应用技术[M].北京：机械工业出版社,2006.
[53] 周征.传感器原理与检测技术[M].北京：清华大学出版社,2007.
[54] 陆会明.控制装置与仪表[M].北京：机械工业出版社,2011.
[55] 樊春玲.检测技术及仪表[M].北京：机械工业出版社,2013.
[56] 刘传玺,王以忠,袁照平,等.自动检测技术[M].北京：机械工业出版社,2012.
[57] 余成波.传感器与自动检测技术[M].2版.北京：高等教育出版社,2009.
[58] 王森,符青灵.仪表工试题集：在线分析仪表分册[M].北京：化学工业出版社,2011.
[59] 程蓓.过程检测仪表一体化教程[M].北京：化学工业出版社,2007.
[60] 王克华.过程检测仪表[M].北京：电子工业出版社,2013.
[61] 童刚,樊春玲,崔凤英,等.虚拟仪器实用编程技术[M].北京：机械工业出版社,2008.
[62] 李玉忠.物性分析仪器[M].北京：化学工业出版社,2005.
[63] 王化祥.自动检测技术[M].北京：化学工业出版社,2004.
[64] 蔡武昌,孙淮清,纪纲.流量测量方法和仪表的选用[M].北京：化学工业出版社,2004.
[65] 孙淮清,王建中.流量测量节流装置设计手册[M].北京：化学工业出版社,2000.
[66] 张国忠,赵家贵.检测技术[M].北京：中国计量出版社,1998.